U0281025

彭水水电站
勘察设计关键技术

吴效红　冉隆田　刘晖　陈玉婷 等　著

中国水利水电出版社
www.waterpub.com.cn
·北京·

内 容 提 要

本书总结了具有"大泄量、窄河谷、强岩溶"特点的彭水水电站建设的各项关键技术难题，包括适应窄河谷的全表孔弧形重力坝布置及高低坎动水垫消能技术、适应复杂岩溶系统的地下厂房布置、适应高陡边坡的通航建筑物布置等，并对工程基本设计思路、设计方法、监测资料分析等进行了详细的介绍。

本书共 13 章，包括概述，工程地质，工程规划，坝址、坝型及枢纽布置，挡水建筑物，泄洪建筑物，地下电站建筑物，通航建筑物，基础处理，机电，金属结构，施工导流，以及混凝土施工方案及温控。

本书可供国内外从事水利水电工程勘察、设计、科研、施工及管理的人员使用，也可供有关高校相关专业师生使用参考。

图书在版编目（CIP）数据

彭水水电站勘察设计关键技术 / 吴效红等著. -- 北京 ：中国水利水电出版社，2023.3
ISBN 978-7-5226-1335-2

Ⅰ．①彭… Ⅱ．①吴… Ⅲ．①水利水电工程－工程地质勘察－彭水县 Ⅳ．①TV22

中国国家版本馆CIP数据核字（2023）第025454号

书　　名	**彭水水电站勘察设计关键技术** PENGSHUI SHUIDIANZHAN KANCHA SHEJI GUANJIAN JISHU
作　　者	吴效红　冉隆田　刘　晖　陈玉婷　等 著
出版发行	中国水利水电出版社 （北京市海淀区玉渊潭南路 1 号 D 座　100038） 网址：www. waterpub. com. cn E - mail：sales@mwr. gov. cn 电话：(010) 68545888（营销中心）
经　　售	北京科水图书销售有限公司 电话：(010) 68545874、63202643 全国各地新华书店和相关出版物销售网点
排　　版	中国水利水电出版社微机排版中心
印　　刷	北京印匠彩色印刷有限公司
规　　格	184mm×260mm　16 开本　23 印张　560 千字
版　　次	2023 年 3 月第 1 版　2023 年 3 月第 1 次印刷
印　　数	001—800 册
定　　价	**150.00 元**

彭水水电站是一座以发电为主，其次为航运，兼顾防洪及其他综合利用效益的年调节水库电站。正常蓄水位293m，死水位278m，防洪限制水位287m，相应防洪高水位293m，水库总库容14.65亿 m^3，其中调节库容5.17亿 m^3，防洪库容2.32亿 m^3；枢纽为一等工程，主要由碾压混凝土重力坝、地下引水式电站及通航建筑物等建筑物组成。

彭水水电站坝址河谷为基本对称的"V"形谷，两岸边坡高陡，山体雄厚，建筑物布置的空间位置十分有限，决定了枢纽布局十分紧凑；并且坝址岩性主要为灰岩、白云岩等，坝址区断裂和岩溶发育，地质条件较复杂，更加增大了建筑物型式的选择和布置难度。业主单位重庆大唐彭水水电开发有限公司和设计单位长江勘测规划设计研究有限责任公司组织多家单位围绕工程设计开展了大量的研究工作，通过系统的科学试验研究和技术攻关，成功解决了彭水水电站"大泄量、窄河谷、强岩溶"的各项关键技术难题，多项研究成果属国内外首创。综合分析水库蓄水正常运行10余年的监测资料表明建筑物各项性态指标均在设计控制范围内，工作状态安全、良好。

彭水水电站的成功建设，是国内外坝工界共同努力的结果，本书在总结彭水水电站设计研究和实践成果的基础上，系统地介绍了大坝地形地质条件，工程规划，坝址、坝型及枢纽布置选择，碾压混凝土重力坝设计，全表孔泄洪建筑物设计，地下厂房设计，通航建筑物设计，复杂岩溶处理，机电，金属结构，施工导流，以及混凝土施工方案及温控，同时论述了大坝、引水发电系统、通航建筑物的运行状态及边坡稳定情况，并对监测资料进行分析。本书对安全监测资料分析时所选取的截止时间为2019年12月，由于大坝于2021年各项监测指标已基本收敛，截止时间不影响本书进行技术总结。

本书共13章，具体编写分工如下：第1章概述、第4章坝址、坝型及枢纽布置、第5章挡水建筑物及第6章泄洪建筑物由陈玉婷、刘晖编写，第2章工程地质由唐万金、冉隆田编写，第3章工程规划由李琪、罗斌编写，第7章地下电站建筑物由韩前龙编写，第8章通航建筑物由彭荣生编写，第9章基础处理由施华堂、闵征辉编写，第10章机电由王建华、王树清、桂绍波、何峰、杨杰、李恒乐、刘朝华、高云鹏编写，第 11 章金属结构由钱军祥、胡剑杰编写，第 12 章施工导流由陈超敏编写，第 13 章混凝土施工方案及温控由姚勇强、王翔、何为编写。全书由陈玉婷统稿。

本书的出版得到了多家单位和多位专家的大力支持，谨以此书献给所有参与和关心彭水水电站研究、论证和建设的专家、学者，并向他们表示崇高的敬意和衷心的感谢！

限于编者水平，本书不当之处在所难免，敬请同行专家和广大读者赐教指正。

编者

2021 年 12 月

目录

第1章

概　　述

1.1　工程概况

彭水水电站位于乌江干流下游，为乌江干流开发的第十个梯级；水电站位于重庆市彭水县城上游 11km，距河口涪陵 147km，距重庆市的直线距离约 170km，坝址控制流域面积 69000km²，占全流域面积的 78.5%，坝址多年平均流量为 1300m³/s，多年平均年径流量为 410 亿 m³，多年平均年含沙量 0.354kg/m³。

彭水水电站是一座以发电为主，其次为航运，兼顾防洪及其他综合利用效益的年调节水库电站。水库正常蓄水位为 293m，死水位为 278m，防洪限制水位为 287m，相应防洪高水位为 293m，总库容为 14.65 亿 m³，其中调节库容为 5.17 亿 m³，防洪库容为 2.32 亿 m³；枢纽为Ⅰ等工程，由大坝、泄洪建筑物、引水发电系统及通航建筑物等组成，枢纽总布置见图 1.1－1。大坝为碾压混凝土重力坝，最大坝高 113.5m；电站布置在右岸，为地下式电站，安装 5 台单机容量为 350MW 的大型混流式水轮发电机组，总装机容量为 1750MW。引水发电系统位于右岸山体，以引水洞、地下厂房、尾水洞为主体，由 54 个洞室组成，地下厂房开挖尺寸为 252m×30m×78.5m（长×宽×高），彭水地下电站透视图见图 1.1－2。通航建筑物布置在左岸，主要由上游引航道、船闸、中间渠道（含渡槽）、垂直升船机和下游引航道组成，按 500t 级船舶过坝设计；第一级为船闸，适应 15.0m 的库水位变幅；第二级为垂直升船机，最大提升高度 66.5m；两级之间用中间渠道连接。

彭水水电站最大水头 81.6m，最小水头 53.6m，极限最小水位 44m，加权平均水头 71.8m，额定水头 67m，引用流量 2946m³/s（5 台机），多年平均年发电量为 63.51 亿 kW·h，扣除日调节和弃水调峰导致的电能损失，水电站有效年电量为 59.50 亿 kW·h。水电站为重庆市提供大量优质电能，维持全市能源平衡，并且促进下游梯级相继开发和进一步合理利用乌江的水能资源。

彭水水电站承担了重庆电网的调峰、调频和事故备用任务，是重庆电网的骨干支撑电源；同时与上游的构皮滩、乌江渡等大型防洪水库联合运用，配合三峡水库对长江中下游防洪。

彭水水电站是川、黔、湘、鄂边区的水陆交通要道和物质集散中心，地处乌江下游通航河段，目前大坝上游 113km 干流河道的浅滩全部淹没，形成深水航道，直达沿河县城，

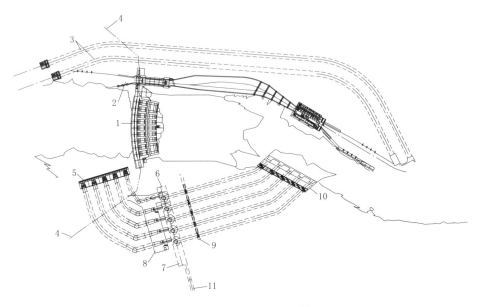

图 1.1-1 彭水水电站枢纽总体布置

1—弧形重力坝；2—通航建筑物；3—导流洞；4—防渗帷幕线；5—电站进水口；6—主厂房；
7—安装场；8—地面开关站；9—尾水闸门井；10—尾水塔；11—进厂交通洞

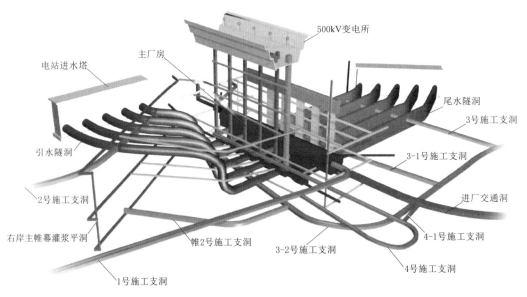

图 1.1-2 彭水地下电站透视图

可通航 500t 级船舶；大溪口枢纽建成后，沿河县城以下至河口涪陵约 260km 均可终年通航 500t 级船舶。对黔东北及重庆的西、秀、黔、彭、武等县区的工农业生产和生活物资的运输及国民经济发展起着重大作用。

彭水水电站的开发业主是重庆大唐国际彭水水电开发有限公司。2005 年 9 月国家发展改革委对该工程核准报告进行了批复，同意项目开工，同年 9 月底工程正式开工，于 2008 年 2 月下闸蓄水，同期首台机组发电，2008 年底全部机组投产，2009 年汛后水库水位获准蓄至正常蓄水位 293m。2010 年 12 月 31 日，彭水水电站通航系统正式通过重庆市港航及相关技术监督单位验收，重庆市地方海事局 2011 年 1 月 16 日宣布通航系统正式试运行，试运行时间一年。随着通航系统的投入运行，标志着彭水水电站工程建设基本完成，彭水水电站所有工程已全部完成竣工安全鉴定，目前运行情况良好。

1.2　建设历程

长江水利委员会（以下简称长江委）自 1970 年以来，对彭水水电站进行了大量的勘测规划设计和科研工作。

1979 年提出了《乌江彭水枢纽坝址比较选择报告》，而后围绕彭水坝址和长溪坝址进行了原可行性研究和初步设计工作，于 1989 年分别提出了《乌江彭水水利枢纽（长溪坝址）可行性研究报告》，并于 1993 年 5 月，由水利水电规划设计总院审查通过，并备文呈报水利部，确定长溪坝址和正常蓄水位 293m 作为彭水工程的推荐方案。

1995 年，长江委开始进行《乌江彭水水利枢纽（长溪坝址）初步设计报告》编制工作。1998 年 9 月提出《乌江彭水水利枢纽初步设计报告》。

2003 年 1 月，长江勘测规划设计研究院（以下简称长江设计院）受彭水水电开发有限公司委托，开展彭水水电站可行性研究（等同初步设计）工作。2004 年 3 月，长江设计院提出《乌江重庆彭水水电站可行性研究报告》。同年 8 月，中国水电水利规划设计总院会同重庆市发展改革委、贵州省发展改革委主持召开可行性研究报告审查会。2005 年 9 月，国家发展改革委以"发改能源〔2005〕1683 号"文件通知"重庆乌江彭水水电站项目通过核准"。2007 年 9 月完成工程蓄水安全鉴定；2009 年完成工程竣工安全鉴定；2011 年完成通航系统专项验收和单项验收；2012 年完成机电工程竣工验收。

1.3　水文特性

1. 洪水

乌江流域洪水主要由暴雨形成，暴雨集中在 5—10 月。年最大洪峰流量出现在汛期 5—10 月，集中于 6 月、7 两月，尤以 6 月中、下旬发生的机会最多。由于暴雨急骤，乌江为山区性河流，坡降大，汇流迅速，洪水涨落快，峰型尖瘦，洪量集中。乌江下游一次洪水过程约 20d，其中大部分水量集中在 7d 内，7d 洪量占 15d 洪量的 65％以上，3d 洪量占 7d 洪量的 60％，而 1d 洪量占 3d 洪量的 40％，大水年份则更为集中。

彭水的历史洪水调查工作可以上溯至 1939 年，由导淮委员会开始。新中国成立后，为满足乌江流域规划及枢纽设计需要，长江委及有关单位曾先后于 1953 年、1956 年、1959 年、1965 年在乌江进行过多次历史洪水调查。自 1971 年开始彭水枢纽规划设计工作后，又在思南至彭水河段及有关支流的重点年份进行了多次复查和补充调查。经大量分析研究，历史洪水主要有 1830 年、1909 年，1830 年洪峰流量为 26000～26500m³/s，重现期为 100～120 年；1909 年洪峰流量为 23000m³/s，重现期为 50 年。2000 年以后至目前为止，彭水水文站年最大洪水均为中小洪水，远小于 1830 年、1909 年，历史洪水的重现期维持不变。

坝址设计洪水峰、量频率计算，实测系列从 1939—2004 年，实测系列与历史洪水 1830 年、1909 年组成一个不连续系列，其中 1939—1970 年为插补系列，1971—2004 年为实测系列，考虑到上游乌江渡水库调蓄影响，为满足资料系列一致性的要求，对 1979—2004 年的资料进行了还原。

坝址设计洪水过程线选取 1954 年、1963 年、1964 年、1991 年和 1999 年作为典型，采用峰量兼顾，同频率法推求 5 个典型年各种频率的坝址设计洪水过程线。

彭水水电站的入库洪水采用典型年法计算天然入库洪水，并分析了上游已（在）建水库调蓄对入库洪水的影响。彭水典型入库设计洪水过程，按坝址设计洪水的 Q_m、W_{24h}、W_{72h}、W_{168h} 同频率放大倍比控制放大而得，各典型年入库设计洪水的洪峰见表 1.3-1。

表 1.3-1   彭水水电站各典型年入库设计洪峰成果表   单位：m³/s

年份	0.02%	0.2%	0.5%	1%
1954	42100	33600	30100	27500
1963	43800	34900	31300	28600
1964	41800	33400	29800	27400
1991	43300	34500	30900	28300
1999	43200	34500	30900	28300

2. 泥沙

武隆站多年平均年输沙量为 3180 万 t，占宜昌站沙量的 6%，其年水量约占宜昌站的 12%，说明乌江是长江上游一条水量丰沛，沙量较小的河流。

彭水专用水文站无泥沙观测资料，因此彭水坝址的泥沙以龚滩与武隆站实测泥沙资料系列进行统计分析。根据乌江渡蓄水前的 1941—1979 年悬移质资料统计，坝址多年平均含沙量为 0.556kg/m³，多年平均输沙量约为 2280 万 t；乌江渡水库蓄水后 1980—2000 年坝址多年平均含沙量为 0.354kg/m³，多年平均输沙量仅为 1450 万 t，输沙量减少了 36%。乌江渡水库建后的彭水坝址的悬移质泥沙中值粒径为 0.007mm。

由于乌江渡、构皮滩、思林、沙沱水库已建成，上游大部分推移质泥沙被拦截，彭水电站的推移质将主要来自区间的洪渡河和唐岩河。经计算成果，洪渡河年推移质量为 2.99 万 t，唐岩河年推移质量为 2.03 万 t。

1.4 工程主要特点及设计难点

彭水水电站位于乌江下游强岩溶河段，大坝为碾压混凝土重力坝，最大坝高为 113.5m，最大泄量达 42200m³/s。枢纽具有典型的"强岩溶、窄河谷、大泄量"的特点，其泄洪消能等技术均超出了国内外同类工程设计水平。通过技术攻关和科学试验研究，成功地解决了泄洪消能布置等关键技术问题，多项研究成果属国内外首创，并成功运用于彭水水电站工程设计。

1.4.1　主要特点

（1）泄量大、河谷窄。乌江流域为降水补给河流，洪水主要由暴雨形成。坝址洪水来量大，枢纽校核（0.02%）、设计（0.2%）洪水来量分别为43800m³/s、34900m³/s，泄洪功率分别为12840MW、11247MW，且水库的调节能力有限，调节后的下泄量与来量基本接近；然而坝址处于高山峡谷之中，河道狭窄，正常蓄水位293m时，河宽为230～260m，枯水位211～213m时，相应水面宽度仅为60～90m。

（2）岩溶发育。地下厂房厂区陡倾地层岩溶顺层发育，岩层陡倾角产状，断层裂隙发育，地下水丰富；岩溶顺层发育，溶洞数量多、发育深、性状复杂，存在较大的深循环温泉。

（3）电站发电流量大、水头相对较小。彭水水电站上游受移民搬迁水位限制、下游受狭长河道约束，河床丰枯水位变幅较大，电站单机引用流量为578m³/s、工作水头为81.6～44m。

1.4.2　主要设计难点

基于"强岩溶、窄河谷、大泄量"的特点，彭水水电站主要设计难点如下：

（1）坝址处河谷狭窄，洪水流量大，两岸地形缺乏可布置泄洪道的天然垭口，泄洪消能设计难度大。

（2）地下厂房厂区陡倾地层岩溶顺层发育，主厂房轴线与岩层走向"0°交角"布置，并且主厂房跨度达30m，主厂房的布置难度大。

（3）厂区陡倾地层岩溶顺层发育，地下洞室群布置难度大。

（4）尾水边坡为高陡倾边坡，存在"L"形卸荷裂隙，尾水塔设计难度大。

（5）地下厂房厂区岩溶顺层发育，数量多、性状复杂，岩溶系统处理难度大。

（6）坝址区"S"形的河势，加上适应总水头81.6m的库水位变幅，通航建筑物的线路和型式的选择难度大。

（7）由于船闸位于左岸高边坡上，船闸泄水高度近70m。泄水过程中如何保证高边坡的安全以及研究泄水对消力塘安全运行的影响程度是本工程的难点。

（8）通航渡槽水荷载大（设计水深2.7m，校核水深3.0m），水密性要求高、泄槽变宽度（48.2～12.0m），通航渡槽结构设计难度大。

（9）通航建筑物人工边坡高达160m，高边坡上有巨大的地质缺陷f_1断层，边坡设计难度大。

（10）导流洞出口最大流速达到20.33m/s，出口冲刷坑最大深度达到16m。隧洞出口边坡高达172.0m，导流洞出口明渠长度仅40～50m，导流洞出口防冲保护难度大。

1.5　关键技术问题研究

1.5.1　水库汛期运行调度方式

（1）研究如何在满足防洪安全的基础上，满足电网日调节需要。

（2）汛期水库水位超过原设计防洪限制水位时，研究如何使水库水位尽快回落到原设计防洪限制水位以下，保障水库发挥其防洪作用。

（3）研究提高洪水资源利用率的方法。

1.5.2 重力坝与泄洪消能建筑物

（1）根据彭水水电站的地形、地质及枢纽布置的特点，对泄洪建筑物的型式进行研究，选择合适的泄洪建筑物型式。

（2）结合坝址地形地质条件，对泄洪建筑物的布置进行比较，从满足减小下游坡脚冲刷、减少边坡开挖从而有利于边坡稳定以及减少工程量等方面综合考虑，选取适宜的泄洪建筑物布置方案。

（3）结合泄洪建筑物布置方案，重点研究结构体型及消能工型式，减小下游坡脚冲刷，从结构安全以及工程量等方面综合比较，确定结构体型及消能防冲设计。

1.5.3 地下电站建筑物

1. 地下电站布置研究

（1）彭水水电站地下厂房厂区陡倾地层岩溶顺层发育，岩溶处理代价极高，采用规避岩溶的思路，研究主厂房轴线与岩层夹角成小角度布置，避开处理 W_{84} 与 KW_{51} 两个岩溶系统，使主厂房洞室布置在完整岩体内，以及研究采用工程措施结合计算分析保证洞室稳定。

（2）将大型地下电站由传统的"三洞型"（即地下厂房、主变洞、尾水调压室）变为"单洞型"（仅地下厂房）布置的思路，能降低山体挖空率、减小岩溶处理规模和难度、提高地下洞室围岩稳定性。研究能够调压的尾水洞，取消尾水调压室，同时满足调节保证计算的要求；研究"超高母线竖井"技术，将主变布置于地面，取消主变洞。

2. 尾水塔结构型式研究

研究在高陡倾边坡下尾水塔的新型式，以解决高陡倾边坡尾水塔的布置难题。

3. 地下电站洞室开挖及支护技术研究

（1）研究在开挖工程中减小主厂房开挖高度，开挖后改进锚喷支护的构造以对围岩及时提供支护，并研究对开挖卸荷层面张开的裂隙采取有效的工程措施。

（2）研究对地下厂房洞室群围岩变形进行监测数据的动态分析与动态反馈的监测手段。施工过程中根据围岩变形特征、支护结构要求，对部分系统锚杆、锚索的参数进行调整，并根据开挖过程揭示的围岩条件及安全监测数据，动态调整开挖、支护施工步序。

（3）研究采用计算软件进行地下厂房洞室的三维围岩稳定分析及分步开挖、支护模拟分析研究，进行三维及平面的洞室围岩开挖支护模拟计算分析研究。对开挖过程中与支护后的地下洞室群的稳定性进行分析和评价。

4. 地下电站岩溶系统处理技术研究

研究施工勘探技术及岩溶系统围岩加固等岩溶处理新技术，以有效解决岩溶系统的地质缺陷。

1.5.4 通航建筑物

（1）根据彭水水电站的地形、地质及枢纽布置的特点，结合航运规划的要求，从工程布置和有利于运行安全和方便施工综合考虑，对通航建筑物的布置和型式进行研究，确定通航建筑物的最佳布置方案。

（2）根据彭水水电站船闸泄水建筑物布置及泄水消能型式的布置特点，确定船闸泄水系统布置与消能型式模型试验研究工作，从而确定船闸高水头旁侧泄水的最佳设计方案。

（3）针对通航渡槽水荷载大、水密性要求高，同时还应具备防撞、满足照明、消防、检修等功能性要求的特点，展开通航渡槽的布置及结构设计的试验研究。

（4）针对施工开挖过程中揭示出来的通航建筑物中间渠道边坡大型风化溶蚀带 f_1 断层，断层总宽度约 $35\sim40m$，高度达 $100m$，研究边坡处理的最佳方案。

1.5.5 金属结构

（1）根据施工进度安排，在表孔弧门尚未完全安装完毕但具备挡水条件的情况下，研究如何临时挡水，用于发电。

（2）对两种电站快速门进行研究，一是采用定轮（球面滑动轴承）支承，埋件采用铸钢轨道；二是采用滑块支承，埋件为厚钢板焊接结构。研究选取较优的电站快速门。

（3）在施工阶段，研究优化钢管布置，节省工程投资。

（4）根据主提升机减速器大扭矩、大传动比、外形尺寸要求严格等特点，研究减速器的设计方案。

（5）对船厢结构进行优化设计，使承船厢结构设计合理，强度、刚度满足运行要求。

（6）研发一种带机械锁紧装置的均衡油缸方案，使油缸在升船机运行期间的内、外泄漏不致影响船厢的水平状态。

1.5.6 施工

1. 导流洞出口防冲保护关键技术研究

根据导流洞出口流速大、冲刷深等特点，研究解决导流洞防冲保护的问题。

2. 大坝混凝土快速施工及温度控制关键技术研究

彭水水电站工程工期紧，要求坝体快速连续上升才能满足施工进度的要求，为此对大坝混凝土施工方案、温度控制措施、碾压混凝土层间结合方式等进行研究，以满足工程需求。

为确保彭水大坝施工质量和大坝安全，需根据工程所在地气象条件、坝体结构、混凝土原材料及配合比、混凝土各种性能、不同温控措施并结合大坝施工进度计划、施工方案计算坝体温度及温度应力，通过对计算结果进行分析研究，提出合理、可行的温控防裂措施，在保证坝体快速施工的情况下保证大坝的工程质量。

1.5.7 机电

（1）研究彭水水电站最优的机组个数及单机容量。

（2）研究在保证机组制造质量的条件下，如何提高水轮机的水力稳定性。

（3）为了解决蜗壳末端最大压力升高率偏大的问题，从减少引水隧洞长度、增设引水隧洞调压室、加大引水隧洞洞径和引水隧洞交叉布置等方案进行比较分析和研究。

（4）主接线中发电机和变压器的组合方式采用单元接线，对单元接线、联合单元接线和扩大单元接线形式进行比选研究。

（5）对高压电器设备的选择及布置进行研究。

（6）对计算机监控系统及继电保护设备运行情况进行总结。

第2章

工 程 地 质

2.1 工程地质概况

2.1.1 区域构造稳定及地震

工程区处在我国第二阶地形梯级带中部南缘，位于大娄山脉与武陵山脉之间的鄂黔山地，为岩溶中山或中低山地形，地貌呈北北东～南南西向展布，明显受构造及岩性控制。地层岩性是一套碳酸盐岩和碎屑岩沉积建造。

区域构造属于扬子准地台（Ⅰ级）上扬子台褶带（Ⅱ级）黔江拱褶断束（Ⅲ级）。基底为一套浅变质的陆源碎屑岩夹碳酸盐岩、火山岩建造。自古生代以来，沉积了巨厚的盖层，燕山运动使本区盖层发生强烈褶皱和断裂，形成规模巨大的北北东～北东向构造形迹，燕山运动末期构造基本定型。喜山运动早期，形成近南北向和北北西向的褶皱和断裂，叠加在燕山运动晚期形成的"S"形褶皱带之上。喜山运动中、晚期主要表现为间歇性的整体抬升，形成大娄山期、山盆期和乌江期多级夷平面。第四纪该区仍大面积间歇性上升，到中更新世中期才较为强烈，抬升速率为 2.6mm/a；晚更新世相对变慢，抬升速率为 0.5～0.6mm/a；全新世稍有增加，抬升速率为 1.0mm/a。差异活动不明显，没有强烈的断块差异活动。

分析研究了工程区及外围 320km 范围内地震地质条件和地震活动特征，区域性断裂有火石垭断裂、郁山镇断裂和黔江断裂，活动性较微弱，活动的幅度亦很小，属于弱活动或基本不活动断裂，不具备发生大于 6 级地震的地质条件，5 级左右地震大致代表该区地震活动水平。根据《中国地震烈度区划图》和坝区地震危险性专题研究，经四川省地震局复核，彭水水电站坝区地震危险性分析成果见表 2.1-1。

表 2.1-1 彭水水电站坝区地震危险性分析成果表

年超越概率	2.0×10^{-3}	1.0×10^{-3}	0.2×10^{-3}	0.1×10^{-3}
烈度/度	5.8	6.2	7.0	7.2
峰值加速度/gal	81	99	148	166

工程区属于弱震环境，地震活动水平不高，无活动性断裂通过坝区，区域构造稳定性较好。坝区地震基本烈度为Ⅵ度。

2.1.2 水库工程地质

彭水水电站水库正常蓄水位 293m，回水至贵州省沿河县城附近，库长约 117km，库容 13.35 亿 m³，为河道型水库。

2.1.2.1 水库基本地质条件

乌江自沿河沙沱从南向北流入库区，至鹿角转向北西流经坝址区。河床多狭窄，河谷横断面多呈"V"形，两岸谷坡 40°～70°，水流湍急，平均坡降 0.7‰ 左右，乌江河水面高程 210～300m，枯水面宽 60～150m，两岸峰顶高程达 1000m 以上，山脉延伸方向多与构造线一致，呈北北东～南南西向展布。

乌江一级支流左岸有暗溪河、洪渡河；右岸有小河、诸佛江、阿蓬江，其中洪渡河和阿蓬江的流域面积较大、水量较丰。

库区地层岩性为一套碳酸盐岩和碎屑岩沉积建造。自寒武系至三叠系，除缺失泥盆系中下统、石炭系外，其他各系均有出露。库岸以岩质岸坡为主，其中碳酸盐岩共 8 段，长 59.7km，占 55.3%；碎屑岩共 10 段，长 48.2km，占 44.7%。

基本构造格架以北东向褶皱及断裂构造为主，主要褶皱构造有桑柘坪向斜、筲箕滩背斜、龚滩向斜、天馆背斜；主要断裂构造有诸佛江断层、沿河断层和钟南断层等北东向断裂和大溪头—桶井坝南北向断裂。

水库区岩溶形态有峰丛洼地、岩溶槽谷、漏斗、落水洞等地面岩溶，在河谷各个不同高程发育有溶洞、暗河和岩溶泉。主要岩溶泉与暗河有 13 处，流量大于 100L/s 的占 75%，其余地下水流量较小。暗河坡降一般大于 3%。

2.1.2.2 库岸稳定性

从规划选点阶段就开始进行库岸稳定调查。可行性研究阶段采用航片解译和实地调查相结合，对库岸崩塌、滑坡和错落体进行了地质测绘。初步设计阶段又对重点库段和重点崩、滑体进行了复核研究。经航片解译和各阶段库岸实地勘察，在乌江干、支流库段岸坡共发现大于 10 万 m³ 崩滑体 26 处，总体积为 6661 万 m³，危岩体 3 处，总体积 85 万 m³。不稳定和欠稳定的滑坡有 13 个，体积为 3096 万 m³，对不稳定和欠稳定的滑坡上的居民进行搬迁或通过详细的勘察、监测来研究确定搬迁和治理的可行性；基本稳定的滑坡有 10 个，体积为 3327 万 m³，水库蓄水后，通过监测，对明显变形可能产生整体破坏的滑坡须考虑搬迁和治理。具体见表 2.1-2。

表 2.1-2　　　　　水库主要滑坡、崩塌体、危岩特征一览表

名称	至坝址距离/km	滑坡、崩塌体、危岩特征				稳定性基本评价
		面积/万 m²	体积/万 m³	前/后缘高程/m	结　　构	
太阳湾	2.0	6	100	250/480	堆积物为黄褐色黏土、粉砂质黏土，中段见有堆积块石。见错动后的反倾岩体，倾 340°，最厚 23m，见两处孔隙泉点	后缘局部变形，滑坡现状欠稳定。蓄水后欠稳定
右岸码头	2.2	4	45	260/413	两侧冲沟控制，平均地形坡度 45°，褐黄色黏土夹碎块石，黏土可塑状，结构松散。见基岩裂隙水	修路诱发局部变形，现状基本稳定～欠稳定。蓄水后欠稳定

名称	至坝址距离/km	滑坡、崩塌体、危岩特征				稳定性基本评价
		面积/万 m²	体积/万 m³	前/后缘高程/m	结　构	
王沱	27.1	25.3	1063	230/457	滑坡体前缘呈扇形体，堆积物为黏土夹块石。地层倒转，岩层走向330°，倾南西，倾角20°～48°，厚度30～50m，胶结一般。见泉水、流量10L/min	现状基本稳定，蓄水后局部塌岸变形，欠稳定
董家	35.5	38	845	250/550	堆积物黏土、块石，结构紧密，块石主要分布在下游侧和后部，厚度不均，前缘平台厚达56m，中后部逐渐变薄，前缘见反倾岩体。见泉水露头	剪出口处有厚层灰岩支撑，现状稳定，蓄水后基本稳定
龚滩	39.0	14	254	260/400	堆积物为黏土及碎块石，局部岩石碎块胶结好，块石主要堆积在350m高程以上，河边也见少量块石，厚度不均匀，最厚23m。前缘坡度30°，后缘坡度小于20°，剪出口外基岩裸露	现状稳定。为缓坡外倾结构体，堆积体胶结较好，蓄水后基本稳定
上瞢潭	49.2	12	240	285/375	堆积物为黏土、粉质黏土夹页岩碎块，其中页岩碎块含量约占40%，偶见砂岩块石，结构松散。剪出口附近有水渗出	局部变形强烈，现状基本稳定，蓄水后欠稳定
岩脚湾	60	9.2	185	254/450	堆积物为灰岩、砂页岩碎块、块石组成，胶结一般，后部块石区结构松散，前缘见宽度不大的平台，平均地形坡度25°	现状基本稳定。滑床较陡，前后缘高差大，蓄水后欠稳定
荆竹坝	60.5	15.3	581	260/400	堆积物为黏土夹块石或互杂，胶结一般，前缘坡角25°，后缘坡角20°，且见100m宽平台，平均厚度30～40m，后缘圈椅状地貌明显，前缘向外凸起。见大泉水，流量约150L/min	无近期活动，现状基本稳定，蓄水后存在局部失稳，欠稳定
白蜡树坝	61.9	9.9	297	270/425	堆积物为页岩碎块夹黏土，后缘地带见有揉皱反倾的碎裂岩，平均坡度25°，见小的陡坎和台阶，右侧一冲沟控制，厚度变化大，剪出口处出露有基岩，产状倾向110°，倾角45°。见季节性泉水	现状基本稳定～稳定，蓄水后可能产生局部变形破坏，欠稳定
毛渡	63.5	30.3	1515	260/400	堆积物为大小灰岩块石组成，钙泥质胶结好，前缘坡角36°，后缘平台坡8°，为整体错落滑动而成，前部分堆积于冲积物上，剪出口处见有紫红色粉砂岩，倾向286°，倾角45～60°	前缘有变形迹象，现状整体稳定，块石大小不均，胶结紧密，蓄水后基本稳定
瓦窑坨	99.3	16.2	292	284/390	坡积层黏土夹碎块石，前缘见河流冲积物粉质黏土，后缘不见滑移反倾岩体，平均地形坡角25°，后缘圈椅状地貌比较明显	1999年暴雨期间多处产生拉裂变形破坏，现状基本稳定，蓄水后欠稳定
马峰危岩体	9.5	4	60	300/480	上部硬质灰岩，下部软质铝土页岩，由多组裂隙切割形成块体，后缘见多条拉裂缝，平行于边坡，深不可见，裂缝一般宽0.2～0.8m，最宽达2～3m。下挫形成的陡坎，高1～2m，最高达5～6m	现状欠稳定。不受库水影响，对地震反应敏感，有可能发生局部崩塌
大岩门危岩体	35.6	2.2	80	400/525	整体地势比较平缓，由切割破坏并发生位移高30～40m的丘状山体组成，山体之间见宽2～20m的狭长深槽，纵横交错，景观奇特，岩体下部可见0.2m页岩被挤压成薄片状	形成时间较长，现状较稳定，对地震反应敏感，有可能发生局部崩塌。水平位移4～6m

1. 崩滑体成因

崩滑体形成的因素主要有岩性组合、岸坡结构、构造影响等。

（1）岩性组合：水库 26 处崩滑体，其滑床层位主要为志留系（S），其次为三叠系大冶组（T_{1d}）和二叠系（P）地层。志留系（S）出现崩滑体频度较高（图 2.1-1），因其岩石性状软弱，抗风化和变形能力差，岸坡易于变形破坏；坚硬的碳酸盐岩岩体中软弱夹层较发育的地段，如三叠系大冶组（T_{1d}）灰岩夹极薄层页岩岩体产生滑坡数量多；下部为志留系（S）页岩、上部为二叠系（P）坚硬灰岩（一般在峡口地带）的地段易形成规模较大的崩滑体。

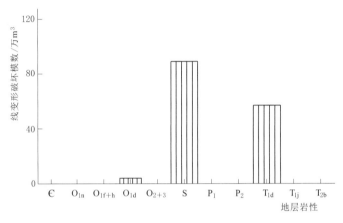

图 2.1-1 崩滑体与地层岩性关系图

（2）岸坡结构：纵向谷、斜向谷顺向坡结构是滑坡形成的主要因素，其中碳酸盐岩纵向谷（I_3）缓倾顺向坡岸段和碎屑岩斜向谷（II_2）中倾角顺向坡结构地段滑坡数量较多，前者线变形破坏模数达 80 万 m^3/km（图 2.1-2），如大岩门至阿蓬江口；后者线变形破坏模数达 230 万 m^3/km。碳酸盐岩横向谷（I_1）和碎屑岩横向谷（II_1）岸坡结构崩滑体数量稀少。

（3）构造影响：水库没发现因大的断裂产生的滑坡，一般在微褶皱构造比较发育的地段，岩体受挤压强烈，张性裂隙极发育，易于产生较大规模的滑坡，如荆竹坝、白蜡树坝滑坡均处于紧密的向斜和背斜部位。

几种因素共存是最不利的组合，岸坡破坏最为强烈。如刀尖角—毛渡段属志留系页岩，褶皱构造发育，且为斜交顺向坡，分布有岩脚湾、荆竹坝、庙堡、白蜡树坝、毛渡等大型滑坡，库岸稳定差。

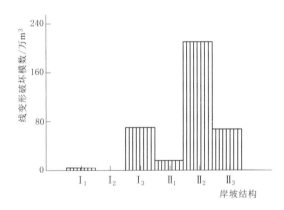

图 2.1-2 崩滑体与岸坡结构关系图

2. 岸坡稳定性评价

在正常回水位范围，干流库岸线长

234km，支流库岸线长约43km。根据岸坡稳定条件和崩、滑体的分布状况，将岸坡稳定条件分为好（A）、较好（B）、较差（C）、差（D）四类。A、B类岸坡约占83%，大多为横向谷和斜向谷，以碳酸盐岩组成的岸坡为主，没有规模大的崩滑体。较差的C类岸坡，由碎屑岩组成，出现少量滑坡，占库长的5%。稳定条件差的D类岸坡有3段，即大岩门—阿蓬江口、刀尖角—毛渡，柑子坪—沿河县城，占库岸长度的12%，为纵向和斜向河谷结构，其中大岩门—阿蓬江段分布碳酸盐岩，另两段为碎屑岩库岸。D类岸坡分布有较密集的崩滑堆积体。支流替溪沟太阳湾滑坡和阿蓬江上晋潭滑坡地段稳定性差，段长分别为1.5km、2.0km，其余库段稳定性较好。

碳酸盐岩岸坡强度高，抗冲蚀能力强，岸坡再造轻微；碎屑岩陡倾横向谷段岸坡再造轻微，中缓倾斜向谷段较强烈；堆积体岸坡易产生变形破坏，龚滩—乌龟堡一带塌岸强烈。

水库蓄水后对库岸进行巡查和观测，岸坡总体稳定，滑坡及崩塌体均未发现变形。

对水库暗河及岩溶洼地的研究表明可能发生岩溶洼地浸没的地段集中在马峰崖至石盆上游9km的库段，左岸有苏家坝—来龙沟暗河，右岸有马峰崖响水洞暗河、龙门峡暗河、石槽—龙塘坝暗河及沙湾暗河。蓄水后观测，浸没总体轻微。

由此可见，彭水电站水库岸坡稳定条件总体是好的。

3. 近坝岸坡稳定对大坝的影响

为评价近坝岸坡稳定对大坝的影响，重点对库首太阳湾滑坡、右岸码头滑坡和马峰危岩体的稳定性进行了专门研究。

（1）太阳湾滑坡。太阳湾滑坡位于库首右岸支流替溪沟，距沟口1.5km处，沟口向乌江下游至大坝约500m，基本成直角转折。滑坡后缘呈圈椅状，前缘呈扇形展开，地形坡度为30°，前缘高程为250~270m，后缘高程为480m，高差为230m，长为400m，宽为100~250m，体积约100万m³。太阳湾滑坡为土质滑坡，堆积物为粉质黏土、碎块石；碎块石成分主要是粉砂岩、页岩；页岩碎块多为强风化，呈碎片状，厚为3~23m。下伏基岩为奥陶系中统宝塔组（O_{2b}）灰岩及奥陶系下统大湾组（O_{1d}）粉砂岩夹页岩、灰岩，见图2.1-3。

根据地形变化及滑坡结构特点，将滑坡分为欠稳定区（A）和基本稳定区（B），凹槽状斜坡地形为欠稳定区，替溪沟下游脊状地形为基本稳定区。

欠稳定区（A）后缘高程为480m，前缘高程为250m，平均坡度为30°，滑体厚度一般为7~17m，最厚约23m，体积约37.5万m³。滑床坡度为25°~30°，较平顺。滑体后缘薄，前缘厚度较大。该区在1960年暴雨期曾发生滑动，滑坡体上一桃树下滑约10m。1986年再次出现裂缝和变形。2003年6月25日晚，在经历3d的强暴雨袭击后，滑体局部又产生变形拉裂，但整体未见滑动。2007年7月28—30日连续强降雨，于30日凌晨约5点，A区再次发生滑坡，滑坡后缘高程为340m，前缘高程为278m，宽为50~70m，长约100m，厚度为6~8m，总方量约5万m³。滑坡发生后，滑体物质堆积于替溪沟右岸斜坡上，毁坏11号（下层）公路，造成公路中断。

基本稳定区（B）主要为残坡积黏土夹碎块石，与基岩接触带为碎块石夹土，堆积物厚度为8.0m左右，岩土界面坡度约25°。滑坡前缘为宝塔组灰岩，岩体较完整，反倾坡

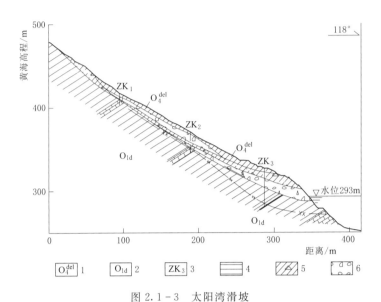

图 2.1-3　太阳湾滑坡

1—滑坡；2—奥陶系大湾组；3—钻孔编号；4—页岩；5—粉质黏土夹碎石土；6—碎块石

内，对松散堆积体起到支挡作用。后缘无明显拉裂变形迹象，现状处于基本稳定状态。

太阳湾滑坡因位于乌江支流，距河口约 1.5km，其失稳对大坝安全影响不大。滑坡距业主住地及周边建筑物 300～400m，经计算，滑坡失稳后，涌浪传至业主营地附近的浪高 3～5m，存在不利的影响。

太阳湾滑坡经治理后监测资料显示，水库运行初期，超过正常蓄水位 20m 以上范围内变形较大，累计位移量为 20.8mm。目前，滑坡已趋于稳定。

（2）右岸码头滑坡。码头滑坡位于乌江右岸，至大坝距离 2.2km，为土质滑坡，前缘高程为 260m，后缘高程为 413m，高差为 153m，长约 260m，宽为 180m，厚为 12m，面积为 3.8 万 m^2，体积为 45 万 m^3，地形坡度约 40°。滑坡堆积物为褐黄色黏土夹页岩碎块，黏土可塑状，结构松散，局部为块石，碎石含量约 70%。滑带土不明显。根据钻孔揭示，岩土界面比较平顺，倾角约 30°，见图 2.1-4。下伏基岩为志留系页岩，岩层走向 20°～30°，倾向南东，倾角 20°～35°。地表排水条件较好，地下水多为基岩裂隙水，地表见泉水出露，流量小于 3L/min。

2003 年 8 月 10 日雨后，右侧彭桑公路附近因码头公路开挖切脚，出现滑塌，长约 20m，公路出现裂缝，后经处理，现状基本稳定。滑坡体地形坡度陡，基岩面坡度角约 30°，整体结构为后部重、前缘单薄，滑床为页岩，隔水较好，利于地下水富集，根据地质结构及变形过程分析，滑坡体是欠稳定状态。

码头滑坡上无居民点分布，原彭桑公路已改线，滑坡失稳主要为滑坡所产生的涌浪对大坝和对岸的万足居民点的不利影响。根据滑坡涌浪计算，滑坡落水点最大波浪高度为 6.9m，传至大坝时最大浪高约 3m，传至对岸时最大浪高为 4m。按正常蓄水位 293m 推算，坝前和对岸浪尖高程为 297m，均低于大坝坝顶高程 301.5m 和对岸万足乡茶林坪居民点最低高程 310m。涌浪对建筑物影响不大。

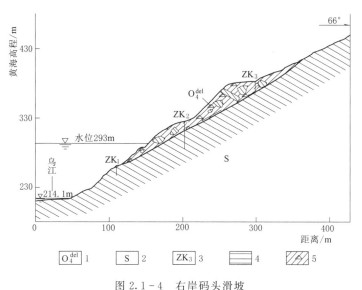

图 2.1-4　右岸码头滑坡

1—滑坡；2—志留系；3—钻孔编号；4—页岩；5—粉质黏土夹碎块石

彭水水库蓄水后对码头滑坡进行了监测，多年的监测资料显示，滑坡在目前库水位状况下无明显变形，水库已运行多年，滑坡趋于基本稳定状态。

（3）马峰危岩体。马峰危岩体位于彭水县马峰水泥厂，距彭水电站大坝约 9.5km。

1）基本地质环境。危岩体位于乌江右岸，桑柘向斜南东翼，为横向河谷，河流由南东向北西流出。岸坡地形陡峻，地形坡角为 45°～55°，岩层走向 40°，倾向北西，倾角为 40°～50°。岸坡岩体上部为二叠系栖霞组灰岩，属硬岩；下部为二叠系梁山组铝土质页岩和志留系页岩，属软岩。为典型的上硬下软的岸坡结构。

边坡岩体未见较大断层发育，岩体中主要发育两组裂隙：第一组裂隙走向 287°，倾向南西，倾角为 65°～75°，该组裂隙为顺坡向卸荷裂隙，规模较大，为主控裂隙，局部溶蚀宽为 3～5cm，从已开挖隧洞口观测，每 10m 可见 4～6 条，最长的达 30 余 m；第二组裂隙走向 355°，倾向北东，倾角 75°～80°。

2）危岩体特征及稳定性初步分析。马峰危岩体长约 250m，高约 50～180m，平均厚度约 15m，总体积约 60 万 m^3。

根据记载，该段斜坡早在 1852 年和 1855 年距此约 6km 的傍滩地震影响下就已出现有较多的拉裂缝，裂缝宽仅 0.1～0.2m。1987 年暴雨过后，该段斜坡发生滑塌，后缘形成拉裂缝，外侧岩体下挫 2～5m。2004 年 3 月马峰三号隧道出口段明洞开挖时再次出现塌方。

据现场地质调查，高程 450～480m 可见很多拉裂缝，深不可见，裂缝一般宽为 0.2～0.8m，最宽达 2～3m，裂缝平行于岸坡，与第一组裂隙走向相同，延伸数十米。因外侧岩体下挫形成的陡坎一般高 1～2m，最高达 5～6m。在高程 400m 附近也见有少量拉裂缝，宽 0.1～0.3m。

危岩体主要是在卸荷裂隙的基础上发展而成的，据调查，强卸荷带宽 10～30m。影响卸荷裂隙地质因素主要有：①上硬下软的不利地质结构是造成边坡顶部岩体强烈卸荷的主要地质原因；②顺坡向且倾向坡外的构造裂隙密集发育是卸荷裂隙强烈发育的基础；③地形陡峻，坡顶张应力集中为卸荷裂隙的进一步发展创造了有利的条件。

此外，早年地震和后期边界条件的改变也加快了危岩体的形成和发展，如边坡下部煤层的大量开采和原彭桑公路的修建切脚也是造成危岩体形成的主要因素。

根据危岩体边坡地质结构和变形特征分析，危岩体现状为欠稳定状态。水库蓄水后，虽然危岩体均位于库水位以上，但危岩体下部软岩基座长期被水浸泡，对危岩体稳定不利，且有煤洞的影响，可能加速危岩体失稳。此外，鹿角附近也是水库诱发地震比较强烈的库段，对危岩体的稳定不利。

3）危岩体对水库的影响。马峰危岩体前缘陡峻，高差大，高于库水位 200 余 m，属于高位危岩体，其失稳具有瞬时性，所产生的涌浪除对附近建筑物和大坝均有不利的影响外，滑塌过程中产生的巨大冲击震动还可能牵引危岩体下游侧的边坡失稳，并可能临时堵塞乌江。

马峰危岩体共布置 3 个监测断面，每个断面布置多点位移计 1 套和测斜孔 1 个。观测资料显示：自 2008 年 5 月 9 日至 2008 年 12 月 8 日，最大累积位移为 7.96mm（M03MFWY-3），M02MFWY 与 M03MFWY 岩体深层位移变形呈增大趋势，M01MFWY 变化较小，变化过程见图 2.1-5 和图 2.1-6。马峰危岩体约 374.0m 以上岩体深层位移变形有进一步递增的趋势，建议加密监测，并及时做好预测预报。

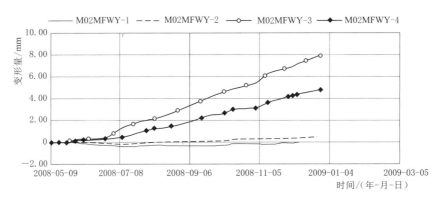

图 2.1-5 多点位移计 M02MFWY 位移-时间变化过程线

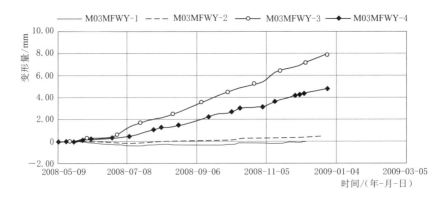

图 2.1-6 多点位移计 M03MFWY 位移-时间变化过程线

2.1.2.3 水库诱发地震研究

水库蓄水后是否诱发水库地震，除了水库规模以外，主要取决于水库区基本地质条件，即岩性条件、构造条件、渗透条件、地应力及地震活动水平等。故对水库库盆岩性、构造条件、渗透条件、地应力状态和库区地震环境进行了分析研究。

（1）岩性条件：库区岩性为碳酸盐岩和碎屑岩两大类，碳酸盐岩有三叠系下统、寒武系中上统、二叠系和奥陶系，以上各层岩溶均较发育，尤其是嘉陵江组、二叠系及寒武系中上统厚层块状灰岩岩溶很发育，有利于诱发岩溶型水库地震；碎屑岩类有泥盆系、志留系、奥陶系上统及下统大湾组等砂、页岩地层，主要分布于背斜与向斜过渡地带，不利于库水向深部渗透，诱发水库地震的可能性小。

（2）构造条件：库区的三组断裂中，北东组诸佛江断层，属弱活动断层，中更新世晚期曾有过活动，此后活动减弱，且该断层西南端距乌江约 2km 与水库正交，不是诱发地震最有利方向。近南北组的大溪头—桶井坝断层与乌江河谷平行，据卫片显示，第四纪有一定活动性，有利于诱发水库地震，其他方向断层规模不大。

（3）渗透条件：彭水水电站为一峡谷型水库，碳酸盐岩岩溶发育，尤其是三叠系下统灰岩为核部的桑柘坪向斜、龚滩向斜区，地下岩溶管道发育，有利于库水的入渗，其中龚滩向斜区因大溪头—桶井坝断层切割，库水向深部渗透条件更好。但是由于高程 400m 以下为乌江强烈下切时期，岩溶作用明显减弱，其入渗范围和深度也受到限制。碎屑岩透水性弱，不利于库水入渗，且由于分布于背斜和向斜的过渡地带，限制了岩溶库段库水的入渗空间。

（4）地应力状态：根据光弹模拟实验，库首坝址—万足场地区和库中区大溪头断层分布地带为相对较高的地应力水平，有诱发震级不高的浅表应力局部调整型的水库地震。

（5）库区地震环境：库区处于弱震环境，地震活动水平不高，其中诸佛江潜在震源区的震级上限为 5.5 级，在库区属最高水平。

通过研究认为，水库存在诱发地震的地质条件。采用工程地质类比和类型（成因）判断法，对水库诱发地震进行了预测评价。

1）库首大坝—王沱库段，为碳酸盐岩和碎屑岩相间分布，发育有郁山背斜、桑柘坪向斜和筒箕滩背斜及多组断裂，沿岸特别是鹿角沱上游见多个大规模的地下暗河，水库蓄水后，坝址区、亮海沱—沿滩和鹿角沱—王沱等地段诱发岩溶型水库地震的可能较大。

2）库中王沱—思渠库段，主要为二叠系、三叠系灰岩，暗河、溶洞、落水洞等岩溶地貌发育，泉水遍布。构造上位于龚滩向斜中部及核部地区，大溪头—桶井坝断层通过库区西侧。水库蓄水后，洪渡—鲤鱼沱和毛渡—思渠段具有诱发岩溶型水库地震的可能性。

3）库尾思渠—沿河库段，因蓄水深度较小，虽然思渠—黑獭堡为中、上寒武系和奥陶系强岩溶地层，有较大规模的钟南断层通过，沿河附近有沿河断裂和温泉出露，但诱发岩溶型水库地震的可能性较小。

综合库区地质构造和岩溶发育情况，并参比已建隔河岩和江口水库蓄水后诱发地震的规模和特点，彭水水电站蓄水后，水库区可能产生的岩溶型水库地震的最大震级可按 4 级考虑，相应的震中烈度约Ⅵ度，影响到彭水坝址的烈度小于Ⅵ度。

水库诱发地震的影响小于坝址地震基本烈度，对工程建筑物影响不大，但对附近居民点、崩滑体和危岩的稳定性有一定的影响，在水库蓄水前后进行了监测预报。根据重庆市地震部门和长江三峡工程专用地震台观测资料，自 2008 年 9—11 月，水库区共记录爆破和地震事件 210 次，其中处于库区的地震震级基本不大于 2.0 级，而且强度和发震频率有明显减弱的趋势。总体来看水库诱发地震情况与勘察报告预测的结论基本一致。

水库诱发地震研究尚无成熟的研究方法，在彭水水电站水库诱发地震问题的研究中，采用工程地质类比和类型（成因）判断相结合的研究方法，即对现有震例分析归纳为"构造型""岩溶型"和"浅表应力局部调整型"三类及其相关的地震地质条件，在此基础上以"类型（成因）"类比来判断所研究水库可能诱发地震的类型、发震地点、强度和影响是切实可行的。彭水水电站蓄水以来的实践证明，应用该方法进行的预测预报与实际基本吻合，但也存在一定的偏差，水库诱发地震机制有待进一步完善。

2.1.3 坝址基本地质条件

2.1.3.1 地形地貌

坝区位于长溪河至万足场之间碳酸盐岩峡谷河段中，两岸临江山顶高程为 500～930m，相对高差达 300～600m。坝址左岸地形坡度为 40°，右岸下陡上缓，坡度为 40°～60°，为基本对称的"V"形谷。乌江在坝址区平均流向 310°，河流与岩层走向夹角为 70°～75°，坝址河谷为横向谷。枯水位 211～213m 时，江水面宽 60～90m，水深 10～20m，最深达 27m。正常蓄水位 293m 时，河谷宽 230～260m，河床覆盖层厚一般小于 7m，最厚达 14m，基岩面高程 182.8～205m。

2.1.3.2 地层岩性

坝区地层从上游至下游出露志留系—寒武系碳酸盐岩和碎屑岩，其中碳酸盐岩占 84%，具体见表 2.1－3。

表 2.1－3 坝 区 地 层 简 表

系/统	组	地层代号	地层厚度/m	岩 性 简 述
第四系		Q		冲积砂卵石，崩积块石夹碎石
志留系中下统		S_{1+2}	1082	页岩及粉砂岩
奥陶系上统	五峰组	O_{3w}	11.6	黑色板状炭质页岩
	临湘组	O_{3l}	4.3	泥灰岩瘤状灰岩
奥陶系中统	宝塔组	O_{2b}	38.1	龟裂纹灰岩
	十字铺组	O_{2s}	12.6	生物结晶灰岩
奥陶系下统	大湾组	O_{1d}^3	110.2	上部粉砂岩夹页岩，中部粉砂质页岩，下部页岩夹泥质灰岩
		O_{1d}^2	12.35	厚层含泥质生物灰岩
		O_{1d}^{1-3}	73.88	页岩，下夹少量泥灰岩及灰岩透镜体
		O_{1d}^{1-2}	7.7	含泥质生物灰岩
		O_{1d}^{1-1}	5.92	深灰色、薄～极薄层、细～粗晶灰岩与页岩互层
	红花园组	O_{1h}	75.63	深灰色、厚～中厚层结晶灰岩近底部夹极薄层页岩及燧石层

系/统	组	地层代号	地层厚度/m	岩 性 简 述
奥陶系下统	分乡组	O_{1f}^3	6.49	深灰色、薄层结晶灰岩与页岩、燧石层互层
		O_{1f}^2	21.72	深灰色、结晶灰岩夹少量薄～极薄层页岩、燧石层
		O_{1f}^1	15.83	深灰色灰岩夹较多的页岩
	南津关组	O_{1n}^{5-3}	38.02	深灰色细晶灰岩夹较多的微～致密灰质白云岩
		O_{1n}^{5-2}	25.11	微晶灰质白云岩夹紫灰色灰岩
		O_{1n}^{5-1}	13.21	紫灰色、深灰色灰岩与浅灰色微晶灰质白云岩互层
		O_{1n}^{4-3}	6.49	紫灰色、深灰色微晶灰岩夹较多的微晶灰质白云岩
		O_{1n}^{4-2}	6.17	紫灰色微细晶灰岩夹微晶灰质白云岩
		O_{1n}^{4-1}	8.64	深灰色灰岩，下部含较多的条带
		O_{1n}^{3-3}	7.29	深灰色灰岩与黑灰色含灰质串珠体页岩互层
		O_{1n}^{3-2}	18.07	深灰色厚层灰岩，中部夹极薄层含灰质串珠体页岩
		O_{1n}^{3-1}	7.93	深灰色粗结晶灰岩与含灰质串珠体页岩互层
		O_{1n}^2	8.24	顶部1.85m为灰岩与页岩互层，以下为页岩夹少量极薄层灰岩条带
		O_{1n}^1	23.42	深灰色含泥质条带灰岩夹极薄层页岩，含灰质串珠体页岩，底部6.34m粗晶灰岩
寒武系上统	毛田组	ϵ_{3m}^{2-2}	13.95	微晶～致密灰岩夹少量微晶灰质白云岩，含大量燧石团块
		ϵ_{3m}^{2-1}	18.09	浅灰色微晶灰质白云岩夹较多的深灰色、紫灰色灰岩
		ϵ_{3m}^{1-2}	50.50	细晶白云岩与浅灰微晶～致密白云岩不等厚互层
		ϵ_{3m}^{1-1}	36.16	浅灰～深灰色、细～中晶白云岩夹微晶～致密白云岩，顶部有1.27m灰岩
	耿家店组	ϵ_{3g}^{3-5}	19.93	浅灰色微晶与深灰色细晶白云岩互层
		ϵ_{3g}^{3-4}	34.47	深灰色、细～中晶、少量微晶白云岩中部夹数层灰岩
		ϵ_{3g}^{3-3}	50.32	浅灰色～深灰色、细晶白云岩夹浅灰色微晶白云岩
		ϵ_{3g}^{3-2}	72.24	浅～深灰色细晶白云岩夹较多的微～致密白云岩
		ϵ_{3g}^{3-1}	26.12	深灰色细晶白云岩
		ϵ_{3g}^2	13.43	上部深灰色细晶白云岩夹白云质灰岩，下部白云质灰岩
		ϵ_{3g}^1	145.32	浅灰色微晶～致密白云岩与细晶白云岩互层，底部夹白云质灰岩
寒武系中统	平井组	ϵ_{2p}	373.14	灰质白云岩与白云质灰岩互层及条带灰岩，底部夹泥质白云岩
	高台组	ϵ_{2g}	>50	深灰微晶白云岩夹少量泥质白云岩

2.1.3.3 地质构造

大坝位于郁山镇背斜南东翼，岩层走向 $20°\sim25°$，倾向 $110°\sim115°$，倾角 $60°\sim70°$（平均 $66°$），倾向上游偏右岸。

坝区断裂比较发育，基础开挖共揭示大小断层278条，但对建筑物基础有影响且规模较大的断层有16条，其中 f_1 断层是坝区最大断层。这些断层中对大坝坝基及坝肩与消能区边坡有影响的有 f_1、f_9、f_{36}、f_7、f_3 等；对电站地下主厂房、引尾水洞等洞室群及电站进出口边坡有影响的有 f_{110}、f_8、f_3、f_1、f_{68} 等；对通航建筑物基础与边坡有影响的有 f_1、f_9、f_{36}、f_7、f_5、f_{64}、f_{65}、f_{73} 等；对防渗帷幕有影响的有右岸 f_8、f_3 等，左岸 f_{36}、f_7、f_5、f_9 等。

断层发育的方向主要有以下三组：①NNE 组，代表性断层有 f_1，规模较大，破碎带宽 6～20m，为逆断层；②NW 组，如 f_5、f_7、f_8、f_{110} 等，规模也较大，地层断距最大可达 80m，为反扭平移断层；③NWW 组，如 f_{36}、f_9、f_3、f_{90}、f_{91} 等，地层断距一般 2～8m，f_{36} 断距最大达 20m，性质表现为顺扭平移断层。断层主要以高倾角为主，断层构造岩一般胶结较紧密，断层带通过中强岩溶层易形成规模较大的溶洞或溶蚀带。

主体建筑物开挖区内地质共编录较大裂隙 10151 条，其中大坝基础范围内 1007 条，主厂房共 2286 条。统计显示坝址区主要裂隙有 NW 组和 NWW 组，且主要为高倾角裂隙，裂隙多数以方解石脉充填，宽度一般 1～5mm，少量方解石脉宽度可达 1cm。坝基内缓倾角裂隙主要发育在 O_{1n}^1 层中，裂隙有方解石充填，胶结好。

2.1.3.4　软弱夹层

坝区岩体中的软弱夹层，按工程地质性质可分三类。

Ⅰ类：泥化夹层，泥化带厚度大，连续性好，厚度 2～11cm，少数达 15～20cm，其中泥化带厚 0.5～2.0cm。这类夹层有 052、504、514、801 等。

Ⅱ类：破碎夹层或破碎夹泥层，夹层主要由破碎岩屑构成，但其中夹泥层部分有泥化带，分布较连续，少数呈现断续状，泥化带厚度 0.2～0.5cm，这类夹层有 707、513、510、503、406、404、401、305、303、093、086、085、084、082 等。

Ⅲ类：风化溶蚀填泥层带，该类夹层常与溶洞溶隙相伴，这类夹层见有 4 层（C_0、C_2、C_4、C_5），分布在 ϵ_{3m}^{1-1} 及 O_{1n}^5 层中。C_2、C_4、C_5 溶蚀填泥层带一般溶蚀较强烈，部分为溶洞。

夹层中泥化层的分布特征是：泥化层主要分布于夹层的顶、底部，夹层的泥化及分布受构造和地下水的控制，同一条软弱夹层，由于构造作用和水循环交替等条件的不同，泥化情况及分布有较大的差异。在水循环交替条件好、构造作用强烈的部位，泥化充分、泥化带厚度大。随着深度的增加，泥化带的分布呈现规律性的变化，即泥化带多分布在地下水季节变化带内，此带夹层泥化充分，厚度大；在地下水垂直渗流带内，地下水循环交替条件好的地段，局部有泥化带的分布；在接近断层、岩溶洞穴或存在承压水的地段局部见有泥化带或泥膜。勘探表明：夹层泥化主要集中在高程 220～250m 地下水季节变化带内，约占 60%；在 220m 高程以下和 250m 高程以上，泥化所占的比例小，分别为 26% 和 14%。

碳酸盐岩以夹层风化为主。碎屑岩风化深度左岸较厚、右岸较浅，河床一般未风化。左岸由河岸边向山体风化深度逐渐加大。f_5 和 f_7 断层之间风化深度较深。

岩体卸荷是由于岸坡失去侧向约束应力，沿顺河向裂隙张开，逐步向深部发展的浅表卸荷松弛现象。坝区岩体卸荷特征主要表现在卸荷带具有良好的透水性，沿顺河向裂隙发生卸荷拉张，多充填次生夹泥，泥厚一般小于 1cm，厚者 5cm，伴有溶蚀现象。卸荷带宽度一般 5～15m，最宽 20m 以上，随着岸坡高度增大而加宽。卸荷带比较发育的层位主要有 O_{1h}、O_{1n}^5、O_{1n}^{3-2}、ϵ_{3m}^1 和 ϵ_{2p} 层等。

2.1.3.5 岩体物理力学特性

1. 岩体结构

坝址岩体为层状岩体，岩体中发育的结构面主要有断层、软弱夹层、裂隙及层面。其中断层和软弱夹层数量有限，实际对岩体完整性起控制作用的是层面和裂隙。采用目前通用分类方法，坝址岩体结构类型有以下6类：

（1）巨厚层状结构：以巨厚层为主，厚度大于 100cm 的占 50% 以上，岩性为结晶灰岩，质地坚硬，以发育硬性结构面为主。代表性地层为 O_{1n}^{3-2}、O_{1h}^2 及 O_{1n}^{1-2}。

（2）层状结构：以厚层状、中厚层状为主，中厚层以上岩体约占 65%～70%，岩性为灰岩、白云岩，强度较高，以硬性结构面为主，代表性地层为 O_{1n}^{5-3}、O_{1n}^{4-3}、O_{1n}^{3-1}、O_{1n}^{3-3}、O_{1n}^{1-1} 及 $\mathbb{C}_{3m}^{2-2}$ 等。

（3）层状～薄层状结构：以薄层状、中厚层状为主，岩性软硬不均一，以硬性结构面为主，代表性地层为 O_{1f}^2、O_{1f}^1、O_{1n}^{5-2}、O_{1n}^{5-1}、O_{1f}^1、O_{1n}^{4-1}、O_{1f}^2、O_{1n}^2、O_{1n}^{1-2}、$\mathbb{C}_{3m}^1$、$\mathbb{C}_{3m}^{2-1}$ 及 $\mathbb{C}_{3g}^3$ 等。

（4）薄层状结构：以薄层状、极薄层状岩体为主，薄层状岩体约占 65%～70%，岩性不均一，软硬相间，硬性、软弱结构面均较发育。代表性地层为 O_{1d}^{1-1}、O_{1h}^1 及 O_{1f}^3 等。

（5）镶嵌结构：主要为断层带，以压碎岩、角砾岩为主，方解石及钙质胶结，胶结好。

（6）碎裂结构：多为软弱结构面，完整性差～极差，属软岩类岩体。代表性地层有 O_{1d}、O_{1f} 中强风化页岩岩体及断层破碎带。

2. 岩体基本质量

岩体基本质量是岩体所固有的、影响工程岩体稳定性的最基本属性，由岩石坚硬程度和岩体完整程度决定，是坝基、洞室围岩、边坡等岩体质量分级的基础。彭水水电站岩体基本质量分级划分采用了《工程岩体分级标准》（GB/T 50218—2014），见表 2.1-4。

表 2.1-4　　　　　　坝址区各地层岩体基本质量分级表

地层岩组代号	岩性及状态	岩体结构	岩块饱和单轴抗压强度 R_c /MPa	岩体纵波速度 V_p /(m/s)	岩体完整性系数 K_V	RQD /%	岩体基本质量指标 BQ	岩溶发育特点	岩体基本质量分级
O_{1n}^{3-2}	灰岩，新鲜岩体	厚层块状结构	76.53	6250	0.91	86.3	557	岩溶不发育	Ⅰ
O_{1h}^2			92.6	6040	0.82	87.5	572.8	岩溶较发育	
O_{1n}^{4-2}	新鲜灰岩、白云岩，有少量白云岩微风化	厚层～中厚层状结构	>60	6110	0.91	80.4	497	岩溶发育微弱	Ⅱ
O_{1n}^{4-1}			55.02	5910	0.84	79.9	465.1		
O_{1n}^{3-3}			66.15	6090	0.79～0.85	80	486		
O_{1n}^{3-1}			83.52	6090	0.79～0.85	90.3	538.1		
O_{1n}^1			58.58～91.99	6420～6290	0.9	79.9	490.7		
$\mathbb{C}_{3m}^2$			69.29	6190	0.85	70	510.4		
$\mathbb{C}_{3m}^1$			76.68～94	6100～6600	0.85～0.91		532.5		
$\mathbb{C}_{3g}^3$			56.5～78.4	5380～6280	0.45～0.85		472		
O_{1f}^2、O_{1h}^1		中厚层状	>60	5610～5760	0.82～0.89	82	475		

地层岩组代号	岩性及状态	岩体结构	岩块饱和单轴抗压强度 R_c /MPa	岩体纵波速度 V_p /(m/s)	岩体完整性系数 K_V	RQD /%	岩体基本质量指标 BQ	岩溶发育特点	岩体基本质量分级
O_{1n}^{5}	新鲜灰岩、白云岩，局部沿裂隙微弱风化，厚 $1\sim2$cm	厚层～中厚层状结构	66.6～83.3	6200～6397	0.85～0.91	76.5	482	新鲜完整岩体为Ⅱ类；受岩溶断裂影响类降至Ⅲ类	Ⅲ
O_{1n}^{4-3}			38.64	5190	0.79	55	403.4		
ϵ_{3m}^{2}			69.29	6190	0.56～0.85	67.5	437.8		
ϵ_{3m}^{1}			76.68～94	6100～6600	0.85～0.91	44.3	532.5		
ϵ_{3g}^{3}			56.5～78.4	5380～6280	0.45～0.85		372		
O_{1d}^{1-2}	灰岩、泥灰岩	中厚层状	86.73	4360	0.64		510.19		
O_{1n}^{2}	新鲜白云质页岩	薄层状结构	31.24	4880～5170	0.85～0.95	88	407	隔水层	Ⅲ
O_{1f}^{1} O_{1f}^{3}	新鲜灰岩与页岩互层		灰岩大于60，页岩14.1～18.05	4990～5610	0.72	67.5	灰岩455，页岩312	相对隔水层灰岩厚度占65～72%	Ⅲ
O_{1d}^{1-1} O_{1d}^{1-3}	新鲜页岩		17.05～19.31	4360	0.64		301.1	隔水层	Ⅳ
较大断层带	断层构造岩带，胶结差，风化溶蚀，见小溶洞	镶嵌结构		垂直，3290～4520；平行，2790～4480				断层带有溶蚀，1～2mm泥膜，局部发育小溶洞	Ⅳ
风化夹层及溶蚀带	沿岩层全风化呈溶洞或溶缝填泥等	碎裂结构散体结构		垂直，760～3210；平行，900～3460				岩溶发育，多为碎块状	Ⅴ

3. 岩体物理力学性质及参数建议

为研究坝区各类岩石（体）的物理力学性质，进行了大量的室内和现场试验、测试。

（1）抗剪强度。抗剪强度是计算坝基抗滑、洞室及边坡稳定性的主要力学参数。岩体的抗剪强度由完整岩石以及结构面两部分共同发挥抗力。Ⅰ～Ⅲ级完整或较完整的岩体以室内试验为主，结合现场试验确定其抗剪强度；Ⅲ～Ⅴ级较破碎或破碎岩体通过现场试验综合考虑其抗剪强度；岩层层面、软弱夹层、断裂等规模相对较大的结构面和混凝土与基岩结合面的抗剪强度对坝基、洞室、边坡稳定性影响较大，进行了专门的现场剪切试验。

1）岩体抗剪强度：影响岩体抗剪强度的主要因素有岩性及组合特征、岩体裂隙发育程度、岩体风化等。抗剪强度符合普遍规律。在裂隙发育程度相近的情况下，其抗剪强度总体上表现为：厚层白云岩、灰岩>中厚层白云岩、灰岩>含泥质条带灰岩>白云质页岩>灰质串珠体页岩>页岩。同一层位的抗剪强度与裂隙发育程度、裂隙溶蚀率有关，岩体完整性越差、溶蚀率越高，其抗剪强度降低。

2）结构面抗剪强度：岩体中的结构面主要是指层面、构造及风化溶蚀软弱层带，为了研究结构面的力学特性，在室内和现场作了抗剪试验。不同类型的结构面，其抗剪强度与结构面的溶蚀程度、起伏大小和粗糙度关系密切。

断裂结构面抗剪强度，左岸断层较发育，以左岸 f_7、f_{36} 及右岸方解石充填缓倾角裂隙进行现场抗剪试验。其抗剪强度由高至低依次为方解石脉充填的硬性结构面>弱风化溶蚀的次硬性结构面>强风化溶蚀的软弱结构面。

岩层层面的抗剪强度，由高至低依次为未充填闭合的原生层面>有钙膜充填的层面（层面裂隙）>弱风化白云岩层面>缝合线型平直层面。

软弱夹层的抗剪强度受夹层厚度、物质成分、性状、起伏差及试验受力方向、应力大小等多种因素的控制。Ⅰ类夹层，泥化带较厚，泥化充分，岩屑碎块少，抗剪强度低；Ⅱ₁类夹层，泥化带厚度比较大，泥化也较充分，夹有岩屑碎块，抗剪强度较低；Ⅱ₂类夹层，泥化带较薄，多断续分布，夹较多岩屑碎块，夹层面起伏较大，抗剪强度相对较高；Ⅲ类夹层的抗剪强度取决于充填物的特性，差异较大，其抗剪强度总体较高。

3）混凝土与基岩结合面的抗剪强度：在坝址右岸 P_4 和 P_{12} 平洞及左岸 P_{13} 平洞分别采用不同混凝土强度等级（C_{15}、C_{20}、C_{25}），对混凝土与灰岩、混凝土与页岩的结合面作了 6 组原位抗剪试验。试验结果表明：混凝土与基岩结合面的抗剪断强度与混凝土的强度、混凝土与基岩的胶结状态及基岩本身的力学特性等因素有关。坝基岩体的抗剪断强度大于试验混凝土的强度，胶结面的抗剪强度随混凝土标号的增加而增大，相关性明显。

（2）岩体变形特征。岩体变形试验采用柔性承压板法。从变形试验成果来看，不同岩性岩体的弹性模量和变形模量从大到小依次为：灰质白云岩、灰岩和白云岩、含灰质串珠体页岩、白云质页岩、页岩。同种岩性的岩体，其变形特征与岩体风化程度、裂隙发育程度及充填物胶结程度、溶蚀程度等关系密切，总体趋势符合普遍规律。完整的岩体的变弹模量大于受构造作用破坏的岩体。构造岩及风化~溶滤带的变形特征与其溶蚀程度密切相关，溶蚀强烈，填泥厚度大，其变形模量低，反之则高。故岩性、断裂和溶蚀风化是控制变形特性的重要因素。

从 f_1 断层破碎带的变形模量和弹性模量从试验成果来看，断层的核心角砾岩带大于断层破碎带和断层影响带，P_{14} 平洞尤为明显。这可能因断层角砾岩胶结好，而影响带裂隙发育，岩体破碎所致。

岩体的纵波速从大到小依次为灰岩和白云岩、串珠体页岩、泥质灰岩、白云质页岩、泥质页岩。受风化溶蚀、断裂影响较大，夹层 V_p 值各向异性明显，顺层大于垂直层面约 $23\%\sim57\%$。

（3）岩体物理力学参数建议值。通过大量的室内和现场试验成果，结合分析试验样品、试验点实际的地质条件及其地质代表性，参照同类已建水利水电工程的经验，经过设计、地质、试验三方研究确定坝址各类岩体和结构面的力学参数建议值，列于表 2.1-5 和表 2.1-6。

表 2.1－5   岩体（石）物理力学参数建议值表

岩石名称	地层代号	天然容重/(kN/m³)	岩石单轴抗压/MPa		岩体变形/GPa		泊松比	纵波速度 V_0/(m/s)	岩体抗剪断强度		岩体抗拉强度 R_t/MPa	C20 混凝土/岩体抗剪断强度	
			干	饱和	变形模量	弹性模量			f'	C'/MPa		f'	C'
南津关灰岩、白云岩	O_{1n}^5、O_{1n}^1、O_{1n}^{3-2}	26.8	80~100	60~80	25~30	30~35	0.25	6110~6390	1.3	1.3~1.5	1.0~1.1	1.1	1.3
含灰质串珠体页岩	O_{1n}^{3-3}、O_{1n}^{3-1}	26.6	80	60	25	30	0.25	6090	1.2	1.2	1.0	1.0	1.2
白云质页岩	O_{1n}^2	26.4	40	35	10~20	15~25	0.28	4880~5500	1.0	1.0	0.5	0.8	0.9
灰岩夹页岩	O_{1n}^{1-2}	26.8	80~100	60~80	20~25	25~30	0.25	6290~6420	1.2	1.1	1.0	1.0	1.1
寒武系白云岩	ϵ_{3g}^{3-5}	26.7	30~40		6~10	8~12	0.30			1.0	0.8		0.6
	ϵ_{3g}^{3-4}、ϵ_{3m}^2、ϵ_{3m}^1	26.7	80~100	60~80	20~25	25~30	0.25	5380~6690	1.2	1.0~1.1	0.8		1.0~1.1

表 2.1－6   岩体结构面力学参数建议值表

岩石名称	地层代号	岩体抗剪断强度		备注
		f'	C'/MPa	
岩体层面	O_{1n}^{1-3}/O_{1n}^2、O_{1n}^2/O_{1n}^{3-1}、$O_{1n}^{3-3}/O_{1n}^{4-1}$	0.65~0.7	0.15~0.2	灰/灰 f'、C'取高值，其余取低值
夹层	Ⅰ-(504、052)	0.3	0.03	
	Ⅱ-(072、082、085、093、303、084) Ⅲ类-C_2、C_4、C_5泥化面	0.3~0.45	0.03~0.05	406夹层性状较差，取低值。401、404 与406相似，但有溶蚀
	C_2、C_4、C_5综合体，082、084、085综合体	0.5	0.1	
断层	f_1、f_7、f_8、f_9、f_{31}、f_{33}、f_{35}、f_{36}、f_{44} 等	0.3~0.60	0.03~0.10	同一条断层的不同部位，断层带性状差取低值
	缓倾角裂隙	0.7~0.8	0.1~0.15	新鲜、方解石满充填

2.2 岩溶水文地质研究

坝址区以碳酸盐岩为主，其分布面积占坝区总面积的 84%，岩溶发育是彭水水电站最突出的地质问题。岩溶直接影响到枢纽总体布置，尤其是大坝坝基、主厂房等重要工程部位的选择和处理方案设计。影响工程投资与建设工期，以及施工安全，因此无论是在勘察期还是在建设期，查清岩溶地质问题一直是地质勘察工作的首要任务。彭水水电站经历了从规划、可行性研究、初步设计和施工详图完整的勘察设计阶段，利用地质追踪实测、综合勘探、物探、岩溶示踪、连通试验等手段，以及水均衡原理、地下水同位素、地下水网络模拟、三维管道等先进的分析技术，查清了坝址区岩溶发育特征及与主体建筑物有关的主要岩溶，丰富和准确的岩溶水文地质勘察成果为工程顺利建设打下了坚实基础。

2.2.1 岩溶

2.2.1.1 岩溶形态及主要岩溶系统

坝址区发育的主要岩溶形态有溶洞、溶蚀裂隙、溶蚀层带、溶蚀洼地、落水洞、槽谷、岩溶泉等。岩溶发育既符合普遍规律，又有其独特的特点。

溶蚀洼地、落水洞主要分布在高程 900m 以上的夷平面上，两岸斜坡地段很少。溶蚀裂隙主要沿构造裂隙、卸荷裂隙及层面溶蚀成几厘米甚至十多厘米的宽缝。溶洞主要分布在高程 600m 至乌江枯水面。较大的岩溶泉主要位于乌江洪枯水位之间。

溶蚀层带是一个特殊的岩溶形态，由于岩层倾角陡，地下水常沿一些层位活动，形成比较连续的、沿走向和倾向方向顺层发育的岩溶宽缝状溶洞，如 C_2、C_4、C_5、C_0 等层，并伴有岩体的风化，在地表溶蚀成 $0.5 \sim 1.0$m 的浅槽，一般充填灰华、黏土、块石等。

坝区主要岩溶系统：由于岩层走向与乌江流向夹角大、岩层陡倾上游，岩溶层与隔水层相间分布。河谷两岸对称发育 11 个岩溶系统。左岸岩溶系统有：W_9、KW_{17}、W_{202}、KW_{65}、温泉 W_{10}；右岸岩溶系统有：KW_{14}（WH_{11}）、KW_{51}、W_{84}、KW_{54}、KW_{40}（大龙洞）及 KW_{66}（双鼻孔）。岩溶系统之间具有相对独立性。对工程有较大影响的是右岸 KW_{51}、W_{84}，左岸 KW_{65}、温泉 W_{10}。

KW_{17} 系统：位于坝轴线上游 60m 左岸 O_{1n}^{5-2}、O_{1n}^{5-1} 地层，出口有石灰华堆积，高程为 $216 \sim 226$m。平枯流量为 $8 \sim 26$L/min，丰流量达 400L/min，水温为 19℃，水质为重碳酸钙水，离子总量为 400.06mg/L。主要补给区在左岸 O_{1n}^{4+5} 层出露区，与 Z_6、Z_{16}、H_{64} 等钻孔及 P_2 平洞中的溶洞连通，P_2 平洞成洞后泉水从 f_7 上盘沿 C_2 夹层发育的小溶洞中流出。

W_{202} 系统：位于大坝左岸 O_{1n}^{3-1} 地层，出口高程为 225m，常年水温为 17.8℃，枯流量为 $15 \sim 20$L/min，丰流量大于 200L/min。地下水从 P_{18} 洞深 46m 顶板沿小断层发育的溶洞中流出，根据流量及水质分析，主要补给区在 f_5 断层上盘 ϵ_{3m}^2 层，经 f_5 断层后在 O_{1n}^3 层中流出。

KW_{65} 系统：位于坝轴线下游 170m 左岸岸边，出口地层 ϵ_{3m}^{1-1} 层上部，与 C_0 风化溶蚀层带位置一致，从一顺层溶洞流出，出口高程为 $212 \sim 217$m，枯水期断流，丰水期流量为 $200 \sim 2000$L/min，水温为 17.5℃，水质为重碳酸钙或重碳酸钙镁水，离子总量为 $326.67 \sim 428$mg/L，分析主要补给区在高程 900m 左右的夷平面及 f_1 断层两侧 ϵ_{3m} 地层出露区，推测 Z_2、Z_{12}、Z_{24}、Z_{18} 孔及 P_{13}、P_{15} 平洞岩溶应属此系统。KW_{65} 系统补给区大、来源远，左岸坝肩下游 ϵ_3 层岩溶强烈发育，其枯水期不应断流，推测该系统在 f_1 断层上下盘 $C_0 - W_{10} - Z_{48}$ 孔一线，枯水面以下可能有出口。

W_{10} 温泉系统：位于坝轴线下游 210m 的左岸，f_1 断层的上盘，出口为块石、灰华、砂壤土等，出口水流与江水混合，出流高程随乌江水位变化，与江水混合的水温为 $44 \sim 53$℃，流量大于 100L/min，具硫化氢味。

KW_{51} 系统：位于坝轴线上游 $10 \sim 20$m 右岸漫滩，出口地层为 O_{1n}^{5-2} 与 O_{1n}^{5-1} 层分界，高程为 227.4m，雨后漫滩与斜坡交界处沿 C_2 夹层溶蚀缝有出水，枯流量为 $1.5 \sim 22$L/

min，平流量为 $15\sim50L/min$，丰流量为 $250L/min$，水温为 $20℃$，水质为重碳酸钙水，离子总量为 $429.46mg/L$。主要由 O_{1n}^{4+5} 层出露区补给，与坝区 H_{23}、Z_9、Z_{17}、Z_{19}、Z_{21}、Z_{23} 钻孔及 P_{11}、P_3、P_{17} 平洞揭示奥陶系地层中的岩溶大多数相连通，据调查，在洞深 $55\sim56m$ 的 K_3 溶洞（C_4 夹层）下游壁底部有大股水流出的迹象，P_3 洞口有间歇性大股水外流。KW_{51} 系统顺软弱夹层及岩性界面岩溶强烈发育，沿 C_2、C_4、C_5、504 夹层常发育规模较大的溶洞，与右岸 f_3、f_8、f_{110} 断层交汇带多形成溶蚀大厅。KW_{51} 系统主要发育于 O_{1n}^{5-2} 层，O_{1n}^{5-1} 层次之，O_{1n}^{5-3} 和 O_{1n}^4 层发育相对较弱。O_{1n}^{4+5} 层近岸地带 KW_{51} 岩溶强烈发育，岩溶发育深度低于乌江枯水位，深岩溶呈倒虹管状态，岩溶地下水排泄于乌江。

W_{84} 系统：位于坝址右岸 $\mathcal{E}_{3m}^2$ 地层，泉水高程为 $210.81m$，较最枯水位低 $0.2m$，平枯流量为 $20\sim170L/min$，丰流量为 $200\sim300L/min$，气温 $11℃$ 时泉水温度为 $26℃$。出口未见溶洞，后来在 P_{16} 平洞主洞深 $237m$ 及温泉支洞 $32m$ 处揭露该系统，分析 H_5、Z_{21} 孔 $\mathcal{E}_{3m}^{2-2}$ 层的深部溶洞属该系统。W_{84} 岩溶系统主通道顺 $\mathcal{E}_{3m}^{2-2}$ 层发育，少量在 $\mathcal{E}_{3m}^{2-1}$ 顶部。溶洞宽度一般为 $1.5\sim5.0m$，充填黏土夹砂及碎块石，局部为空洞，见灰华。发育高程至 $140m$ 以下。

坝区主要岩溶系统特征见表 2.2－1。

表 2.2－1　　　　　　　　　坝址主要岩溶系统特征表

含水层代号	岩溶系统编号	位置	出口层位	出口高程/m	水温/℃	流量/(L/min)			水质（枯）		
						枯	平	丰	Mg^{2+}/(mg/L)	SO_4^{2-}/(mg/L)	离子总量/(mg/L)
$O_{1d}^{1-(1+2)}$ $+O_{1h}$	W_9	左岸	$O_{1d}^{1-3}\sim O_{1d}^{1-2}$	217.4	$18\sim19$	$13.6\sim18.4$	$40\sim50$	>85	2.92	0.48	499.56
	KW_{14}	右岸	O_{1h}	$302\sim309$	$19\sim20$	$7.2\sim13$	$20\sim50$	>200	5.47	10.57	326.34
O_{1n}^{4+5}	KW_{17}	左岸	O_{1n}^5	$216\sim226$	19	$8\sim26$	$30\sim50$	$100\sim400$	14.96	14.89	400.06
	KW_{51}	右岸	O_{1n}^5	227.4	$19.5\sim20.5$	$1.5\sim22$	$15\sim50$	250	14.365	14.89	429.46
$\mathcal{E}_{3m}$	W_{202}	左岸	O_{1n}^{3-1}	225	17.8	$15\sim20$		>200	13.98	8.16	335.88
	W_{84}	右岸	$\mathcal{E}_{3m}^{2-2}$	$210.81\sim227$	外26，内$35.5\sim39$	河边20	$140\sim170$	施工期$200\sim300$	19.96	166.66	572.33
	KW_{65}	左岸	$\mathcal{E}_{3m}^{1-1}$	$212\sim217$	17.5	不见流水		$200\sim>2000$	16.25	36.02	369.46
	KW_{54}	右岸	$\mathcal{E}_{3m}^{1-1}$	279.4	$19\sim20$	7	$30\sim50$	200	13.13	7.69	434.16
	W_{10}	左岸	f_1	216.44	$44\sim53$	>100		>2000	30.4	349.66	790.99

2.2.1.2　河谷区深部岩溶

河谷区深部岩溶是指乌江枯水位 $211m$ 以下发育的溶洞及溶蚀裂隙，其透水性较强。

（1）深部岩溶的分布。通过钻孔揭露的深岩溶洞穴和钻孔间电磁波透视资料推测可能的岩溶异常带。深溶洞和溶蚀裂隙主要分布在河谷两岸地下水虹吸循环带，河床及漫滩深岩溶发育微弱。

从层位分析，深部岩溶主要分布在 $\mathcal{E}_3$ 地层中，其次 O_{1n}^{4+5} 层，其余层位仅见少量溶蚀裂隙。

（2）深岩溶发育高程。左岸深溶洞最低高程，O_{1n}^{4+5} 层 172.94m，$\text{\Cambrian}_{3m}^{1-1}$ 层 17.82m，f_1 断层带 83.41m；右岸深溶洞最低高程，O_{1n}^{4+5} 层 91.85m，$\text{\Cambrian}_{3m}^2$ 层 143.29m。

$\text{\Cambrian}_3$ 层中的岩溶发育深度大于 O_{1n} 层，其中尤以 f_1 断层带及上盘岩体中的岩溶发育深度大。

（3）深岩溶的规模，钻孔揭露深溶洞 29 个，溶洞总高度 52.93m，其中洞高大于 5m 的 5 个，累计高度 34.97m，占深溶洞总高度的 66.1%。可见深溶洞在乌江峡谷两岸枯水位以下仍很发育。

（4）河谷区深部岩溶的发育宽度，与两岸地下水虹吸循环带的宽度相一致。右岸深岩溶带的宽度 O_{1n}^{4+5} 层约 150m，$\text{\Cambrian}_{3m}^2$ 层宽约 280m；左岸 O_{1n}^{4+5} 层深岩溶带的宽度约 90m，推测在 f_7 下盘。左岸 f_1 断层带及上盘 $\text{\Cambrian}_3$ 层宽度约 130m，可能至 f_5 断层带。

（5）深岩溶的透水性很强，说明它们是正处在发育阶段的岩溶现象。

（6）深岩溶的水质、水温。O_{1n} 层深岩溶水与浅部岩溶水相通，故水质、水温分别与坝址的 KW_{17}、KW_{51} 相同；$\text{\Cambrian}_3$ 层的深岩溶分别与 W_{84}、KW_{65}、W_{10} 系统水质水温相同。

根据上述深部岩溶的分布及特征分析，坝址河谷区可分为两种成因类型的深部岩溶，一类是与浅层岩溶直接相联系的地下水虹吸循环带中的岩溶（图 2.2-1），另一类则是区域深循环形成的热水岩溶。热水岩溶在河谷排泄区可与虹吸循环带岩溶相互交汇、袭夺，形成复杂的混合岩溶系统，如右岸的 W_{84}。鉴于坝址区 O_{1n}^{1+2+3} 层具有较好的隔水作用，尚未发现深循环热水系统向 O_{1n}^{4+5} 层渗透，因此，以 O_{1n}^{1+2+3} 层为界，上部 O_{1n} 和下部 $\text{\Cambrian}_3$ 中的深岩溶无论从数量、规模、深度等方面都有明显的差异。

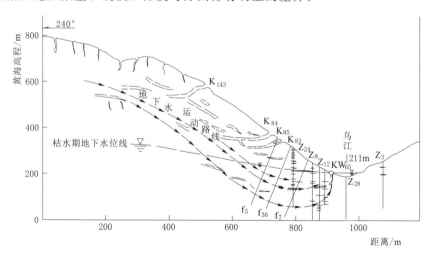

图 2.2-1　KW_{65} 系统深部岩溶形成示意图

O_{1n} 层的深部岩溶主要与 KW_{51}、KW_{17} 两个岩溶系统的虹吸循环带有关，发育深度相对较小。$\text{\Cambrian}_3$ 层的深部岩溶，与 KW_{65} 和 W_{84} 岩溶系统有关。W_{10} 深循环热水岩溶发育深度大，主要分布于 f_1 断层带及其上、下盘岩体，在深循环热水向上排泄过程中与浅部岩溶系统交汇（如 W_{84}），进一步促进 $\text{\Cambrian}_3$ 层中深部岩溶的发育，这是 $\text{\Cambrian}_3$ 层河谷区深部岩溶发育的重要因素之一。

河谷区深部岩溶对水利水电工程建设的影响，主要有坝基和绕坝渗漏、地下洞室涌水、突泥，影响地基和洞室围岩的稳定等，如发电引水洞和尾水洞，均需通过深岩溶洞穴，影响围岩稳定和施工。因此，对洞穴及堆积物进行清挖回填处理，并采取相应的排水措施，同时对深部岩溶可能造成的绕坝渗漏做专题研究。

2.2.1.3　岩溶层组划分

根据岩性及其组合、岩溶发育程度及特征，可将坝址区岩层分为强、中、弱、微四个岩溶层组，以及非岩溶层组。

强岩溶层组：主要有 O_{1h}、O_{1n}^5、ϵ_{3m}^{2-2}、ϵ_{2p} 等层。

中等岩溶层组：主要有 O_{1d}^{1-2}、O_{1h}、O_{1n}^4、ϵ_{3m}^{2-1}、ϵ_{3m}^{1-2} 等层。

弱岩溶层组：主要有 O_{1d}^{1-1}、O_{1d}^2、O_{1f}^2、O_{1f}^1、O_{1n}^{3-2}、O_{1n}^1、ϵ_{3g}^1 等层。

微岩溶层组（相对隔水层）：主要有 O_{1f}^3、O_{1n}^{3-3}、O_{1n}^{3-1} 等层。

非岩溶层组（隔水层）：O_{1n}^2、O_{1d}^{1-3}、O_{1d}^3。

2.2.1.4　岩溶发育特征

以研究岩溶层组为基础、岩溶系统为主导，对坝址地表、钻孔、平洞岩溶进行了系统的整理及分析，主要有以下的特征：

（1）岩溶层与隔水层、相对隔水层相间分布，主要岩溶层有：O_{1h}、O_{1n}^{4+5}、ϵ_{3m}^2、ϵ_{3m}^1，岩溶发育或比较发育，各层在两岸对称发育独立的溶洞、暗河、岩溶泉等岩溶系统。溶洞线率 1‰～2.86‰；主要隔水层、相对隔水层有：O_{1d}^{1-3}、O_{1f}、O_{1n}^{1+2+3}，岩溶不发育或发育微弱，见有溶蚀裂隙和小溶洞，溶洞线率一般小于 0.1‰。

（2）岩溶发育的方向，根据地表调查、钻孔和平洞揭露，各岩溶层中发育的溶洞、暗河、岩溶泉等岩溶系统其主通道的方向与岩层走向基本一致，大多数连通试验地下水的流向与岩层走向基本一致，局部地段岩溶顺断裂发育。表明坝址岩溶发育方向以顺层为主，而顺断裂发育次之。

（3）岩溶发育的规模，从地表溶洞的大小及钻孔、平洞揭露岩溶的规模看，坝区岩溶洞穴以中小型为主。岩溶发育的规模与岩溶层组相对应，强岩溶层（O_{1n}^{4+5}、ϵ_{3m}^2、ϵ_{3m}^1）中溶洞最发育，溶洞规模较大；中等岩溶层（O_{1h}、O_{1f}^2、O_{1n}^{3-2}、ϵ_{3g}^3）发育次之，溶洞规模较小；弱岩溶层中以溶蚀裂隙为主。

（4）由于断裂及地下水循环条件等因素的差异，岩溶发育强度也有明显的差别。受断裂及地形的影响，O_{1h}、O_{1f}^2、f_1 上盘 ϵ_{3m}^{2-1}、ϵ_{3m}^1 层高程 300m 以下，左岸岩溶较右岸发育；而 ϵ_{3m}^{2-2} 层右岸比左岸发育。河床及右漫滩岩溶发育微弱，坝基未见溶洞，仅见少量溶隙。

（5）左岸 f_1 断层两侧 ϵ_{3m}^1、ϵ_{3g}^3 层，右岸 f_1 上盘 ϵ_{3m}^{2-2} 层岩溶发育最深；O_{1n}^{4+5} 层岩溶发育深度大，其他弱岩溶层岩溶发育浅。

（6）坝址区岩溶发育高程与区域基本一致，水平溶洞、岩溶泉等与现代洪枯水位及Ⅰ、Ⅱ、Ⅲ、Ⅳ级阶地相适应，地表发育有高程 210～220m、240～250m、270～280m、300～320m、350～360m 等水平溶洞和岩溶泉。通过钻孔揭露地下岩溶的发育高程与地表岩溶的分层高程相似，并进一步揭露两岸地下水虹吸循环带的岩溶发育高程，主要集中在高程 180～200m、140～160m、100～120m、40～60m，深度较大的岩溶可能与深循环温泉系统有关。

2.2.1.5　影响岩溶发育因素

影响岩溶发育的因素很多，其中主要有新构造运动、地层岩性、构造、地形地貌及地下水的补排条件等，这些诸因素中新构造运动主要控制区域岩溶发育状况，如两岸与河床岩溶发育的差别；地层岩性是影响两岸岩溶发育最主要的因素；在地层岩性相同的情况下，构造、地形地貌影响局部地段岩溶发育的状况。

1. 地层岩性对岩溶发育的影响

岩性是岩溶发育的内在因素，各层组岩溶发育程度和岩溶的规模、形态均与其密切相关。地层岩性对岩溶发育的影响主要表现在两个方面：①连续层型由于碳酸盐岩厚度大、地下水活动的自由度也较大，因此，在其他条件相同的情况下，岩溶要比其他层组类型发育，如连续层型灰岩（O_{1n}^{3-2}、O_{1n}^{5}、O_{1n}^{4}、ϵ_{3m}^{2} 等层）较互层状灰岩（O_{1h}^{1}、O_{1f}、O_{1n}^{1-2} 等层）岩溶发育，比较大的溶洞、暗河主要分布于这些连续层型的灰岩地层中；②纯碳酸盐岩较不纯碳酸盐岩发育，石灰岩较白云岩岩溶发育，溶洞主要发育在 CaO 含量高、黏土质、酸不溶物含量低的较纯灰岩中，而在不纯灰岩中，溶洞发育较少。

2. 构造对岩溶发育的影响

坝区岩层走向与乌江流向交角大，岩性复杂，层面多，倾角陡，延伸长度大，并有较多的层间错动带，层面主导地下水流方向，地下水沿层面运动，溶蚀成宽缝或溶洞。因此，层面（含走向断层）是控制坝址岩溶发育方向的最主要的一组结构面。

断层构造破坏了岩体完整性，为降雨入渗和地下水渗流创造了有利条件，促进了岩体岩溶的发育，是影响岩溶发育的主要外在因素。断裂对岩溶发育的影响，主要表现在以下两个方面：①控制岩溶的发育方向和形态，溶洞的发育方向受断裂发育方向控制较明显，因断裂发育方向的多样性导致岩溶发育的形态也各异，溶洞、暗河、溶蚀裂隙等各种岩溶形态，多与断裂本身的发育方向及其组合特征有关；②影响岩溶的发育程度，由于断裂的影响，造成坝区岩溶发育具不均匀性特征，即在断裂较为密集部位和规模较大断裂附近，裂隙溶蚀率较高，溶洞分布较多，岩体岩溶化程度高；而在岩体较为完整部位则岩溶化程度较弱。

3. 新构造运动对岩溶发育的影响

区域新构造运动主要表现为大面积间歇性上升，形成多级夷平面及乌江峡谷，乌江峡谷期以来，曾有四次较为明显的相对稳定阶段，形成四级阶地，与漫滩及阶地相适应，坝址区在高程 210～220m、240～250m、270～280m、300～320m、350～360m 等发育水平溶洞、岩溶系统和出露泉水。乌江河床基岩面不断受到冲刷，河床下岩溶发育微弱。

2.2.1.6　岩溶发育程度分区

1. 岩溶发育程度

（1）地表岩溶：坝区大型溶洞、岩溶泉主要发育在强岩溶层（O_{1n}^{5}、ϵ_{3m}^{2-2}、ϵ_{3m}^{1-1}、ϵ_{2p}）和中等岩溶层（O_{1h}、O_{1n}^{4}）中。如坝址地表宽度大于 0.5m 的溶洞有 26 个，其中 O_{1h}＋$O_{1d}^{1-(1+2)}$ 层有溶洞 3 个，占总溶洞数的 12%；O_{1n}^{5} 层有溶洞 6 个，占 23%；ϵ_{3m} 层有溶洞 9 个，占 35%；f_1 断层带发育溶洞 6 个，占 23%。

（2）平洞岩溶：坝址 18 个平洞中宽度大于 0.5m、体积大于 $1m^3$ 以上的溶洞，主要分布在 O_{1n}^{4+5}、ϵ_{3m}^{2-2}、ϵ_{3m}^{1-1} 及 f_1 等强岩溶层和中等岩溶层中，如 P_2、P_{11}、P_{17}、P_3 平洞在 O_{1n}^{5} 层发育大

溶洞。P_{12}、P_{16} 平洞顺 ϵ_{3m}^{2-2} 层发育大溶洞，P_{15}、P_{13} 平洞在 ϵ_{3m}^{1-1} 层中发育大溶洞等。

（3）钻孔岩溶：对坝址 121 个钻孔、20700m 进尺进行分层统计，发现溶洞 107 个，溶洞累计高度 134.25m，平均溶洞直线率 0.65%。而 O_{1n}^{4+5}、ϵ_{3m}^{2-2}、ϵ_{3m}^{1-1} 及 f_1（上盘）$+$$\epsilon_{3g}$ 等中强岩溶层达到 1%~2.86%；弱岩溶层中一般见有溶蚀裂隙和小溶洞，钻孔溶洞直线率一般小于 0.1%；微岩溶层中溶洞少见，溶蚀裂隙也不发育。

2. 岩溶分区

根据岩溶层组、两岸地表、钻孔、平洞岩溶发育程度的差异，岩体透水性、岩溶系统流量大小、地下水坡降及区域岩溶发育状况，结合工程实际需要将坝址高程 300m 以下的岩体岩溶发育程度进行分区分带，见图 2.2-2。

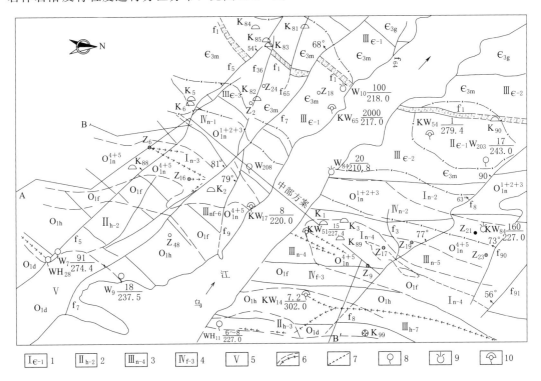

图 2.2-2 坝址高程 300m 以下岩溶分区略图

1—Ⅰ强岩溶区（寒武系）；2—Ⅱ中等岩溶区（红花园组）；3—Ⅲ弱岩溶区（南津关组）；4—Ⅳ微岩溶区（分乡组）；5—Ⅴ非岩溶区；6—岩溶分界线；7—连通试验；8—泉水；9—温泉；10—岩溶泉

坝址高程 300m 以下的岩体岩溶发育程度分区分带图，对水工建筑物的布置有重要的意义。如大坝、地下厂房轴线要避开中、强岩溶区（Ⅰ、Ⅱ区），帷幕防渗线路及端点尽可能布置在岩溶微弱发育区或隔水层区（Ⅳ、Ⅴ区），如不能避开强岩溶区（Ⅰ区）时，则尽可能以最短距离通过它，尤其是深岩溶区。

2.2.2 水文地质特征

1. 水文地质结构及地下水类型

坝址区为强岩溶层、中等岩溶层、弱岩溶层和碎屑岩层组成相间分布的单斜高倾角多

层状水文地质结构。

地下水类型主要有岩溶洞隙水、岩溶裂隙水、层间裂隙承压水、裂隙水和热水。岩溶洞隙水洪枯流量变化大，对降雨反应敏感。岩溶裂隙水流量相对较稳定，对降雨反应不敏感。层间裂隙承压水埋藏较深，运动极缓慢，流量很小，对降雨反应不敏感。裂隙水流量很小。在 f_1 断层带（W_{10}）及右岸 ϵ_{3m}^{2-2} 层中（W_{84}）发现 $37 \sim 53 ℃$ 的地下热水，属于深循环地下水。

2. 地下水补给、运动、排泄条件

乌江是区域地表水及地下水的排泄基准面，降水主要从两岸夷平面和斜坡经落水洞、溶蚀层面、溶蚀裂隙下渗补给地下水，地下水主要顺岩层和断裂构造向河床及深部运动，以溶洞泉、岩溶泉、裂隙泉或细小渗流的形式排泄于乌江，在近岸地段，中、强岩溶层中形成虹吸循环带，岩溶管道多呈倒虹吸管形式。

坝址两岸径流排泄区地下水坡降较大。O_{1h} 层左岸 W_9 系统地下水平均坡降为 22.3%；右岸 KW_{14} 系统为 52.5%。O_{1n}^{4+5} 层左岸 KW_{17} 系统地下水平均坡降为 19.7%；右岸 KW_{51} 系统为 12.6%。ϵ_{3m}^2 层右岸 W_{84} 系统地下水平均坡降为 7.8%；右岸 ϵ_{3m}^1 层 KW_{54} 系统为 14%；左岸 f_1 上盘 ϵ_{3m} 层 KW_{65} 系统为 5%。

左岸坝轴线附近 O_{1n}^{1+2+3} 层分布区地下水平均坡降为 80% 左右。从地层上看，O_{1n}^{1+2+3} 层地下水坡降最大，O_{1n}^{4+5} 层地下水坡降较大，ϵ_{3m} 层地下水坡降最小。地下水坡降的大小与岩溶发育关系密切，即地下水坡降越小，岩溶越发育。

3. 岩体透水性及地下水位动态特征

碳酸盐岩类岩体的透水性主要受岩溶、断裂构造发育程度和连通性控制，在空间上表现为极不均一和各向异性特征。岩体透水性总体上两岸大于河床，并随深度增加而减弱。强岩溶层透水性＞中等岩溶层透水性＞弱岩溶层透水性。左岸岩体透水性大于右岸相同层位的透水性，这可能与 f_1、f_5 等断层交汇带岩体破碎，发育 C_0 风化溶蚀层带、KW_{65} 岩溶系统及温泉等有关。承压水所在地段岩体透水性很小，没有发现溶洞，说明承压水是层间裂隙水性质，地下水活动和岩溶发育均较微弱，是深岩溶发育的早期阶段。

根据钻孔水位与降雨的对应关系，将地下水动态分为敏感型和滞缓型两类：敏感型地下水枯水期与丰水期地下水位变化明显（图 2.2-3），与降雨对应关系密切，水位变幅一般为 $5 \sim 40m$，其中 O_{1h} 层钻孔水位变幅大，为 $15 \sim 40m$，O_{1n}^5、ϵ_{3m} 层钻孔地下水位变幅一般 $7 \sim 17m$。敏感型地下水主要与岩溶强烈发育、透水性大有关，在河谷近岸地段则受河水位影响明显；滞缓型枯水期与丰水期水位变化不大，与降水亦无明显对应关系，水位变幅一般小于 $2m$。滞缓型地下水位说明水面以下及附近岩体岩溶不发育，且透水性小。

对钻孔地下水长期观测分析，两岸岩溶系统对应的地下水位出现明显的低槽，低槽之间有相对高水位脊分开，说明在地下水位以下，各岩溶系统之间缺乏水力联系或联系较弱。在岩溶系统的主通道部位和河谷两侧，水力坡降较缓，说明岩体的岩溶比较发育，透水性较好，而远离河谷则水力坡降迅速增大，岩溶发育减弱。

2.2.3 地温异常

对大量钻孔测温资料和温泉进行分析研究表明，坝区地温异常与深循环热水系统密切

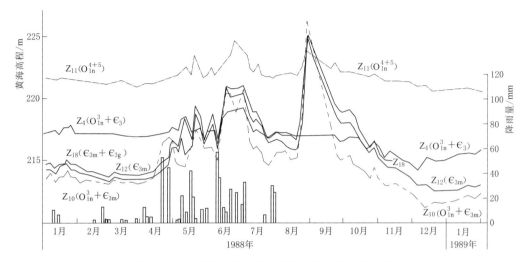

图 2.2-3　彭水水电站坝址钻孔地下水位变化曲线

相关。尽管在热水补给循环的形式上有纵向（顺 f_1 断层及岩层走向）和横向（桑柘坪向斜另一翼）补给两种观点，但都认为是由大气降雨补给经深循环增温，然后返回地表向河谷排泄形成温泉。由此而形成的热水岩溶管道是比较孤立的。

由于深循环热水上升向乌江河谷排泄时，部分通道与浅层冷水岩溶系统交汇，以及浅层冷水岩溶系统的干扰，坝区形成了复杂的地温场。

沿 f_1 断层发育的温泉系统地温较高，地热增温率较高，向上游 O_{1n}、O_{1f}、O_{1h} 层，地热增温率逐次降低，O_{1n}^2 层页岩具有隔温作用，阻止热水向 O_{1n} 等层运移。高程 100m 以下等温线较为规律，受浅层冷水系统干扰较小。高程 100m 以上，冷水系统与热水系统显示出低温异常和高温异常，尤其是左岸 W_{10} 与 KW_{65} 两个系统反映更为明显。

根据高程 100m 以上钻孔、平洞、岩溶泉等测温资料，将坝区地温场分成 3 个相对高温带和 1 个低温带（图 2.2-4），即 $W_{10} \sim Z_{29}$ 高温异常带，W_{84} 高温异常带，左岸相对高温异常带，KW_{65} 低温异常带。

$W_{10} \sim Z_{29}$ 高温异常带：Z_{25} 孔以南，f_7 断层下盘的 f_1 断层带一线，高温中心在 $W_{10} \sim Z_{29}$ 孔。高程 150m 和 100m 处温度大于 38℃ 和 44℃。此带是坝址高温中心，无冷水系统干扰的情况下，等温线距该中心越远，温度越低。

W_{84} 高温异常带：在 $Z_{21} \sim H_5$ 孔～W_{84} 一线，由于岩溶通道顺层发育，因此高温中心也呈带状分布，最高温度达 39℃，与 W_{10} 高温异常带可连成一线，向 H_5 孔（O_{1n}）方向温度降低。由于 W_{10}、W_{84} 高温异常带的联合，O_{1n}^{1+2+3} 相对隔水层较完整，具有一定的隔水保温作用，致使 W_{84}、Z_{39}、Z_{37}、Z_9 孔一线以西至 f_1 断层两侧这一地区，形成相对高温异常区。

左岸相对高温异常带：分布在左岸及河床 O_{1n}^{1+2+3} 相对隔水层分布区，$Z_8 \sim H_{12} \sim H_6$ 孔一线，高程 150m 处温度为 27.4℃，走向 290°、320° 断层的切割使该带不连续，其间有小的 24℃ 低槽出现，沿这些断层带可能有冷水渗入。

KW_{65} 低温异常带：分布在 $Z_{24} \sim Z_{12} \sim Z_{65}$ 孔一线，与 KW_{65} 系统主通道的位置基本一致，低温带高程 150m 处为 18～20℃，较同高程高温带的温度低 20℃。形成此带是由

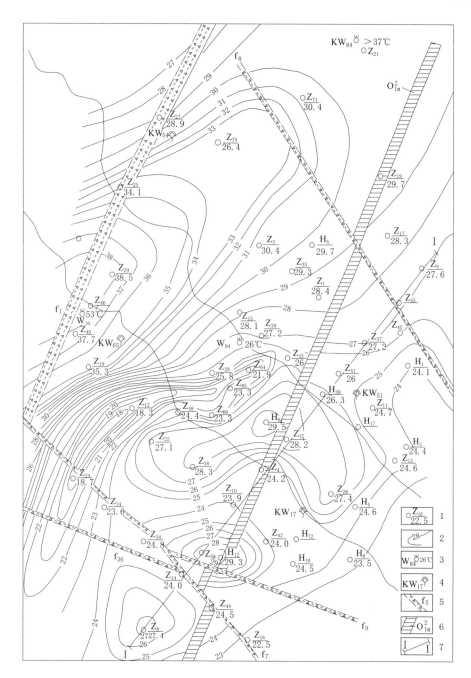

图 2.2-4　彭水水电站坝址区高程 100m 等温线图

1—钻孔编号/150m 高程温度（℃）；2—实测及推测等温线，数字为温度（℃）；3—温泉及编号；

4—冷水岩溶泉水及编号；5—断层破碎带及编号；6—奥陶系南津关 2 段；7—坝轴线

KW_{65} 系统冷水活动所致，分析该系统冷水活动的高程可达 90～110m。

　　研究坝址地温场特征，尤其是研究其异常特征，对分析坝区岩溶发育有一定意义，特别是高温异常带，对地下厂房的比较选择、地下洞室施工运行都有重要的意义。

2.2.4　工程影响

碳酸盐岩地区修建水电站最突出的工程地质问题是岩溶问题。坝址区发育有 W_9、KW_{14}、KW_{17}、KW_{51}、W_{202}、W_{84}、KW_{65}、W_{10} 及 KW_{66} 等 11 个规模较大的岩溶系统，以及与之相关的大小溶洞、溶蚀裂隙和溶蚀层带，它们直接影响到大坝、地下厂房等主要建筑物位置的选择及其稳定性。

1. 岩溶对地基的影响

大坝坝基已基本避开了 KW_{17}、KW_{65}、W_{84} 及 $\in^2_{3m}$ 强岩溶层，涉及到坝基岩溶主要是：左岸溢流坝段坝基下的溶洞（属 W_{202} 系统），和右岸坝基遇到的 C_2、C_4、C_5 溶蚀层带及溶洞、溶蚀裂隙组成的 KW_{51} 系统。存在坝基不均一变形问题。

2. 岩溶对地下洞室稳定的影响

右岸主厂房是坝址区规模最大的地下洞室，20°方案主厂房未能完全避开上下游 KW_{51} 和 W_{84} 岩溶系统。通过补充勘察和地质分析，对主厂房轴线进行了调整，采用主厂房轴线平行地层走向，即 0°方案，该方案避开了 KW_{51} 和 W_{84} 岩溶系统，洞室围岩岩溶不发育。

电站引、尾水洞与岩层走向近正交，且岩溶以顺层发育为主，因而难以避开右岸 KW_{51}、W_{84}、KW_{54} 和 $\in^{2-2}_{3m}$ 等岩溶系统及强岩溶区。

左岸导流洞，除出口段避开了坝址区规模最大的 KW_{66} 岩溶系统外，导流洞均会遇到左岸 KW_{17}、W_{202}、KW_{65} 及 W_{10} 等岩溶系统。

岩溶对地下洞室的影响，主要有两个方面：一是水电站引水洞下平段遇 KW_{51}，尾水洞遇 W_{84}、KW_{54}、$\in^{2-2}_{3m}$ 强岩溶段，左岸导流洞遇 KW_{17}、KW_{65} 和 $\in^{1-1}_{3m}$ 强岩溶段的围岩成洞条件差；二是这些地段可能出现洞室涌水，尤其是汛期，因山体来水和江水倒灌出现涌水的可能性较大。

3. 岩溶对防渗及边坡稳定的影响

大坝防渗帷幕线的选择，是尽可能避开强岩溶发育段，左岸防渗线接 O^{1+2+3}_{1n} 相对隔水层中，避开了 KW_{17} 岩溶系统。右岸因地下厂房的位置，防渗线只能向上游接 O_{1d} 隔水层，其线路经过岩溶发育的 O^{4+5}_{1n} 层，发育有 KW_{51}（C_2、C_4、C_5 溶蚀层带），岩溶发育深度大、高程低，增加了防渗的工作量及难度。

岩溶对边坡的稳定有一定的影响，如右岸坝肩 370m 以下 O^5_{1n} 层、导流洞出口边坡 $\in_{2p}$ 层中的溶洞对边坡的稳定有不利的影响。冲刷坑左岸边坡 f_1 断层带溶蚀冲刷最大深度达 29m 以上，上盘影响带 P_{15} 平洞、KW_{65} 出口一带岩溶强烈发育，由于下游临空，岩层倾角明显变缓，普遍沿层面裂面溶蚀张开填泥，边坡稳定性差。开挖以后必然会发生强烈变形，增加了支护的强度与难度。

2.3　岩溶坝基地质研究

彭水水电站大坝采用混凝土弧形重力坝，最大坝高约 116.5m。根据坝址工程地质条件，坚硬的灰岩、白云岩、含灰质串珠体页岩及中硬岩能满足高坝的要求，软岩（O_{1d}、O_{1f}）强度低，作为高混凝土坝的坝基需进行工程处理。同时，页岩是库坝区防渗可利用的隔水层。

为了更好地利用坚硬的灰岩、白云岩作为坝基持力层，充分利用页岩作为防渗依托，同时尽量避开岩溶系统，减少断层、软弱夹层、风化溶蚀带等地质缺陷对坝基的影响，可行性研究阶段，自上游至下游选择了三条勘探线进行综合比较，选定V勘探线作为大坝轴线。

大坝坝基岩体主要为南津关组第1～4层（$O_{1n}^1 \sim O_{1n}^4$），岩体完整性好，软弱夹层少，岩溶发育弱，透水性小，其中第2层（O_{1n}^2）白云质页岩厚8.4m，强度较高，并具有较好的隔水作用。左岸也将遇到f_7、f_{36}等断层及交汇带，右岸坝肩高程215m以上遇到C_2、C_4、C_5风化溶蚀软弱层带等地质缺陷。防渗端点右岸可利用坝前的大湾组（O_{1d}）页岩，左岸可利用南津关组第1～3层（$O_{1n}^1 \sim O_{1n}^3$）。

经开挖检验，选定坝线避开了岩溶发育区，最大限度地减少了岩溶对坝基稳定的影响，同时充分利用了O_{1n}^2层页岩作为坝基下的和右岸坝前的大湾组（O_{1d}）页岩作为防渗依托，减少了坝址防渗工程量。选定的坝线是最优化的坝线。

2.3.1 坝基基本地质条件

大坝两岸山体雄厚，临江峰顶高程503～930m，为较对称的"V"形峡谷。乌江流向310°，与岩层走向夹角70°～75°，为横向河谷。基岩面高程182.8～205m。

坝基岩体主要为南津关组第1～5层（O_{1n}^{1-5}）、毛田组第二层（$\in_{3m}^2$）地层，岩性为灰岩、灰质白云岩、白云岩、含灰质串珠体页岩和白云质页岩，均为坚硬和中硬岩体，岩体完整。岩体中主要软弱夹层左岸有303、093（II_1类），右岸504（I类）、406（II_1类）和C_2、C_4、C_5（III类）等夹层。

坝基岩层倾向上游，倾角65°～70°，岩层走向与河流交角70°～75°。坝基范围遇到的主要断层：左岸有f_7、f_9、f_{36}及两个断层交汇带，其次有f_{34}、f_{35}、f_{49}等几条小断层；右岸坝基无规模较大断层。距左坝肩100m有f_5断层，距右坝肩50m有f_3、f_8断层，据两岸岩层及钻孔资料对比分析，推测河床无大的断层，坝基岩体裂隙不发育。

大坝主体已避开左岸KW_{17}、KW_{65}两个主要岩溶系统，河床坝基岩溶发育微弱。主要岩溶现象集中在右坝肩KW_{51}岩溶系统的C_2、C_4、C_5夹层及其附近部位，左岸则为W_{202}岩溶系统及f_7、f_9、f_{36}断层的交汇部位。

河床坝基下岩体透水性微弱，两岸坝肩乌江枯水位以上岩体透水性相对较大。

2.3.2 坝基岩体质量与建基面选择

2.3.2.1 坝基岩体质量

彭水水电站坝基岩体质量的划分是在岩体基本质量分类的基础上进行的，综合考虑岩体结构及岩性、软弱夹层、断裂发育程度及充填物特征、风化及溶蚀程度等工程地质特征，以及地下水发育情况等因素，共划分为I～V类，依次为优质、良质、中等、差、极差岩体，见表2.3-1、图2.3-1。岩体质量的划分为地基岩体鉴定验收和处理提供依据和指导，已全面应用于工程设计和施工中，取得了良好的效果。

坝基岩体质量分级表　表2.3－1

岩体质量分级	岩层代号	岩体类型	岩体结构	V_p/(km/s)	K_v	RQD/%	岩石（体）混凝土/岩体 f'	岩石（体）混凝土/岩体 C'/MPa	岩体 f'	岩体 C'/MPa	结构面状态 状态	结构面状态 抗剪强度 f	饱和抗压强度/MPa	变形模量/GPa	弹性模量/GPa	BQ评分	岩溶	岩体工程地质评价
Ⅰ	O_{1n}^{3-2}	新鲜灰岩	巨厚层状结构	6.2	0.91	86.3	1.0	1.3	1.3	1.0～1.3	裂面闭合、新鲜	0.65～0.80	60～80	30～40	35～50	557	岩溶不发育	岩体完整，强度性能高，抗滑抗变形性能强，不需专门地基处理，属优良高混凝土坝地基
Ⅱ	O_{1n}^{1-2}、O_{1n}^{1-3}、O_{1n}^{1}、$\in_{3m}$	新鲜灰岩、白云岩、有少量灰岩、白云岩微风化	厚层～中厚层状结构	5.9～6.4	0.79～0.95	66.0～90.3	1.0	1.3	1.3	1.0～1.3	裂面新鲜有轻微风化、裂面闭合无充填	0.65～0.70	60～80	30～40	35～80	467、487	岩溶发育微弱	强度高、强度高、岩体较完整，软弱结构面抗滑抗变形性能较强，专门处理地基，工程量不大，属良好高混凝土坝地基
Ⅲ	O_{1n}^{2}	新鲜页岩，少量灰岩	薄层状	4.8～5.2	0.85～0.95	88	1.0	0.8～1.0	1.0～1.2	0.8～1.0	裂面新鲜	0.6～0.65	35	10～20	12～25	407	岩溶不发育	强度高、强度、岩体较完整，抗滑抗变形性能较好
Ⅲ	O_{1n}^{5}、O_{1n}^{4-3}、$\in_{3m}$	新鲜灰岩、云岩、白云岩，沿裂面微风化，厚1～2cm	厚层～中厚层状结构	5.2～6.6	0.56～0.91	44.3～77.4	1.0	1.3	1.3		微裂隙发育、部分裂化、面微溶蚀、局部有溶蚀	0.6～0.65	60～80	30～40	35～50	482	受岩溶断裂影响，由Ⅱ类降至Ⅲ类	完整性差、强度较高、抗滑抗变形一定程度控制，对岩溶面和岩体变形和稳定的结构洞应作专门处理
Ⅳ		断层构造岩带，有1～2mm泥膜	镶嵌结构	2.8～4.5					0.6	0.1	构造岩带部分轻微风化溶蚀	0.25～0.5	40～50	6	8		沿断层面有轻微溶有1～2mm泥膜，局部发育小溶洞	岩体完整性差，强度较高，性能受结构面和岩块间嵌合能力以及结构面抗剪强度控制，对控制稳定的结构面应作专门性处理
Ⅴ		沿夹层软弱至全风化溶洞或溶缝	碎裂结构散体结构	0.8～3.4					0.65 0.16～0.3、C_2 0.16	0.07 C_2 0.1～0.05	层间错动、部分泥化、见溶蚀填泥	0.6、0.16～0.25					沿C_2、C_4、C_5有溶蚀	岩体破碎、不能做坝基、高混凝土坝基、需做专门性处理

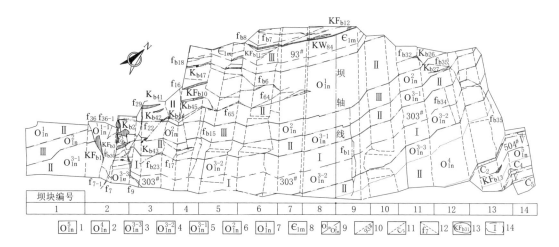

图 2.3 - 1　乌江彭水水电站大坝坝基岩体示意图

1—灰岩与白云岩互层；2—灰岩夹白云岩；3—串珠页岩与灰岩互层；4—细晶灰岩；5—串珠页岩与灰岩互层；

6—灰岩夹页岩；7—灰岩夹白云岩；8—白云岩；9—地层分界；10—页岩破碎夹层；

11—溶蚀风化夹层；12—断层及编号；13—溶洞；14—岩体类别

2.3.2.2　建基面选择

大坝坝基岩体主要为Ⅰ、Ⅱ级岩体，完整性较好，强度较高，只需进行常规固结灌浆处理即可满足大坝要求；Ⅲ级岩体次之，岩性主要为O_{1n}^2层白云质页岩性，岩体较新鲜，性状较好。两岸坝基中局部分布有断裂带、裂隙密集带、溶洞和软弱夹层等地质缺陷，均采用深挖或加固处理措施。如左岸主要考虑f_7、f_9、f_{36}断层交汇带及溶蚀深度，右岸则主要考虑C_2、C_4、C_5风化溶蚀填泥层带及溶洞高程。建基面岩体（灰岩、白云岩、含灰质串珠体页岩）纵波速度V_p应大于5000m/s，O_{1n}^2页岩及断层破碎带V_p应大于4500m/s。河床坝基岩体新鲜较完整，原河床建基面最低高程185m。

河床坝基（7号～9号坝块）向下开挖至高程195m时，坝基岩体普遍较新鲜完整，地质条件较好，未发现较大的顺河向断层，岩体风化溶蚀轻微，建基面存在优化的地质条件，为此开展了大坝建基面优化专题勘察研究，最后确定建基面抬高到高程188m。建基面优化后坝基岩体质量主要为Ⅰ、Ⅱ级岩体，占7号、8号、9号坝块面积的71.6%；Ⅲ级岩体占27.7%；Ⅳ、Ⅴ级岩体占0.7%。为满足深层抗滑稳定的要求，在坝趾设置的齿槽部位建基面也一并抬高，对影响深层抗滑稳定的082号、085号夹层采取深层置换处理，具体措施如下：

（1）对坝趾部位分布W_{84}温泉溶蚀带，进行掏清挖至一定深度，回填混凝土，深部变窄后应用固结灌浆处理。

（2）顺082号、085号夹层打一排钻孔，用混凝土置换处理，以满足深层抗滑稳定的要求。对下游坝趾及护坦部分ϵ_{3m}^{2-2}层中的081号、083号夹层、顺断层带局部溶蚀的小断层进行刻槽处理。

（3）除一般所要求的固结灌浆外，对O_{1n}^2层上游附近，O_{1n}^1与ϵ_{3m}^{2-2}分界线至坝趾W_{84}岩溶系统发育部位，固结灌浆深度应加深至15m。

2.3.2.3　坝基岩体评价

在前期勘察过程中，充分利用平洞、钻孔揭示的地质资料以及物探测试成果，在大量的现场与室内试验基础上，对坝基岩体进行了详细的质量分级，据开挖揭示，坝基地层岩性、断裂、夹层、岩溶等地质条件与前期成果基本一致。

总体来讲，坝基岩体质量较好，Ⅰ、Ⅱ级优良岩体占 76.8％，Ⅲ级岩体占 22.7％，Ⅳ、Ⅴ级岩体占 0.5％。对Ⅳ、Ⅴ级岩体进行了清挖回填和钻孔置换处理，并进行了固结灌浆和接触灌浆，大坝建基岩体能满足设计要求。

2.3.3　坝基主要地质缺陷及处理

彭水水电站大坝坝基地质缺陷主要是岩溶水文地质问题，在前期勘察过程中，采用了大量地表测绘、钻孔、多层平洞以及电磁波 CT 等综合勘探，详细查清了大坝坝基岩体主要地质缺陷的类型及分布，主要有岩溶洞穴、软弱夹层、断裂、风化溶蚀带以及缓倾裂隙。开挖揭示的坝基岩体地质缺陷与前期成果相比，类型与分布基本一致，尤其是 KW_{51} 和 W_{84} 岩溶系统，以及影响大坝抗滑稳定主要的软弱夹泥层、断层，其分布、性状与前期成果吻合。没有新增影响大坝抗滑与变形稳定的不利因素。

地质缺陷对大坝的不利影响主要有三个方面：

（1）对大坝抗滑稳定的影响，坝基中有性状较差的 085、082 泥化夹层和缓角裂隙等地质缺陷，形成不利组合块体，影响大坝的抗滑稳定性。

（2）对大坝变形稳定的影响，坝基存在 W_{84}、KW_{51} 等规模较大的溶洞直接影响大坝的变形稳定。软弱夹层、风化溶蚀层带以及断层破碎带岩体性状差，变形模量低，对坝体的应力及变形稳定影响较大。

（3）对大坝渗流控制的影响，坝基岩体为碳酸盐岩，其透水性与岩溶、构造发育程度等密切相关，岩溶影响了岩体的完整性，形成局部强透水带，对大坝渗流控制的影响较大。

2.3.3.1　主要地质缺陷

1.　溶洞

坝基共发育溶洞 29 个，溶洞多顺层发育和顺断层发育，充填黄泥，见表 2.3-2。

表 2.3-2　　　　　　　　　　大坝建基岩体主要溶洞统计表

岸别	工程部位	溶洞编号	高程/m	发育层位	溶 洞 发 育 特 征
左岸	2号坝块	K_{b31}	250～259	$\in_{3m}^{2-2}$	见灰华、泥团及小溶洞
		K_{b32}	250～253	O_{1n}^{2}	溶洞宽 1.9m，长 3.5m，高 3.0m；洞壁岩体风化溶蚀严重，呈褐色，附灰华，底部充填黄泥及碎石
	3号坝块	K_{b41}	236～242	O_{1n}^{1-2}	溶洞高约 6m，宽约 3m，向山内深 6.4m，平台顺层形成溶槽，溶槽长约 10m，充填黄泥
		K_{b38}	236～240	$\in_{3m}^{2-1}$	顺夹层发育溶蚀，岩石强风化，宽约 0.4m
		K_{b39}	236～240	$\in_{3m}^{2-2}$	洞口大小为 1m×1.5m，洞内满充填碎块石及黄泥
		K_{b40}	236～240	$\in_{3m}^{2-2}$	洞口大小为 0.5m×1.5m，基本顺岩层走向发育，洞内满充填黄泥及少量碎石

岸别	工程部位	溶洞编号	高程/m	发育层位	溶洞发育特征
左岸	3号坝块	K_{b42}	236	O_{1n}^{1-2}	溶洞口长6m，宽0.5~1m，可见深1.7m，充填黄泥夹块、碎石
		K_{b44}	236	O_{1n}^{1-2}	溶洞口长4.5m，宽0.5~1m，可见深1.1m，充填黄泥夹块、碎石，洞壁附灰华，溶洞处于f_{b21}断层破碎带
		K_{b43}	236	O_{1n}^{3-1}	水平宽约1.2m，长约2.0m，向下发育深大于1.5m，黄泥夹碎石满充填
	4号坝块	K_{b46}	223	O_{1n}^{3-1}	宽0.2~0.5m，低于坝块高程0.5m，顺层形成溶蚀带，沿边坡溶至3号坝块，缝宽15~30cm
		K_{b47}	223	$\in_{3m}^{2-2}$、O_{1n}^{1-1}	洞口尺寸0.3m×0.3m，溶>1m，黄泥满充填。顺层形成溶蚀带
		K_{b45}	223	O_{1n}^{1-2}	长约2.5m，宽0.4~0.6m，深大于1m，充填黄泥。顺层形成溶蚀带
河床	7号~9号坝块	W_{84}	188~242	$\in_{3m}^{2-2}$	溶蚀宽0.2~3.0cm，黄泥充填。高程182.70m处见一小溶洞出口，溶洞洞口尺寸0.5m×1.2m，深5.30m，未见流水
右岸	11号坝块	K_{b26}	205~210	O_{1n}^{1-2}	顺断层f_{b32}及L_{804}发育，长约6m，宽约0.5m，充填黄泥
		K_{b27}	210~212	O_{1n}^{1-2}	顺裂隙L_{804}发育，长约0.5m，宽约0.4m，充填黄泥
	12号坝块	K_{b25}	215	O_{1n}^{1-2}	洞口大小顺层宽0.8m，厚0.25m，可见深度大于3m，充填黄泥
	13号坝块	K_{b22}	235~242	O_{1n}^{5-1}	顺C_2夹层发育，洞口最大宽度约2m，洞壁岩石强~弱风化，充填黄泥
		K_{b20}	235~238	O_{1n}^{5-2}	顺C_4夹层发育溶蚀，顺层长约3m，宽约0.5m，内填泥，洞壁岩石强风化
		K_{b21}	240~245	O_{1n}^{5-2}	高程235~245m边坡顶部开口线处，顺C_4夹层发育溶蚀，高约2~3m，宽约2~3m，充填黄泥夹碎石
		K_{b23}	235~238	O_{1n}^{5-2}	顺504夹层发育溶蚀，高约3m，宽约1m，充填黄泥
		K_{b24}	225~230	O_{1n}^{1-2}	缝长0.5~1m，宽5~10cm，其下方溶缝见流水，水量约15L/min，推测为施工用水
		K_{b9}	282~290	O_{1n}^{5-2}	高约8m，宽约1m，土夹碎块石满充填
		K_{b10}	289~298	O_{1n}^{5-2}	高约4m，宽约0.3~1.2m，土夹碎块石满充填
		K_{b12}	275~279	O_{1n}^{5-2}	长1.5~2m，高1.5m，深1m，充填碎块石和灰华
		K_{b13}	273~278	O_{1n}^{5-2}	宽0.3~0.6m，高5m，碎块石满充填
		K_{b14}	272~278	O_{1n}^{5-2}	宽0.3~0.5m，高约6m，充填黏土夹少量碎块石
		K_{b15}	269~275	O_{1n}^{5-2}	宽1.5~3.5m，高约6m，深3~4m，充填碎块石，洞壁附灰华
		K_{b16}	255~280	O_{1n}^{4-3}、O_{1n}^{5-1}	宽4~8m，高11m，洞内见大量褐黄色黏土，质纯，洞壁附灰华，洞壁左侧下游为C_2，强风化呈土状
		K_{b17}	255~258	O_{1n}^{5-2}	洞口尺寸为1.8m×2.1m，黄泥满充填，黄泥呈软塑状，顺层发育

　　左岸发育12个溶洞，约占41%，规模较大的K_{b41}溶洞，洞长约10m，宽为1.3~2.1m，高约6.0m；右岸除KW_{51}系统C_2、C_4、C_5风化溶蚀带外，共发育有16个溶洞，约占55%，规模较大的K_{b16}溶洞宽为4~8m、高为11m；河床坝基及右岸发育W_{84}岩溶

系统。

在右岸 12 号、13 号、14 号坝块及坝基边坡 O_{1n}^5 岩层中开挖揭示 KW_{51} 岩溶系统，主要沿 C_2、C_4、C_5、504 夹层发育。C_2 夹层厚为 1.3m，为弱～微风化瓦灰色泥质白云岩。从高程 235～280m 顺 C_2 夹层形成宽 1.5～8m 的溶洞（K_{b16}、K_{b22} 等），充填黏土夹碎石，洞壁附灰华，水平深可达 13.4m；C_4 夹层厚为 0.5～0.8m，在 13 号、14 号坝块坝基及边坡形成溶洞（K_{b15}、K_{b17}、K_{b20}、K_{b21} 等），溶洞口宽为 0.3～2.5m，充填黄泥及碎块石。水平清挖 21.5m 后，变为 0.1～0.5m 的溶蚀宽缝；C_5 夹层溶蚀为宽 1～1.5m 的溶洞（K_{b8}），向内清挖 1～7.2m，夹层溶蚀宽度变窄为 0.2～0.5m。

W_{84} 岩溶系统位于右岸，出露于河床坝块的坝趾部位，向上至右岸护坦边坡高程 269m，顺 $\in_{3m}^{2-2}$ 层中下部发育，距 $\in_{3m}^{2-2}/\in_{3m}^{2-1}$ 分界 2.9m，沿层间错动断层或沿岩层走向大致平行，呈小角度相交的断层发育，见角砾岩，呈透镜状分布，溶蚀宽为 0.2～3.0cm，充填黄泥。高程 182.7m 见一小溶洞出口，溶洞洞口尺寸为 0.5m×1.2m，深 5.30m，未见流水。经声波检查分析推断：河床 7 号～9 号坝块存在溶蚀串通，为裂隙型或管道型分布于坝趾，对坝趾稳定有影响。总的来看，大坝建基岩体右岸岩溶比左岸及河床的岩溶发育。

2. 软弱夹层

坝基及消能区共揭露软弱夹层 61 条，其中坝基揭露 36 条，Ⅰ类泥化夹层主要有 504、052、513 等，Ⅱ类破碎夹层主要有 303、082、085、086、093 等，Ⅲ类风化溶蚀填泥夹层为 C_0、C_2、C_4、C_5 等；出露于坝基并对坝基有影响的主要夹层有 504、303（右岸）、093、082、085、086、C_2、C_4、C_5。性状较差的主要有 085、082 软弱夹层。

（1）085 夹层：厚为 4～10cm，黑灰色夹方解石脉，经挤压呈鳞片状，沿顶底有泥化，泥化厚 1～3cm，性状较差；分布于 6 号坝块坝趾及坝脚，高程为 188～196m。

（2）082 夹层：鳞片状页岩夹白云岩，泥较连续，泥化厚 0.3～4cm，性状较差。分布于河床及两岸护坦，距坝脚下游 8～14m。

3. 断层

坝基断层比较发育，大坝及护坦地基共开挖揭示断层 50 条，其中坝基 12 条，两岸消能区 38 条。对工程影响最大的断层有 f_1；影响较大的断层，左岸有 f_7、f_9、f_{36}，右岸有 f_8、f_3 等断层。河床坝基中断层不发育，未见顺河向断层发育。

f_1 断层出露于消能区两岸边坡及河床，走向 20°～40°，倾向 110°～130°，倾角 72°～83°，沿主断面见宽为 0.2～0.25m 的糜棱岩，风化溶蚀强烈，见缝状溶洞。次断面厚为 8.5～11.3m，与主断面之间为碎裂岩、角砾岩，方解石及岩粉胶结好。

f_7 断层主断面走向 310°～335°，倾向 220°～245°，倾角 68°～84°，断面平直光滑，面附方解石膜，断面风化呈褐黄色，沿断层发育 4 个溶洞。发育 f_{7-1} 和 f_{7-2} 两个支断面；沿 f_{7-1} 断面两侧岩体风化破碎，局部见胶结很差的角砾岩；沿 f_{7-2} 断面见溶蚀，局部见黄泥。

f_9、f_{36} 断层从构造分析是被 f_7 断层错开的同一条断层，其产状和性质基本相同，断层走向 298°，倾向 208°，倾角 79°～87°。f_9 断层在 2 号、3 号坝块及边坡中，顺断面弯曲，主断面溶蚀缝宽为 3～5mm，充填黄泥。f_{36} 断层在 2 号坝块及闸基部位，沿断层带风化溶蚀强烈。

f_7 与 f_9、f_{36} 断层在 2 号坝块交汇，沿断层交汇带强烈溶蚀成溶洞，高达 8m。

f_8 断层分布于右岸坝肩及上游边坡，走向 315°～325°，倾向 225°～235°，倾角 62°～80°，角砾岩厚度为 0.2～0.5m，胶结较好，顺主断面溶蚀，见黄泥及灰华，局部为溶洞。

f_3 断层出露于右岸坝肩及右岸消能区边坡，走向 285°～303°，倾向 195°～213°，倾角 63°～87°，角砾岩宽为 0.1～0.75m，地表溶蚀成宽缝，充填黄泥，呈软塑状。

次级小断层发育，主要为层间裂隙性断层，次之为北西向和北东向断层，层间断层多见风化溶蚀现象，性状较差；北西向和北东向断层部分见溶蚀，性状较差。

4. 风化溶蚀带

(1) 夹层风化溶蚀带。左岸 1 号～6 号坝块，顺层间断层发育风化溶蚀带 8 个，岩体破碎、裂面见黄泥充填，宽为 0.7～1.5m，最宽达 2.8m；右岸 10 号～14 号坝块，在 KW_{51} 岩溶系统，沿 C_2、C_4、C_5 夹层风化溶蚀强烈，形成宽大溶缝和风化溶蚀带，溶蚀宽度为 0.3～2.5m，局部溶蚀扩大形成溶洞。如 P_{17} 平洞内 C_2 形成溶蚀大厅，体积达 4000m³，充填物以黄泥、灰华、砾石为主。

(2) 断层风化溶蚀带。建基面上分布小断层 44 条，主要为层间断层、北西向和北东向断层。断层长为 4～46m，破碎带宽为 0.01～0.7m，断层、裂隙和夹层风化溶蚀带交汇，岩体破碎，沿断面风化溶蚀较强烈，局部形成溶洞，充填黄泥。左岸 2 号坝块发育 KF_{b2}、KF_{b3} 和 KF_{b4} 断层风化溶蚀带，受多条断层切割，沿断裂面风化溶蚀呈溶洞，见黄泥。f_7 与 f_9、f_{36} 断层交汇带强烈溶蚀成溶洞，高达 8m。11 号坝块 f_{b32} 断层将 404 夹层错开 20cm，发育有 K_{b26} 溶洞。12 号坝块 f_{b35} 断层风化溶蚀强烈，沿断层发育一小溶洞，见一小泉水，流量约 5L/min。

2.3.3.2　地质缺陷处理

坝基地质缺陷工程处理的主要目的是解决坝基抗滑稳定、强度变形和渗流控制问题，提高坝基抗滑稳定和变形强度的手段主要是采用灌浆、补强、置换等，以提高岩溶、软弱夹层、断层带和风化溶蚀带的弹性模量和抗剪强度。设置帷幕和排水系统是渗流控制的主要措施。

对影响大坝变形与抗滑稳定的地质缺陷，分别采取了浅层与深层处理。浅层处理主要包括对揭露溶洞及破碎岩体的清挖、表层刻槽、固结灌浆等，深层处理则主要是开挖置换洞（井）回填混凝土，形成传力柱。根据地质缺陷的类型、规模、强度、发育程度等，以及对建筑物的影响，采取相应的处理措施。

1. 岩溶的处理

溶洞对工程的影响，首先，主要表现为破坏岩体的完整性，降低岩体的强度；其次，溶洞为岩溶水的自然排水通道，对岩溶水需要引排，同时为了水库防渗需要，岩溶通道中要进行防渗处理，不能让岩溶通道成为渗漏通道。右岸发育 KW_{51} 和 W_{84} 两岩溶系统，其中 KW_{51} 岩溶系统自然通道穿越了防渗帷幕直达坝前，因此需要对岩溶通道进行封堵和地下水引排。

对岩溶处理主要采取"清挖、回填、封堵、引排"措施。一是提高岩溶发育部位岩体的完整性，增强岩体的强度；二是保证坝前库水不会沿岩溶系统通道向下游渗漏；三是保证岩溶泉水的排泄畅通，不会沿岩溶通道进入坝基范围，有利于保证大坝稳定。

根据开挖揭露岩溶发育宽度情况，结合 KW_{51} 和 W_{84} 两岩溶系统发育特征与工程的关系，处理如下：

（1）对于大坝轮廓以外 10m 范围内坝基开挖揭示的岩溶洞穴、溶蚀填泥层等采取"V"形刻槽扩挖，再回填混凝土。坝基边坡中的溶洞则进行水平及向下追踪清挖后回填混凝土。溶洞回填后，坝基进行固结灌浆，边坡进行接触灌浆。

1）KW_{51} 系统岩溶，出露于右岸 13 号～14 号坝块，C_2 夹层中的 K_{b16} 溶洞，按开口宽约 10m，向下清挖 5～10m，水平向山体内清挖 8～13.4m；C_4 夹层中 K_{b20}、K_{b21}、K_{b17} 等溶洞水平清挖深度达 21.5m 后，追踪清挖为 0.1～0.5m 的溶缝，溶洞壁清洗干净后，回填混凝土。

2）W_{84} 岩溶系统，出露于河床及右岸 7 号～11 号坝块，顺 ϵ_{3m}^{2-2} 层中下部发育，分布高程为 269～195m，溶蚀宽为 0.2～3.0m，岩体破碎，充填黄泥，主要为透镜状角砾岩。8 号坝块高程 182.7m 见小溶洞，未见流水。经声波检查分析推断：W_{84} 岩溶系统在河床存在溶蚀串通，对坝趾稳定有影响。考虑到层间错动带与小断交汇相邻，岩体较破碎。W_{84} 岩溶系统溶蚀带处理主要采用清挖后回填混凝土；河床坝基清挖成"V"形槽，清挖深度为 3.5～5.3m，见图 2.3-2，最低高程 182.7m，布置陡坡钢筋，用 C_{20} 混凝土回填。对 W_{84} 岩溶系统的上、下游地段进行了固结灌浆，深度为 15m。

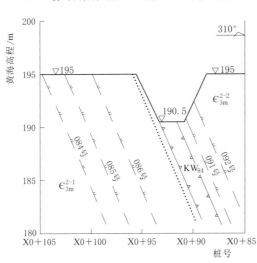

图 2.3-2 W_{84} 溶洞处理示意剖面

3）K_{b41} 溶洞，发育于左岸 3 号坝块 O_{1n}^1 层灰岩中，高程为 236m，总长约 10m，宽为 1.3～2.1m，高约 6.0m，边坡面向山体深为 6.4m，沿溶洞向下清挖至高程 230.90m，用 C20 混凝土回填。

4）KW_{65} 系统位于左岸消能区齿槽，发育 ϵ_{3m}^{1-1} 地层中，基岩中有 6 个出水点，枯季流量共 69L/min。主要沿 C_0 夹层和 f_{64} 断层出水；f_{64} 断层穿过 f_1 断层带，W_{65-4} 和 W_{65-6} 受 W_{10} 温泉的影响，水温为 30～35℃，有硫化氢气味，浇筑混凝土前作了引排；温泉 W_{10} 发育 ϵ_{3g}^{3-4} 地层中，沿 f_1 断层主断面和上盘断层带的深循环热水，有 10 个出水点，流量为 1148.5L/min，水温 51～56℃，SO_4^{2-} 含量为 392.65～403.45mg，对普通硅酸盐混凝土具有硫酸盐弱腐蚀；对断层清挖并冲洗干净，对 W_{10} 泉水作了集水井引排，用抗硫酸混凝土。

（2）对防渗帷幕线及附近的溶洞采取清挖回填与灌浆回填处理措施，保证主防渗帷幕形成与安全。同时对坝前右岸 KW_{51} 系统地表出口及溶洞、溶隙进行了地表封堵，并采取了坝前防渗帷幕。

（3）在掌握岩溶系统来水量及变化规律的基础上，为了截排 KW_{51} 和 W_{84} 两个岩溶系统岩溶水，专门在右岸山体内防渗帷幕后布置了截排水洞。KW_{51} 截水洞及厂房排水洞开挖后，岩溶泉水大部分沿 f_{110}、f_8 等断层溶蚀带流入截排水洞中，坝基开挖时溶蚀带无水。W_{84} 岩溶系统下层截水洞，在高程 165m $\mathbb{C}_{3m}^{2-2}$ 层溶蚀带揭露温泉，温泉泉水全部从下层截水洞内溶蚀带中涌出，流量为 200～300L/min，8 号、9 号坝基开挖揭示的溶蚀带无地下水，说明两岩溶泉水均在山体中被截排，因此，电站运行期泉水不会进入坝基中。

2. 软弱夹层处理

坝基岩体中软弱夹层大部分风化溶蚀轻微，性状较好，只作一般性的刻槽处理。性状较差的有Ⅲ类 C_2、C_4、C_5，Ⅱ类有 303（左岸）、085、082 软弱夹层，其中 C_2、C_4、C_5 风化溶蚀填泥层带会同岩溶清挖处理，用 C20 混凝土回填；Ⅰ类 504 夹层会同岩溶系统已处理。

303 夹层厚为 12～19cm，鳞片状页岩夹方解石脉及灰岩透镜，局部见泥厚 3cm。沿303 夹层按宽度 1.5 倍深度进行刻槽，用 C20 混凝土回填。

对 085、082 泥化夹层进行专门性的处理。采用钻孔置换，岩层倾角为 66°，钻孔深度为 15m，置换率为 45%，混凝土砂浆回填。

3. 断层带的处理

f_7 与 f_9、f_{36} 断层，在 2 号坝块及边坡处交汇，沿断层交汇带强烈溶蚀成溶洞，高达 8m，已清挖回填 C20 混凝土。沿 f_7 主断面发育有 4 个溶洞，充填黄泥；沿 f_{7-1} 断面两侧岩体破碎，多风化，局部见胶结很差的角砾岩；沿 f_{7-2} 断面见溶蚀，局部见黄泥。施工中对沿断层走向发育的溶洞、溶蚀带及破碎岩体均按 1.5 倍宽度进行掏挖，并用 C20 混凝土回填。固结灌浆处理深度 15m。

4. 风化溶蚀带

风化溶蚀带的处理一般采用刻槽清挖回填混凝土、加钢筋补强、固结灌浆、深部置换等措施。

坝基岩体顺沿层间断层发育 Kf_{b2}、Kf_{b3}、Kf_{b4}、Kf_{b11} 等风化溶蚀带，岩体破碎、裂面见黄泥充填，宽为 0.7～1.5m，最宽达 2.8m。刻槽清挖回填 C20 混凝土，并布置陡坡钢筋。

坝基岩体小断层较发育，沿断层溶蚀风化，充填黄泥，局部发育溶洞。对溶蚀宽度小的采用刻槽处理，对有一定厚度的岩体破碎溶蚀夹泥层进行槽挖回填 C20 混凝土处理。

KW_{51} 岩溶系统 C_2、C_4、C_5 风化溶蚀填泥带处理：沿 C_2、C_4、C_5 夹层风化溶蚀强烈，形成宽大溶缝和风化溶蚀带，对工程影响较大。顺夹层开（洞）挖深度为 0.5～9.5m，边坡深度达 21.5m，水平宽为 0.5～10.5m，清挖至强～弱风化岩体，局部见灰华和黄泥，用 C20 混凝土回填。固结灌浆处理深度为 15m。

2.3.3.3 岩溶坝基处理效果

彭水水电站自 2008 年初蓄水以来，通过对大坝的变形监测和右岸岩溶地下水及帷幕排水洞的长期观测，大坝岩溶地基处理和地下水岩溶水的封堵与截排达到了预期效果。

1. 大坝变形监测结果

大坝坝顶水流向水平位移在 −4.61～7.25mm 之间，坝体坝基廊道处位移量较小，位移量均在 1mm 以内，水库蓄水后坝体水平位移无异常变化，坝基是稳定的。

大坝坝顶垂直位移累积变化量在 1.72～6.78mm 之间，变化趋势为整体均匀下沉；坝体基础廊道沉降量在 3mm 左右，不存在不均匀沉降。

监测结果表明：坝基岩溶洞穴开挖回填处理效果良好，坝基岩体受力均匀，坝基稳定。

2. KW_{51} 和 W_{84} 岩溶水截排结果

KW_{51} 岩溶系统岩溶水在右岸山体内的主要揭露点流量：厂房上游顶层排水洞 f_{110} 断层处，流量为 $5\sim80L/min$；KW_{51} 截水洞流量为 $8.5\sim12L/min$。两处流量总和与该泉水在原自然状态下的流量基本一致。

W_{84} 下层截水洞，高程为 $165m$，是坝区 W_{84} 岩溶系统最低点，温泉水从下层截水洞中溶蚀带涌出，流量为 $200\sim300L/min$，温度为 $41\sim45℃$。出水点后，坝基及右岸山体各隧洞揭示的该岩溶通道内均未再出现泉水。说明 W_{84} 下层截水洞完全截断了该系统岩溶泉水。

总体来说，两岩溶系统截排岩溶水充分，岩溶泉水完全阻断在大坝坝基之外，达到了岩溶处理的预期效果。

3. 帷幕后渗水、渗压监测结果

右岸 239 灌浆平洞的排水孔基本呈无水或滴水状，右岸 193 灌浆平洞内排水孔的总渗漏量为 $60\sim80L/min$，单孔最大渗漏量约为 $14L/min$。

库水位上升至正常蓄水位 $293m$ 时，大坝测压管扬压系数小于 0.20，在规范允许范围内，说明大坝帷幕防渗效果良好。

蓄水后至 2009 年 6 月，左、右岸测压管水位变化很小，降雨对测压管水位变化的影响较小，两岸坝基深部岩体没有明显的渗流现象，也不存在绕坝渗漏情况。

除 11 号坝段高程 $210m$ 距上游坝面 $5.0m$ 处水头约 $12m$，距上游坝面 $12.0m$ 处水头高约 $8m$ 外，其他坝段混凝土浇筑层面的渗压计没有明显渗透压力。

右岸 KW_{51} 系统岩溶通道封堵成功，未发生坝前库水及岩溶地下水经岩溶通道进入至坝基范围内。

综上所述，对坝基开挖揭露的岩溶洞穴、软弱夹层、断层、裂隙及风化溶蚀带等地质缺陷进行工程处理后，坝基岩体性状变好，岩体完整性增强，坝基抗滑、抗变形及抗渗条件均得到较好的改善。KW_{51} 和 W_{84} 两岩溶系统封堵与截排的处理措施得当，处理效果良好。

2.4　岩溶渗漏分析与防渗研究

2.4.1　库首 KW_{61} 岩溶系统渗漏研究

乌江左岸邻谷为芙蓉江水系，右岸邻谷为沅江水系的酉水，两岸分水岭地段为中山或低中山地形，山岭连绵，地面高程一般为 $1000\sim1500m$，分水岭宽度为 $40km$ 以上，其间有志留系、奥陶系大湾组等砂页岩隔水层阻隔。因此，根据地形、地质、构造条件分析，水库蓄水后不存在向邻谷芙蓉江、沅江水系渗漏的可能，也不存在向乌江下游支流长溪河、郁江渗漏的可能。

库首唯一可能存在向坝址下游渗漏的地段是右岸替溪沟，该段由于大湾组页岩隔水层被侵蚀，下奥陶系红花园组含水层暴露于库内，红花园组发育有 KW_{61} 岩溶系统，其出口位于替溪沟内，形成了水库没有可靠隔水层封闭的缺口，见图 2.4-1。因此，水库沿右岸替溪沟 KW_{61} 岩溶系统向下游渗漏问题需进行专门的水文地质勘察与研究。

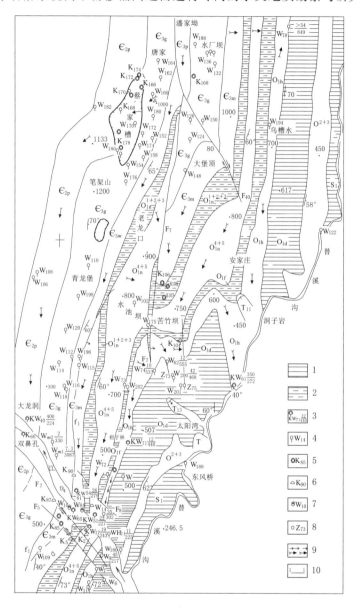

图 2.4-1 彭水水电站近坝地段岩溶水文地质示意图

1—隔水层；2—相对隔水层；3—岩溶泉及编号（分子表示流量，单位 L/min；分母表示高程，单位 m）；

4—泉水及编号；5—落水洞；6—溶洞；7—温泉；8—钻孔；9—地下水流向；10—剖面线

替溪沟位于库首右岸坝轴线上游 0.6km，沟底地层绝大部分为大湾组及志留系砂、页岩，过洞子岩以后沟底高程低于 293m，在洞子岩至 KW_{61} 岩溶泉段总长约 700m 沟底地层为岩溶发育的红花园组（O_{1h}）灰岩，水库蓄水后库水将直接与 O_{1h} 层接触，最大水头为 21m。因此，水库蓄水后可能存在沿 KW_{61} 岩溶系统向坝址下游 KW_{51}、W_{84}、KW_{40} 等处的岩溶渗漏。

水库沿 KW_{61} 岩溶系统向下游 KW_{51}、W_{84}、KW_{40} 渗漏，必须通过 O_{1h}、O_{1f} 层，穿过 f_7 断层进入 f_7 下盘的 O_{1n}^{4+5} 层，切穿 O_{1n}^{1+2+3} 相对隔水层进入 ϵ_3、ϵ_{2p} 层，渗漏途径曲折，最短渗径为 2350m。水库能否沿此途径渗漏，取决于 KW_{61} 岩溶系统、W_{200} 泉群发育层位的地下水位（O_{1h}、O_{1f}、f_7、O_{1n}^{4+5} 等）及 KW_{61}、W_{200} 泉群与下游岩溶系统之间有无岩溶管道连通。通过岩溶渗漏专门勘察，分析结论如下：

（1）从地下水补排关系分析，KW_{61}、W_{200} 泉群在构造上位于 f_7 与 f_{40} 断层之间次级褶皱中的两个小背斜的顶端，北侧大面积碳酸盐岩中的地下水向南补给，遇替溪沟切割出露岩溶泉 KW_{61}，遇 O_{1d} 页岩隔水层阻隔出露 W_{200} 泉群。因此，地下水由北向南运移，地下水位也应是由南向北逐渐升高。

（2）从地下水水质特征分析，岩溶水中的 Ca^{2+}/Mg^{2+} 比值，与碳酸盐岩中 CaO/MgO 的比值相近。在坝址区与库首段的泉水中，地下水 Ca^{2+}/Mg^{2+} 比值：O_{1h} 灰岩夹页岩及燧石为 $5\sim50$，O_{1n}^{4+5} 层灰岩白云岩互层为 $2.67\sim3.14$，ϵ_{3g} 层纯白云岩为 $0.64\sim1.89$。KW_{61}、W_{200} 泉群的 Ca^{2+}/Mg^{2+} 比值分别为 $1.86\sim2.0$ 和 $1.62\sim8.2$（W_{200} 泉群的 4 个泉水补给层位及渗流途径不尽相同）。由此也可说明 KW_{61}、W_{200} 泉群的补给区不仅仅是 O_{1h} 层，而且主要来自北侧大面积出露的 O_{1n}^{4+5}、ϵ_{3m}、ϵ_{3g} 层中的地下水。这也可以从长期观测到的 KW_{61}、W_{200} 泉群的流量和汇水面积得到佐证。

（3）从 KW_{61} 及 W_{200} 泉群区 O_{1h}、O_{1f}、F_7、O_{1n}^{4+5} 层地下水位分析，KW_{61} 出水点高程 272m，枯流量、平流量较大且稳定，应是地下水露头，代表苦竹坝、太阳湾一带 O_{1h} 岩溶含水层的最低地下水位。W_{200} 泉群包括 W_{62}、W_{74}、W_{201} 及 W_{200}，是 O_{1h} 岩溶含水层地下水的高一级出口，高程为 437.69m。因此，地下水排泄区的地下水位是比较高的。为验证 W_{200} 泉群区地下水位，在由 KW_{61} 可能向下游渗漏的必经之路上（O_{1h} 与 O_{1d} 层接触带附近）布了 Z_{73} 和 Z_{75} 两个钻孔，其水位特征是：

1）Z_{73} 孔揭示 O_{1h} 和 O_{1n} 地层。孔深 $199.86\sim214.12m$ 为 f_7 断层带，由块状构造岩、角砾岩、碎裂岩组成。当钻进至 207.56m 时，发现 7 条较大的溶蚀裂隙，在孔深 191.0m 止水进行水位观测，地下水从孔口冒出，测得水压为 0.4MPa，水位高程约 512m，涌水量为 $54.6\sim62.4L/min$。从 Z_{73} 孔水位资料可知：O_{1h} 层地下水位大于 467m，f_7 断层带（在 O_{1n}^{4+5} 层中）承压水位大于 510m，钻孔混合水位大于 470m，见图 2.4-2。

2）Z_{75} 孔钻进至孔深 35.71m，揭露 O_{1d}^{1-2} 层时，有承压水从孔口溢出，流量约 18.8L/min；孔深 67m 揭露 O_{1h} 层顶部时，涌水量明显增大，流量为 45.5L/min；孔深 225.54m 时，涌水量达 $92.4\sim88.2L/min$。说明 Z_{75} 孔地下水位能代表此区 O_{1h} 层地下水位，出水点高程约 426.5m，见图 2.4-3。

（4）从岩溶水文地质结构分析，KW_{61}、W_{200} 泉群的补给区位于北侧 O_{1h}、O_{1n}^{4+5}、ϵ_{3m} 等岩溶层出露区，为此，它们的岩溶管道系统主要向北延伸，与坝址下游的 KW_{51}、W_{84}、KW_{40} 之间形成管道连通的可能性极小。

上述论证说明，KW_{61} 岩溶系统与坝址下游各岩溶系统间无管道连通，渗漏途径的

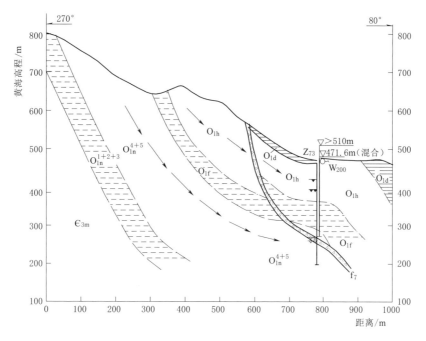

图 2.4 - 2　Z_{73} 孔水文地质剖面示意图

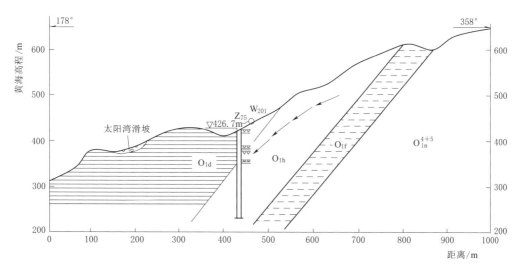

图 2.4 - 3　Z_{75} 孔水文地质剖面示意图

O_{1h}、O_{1f}、O_{1n}、f_7 断层的地下水位远高于正常蓄水位 293m。因此认为，水库蓄水后不可能发生沿 KW_{61} 岩溶系统向下游渗漏。

彭水水电站蓄水运行多年，通过渗漏观测，未发现库水明显渗漏现象，总体上水库封闭条件较好，验证了勘察结论是正确的。总结经验如下：

采用岩溶水文地质调查、地表地下水系分析、水均衡理论、连通试验、地下水及岩溶泉动态监测等"岩溶水文地质综合分析法"，对岩溶系统及渗流场进行综合分析研究，是经验与理论的成功结合。通过对彭水水电站库首右岸替溪沟 KW_{61} 岩溶系统向下游可能的渗漏途径、可能的渗漏形式和严重程度、地下水分水岭的可能位置和高程等岩溶渗漏条件的分析研究，在关键部位采用深孔钻探，进行抽水压水等水文地质试验，了解岩体深部岩溶的发育情况、岩体透水性、地下水联系等水文地质特征，来确定水库封闭条件是可靠的，对"岩溶水文地质综合分析法"的运用积累了丰富的经验。

目前，随着物探技术的发展，对岩溶水文地质综合分析可能存在渗漏的部位，采用"电磁测深（CSAMT）"新技术，并采用新的解释方法，探测岩溶发育程度、发育深度以及地下水位特征等，也获得了较好的效果。

2.4.2　坝址岩溶渗漏分析及防渗优化

2.4.2.1　坝址岩溶渗漏分析

彭水水电站坝址区岩溶水文地质条件极为复杂，存在多个大型岩溶系统和深循环温泉系统，渗控工程从规划到施工一直是勘察工作研究的重要课题。

坝址区岩溶透水层与隔水层、相对弱透水层相间分布，主要岩溶透水层有 O_{1h}、O_{1n}^{4+5}、ϵ_{3m}、ϵ_{3g} 等层。岩溶含水层中发育有 KW_{14}、W_9（O_{1h}）、KW_{51}、KW_{17}（O_{1n}^{4+5}）、W_{84}、KW_{54}、W_{202}、KW_{65}（ϵ_{3m}）等岩溶系统。

坝基及绕坝渗漏主要是指左岸沿 KW_{17} 向坝下游 KW_{65} 渗漏；右岸沿 KW_{51} 向下游 W_{84} 岩溶系统渗漏；此外还需研究沿 W_{10} 深循环热水系统渗漏的可能性。

KW_{51} 与 W_{84}、KW_{17} 与 KW_{65} 岩溶系统之间存在 O_{1n}^{1+2+3} 组成的弱岩溶相对隔水岩组，总厚度 65.01m，其完整性、隔水性以及与各岩溶系统的空间关系，对评价坝基和绕坝渗漏具有重要意义。

1. O_{1n}^{1+2+3} 相对隔水层完整性、隔水性分析

（1）通过地质调查及水文试验，O_{1n}^{1+2+3} 层岩溶不发育，透水性弱，具有较好的隔水性能。左岸 f_5、f_7 断层将该层错断，但断层上下盘 O_{1n}^{1+2+3} 层仍有一定的搭接长度。

（2）对 O_{1n}^{1+2+3} 层上含水层 O_{1n}^{4+5} 和下含水层 ϵ_{3m} 的进行水位观测、水质分析、水温测量，均有明显差异。连通试验验证了 O_{1n}^{4+5} 层与 ϵ_{3m} 层没有水力联系，说明 O_{1n}^{1+2+3} 层具有较好的隔水作用。

2. 深岩溶渗漏分析

深岩溶的总体形态呈倒虹管状，其延伸方向与岩溶系统的主通道（岩层走向）基本一致。因此，深岩溶的渗漏仍表现为浅层岩溶系统之间的渗漏问题。

3. 温泉对坝址渗漏的影响分析

W_{10} 温泉的热水是沿 f_1 断层带由深部向地表运移形成的，没有发现 W_{10} 热水向上游 KW_{65} 系统运移。深循环温泉岩溶系统主要发育在 ϵ_{3m} 地层中，在 O_{1n}^{4+5} 层没有热水活动的迹象，说明没有岩溶管道贯通坝线上下游，因此不存在通过温泉系统向下游渗漏的问题。

4. 岩溶渗漏分析与评价

（1）左岸岩溶渗漏分析：O_{1n}^{1+2+3} 层具有较好的隔水作用，水库蓄水后左岸坝肩不会发生向下游的岩溶管道式集中渗漏。但在高水头作用下沿裂隙，尤其是沿走向290°、320°

断层破碎带与交汇带发生少量的裂隙性渗漏的可能性是存在的。

（2）右岸岩溶渗漏分析：水库蓄水后不会发生穿越 O_{1n}^{1+2+3} 层相对隔水层向下游 ϵ_{3m} 层 W_{84} 系统管道式渗漏，也不会发生沿 f_8 等断层带的集中岩溶渗漏。但由于右岸 O_{1n}^{4+5} 层岩溶强烈发育，水库蓄水后库水可以沿 KW_{51} 系统或深岩溶管道进入右坝肩岩溶管道，向坝后 O_{1n}^{4+5} 层的溶洞、溶隙发生集中渗漏，因此需要对坝基、坝肩进行防渗处理。

（3）河床及右漫滩坝基岩溶渗漏分析：河床 O_{1n}^{1+2+3} 层及相邻地层岩溶不发育，透水性极微，断层不发育，岩体性状好，因此不存在穿过坝基的集中岩溶渗漏。

2.4.2.2　大坝防渗帷幕选择

1. 左岸防渗线路选择

左岸防渗线端点接 O_{1d} 隔水层，防渗接头以 O_{1d}^{1-3} 层页岩作为依托，页岩厚度大、防渗可靠，但线路长约 606m，要经过 KW_{17}、W_9 岩溶系统，在近坝轴线段 f_5 断层带与防渗线走向交角很小，f_5 破碎带在高程 240～293m 防渗线上的长度达 180m，而且主要为 KW_{17} 岩溶系统的主要发育层位 O_{1n}^5 层，岩溶发育深度也相对较大。该方案帷幕线路较长，难度较大，但接头可靠。

左岸防渗线端点接 f_5 断层上盘 O_{1n}^{1+2+3} 相对隔水层及高地下水位，左岸防渗线端点接 f_5 断层上盘 O_{1n}^{1+2+3} 层，Z_{36}、Z_{70}、Z_{72} 孔地下水位已达 290～300m，岩体透水性小，距左岸坝端 160m 的 f_{104} 断层走向西北，陡倾山体，地层断距 2～7m，对 O_{1n}^{1+2+3} 层破坏很小。因此，左岸防渗线接 O_{1n}^{1+2+3} 层及高地下水位是可靠的。该方案防渗线路短，岩溶不发育，透水性微弱，防渗帷幕容易形成，地下水位高，明显优于接 O_{1d} 页岩隔水层方案。

2. 右岸防渗线路比较

右岸防渗线路接头以 O_{1d}^{1-3} 页岩隔水层作依托，端点可靠，防渗线路短，O_{1h} 层地下水位高，O_{1f} 层完整性较好，具有一定的隔水性能，但近坝轴线一段（O_{1n}^{4+5} 层）长约 60m 左右浅部岩溶及深部岩溶均较发育，增加防渗工作难度，帷幕形成后要排除幕后 KW_{51} 岩溶系统的地下水。

右岸防渗线端点接 O_{1n}^{1+2+3} 相对隔水层，防渗帷幕深度有限，底部可靠，但由于地下厂房采用中部 0°方案，使防渗帷幕距主厂房及母线洞太近，变得曲折复杂。

经研究确定防渗帷幕线路采用左岸接 f_5 断层上盘 O_{1n}^{1+2+3} 相对隔水层及高地下水位，右岸出坝肩后穿过引水洞上平段接 O_{1d} 层方案，见图 2.4-4。

2.4.2.3　防渗工程优化研究

1. 防渗优化的可行性

因防渗帷幕工程工期严重滞后将影响水库正常蓄水发电，因此需进行大坝防渗工程优化专题研究。

大坝防渗工程优化要保证水电站运行期的安全，同时要兼顾汛期地下厂房施工安全（汛期乌江水可能沿 KW_{51} 系统岩溶通道倒灌进入地下厂房及引水洞等）。优化后的防渗工程要保证坝肩、坝基中溶洞充填物在运行期不发生冲刷、淘蚀、管涌，不会发生较大的坝基、坝肩绕坝渗漏，并不会产生过大扬压力。

经坝基及两岸防渗帷幕灌浆廊道、引水隧洞及边坡的开挖揭示：彭水水电站大坝防渗

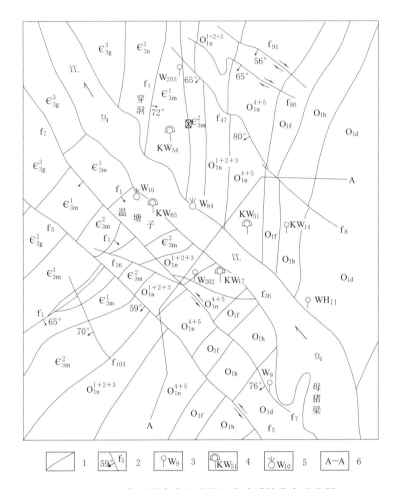

图 2.4-4 乌江彭水水电站坝址岩溶系统分布示意图

1—地层界线；2—断层及编号；3—泉水及编号；4—岩溶泉及编号；5—温泉及编号；6—防渗线

帷幕除右岸坝肩及防渗线 O_{1n}^{4+5} 层段岩溶强烈发育外，O_{1h} 层 300m 高程以下岩溶发育弱或微弱；O_{1f} 及 O_{1n}^{1+2+3} 为相对隔水层，岩层倾角陡，浅表及断层带附近有少量小溶洞及溶蚀裂隙。河床坝段、左岸坝肩及左岸防渗线大部分地段岩溶发育微弱，透水性小，犹如一堵相对不透水的岩墙。因此，对防渗帷幕边界进行优化是可行的。

2. 左岸防渗优化

（1）左岸防渗端点的优化。左岸帷幕端点在 f_5 断层上盘，为 O_{1n}^{1+2+3} 相对隔水层，灌浆先导孔及灌浆廊道揭示高程 300m 以下岩溶发育微弱，岩体透水性小。将左岸帷幕端点向乌江岸边移动 40m，帷幕端线距 f_5 断层最近距离在 20m 以上，由于 f_5 断层带有轻微溶蚀附泥膜、渗水等现象，f_5 断层带附近防渗帷幕底界为高程 105m。

（2）左岸防渗帷幕底界的优化。左岸防渗帷幕岩体以 O_{1n}^{1+2+3} 相对隔水层为主，岩溶发育弱，透水性小，但在 f_9、f_{36}、f_7 断层交汇带，f_5 断层带附近，沿断面及夹层发育小溶洞，岩体透水性较强。深部为 ϵ_{3m}^{2-2} 层灰岩、白云岩、岩溶不发育，透水性微弱。因此，将 f_7、f_9、f_{36} 断层交汇带附近防渗帷幕底界由原来的高程 80m 提高至高程 120m，局部溶蚀或透水性较大段可加深至高程 100m 左右，与河床坝基防渗帷幕底界高程 130m 相连，往山内防渗底界高程至 f_5 断层下盘 O_{1n}^{3-1} 层顶板高程 200m。

（3）左岸 193m 灌浆廊道长度的优化。根据左岸 193m 廊道 f_7 断层带以内的地质条件，认为 f_7 断层至帷幕端点段为 O_{1n}^{1+2+3} 相对隔水层，ϵ_{3m}^{2-2} 层由于断层的切错及深埋，在此段岩溶不发育，岩体透水性小，在高程 241m 廊道直接灌浆至帷幕底部的可能性是存在的，不影响帷幕灌浆的质量，但由于 f_7 断层以外距岸坡较近，及 f_7 与 f_9 断层交汇带岩溶相对发育，因此左岸高程 193m 廊道只开挖 104m 穿过 f_9、f_7 断层带即可。

3. 河床防渗优化

河床坝基岩体为 O_{1n}^{1+2+3} 相对隔水层，铅直厚度约 $117\sim160m$，岩溶不发育，透水性微弱，河床坝基 6 号～10 号坝块开挖揭示 O_{1n}^{1+2+3} 层岩体新鲜，未见风化溶蚀，高程 190m 以下岩体纵波速度大于 5400m/s；岩体完整性好，具备帷幕优化的条件，因此，确定将防渗帷幕底界由高程 100m 抬高至高程 130m。

4. 右岸地面防渗墙研究

（1）右岸防渗工程优化的思路。右岸防渗帷幕经右岸坝基穿越 O_{1n}^{4+5}，O_{1f}、O_{1h}、O_{1d}^{1-2} 层后端点接 O_{1d}^{1-3} 层页岩隔水层。O_{1n}^{4+5} 层岩溶强烈发育，并发育规模较大的 KW_{51} 岩溶系统，近岸地段发育的倒虹吸管深度达到高程 43m 以下。可行性研究阶段对深岩溶段采用深悬挂帷幕防渗方案；对沿 C_2、504、C_4、C_5 等夹层发育的岩溶洞穴进行斜井开挖回填混凝土处理，其后再进行常规帷幕灌浆。该方案施工难度大，并制约水库蓄水工期，因此设想采用封堵 O_{1n}^5 层地表岩溶及 KW_{51} 岩溶系统的出口，从水库可能渗漏进口处防止岩溶管道渗漏，以减少地下斜井开挖的数量和深度，并适当提高帷幕底界的高程，将复杂的高难度地下防渗工程变为简单明确的地面防渗工程。

（2）右岸坝前地面封堵防渗工程。

1）地面封堵防渗工程可行性及可靠性论证。峡谷区岩溶渗漏的特点主要是沿岩溶管道的渗漏。彭水水电站位于乌江下游，为横向谷，且岩层倾角陡，岩溶发育重要特征是：在中强岩溶层中岩溶主要顺岩层走向和倾向发育，岩溶水主要运移在岩溶通道内（溶洞、溶蚀层带、溶蚀裂隙内），没有溶蚀的岩体、层面、裂隙透水性微弱。因此，彭水水电站坝址右岸只要封堵可能渗漏进口段的岩溶管道，水库蓄水后就不会发生向坝址下游及地下厂房区的岩溶管道渗漏，可能存在的裂隙性渗流水量很小，通过常规的帷幕灌浆，并做好帷幕后的排水措施即可解决渗漏问题。因此，地面封堵防渗工程只要可靠地封堵溶洞，顺层溶蚀带就可有效地阻止库水通过 KW_{51} 岩溶系统及 O_{1n}^5 层的地表岩溶向下游及厂房区渗漏，且在经济上、技术上是可行的。

O_{1n}^{4+5} 为中强岩溶层，两岸对称发育 KW_{17} 和 KW_{51} 岩溶系统，河床和右岸漫滩岩溶不发育，因此，两岸同一层的岩溶系统没有水力联系。右岸 KW_{51} 岩溶系统主要顺 C_2、504、O_{1n}^{5-2} 与 O_{1n}^{5-1} 分界、C_4、C_5 和 O_{1n}^{5-2} 层顶部顺层发育，出口在 O_{1n}^{5-2} 与 O_{1n}^{5-1} 层分界附近，高程 227m，向山体内以虹吸管穿过帷幕线，193m 灌浆廊道揭露岩溶发育主要顺 C_4、C_5 夹层和 O_{1n}^{5-2} 层上部发育。

经钻孔、物探电磁波透视及施工开挖提示，坝前 O_{1n}^{4+5} 层在高程 215m 以上岩溶比较发育，而高程 215m 以下岩溶不发育，岩体透水性微弱。

2006 年汛前，右岸 193m 灌浆廊道及 5 号引水洞均已开挖完成，为确保厂房安全度汛，防止乌江水沿 KW_{51} 岩溶系统及 O_{1n}^{4+5} 层岩溶向厂房涌水，对高程 250m 以下 O_{1n}^{4+5} 层中的岩溶进行了简易封堵，当乌江水位多次超过水位 231m、水位差达到 40m 以上时，引水洞下平段和 193m 灌浆廊道内没有发现明显的乌江水渗入，总出水量小于 50L/min，主要为施工用水和 KW_{51} 系统山体来水。说明简易封堵右岸高程 250m 以下地表 O_{1n}^{4+5} 层溶洞、溶缝起了作用，同时验证河床、右漫滩 O_{1n}^{4+5} 层没有明显的岩溶通道。初步证明地面封堵防渗工程的可靠性。

KW_{51} 岩溶系统帷幕附近自然地下水位约 242m。施工期对 KW_{51} 岩溶系统地表、地下水设置专门的截水洞和排水孔，在靠江侧设置三层灌浆廊道作防渗帷幕。因此，地面封堵工程不会因 KW_{51} 岩溶系统的内水压力而破坏。

综上所述，右岸防渗工程优化采用地面封堵与地下防渗相结合的方案，在施工技术、经济上是可行的，防渗效果是可靠的。

2）封堵范围及具体措施。对右岸坝前 215～301m 段 O_{1n}^5、O_{1f} 层按一定坡比清挖，清除溶洞、溶隙、溶蚀层带中的充填物至一定深度，回填混凝土或砂浆，周边进行水泥灌浆。

在对溶洞、溶蚀裂隙、溶蚀层带用混凝土回填的基础上，对岩溶发育段 O_{1n}^{5-1}、O_{1n}^{5-2} 层高程 215～300m 斜坡应用锚板混凝土封堵。对其余地段挂网，锚喷混凝土封堵。高程 301m 封堵宽度为 26m，高程 215m 封堵宽度为 130m。具体见图 2.4-5。

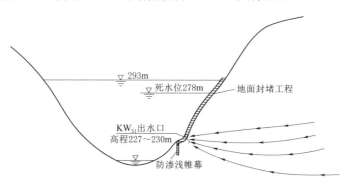

图 2.4-5　右岸地面封堵防渗工程示意图

优化后的防渗帷幕最显著成果是右岸深岩溶段帷幕底界的抬升，将复杂的高难度地下防渗工程变为简单明确的地面防渗工程，简化了岩溶斜井开挖回填，降低了施工难度，不但减少了工程量，节省投资，而且缩短了防渗工程工期。

2.4.2.4　防渗工程安全评价

1. 防渗标准

大坝坝基双排帷幕灌浆区域为 $q \leqslant 1Lu$；左岸、右岸山体单排灌浆区域为 $q \leqslant 3Lu$；右岸深岩溶区，由于地表封堵 KW_{51} 岩系统出口，深岩溶区段底部一段可适当放宽，为 $q \leqslant 5Lu$。两岸防渗帷幕的端点，右岸按 O_{1d}^{1-3} 厚页岩隔水层，左岸接 f_5 断层上盘 O_{1d}^{1+2+3} 相对隔水层。防渗帷幕深部接 O_{1d}^{1+2+3}，O_{1f} 相对隔水层或接相对不透水岩体，右岸 O_{1n}^5 层深岩溶段为悬挂帷幕，但相应地表迎水面岩溶通道已作地表封堵。

溶蚀夹层、溶洞等岩溶地段是彭水水电站防渗灌浆封堵的重点部位，应首先采取"低压、限流、浓浆（砂浆或混凝土）、复灌"措施，充填、堵塞溶蚀夹层、溶洞等渗漏通道，而后再采取高压灌浆，可有效控制灌注量，确保帷幕灌浆质量。

2. 地表封堵的质量评价

彭水水电站大坝防渗的关键是阻止库水沿 KW_{51} 岩溶系统出口倒灌进大坝下游和地下厂房上游引水洞。施工开挖证实了前期的设想：岩溶（溶洞，溶蚀层带）绝大部分集中在坝前 O_{1n}^{5-1}、O_{1n}^{5-2} 层，而 O_{1n}^{5-3} 层高程 300m 以下岩溶发育微弱；O_{1f}^1 层为相对隔水层，完整，未见明显风化溶蚀。因此，封堵坝前 KW_{51} 岩溶系统的出口后进行灌浆，可以保证阻隔库水与 KW_{51} 岩溶系统的直接联系；上游 O_{1n}^{5-3}、O_{1f} 层用挂网锚喷混凝土封堵，高程 215m 以下用浅帷幕封堵，这样确保水库蓄水后不会发生沿 KW_{51} 岩溶系统的管道性集中渗漏。

3. 防渗帷幕的质量评价

（1）右岸防渗帷幕的质量评价。右岸坝基及右岸防渗帷幕的关键是 O_{1n}^5 层段和 f_3、f_8 断层带及外侧的防渗，由于坝基 C_2、504、C_5 等溶蚀层带已开挖回填混凝土处理，右岸坝前 O_{1n}^5 层也进行了封堵，因此不会沿这些岩溶层发生管道集中渗流。其余 O_{1f}、O_{1h}、O_{1d}^1 层段均用帷幕灌浆处理，也不会发生集中的渗流，经质量检测，防渗帷幕透水性小，符合设计标准。

（2）河床坝基帷幕灌浆质量评价。5 号～12 号坝块即高程 215m 以下的河床坝基岩体为 O_{1n}^{1+2+3} 层，12 号坝块以下有 O_{1n}^4 层，岩溶不发育，透水性小，帷幕灌浆吸浆量小。

（3）左岸防渗帷幕的质量评价。左岸三层帷幕及 1 号～4 号坝块坝基帷幕以下岩体为 O_{1n}^{1+2+3} 相对隔水层，深部为 ϵ_{3m}^2 层，由于存在 f_5、f_9、f_7 断层和 W_{202} 泉水，部分地段有岩溶发育。f_5 断层带仅高程 293m 以上岩溶较发育，以下岩溶发育轻微，深部未见明显溶蚀，因此，左岸帷幕防渗的关键是做好船闸坝段及外侧，尤其是 f_9、f_7 断层带附近的帷幕，经灌浆处理，此带的岩溶基本灌满。经质量检测，防渗帷幕透水性小，符合设计标准。

4. 蓄水检验

水库蓄水后已运行十余年，KW_{51} 岩溶系统的地表封堵及防渗帷幕经历了高水头的考验，未见异常现象，说明对该岩溶系统的防渗处理方案是正确的。

蓄水后坝基和坝肩渗漏量、坝基扬压力监测成果表明，均在设计允许范围之内，两岸也未见有绕坝渗漏现象，帷幕防渗效果较好。

彭水水电站大坝防渗帷幕岩溶水文地质条件复杂，帷幕线上遇多个岩溶系统的溶洞和多条断层，增加了工程风险与处理难度。帷幕形成后，通过蓄水检验，帷幕效果较好，各项指标均在设计允许范围内，说明对防渗依托层、帷幕下限的选择以及地质缺陷的界定与处理是合适的，为工程的安全运行提供了有力保障。

2.4.2.5 地下厂房防渗及评价

地下厂房靠山里侧，排水洞揭示岩溶不发育，仅有少量渗水，不需要防渗；地下厂房

上游引水洞有 KW_{51} 岩溶系统，地表水已由排水工程排走，渗入岩体流量较小，并有三层排水洞及排水设施排水，地下厂房上游 O_{1n}^{4+5} 层内不会发生地下水位急速抬升的问题。KW_{51} 岩溶系统出口在坝基内已开挖回填混凝土，暴露在坝前水库区内的也已进行地表封堵，不会发生管道性的向坝下游及引水洞的岩溶渗漏。

地下厂房尾水闸门井附近顺层发育规模大的 W_{84} 岩溶系统，对 W_{84} 溶洞、溶蚀带均全部清挖回填混凝土，并作固结灌浆。坡面上为消能区，有 3.0m 厚的锚桩混凝土墙全封闭，在下游水位较高时，乌江水不会沿 W_{84} 岩溶管道进入尾水洞。对于沿层面、断层带从深部渗入的地下水流，经过靠江侧防渗帷幕后其流量很小，可以用排水措施排除。W_{84} 岩溶系统天然来水已设置截水洞截流抽排措施。

对 f_{110} 断层带发育的缝状溶洞扩大洞口，在溶洞底部用砂浆或化学试剂勾缝，在溶洞、夹层或顺层溶蚀带四周增加排水孔；对温泉水采用抗硫酸盐水泥。

地下主厂房靠江侧防渗帷幕灌浆显示，漏浆量主要集中在 KW_{51} 和 W_{84} 岩溶通道部位。

经渗水、渗压监测，厂房上游顶层排水洞 f_{110} 断层处流量 5～30L/min；KW_{51} 截水洞流量 8.5～12L/min。两岩溶系统截排岩溶水充分，岩溶泉水完全阻断在大坝坝基之外。地下厂房洞室采取堵排相结合的防渗处理后，达到了岩溶处理预期效果。

2.5 复杂岩溶区地下厂房选择与围岩稳定研究

2.5.1 主厂房位置及轴线选择

彭水水电站共 5 台机组，装机容量 175 万 kW，采用地下厂房；主厂房布置于右岸山体内，由 5 条引水隧洞、尾水隧洞、地下主厂房、母线洞及廊道、母线竖井及排水廊道等建筑物组成复杂的地下洞室群。主厂房长 252m，跨度 28.5m，高 76.5m，顶板高程 248m，底板高程 171.5m，为大型地下洞室。坝址区岩溶系统发育且复杂，因此，主厂房的布置及地下洞室稳定是工程建设的关键技术问题之一。为查明地下洞室群的地质条件，进行了地质、钻探、洞探、岩基试验、三维地应力测试等勘察研究工作，详细查明了厂房区的岩溶、断层、夹层等岩溶水文地质条件，为选择最优的厂房方案及洞室稳定评价提供了准确的地质资料。

2.5.1.1 厂房位置选择

岩溶地区选择大型地下主厂房位置，在诸多选择因素中避开大型岩溶洞穴是考虑重点之一，而且主厂房的轴线尽可能地垂直主要地质构造线，这样有利于围岩的稳定，不仅可以加快施工进度，而且能降低施工难度。

可行性研究阶段研究了首部、中部和尾部地下厂房布置方案。

尾部方案穿越了 KW_{54} 岩溶系统，遇大型洞穴的可能性较大；岩体中软弱夹层发育，且发育有规模较大的 C_0 风化溶蚀填泥软弱层带。厂房轴线与 f_1 呈小角度相交，断层带岩体为碎裂岩，宽度可达 15m。岩溶、断层对地下洞室的稳定不利，工程地质条件差。

首部与中部方案最主要的缺陷是岩溶系统，依据是 KW_{51} 和 W_{84} 在勘探平洞中均已揭示出大型岩溶洞穴，且规模大的洞穴主要在高程 270～190m 之间，实际上这一高程范围是主厂房断面最大的分布高程，因此，其施工处理难度大，而且对洞室围岩稳定不利；W_{84} 是深循环温泉岩溶系统，热泉水来源于地下深部，水温达 41℃，洞温在 38℃ 左右，且流量在 200L/min 以上，主厂房跨越该岩溶系统对主厂房运行期温控不利，且要在主厂房内对温泉进行抽排。首部与中部方案为了尽可能地避开这两个岩溶系统，厂房轴线就要尽可能地与岩溶系统平行布置，岩溶系统顺层发育，亦即厂房轴线尽可能地平行岩层走向布置，才能远离岩溶洞穴。其中首部方案如布置在 KW_{51} 岩溶系统的上游侧，则主厂房端墙已逼近进水口的部位，而且上游还有 KW_{14} 岩溶系统，显然，上游首部方案是不可选的。中部方案要避开 KW_{51} 和 W_{84} 岩溶系统，就必须在这两个岩溶系统之间寻找位置，而两个岩溶系统之间相对弱岩溶岩体总厚度约 66m，考虑到岩层倾角偏移及主厂房的高差，适合于厂房布置的宽度是较窄的，经比较推荐中部地下厂房方案，见图 2.5-1。

2.5.1.2 厂房轴线选择

初步设计阶段对中部地下厂房方案轴线的布置进行了优化比较，重点研究了 0°方案（即主厂房轴线与岩层走向夹角为 0°，下同）和 20°方案。

（1）0°方案（方案一） 主厂房位于 KW_{84} 与 KW_{51} 两个岩溶系统之间，岩溶不发育，岩体较完整。主厂房顶拱主要位于岩体完整性好的 O_{1n}^3 层、O_{1n}^4 层，上游边墙位于 O_{1n}^3、O_{1n}^4 层中，下游边墙为 O_{1n}^2 和 O_{1n}^3 层，见图 2.5-2，基本上避开了 W_{84}、KW_{51} 两个溶系统和 C_2、C_4、C_5 等夹层，主厂房高程 235m 处地温为 24～25℃。地下水位较高，洞室围岩外水压力较大。主厂房轴线与坝区最大主应力平行。

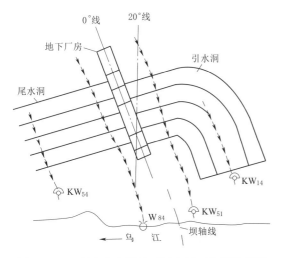

图 2.5-1 彭水水电站地下厂房平面位置示意图

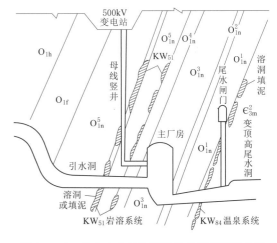

图 2.5-2 彭水水电站地下厂房布置剖面示意图

（2）20°方案（方案二） 可充分利用 O_{1n}^2、O_{1n}^3、O_{1n}^4 层岩体较完整，岩溶不发育，尽可能避开 KW_{51}、C_2、C_4、C_5 等Ⅲ类夹层和 W_{84} 岩溶系统等优点，但由于 O_{1n}^2、O_{1n}^3、O_{1n}^4 层厚度约 66m，厂房位置移动空间较小，主厂房近岸坡一侧已挖至 ϵ_{3m}^2 层，将会遇到 W_{84} 热水岩溶系统，水温可达 37℃，厂房处高程 195m 地温可达 30℃ 以上，对厂房运行极为不利；靠山侧顶拱已位于 C_2、C_4 夹层部位，并可能遇到 KW_{51} 岩溶系统的洞穴。地下水位较高，洞室围岩外水压力较大。主厂房轴线与坝区最大主应力夹角约 20°。

由于主厂房长度达 252m，20°方案始终要跨越两个岩溶系统，因此最终选择 0°方案作为彭水水电站主厂房实施方案。

彭水水电站主厂房选定 0°方案作为实施方案是为了主厂房彻底避开上下两侧 KW_{51} 和 W_{84} 岩溶系统。实际上这样的布置是打破了厂房轴线与主要构造线（结构面）大角度相交布置的常规，但这种破常规的布置必须建立在坚实详细的地质判断基础上才能成立。为此，从两岩溶系统之间厂房部位岩体的岩溶发育状况、岩体结构、岩层层面及夹层性状与力学强度、断层构造性状与主厂房的关系等方面做了大量的研究分析，对地下洞室围岩稳定性进行了充分的论证，证明主厂房 0°方案作为最终实施方案是可行的。

2.5.2　厂房基本地质条件

地下主厂房山体宽厚，高程一般为 360～580m，地形坡度约为 33°。洞室群开挖揭示地层为 O_{1n}^{1-2}～O_{1n}^{4-1} 层，岩性主要为灰岩、页岩夹含灰质串珠体页岩。其中主厂房上游边墙开挖揭示 O_{1n}^{3-2}～O_{1n}^4 灰岩、含灰质串珠体页岩；下游边墙开挖揭示 O_{1n}^1～O_{1n}^{3-2} 灰岩、页岩。页岩分布在下游边墙高程约 210～190m 处。

除 O_{1n}^2 白云质页岩为中硬岩外其余均为坚硬岩，厚度约为 66m，岩石饱和抗压强度为 34～88MPa，$RQD=60\%～97\%$，岩体 V_p 值为 5500～6300m/s，岩体较完整。岩层面抗剪断强度 $f'=0.81～0.89$、$C'=0.21～0.26$MPa，O_{1n}^1 灰岩平直层面抗剪断强度 $f'=0.52$、$C'=0.13$MPa。

岩层中见 8 条软弱夹层均为Ⅱ类，夹层多为弱风化未见溶蚀及溶洞，性状较好。其中 404、303、105 夹层性状较差，尤其新增加的 $Ⅱ_1$-105 夹层局部泥化，性状差，其余夹层性状较好。

地层产状：115°∠68°～70°，主厂房主要揭示 f_8、f_{90}、f_{91}、f_{110} 四条断层。f_{90}、f_{91} 断层地层断距小于 0.3m，近平行，走向 308°，倾向 218°，倾角 61°，断面处见 0.12～0.5cm 的角砾岩，沿断层弱风化呈灰黄色，并见有轻微溶蚀迹象；f_8 断层走向 325°，倾向 235°，倾角 70°，断层带见 5～10cm 糜棱角砾岩，性状较好，沿断面弱风化，见少量渗水。断层发育在外端墙—顶拱，与厂房轴线近于垂直；f_{110} 断层垂直穿过厂房轴线，断距约 4.0m，主断面清晰，断层带主要以角砾岩为主，胶结较好，断裂面微风化局部弱风化，轻微溶蚀。主要发育 NW 组裂隙，倾向 200°～220°，倾角 50°～60°。

对主厂房可能有影响的岩溶系统有 KW_{51} 系统、W_{84} 温泉系统，上游 O_{1n}^{4+5} 层中发育的 KW_{51} 岩溶系统，下游 $Є_{3m}^{2-2}$ 层中发育 W_{84} 岩溶系统，两岩溶系统均顺岩层走向和倾向发育，溶蚀未向厂房围岩体中扩展，且它们的地下水均呈集中泉水排出，因此岩体中的地下水位也较低。KW_{51} 岩溶水在厂外上游侧顶层排水洞内 f_{110} 断层处揭示，流量为 20～30L/min，W_{84} 下层截水洞高程 167m，揭示该泉水水温为 41°，流量为 250～300L/min。W_{202}、KW_{17} 岩溶系统在左岸坝基及上游引航道边坡被揭示，其岩溶发育层位、溶蚀状况、规模、流量与前期预测基本一致。

现场地应力测试，平面最大主应力为 8.5～10.96MPa，平均值为 9.913MPa，中主应力为 5.95～8.3MPa，平均值为 7.22MPa。最大主应力方位角为 14°、22°、24°，平均方位角为 20°。测试结果表明，厂房区地应力量级不高，最大主应力方向与岩层走向基本一致。

2.5.3　围岩工程地质分类

围岩工程地质分类是在综合分析影响岩体工程特性的众多地质因素的基础上，按相同或相近的介质特性和力学性质，把围岩进行归类的方法。围岩分类很好地表达了工程围岩在复杂地质背景条件下的内在质量，是围岩稳定性评价的基础。

依据控制围岩稳定的岩石强度、完整性、岩体结构类型、结构面状态和岩溶水文地质特征，按《水利水电工程地质勘察规范》（GB 50487—2008）围岩工程地质分类方法，按定量与定性相结合的原则，并参照国内常用的岩体质量评价方法，对地下洞室围岩进行分类，见表 2.5-1。

彭水水电站地下洞室围岩用不同方法对岩体的质量评价结果基本一致，总体上较真实地反映了岩体的基本特征。结构面方位对不同厂房方案岩体的稳定有不同的影响，但由于结构面与两方案轴线交角差别不大，影响不显著。分类结果显示，推荐方案与备用方案均充分利用了坝址区最完整的岩体。

2.5.4　地下洞室稳定性研究

彭水水电站地下主厂房选定 0° 方案，避开 KW_{51} 和 W_{84} 岩溶系统，主厂房轴线与岩层走向平行，岩层倾角较陡；对于大跨度洞室，高边墙的稳定性是最主要的工程地质问题；对于地下洞室围岩稳定性的控制因素，主要是弱面控制与应力和岩体强度控制的变形失稳。

2.5.4.1　影响围岩稳定因素

1. 岩溶

岩溶是影响大型地下洞室围岩稳定的主要因素，岩溶系统形成的大小溶洞、溶蚀裂隙和风化溶蚀层破坏围岩的完整性、降低结构面的力学性能；溶洞自身充填物垮塌、涌水、涌泥等，对地下洞室围岩产生不利影响。

对主厂房可能有影响的岩溶系统有 KW_{51} 系统、W_{84} 温泉系统。在对右岸岩溶系统发育规律、规模及特点较准确的认识的基础上，经过详细研究和合理布置，彭水水电站主厂房成功避开了 KW_{51} 和 W_{84} 岩溶系统。

KW_{51} 和 W_{84} 岩溶系统主要是顺层发育，两大岩溶系统的大型溶洞主要集中在 O_{1n}^{5} 层和 ϵ_{3m}^{2} 岩层之中。主厂房布置在两岩溶系统之间的 $O_{1n}^{1+2+3+4}$ 弱岩溶层中：上游拱座距 C_2 夹层（KW_{51} 通道之一）约 14m，下游边墙底部距 ϵ_{3m}^{2} 层顶板约 20m。

主厂房上游引水洞及截排水洞揭露的 KW_{51} 系统较大溶洞距主厂房上游边墙水平距离 31～72m；主厂房下游尾水洞揭露的 ϵ_{3m}^{2-2} 层内 W_{84} 岩溶系统溶洞距主厂房下游边墙水平距离为 29～32m；两岩溶系统均顺层发育，且没有扩大到其他层位，开挖揭示的岩溶状况与勘察的结论基本一致。这也充分说明了彭水水电站经过几十年的勘察，对 KW_{51}、W_{84}、W_{202}、KW_{17} 等岩溶系统发育规律、规模及特点的认识十分准确，这在岩溶地区是很难做到的。

表2.5-1

彭水水电站右岸地下洞室围岩分类表

洞室围岩分类	地层代号	岩体状态	岩质类型	岩体结构类型	岩石饱和抗压强度 R_b/MPa	岩体变形模量/GPa	岩石纵波速度 V_c/(m/s)	RQD/%	完整系数 K_v	岩溶溶蚀概述	围岩稳定性评价及支护建议
II$_a$	O_{1n}^{3-2}, O_{1h}^{1-2}	厚层～巨厚层灰岩,层面结合好	坚硬岩	巨厚层状结构	60~76.53	25~30	6110~6250	79.40~90.67	0.88~0.91	岩体溶蚀微弱,溶隙线率为0.32条/100m	围岩基本稳定。对f$_{110}$断层与夹层层面用锚杆加固支护
II$_b$	O_{1n}^1, O_{1h}^2, ϵ_{3m}^{2-1}, O_{1n}^3, O_{1n}^{4-1}, ϵ_{3m}^3, O_{1n}^1, ϵ_{3g}^3	中厚层～中厚层灰岩,白云岩,少量页岩夹层面结合较好,微裂隙发育	坚硬岩	层状结构	38.64~91.99	20~30	5910~6420	43.0~88.37	0.45~0.91	岩石微弱,溶隙线率为0.23~0.5条/100m	围岩基本稳定。对f$_1$断层及夹长大溶蚀裂隙用锚杆加固支护
II$_c$	O_{1n}^{5-1}, O_{1n}^{5-3}, O_{1n}^{5-2}, ϵ_{3m}^3	中厚层灰岩,灰质白云岩,层面结合好,缓倾角裂隙发育	坚硬岩	层状结构	69.29	20~25	6190	77.25	0.56~0.85	岩溶强烈,溶隙线率为1.33~1.85条/100m,存在KW$_{51}$岩溶系统,W$_{84}$深岩溶热水系统	围岩基本稳定。对断层、夹层用锚杆加固,对溶洞及岩溶水应专门水处理
III	O_{1n}^2, O_{1f}^1	薄层～中厚层灰岩夹页岩,白云质页岩	中硬岩,坚硬岩,夹软岩	层状,薄层状结构	灰岩:60,页岩:14.1~34.3	10~20	4880~5760	73.5~96.71	0.85~0.95	溶隙线率为2.3条/100m	围岩稳定性差。局部可能产生变形与边破坏;如f$_1$断层面设锚杆二次支护
	f_1	以压碎岩,角砾岩为主,胶结好	坚硬岩软岩	镶嵌碎裂结构	35.4~56.3	6~10		70		断层带具裂隙性轻微溶蚀,沿主断面有少量渗水	层带揭露有溶洞及风化溶蚀泥等专门处理
IV	O_{1f}^1, O_{1f}^3	薄层状灰岩与页岩互层	软岩互层	互层状结构	页岩:14.1~18.05	3~10	4990~5610	67.5~82.5	0.72	相对隔水岩体	围岩不稳定。在一定时间内会有较大的变形并产生破坏,局部会随变形的增大而破坏,采用钢拱架进行初期支护,再作二次支护
	O_{1d}	薄层～极薄层页岩,夹少量灰岩	软岩	薄层状结构	10~15	3~8	4360		0.64	相对隔水岩体	
V	KW_{51}, W_{84}, C_2, C_4	溶洞及溶洞充填物,或风化溶蚀软弱层带		散体结构		<1	<2000			溶洞物质一般伴有地下水,雨季流量较大	围岩极不稳定。采用钢拱架支护,进行初期支护,再作二次支护

2. 结构面的组合及强度

主厂房轴线与岩层走向平行，洞室边墙稳定主要受夹层（层面）控制。顶拱靠上游侧及上游壁附近发育有 305、401、404 及 406 等Ⅱ类夹层，夹层性状差，呈薄层状，对顶拱上游侧及上游边墙的稳定不利，开挖后主厂房上游边墙主要沿 401、404 等夹层面松弛张裂，产生局部倾倒破坏。

厂房下游边墙为顺向坡结构，岩体中虽软弱夹层不发育，但由于地层倾角陡，且下游边墙中下部为 O_{1n}^2 白云质页岩，围岩强度较低，岩体稳定性相对较差。开挖证明顺层面或连续性较差的软弱夹层发生局部岩体变形。

右岸 f_{110}、f_8、f_{90}、f_{91} 等断层横穿地下主厂房，厂房开挖揭示这几条断层性状均较好，基本无溶蚀，对主厂房整体稳定影响不大，但这些断裂与其他方向裂隙及层面组合，可形成不稳定块体，影响洞室局部块体的稳定。

软弱夹层、断层的分布及强度对边墙稳定性影响明显。由于下游边墙岩层陡倾向洞室内，且中下部有相对较弱的 O_{1n}^2 层白云质页岩。因此边墙稳定不但受岩层面及夹层的控制，还受 O_{1n}^2 层强度控制。

2.5.4.2　洞室稳定性评价

地下主厂房围岩为灰岩、白云岩及少量页岩，岩体坚硬完整，围岩总体稳定性好。岩体中存在夹层、断层及裂隙。因此，围岩稳定性的控制因素，主要是软弱结构面、应力和岩体强度控制的变形失稳。

上游边墙岩层倾向洞壁内，404、406 夹层性状差，分布广，对上游边墙整体稳定不利，断层和裂隙切割的不稳定块体，沿层面及夹层面的剥落体。上游边墙围岩沿层面的松弛问题将比较突出，尤其在引水洞和主厂房的连接部位可能会发生严重的块体松弛现象，受不利组合结构面切割形成的块体，一旦临空，容易出现失稳。

下游边墙岩层倾向洞内，存在临空面，O_{1n}^2 层页岩是下游边墙整体稳定的控制性岩层，强度较低，存在边墙整体稳定性问题，应及时对 O_{1n}^2 层进行加固和保护。下游边墙是由层面、断层和裂隙组成的不稳定和潜在不稳定块体最多的区域，块体主要发生滑动破坏，层面起滑动面的作用，是重点加固和监测对象，及时锚固十分重要。

顶拱围岩为Ⅱ类岩体，稳定条件较好。但顶拱上游角为薄层状灰岩，存在少量夹层、断层及不同方向的裂隙，是顶拱围岩稳定的不利因素。顶拱存在裂隙（断层）与层面或夹层组合形成的潜在不稳定块体，主要为脱落体与滑落体的局部块体失稳。

厂房区地应力平面最大主应力为 9.91MPa，最大主应力方位为 NE20°。主应力方位角与厂房轴线大致平行，而且量级不高，因此地应力对主厂房边墙稳定的影响相对较小。

为了准确评价地下厂房洞室围岩的变形特征，采用了三维离散元程序建立模型对厂房围岩整体稳定性进行了定量分析，计算结算显示：围岩位移在下游侧明显大于上游侧，下游边墙位移为 $100\sim120$mm，上游边墙位移为 $60\sim80$mm，收敛应变小于 1‰，围岩总体上可以保持稳定，不存整体失稳条件。在考虑了节理切割条件下的计算结果表明：厂房围岩存在较多不稳定和潜在不稳定块体，变形明显，但不会连片出现，存在潜在稳定问题。厂房下游侧边墙潜在不稳定问题较突出，变形位移方向仍以水平向为主。下游边墙页岩以上的块体发生破坏后，块体的位移方向与岩层层面基本平行。地下厂房围岩显著的松弛深度为 5～8m，因此，在易于松弛部位开挖后，应及时进行锚固处理。

宏观分析与计算结果均表明：在不支护的条件下，主厂房顶拱可以保持良好的自稳，是主厂房稳定性最好的工程部位之一；厂房上游拱端一带发育的软弱夹层对周边围岩的稳定性有明显的影响，并可以导致失稳现象；与之对应的下游拱端一带发育的层面，其影响则不如上游侧强烈；上、下游边墙中部一带会出现一定程度的破坏现象，上游边墙潜在破坏区主要集中在引水洞、母线洞上方的一定范围内，下游边墙的破坏将主要出现在 O_{1n}^2 层页岩顶板一带。掌握厂房围岩变形的基本规律与特点，对围岩的开挖、支护加固处理方案会具有针对性。

2.5.5　围岩变形与支护

2.5.5.1　围岩变形特征

（1）顶拱普遍成型好，未发生明显塌落破坏，仅靠上游侧 O_{1n}^{3-3} 顶部与 O_{1n}^{4-1} 下部形成的顶拱普遍凹凸，爆破中有沿结构面（f_{110} 断层）的小块体脱落，顶拱塌落发生在 2003 年 12 月，桩号 0+196～0+210 顶拱与上游边墙结合部位，块体受 f_{110} 断层面及另一组反倾向裂隙切割，块体沿 f_{110} 断层面塌落，方量约为 20m³，后用钢筋混凝土回补。

（2）上游边墙在开挖 O_{1n}^{3-3} 顶部与 O_{1n}^{4-1} 层下部薄层灰岩时伴随有变形破坏，其变形破坏形式是以沿层面松弛张开，形成沿层面倾倒脱落破坏（图 2.5-3）。松弛张裂主要沿305、404 等夹层均有不同程度的开裂、塌落，其高程主要在 229m 和 235m 附近，松弛开裂宽度为 0.5～1.0cm。塌落后在边墙形成凹槽，槽深为 0.2～0.5m 不等。尤其沿 305 夹层的塌落，仅距岩锚梁下台缘约 1.6m，对岩锚梁基座岩体不利。开裂塌落变形破坏均发生在开挖过程中，围岩位移量小于计算的位移量，支护完成后监测结果表明未产生明显的变形破坏。

（3）下游边墙在开挖顶拱高程 248～229m 过程中，围岩变形监测结果显示，其变形收敛值一般小于 3mm，围岩未发现明显的变形破坏。随开挖进度围岩变形逐渐增大，开挖高程 225～219m 层时，变形量显著增大（图 2.5-4），下游边墙岩体中发现有张裂缝，分布于 O_{1n}^{3-1} 层含灰质串珠体页岩中，张裂面倾角为 65°～75°，张开宽度为 1～2cm；在高程 223～229m 范围内，有约 0.3～0.5m 厚的岩体已张开，裂缝宽约 3～5cm；高程 224m 附近，边墙岩体沿层面张开，张开宽约 5～11cm（图 2.5-5）。经现场调查，下游边墙发现多条卸荷松弛变形长大裂缝，斜长为 4.5～32m，张开宽度一般为 2～3cm，最大为 11cm。下游边墙在不支护的条件下，实际位移量与计算的位移量基本一

图 2.5-3　上游边墙沿夹层倾倒破坏照片

致。鉴于下游边墙出现变形，便停止向下开挖，并对变形段围岩喷钢纤维混凝土，经处理后未见明显新的变形。

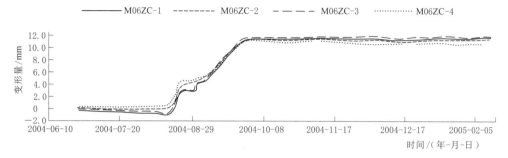

图 2.5-4 主厂房围岩 M06ZC 时间与变形过程曲线

根据下游边墙发现的以上变形现象，对下游边墙采用钻孔、声波、摄像等手段进行了检查，其围岩强卸荷松弛带深度为 $0 \sim 3.8\mathrm{m}$，最大为 $4.35\mathrm{m}$，中等卸荷松弛带影响深度为 $6.8\mathrm{m}$，最大为 $7.1\mathrm{m}$，与计算的围岩显著松弛带深度结果一致。

主厂房变形监测成果显示，经加固处理后变化趋势平缓，主厂房围岩变形很小，呈收敛变形趋势，边墙围岩已基本稳

图 2.5-5 下游边墙变形开裂照片

定，充分说明彭水水电站地下厂房采用 0°方案是可靠的。

2.5.5.2 围岩的处理措施

在对洞室开挖加固处理应对措施上，首先是要遵循新奥法的理念，即应尽可能利用岩体的自稳能力以达到围岩的稳定。因此采取了控制开挖工序及爆破强度与加固支护处理同时并举的原则，并对围岩进行多断面的施工安全监测。

（1）开挖采取自上而下、分层分段的开挖工序，并且开挖一层支护一层；在顶拱采用先导洞开挖，再全断面扩挖。边墙开挖采用了分层预裂爆破、中部抽槽、分段剥离修整的施工顺序。在与主厂房洞室相连接的各引水洞、母线洞和尾水洞部位，采用先小洞再大洞的开挖工序，对洞室交叉部位及时锁口支护。采用上述施工方法可减小施工对岩体的破坏，更好地利用岩体的完整性并能保持自稳。

（2）对溶洞、断层、夹层、溶蚀风化带等地质缺陷，采用刻槽清挖，回填混凝土，增加锁口锚杆；对较大的溶洞、溶蚀风化带等在底部铺设钢筋。处理后，围岩稳定性较好。

KW_{51} 岩溶系统溶洞主要发育在 4 号、5 号母线竖井内，为顺 C_4、C_5 夹层发育。洞壁清挖至弱～微风化岩石，顺层清挖长约 $5\mathrm{m}$ 后回填混凝土。

W_{84} 岩溶系统发育在尾水洞，主要采取清挖回填混凝土的工程处理措施。后期对岩溶系统全断面结构钢筋混凝土衬砌完后进行灌浆处理，并提高灌浆压力。

（3）采取了全面系统锚杆支护与重点锚索支护，并对主厂房全断面采用喷钢纤维混凝土喷护的措施。其中重点加固的部位是边墙中下部及与引、尾水洞相连部位，O_{1n}^2 层页岩

分布区及断层带等部位。实际施工效果表明：采取上述施工方法和顺序，及时进行系统支护与加强锚固后，主厂房围岩稳定得到了有效的保证，效果良好。

（4）采用 42.5 级普通硅酸盐水泥浆，按照"自下而上、先排序、后孔序"的顺序对边墙进行固结灌浆处理。Ⅰ序孔起灌压力 0.2MPa，最大压力 0.6MPa；Ⅱ序孔起灌压力 0.3MPa，最大压力 0.7MPa。固结灌浆孔应尽量避开已施工的锚杆与锚索。固结灌浆完成后，增加锚索支护补强加固。

固结灌浆施工完成后，经检测，地下厂房边墙取得良好的补强加固效果。增加锚索支护后，边墙变形得到进一步有效的控制，边墙围岩稳定性较好。

2.6　断层溶蚀带边坡变形特征及稳定性评价

工程边坡是对自然边坡的人为改造，边坡是系统工程，查清边坡的地质条件、合理的开挖爆破方案、有效的支护结构，以及及时支护和变形监测是工程边坡稳定的重要保证。

彭水水电站位于峡谷区，高边坡较多，边坡坡高普遍大于 50m，最高达 220m。以层状硬质岩边坡为主，硬岩边坡整体稳定性好，但硬岩边坡存在层间错动、较大规模且连续性好的断层、溶洞、表层强卸荷溶蚀破碎带以及块体的稳定问题，其中断层溶蚀带边坡稳定问题较突出，如左岸通航建筑物中间渠道 f_1 断层溶蚀带边坡，是彭水水电站边坡地质问题研究的重点。

2.6.1　边坡地质概况

通航建筑物中间渠道由船闸到升船机，长约 421m，渠底高程为 275m，边坡开口高程为 300～420mm，最大坡高约 145m，为横向坡。高程 285m 以上开挖坡比为 1：0.3，高程 275～285m 为直立边坡。

自然岸坡地形坡度为 36°～45°，渠线通过桃子树沟和黄桷树沟，黄桷树沟长年流水，枯水期流量为 4～10L/min。边坡岩体为 $\in_{3m}^1$、$\in_{3g}^3$ 厚层状白云岩，$\in_{3m}^{1-2}$、$\in_{3g}^{3-5}$ 层内有性状较差的 Ⅱ₁ 类夹层分布。岩层走向 25°，倾向 110°～115°，倾角 60°～74°。边坡断层发育，主要有 f_1、f_5、f_7、f_{36}、f_{65} 等断层（图 2.6-1、图 2.6-2），各断层主要特征见表 2.6-1。

表 2.6-1　　　　　　　　中间渠道段边坡断层特征表

断层编号	桩号	高程/m	地层代号	断层产状/(°)			断 层 性 状
				走向	倾向	倾角	
f_1	0+155～0+195	275～360	$\in_{3m}^{2-2}$～$\in_{3m}^{1-1}$	22～35	112～125	69～84	断层带宽为 7.0～25m，破碎带岩体主要为角砾岩、碎裂岩、压碎岩，大多为方解石及岩粉胶结，风化溶蚀；在 315m 以上溶蚀宽度扩大至 40 余米；下断面清晰，上断面不明显
f_5	0+70～0+220	310～360	$\in_{3m}^{2-2}$～$\in_{3g}^{3-5}$	310～325	220～235	65～78	断层带宽为 1.0～3.2m，局部可达 6.2m，破碎带为碎裂岩、角砾岩、糜棱岩，胶结好，局部见页岩鳞片，沿断面溶蚀填泥，宽为 0.1～0.2m，与 f_1 断层交汇带附近强烈溶蚀并形成 K_{85} 溶洞

续表

断层编号	桩号	高程/m	地层代号	断层产状/(°)			断 层 性 状
				走向	倾向	倾角	
f_7	0+85~0+270	260~290	$\in_{3m}^{2-2}$~$\in_{3m}^{1-1}$	310~335	220~245	68~84	断层带宽为1.0~7.0m，破碎带为碎裂岩、角砾岩，胶结好，局部见0.5~1.5cm的页岩，呈鳞片状或泥。沿断层溶蚀宽为0.2~0.4m，见溶洞。f_7断层将f_1断层错开约20m，断层交汇处溶蚀强烈，断层通过KW_{65}和温泉W_{10}地段，岩溶发育深度大
f_{36}	0+90~0+155	290~315	$\in_{3m}^{2-2}$~$\in_{3m}^{1-1}$	277~300	187~210	75~82	断层带宽为1.0~3.5m，局部可达5.0m，破碎带为角砾岩、糜棱岩，胶结好，主断面清晰，断面起伏，沿断面溶蚀宽为0.1~0.5m，填泥，次生结构面发育；与f_1断层交汇带附近强烈溶蚀并形成溶洞
f_{36-1}	0+27~0+45	301~333	O_{1n}^{1-2}	280~300	190~210	70~80	断层破碎带宽为0.2~0.3m，主要为碎裂岩，沿断层面局部风化严重呈泥
f_{65}	0+130~0+250	275~315	$\in_{3m}^{1-2}$	295~305	205~215	75~85	断层带宽小于1.0m，破碎带为角砾岩、压碎岩，断面弯曲，见擦痕，沿断面见方解石脉；在与f_1断层交汇处一带溶蚀较强烈，形成溶槽、溶洞
f_{65-1}（底板）	0+270~0+320	275~315	$\in_{3m}^{1-1}$~$\in_{3g}^{3-4}$	295~305	205~215	75~85	断层带宽为0.1~0.5m，破碎带为角砾岩、压碎岩，断面清晰，弯曲，并见擦痕，沿断面见方解石脉；地层断距0.5m，局部沿断面溶蚀，形成溶蚀槽
f_{t15}	0+320~0+344	330~375	$\in_{3g}^{3-4}$	110	20	80~85	断面弯曲，起伏较大，面附黄色泥膜。破碎带宽为0.3~0.8m，主要是碎裂岩，沿断面两侧岩体风化，溶蚀现象，局部填泥
f_{t14}	0+120~0+135	315~334	$\in_{3m}^{1-2}$	6	96	46	断面较平直，沿断面强风化，断距不明显

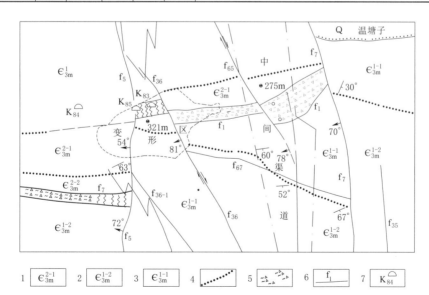

图 2.6-1　左岸边坡断层分布示意图

1—灰质白云岩夹灰岩；2—白云岩；3—白云岩，顶部1.12m为灰岩；

4—地层界线；5—断破碎带；6—断层及编号；7—溶洞及编号

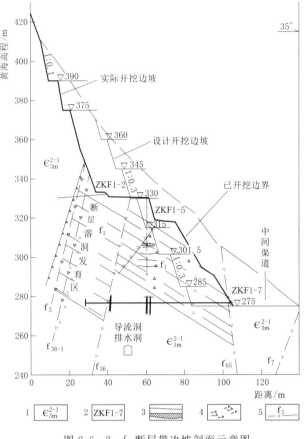

图 2.6-2　f_1 断层带边坡剖面示意图

1—灰质白云岩夹灰岩；2—钻孔编号；3—溶蚀发育区
4—断破碎带；5—断层及编号

f_1 断层是坝区最大的断层，根据地表测绘，f_1 断层在乌江左岸溶蚀强烈，形成宽为 20～30m、长为 85m、深为 12～29m 的凹槽，充填块石、泥沙、灰华，有 W_{10} 温泉出露（温塘子），见溶洞 4 个。f_1 断层被 f_7、f_{65}、f_{36} 断层切割，造成上盘岩体发生蠕变，岩层倾角变缓。钻孔揭露构造岩铅直厚度 52～58m，岩体透水性较大。河床 Z_{29} 钻孔在孔深 100m 处 f_1 断层构造带中遇见承压性热水冒出孔口，水位 212.5m，高出河水位 1.5m，最高温度 72℃。

f_1 断层被北西向 f_5、f_7、f_{36}、f_{65} 等断层切割，断层带溶蚀强烈，可见 10～20m 宽的溶槽或溶蚀角砾岩、灰华带。f_1 与 f_5 断层交汇带发育较大的有 K_{85}、K_{83} 等溶洞，与 f_{36} 断层交汇带发育 K_{b90} 溶洞。在断层交汇带岩体较破碎，透水性强，钻孔溶洞直线率最大达 3.39%。

综上所述，左岸 f_1 断层溶蚀带宽度大，溶蚀强烈，尤其是断层交汇带溶蚀严重，性状差，在高程 315～365m 上形成宽约 40m、深约 50m 的风化溶蚀软弱带，对边坡岩体稳定性影响较大。

2.6.2　断层带力学性质研究

为研究坝址区断层带的力学特性，进行了现场抗剪试验、变形试验和抗压试验。

（1）抗剪试验。坝址左岸断层较发育，故在左岸 P_{13} 平洞选择代表性的 f_7 和 f_{36} 进行现场取样抗剪试验，成果见表 2.6-2。

表 2.6-2　　　　　　　　　断层现场抗剪试验成果

结构面类型	抗剪断（峰值）		抗剪（峰值）		单点摩擦（峰值）	
	f'	C'/MPa	f	C/MPa	f	C/MPa
f_7 断层	0.47	0.15	0.45	0.14	0.41	0.14
f_{36} 断层	0.65	0.16	0.60	0.10	0.46	0.16

（2）变形试验。在 P_{14} 平洞和地表（公路边）对 f_1 断层破碎带、影响带进行了 3 组现场变形试验。

试验结果：f_1 断层核心带（角砾岩）变形模量 5.70～11.22GPa，弹性模量 6.72～13.05GPa；断层破碎带（碎裂岩）变形模量 2.77～6.30GPa，弹性模量 3.21～8.44GPa；断层影响带（裂隙密集带）变形模量 3.13～3.43GPa，弹性模量 5.03～3.68GPa。

从试验成果来看，变形模量、弹性模量，断层核心带均大于断层影响带，P_{14} 平洞尤为明显，这可能与断层角砾岩胶结好，而影响带裂隙发育、岩体破碎有关。此外，f_1 断层带变形指标普遍偏低，这与试验点处在平洞松动圈和岸坡卸荷带等因素有关。

在右岸现场进行了 f_1 断层承载力试验，在最大应力 30.38MPa 作用下，断层构造岩未破坏，其相应沉降量为 0.84～0.94mm。

（3）断层带力学参数建议值见表 2.6－3。

表 2.6－3　　　　　　　　　　断层带力学参数建议值

地层代号	天然容重 /(kN/m³)	岩石饱和单轴抗压/MPa	变形模量 /GPa	弹性模量 /GPa	泊松比	抗剪断	
						f'	C'/MPa
f_1 断层带左岸	26.3		3～6	4～8	0.30	0.3	0.05
f_7 断层带	26.7	20～30	6～8	8～10	0.30	0.5	0.05
f_{36} 断层带	26.7	20～30	4～6	6～8	0.35	0.4	0.03～0.04

2.6.3　边坡变形及处理

2.6.3.1　边坡变形分析

通航建筑物中间渠道边坡地质条件较为复杂，断层分布较多，存在有 f_1、f_5、f_7、f_{36}、f_{65} 等断层。f_1 破碎带宽度大且被 f_5 等断层切割，岩溶发育，风化强烈，性状差，开挖过程中边坡可能出现滑移、脱开等变形破坏现象。为了安全地进行开挖施工，合理地评价断层对边坡稳定性的影响，应用弹塑性平面有限元分析方法，对边坡的设计开挖过程进行仿真分析，从开挖过程中岩体的应力、变形和塑性区的分布来分析开挖过程的安全性及支护措施的有效性。

（1）岩体变形：未支护情况下，f_5 断层以上部分岩体发生沉降，f_5 断层以下岩体在开挖边坡表面出现回弹。在开挖至高程 315m 以前，水平变形最大值发生在高程 300m f_1 断层处，当边坡开挖至高程 315m 以下时，水平变形最大值发生在高程 315～330m 之间的边坡表面，至开挖完成后，水平位移最大值为 14.8mm，沉降最大值为 9.3mm。支护后，岩体的水平变形和沉降均减小，开挖完成后，水平位移最大值为 8.5mm，沉降最大值为 5.6mm。说明支护措施对岩体变形的大小和分布都有一定影响。

断层对边坡开挖过程中变形影响很大。开挖完成后，水平方向的变形主要集中在 f_5 断层、泥化夹层和 f_{36} 断层所包含的区域。这部分岩体发生较大位移变形，为潜在的滑坡体。

（2）岩体应力：开挖完成后，潜在滑坡体为拉应力区，f_{36} 断层与泥化夹层交叉处出现拉应力集中，拉应力最大值发生在该部位。未考虑支护措施时，拉应力值在 0～1.5MPa 之间，考虑支护措施后，拉应力基本消失。

（3）边坡塑性区的大小和分布：未考虑支护措施时，边坡开挖过程中，f_1 断层将出现塑性屈服区，从开挖边坡向内延伸，继而与 f_5 断层塑性区贯通，开挖完成后，f_1 与 f_5 断层出现大面积的塑性屈服区；考虑支护措施后，断层塑性屈服区显著减小，开挖完成后，f_5 断层顶端屈服区消失，f_1 与 f_5 断层屈服贯通区消失，f_1 断层仅在高程 $301.5\sim315m$ 处出现面积不大的塑性屈服区。

2.6.3.2　边坡变形特征

中间渠道边坡 f_1 断层带处边坡开挖始于 2004 年 10 月上旬，在高程 $345\sim360m$ 级边坡开挖揭露溶洞后，边坡产生变形，于 2004 年 10 月 26 日凌晨 5 点发生塌方，方量在 1 万 m^3 左右，塌方段高程在 $330\sim375m$ 之间，其后缘以 f_5 断层面为界，坍塌后在溶洞上方、f_5 断层上盘形成倒悬体（图 2.6－3）。倒悬体部分为 f_5 断层破碎带，岩体完整性较差，基于安全角度，决定对倒悬体部分进行放坡处理，从高程 420m 开口，直立坡开挖，倒悬部分全部开挖。

图 2.6－3　f_1 断层风化溶蚀带照片

倒悬体自 2005 年 1 月中旬开始处理，边坡开挖的大量浮渣堆积于 f_1 断层带溶洞充填物上，2005 年 1 月 13 日，溶洞充填物、浮渣发生塌滑，后缘高程为 354m，下沉 7m，前缘剪出口高程约 327m。

2006 年 6 月 30 日和 7 月 4 日连续两次发生正面边坡上土体滑塌。高程 $350\sim360m$ 间，组成物质主要是黏土夹碎块石，为溶洞后期充填物，结构松散，主要是 f_5、f_1、f_{36}、f_{36-1} 断层以及 C_0 夹层交汇带溶蚀、风化后形成的溶洞，并伴随地下水流出。

2.6.3.3　边坡处理及稳定性评价

f_1 断层风化溶蚀带位于中间渠道高程 $315\sim365m$ 处，桩号 $0+162\sim0+195$，边坡岩体地层岩性为 $\in_{3m}$ 灰岩、白云岩。顺 f_1 断层带，f_1 与 f_5、f_{36} 的断层交汇带，以及断层两侧岩体风化溶蚀严重，并充填较厚的土体。

f_1 断层带开挖至高程 345～360m 遇溶洞后产生变形和塌方，基于安全角度，对倒悬体进行放坡处理，从高程 420m 开口，直立坡开挖，倒悬部分全部开挖。高程 365～420m 边坡为构造岩，进行系统锚杆挂网喷护，并布置长 35～55m 的锚索加强支护；高程 315～365m 正面边坡为黏土夹碎块石，采用系统锚干挂网喷护，再进行钢管隔构梁支护，最后采用锚桩、锚索支护加固处理。侧面边坡岩体为溶蚀角砾岩，胶结稍好，下游侧顺 f_{36} 断层破碎带发育溶洞、溶槽，清挖回填混凝土，采取系统锚干挂网喷护，再布置三排长 45m 锚索加固处理；f_1 断层在高程 275～315m 形成 "V" 形槽，槽内黏土夹块石，进行清挖回填混凝土，在底板上布置长 12m 锚桩，俯角 30°～35°，上下游边坡上布置长 9m 锚杆，再布置长 20m 锚索加强支护。

顺 f_{36} 断层带发育 K_{t36} 溶洞，斜长 40.5m，宽 1.3～8.0m，充填黄泥夹碎块石，结构松散。清除边坡溶蚀软土层时，在高程 318m 揭示一溶蚀空洞，高约 25m，宽约 8m，溶洞底有水流痕迹，见图 2.6 - 4。

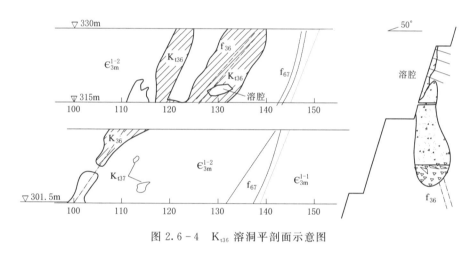

图 2.6 - 4 K_{t36} 溶洞平剖面示意图

处理措施是对溶腔周壁冲洗干净，周边岩体中布置插筋，回填 C20 混凝土，并预埋 $\phi 300$mm 排水钢管。

根据中间渠道边坡变形监测成果知：边坡最大变形量小于 2.0mm，处理后边坡岩体整体稳定。

第 3 章

工 程 规 划

3.1 流域规划

3.1.1 流域概况

乌江是长江上游右岸的最大支流，有南、北两源，南源三岔河发源于贵州威宁县，北源六冲河发源于云南镇雄县，习惯上以三岔河作为主源。两源在黔西、清镇和织金三县交界的化屋基汇合后，横穿贵州腹地，自东北部出贵州进入重庆市境内，于涪陵汇入长江。乌江流域面积为 87920km²，干流全长为 1037km，总落差为 2124m，多年平均流量为 1690m³/s，多年平均径流量为 534 亿 m³。

乌江流域地处云贵高原向东部丘陵平原过渡的前沿坡地，涉及云南、贵州、湖北、重庆四省市。流域交通以公路为主，并以贵阳、遵义和涪陵为中心，流域内有湛江至重庆和上海至云南国道主干线以及国道 319 线和 326 线等高等级公路，并有川黔、湘黔、滇黔、黔桂、渝怀等铁路线经过，乌江干流大乌江至河口河段可常年通航。

乌江干流水量丰沛，天然落差大，水能理论蕴藏量达 5758MW，技术可开发装机容量和年发电量分别达 10622MW 和 382 亿 kW·h，是我国重要的水电基地。乌江是贵州腹地联络重庆和长江中下游的重要交通航道，河道弯曲，槽窄水急，礁多滩险，乌江的航运条件差；乌江中下游沿岸的思南、沿河、彭水和武隆等县城多依山傍水而建，耕地呈阶梯分布，现状抗洪能力 2～5 年一遇左右，易遭受洪灾损失；乌江洪水是长江洪水的来源之一，控制乌江洪水是配合长江中下游防洪的重要措施。

3.1.2 规划历程

为开发乌江丰富的水能资源，改善乌江航运条件，提高乌江中下游抗洪能力并配合长江中下游防洪，20 世纪 50 年代开始进行乌江干流规划选点，1987 年长江流域规划办公室与贵阳勘测设计院共同编制完成了《乌江干流规划报告》，推荐乌江干流十一级开发方案，并将其中开发条件好且前期工作充分的洪家渡、构皮滩和彭水水电站列为近期开发工程。1988 年，由水利部、能源部、交通部、能源投资公司、贵州省、四川省以及重庆市的负责同志组成的审查委员会对规划报告进行了审查，水利部以水规〔1988〕58 号文将审查意见上报国务院。经国务院同意，1989 年，国家计委以计国土〔1989〕502 号文对《乌江干流规划报告》进行了批复，主要批复意见为：①乌江干流水资源开发以发电为主，其次为航运，兼顾防洪、灌溉等任务；②乌江干流梯级开发方案可按普定、引子渡及洪家渡、东风、索风营、乌江渡、构皮滩、思林、沙沱、彭水十个梯级考虑，大溪口梯级要待三峡水库正常蓄水位确定后另行考虑；③乌江渡坝下到白马航道，近期按五级、远景按四级的航道标准考虑。

彭水水电站位于乌江干流下游、重庆市彭水县城上游 11km，下距河口涪陵 147km，上距贵州省沿河县城约 100km，与重庆主城区直线距离约 180km，坝址控制流域面积 69000km²，多年平均径流量 410 亿 m³，控制流域面积和径流分别占全流域的 78.5% 和 76.8%，电站保证出力 371MW，装机容量 1750MW，年发电量 63.51 亿 kW•h，是乌江干流梯级中规模仅次于构皮滩水电站的大型工程，也是重庆电网的骨干调峰电源。

3.2　开发任务

乌江流域跨云南、贵州、湖北、重庆四省市，地处我国腹地，是国民经济发展较快地区之一，而乌江干流水量丰沛，天然落差大，水能理论蕴藏量达 5758MW，水能资源开发条件优越，具有淹没损失小、单位千瓦造价低、地理位置适中的特点，是我国重要水电能源基地之一；乌江干流贯通黔渝两省市，有条件成为重要的交通要道；乌江洪水占宜昌以上洪水一定比重，控制乌江洪水对长江中下游防洪有一定作用。根据乌江的自然特点和贵州、重庆、湖北地区国民经济发展的需要，《乌江干流规划报告》拟定乌江干流水资源开发任务为：以发电为主，其次为航运，兼顾防洪、灌溉等。

彭水水电站是乌江干流梯级开发的第 10 级，位于乌江干流下游、重庆市彭水县城上游 11km，下距河口涪陵 147km，应根据其在流域开发中所处的地位和作用及其开发河段的具体情况论证其开发任务。

3.2.1　发电

从工程特点看，彭水水电站坝址控制流域面积 69000km²，多年平均径流量 410 亿 m³，控制流域面积和径流分别占全流域的 78.5% 和 76.8%，水能利用的条件优越，是乌江干流梯级中规模仅次于构皮滩水电站的大型骨干工程；从需求来看，重庆市能源相对缺乏，常规能源主要有煤炭、水能和天然气三大类，能源总量折合 35.3 亿 t 标煤，全市人均占有能源约 120t 标煤，相当于全国人均能源占有量的 50%，从能源储量而言，需要从境外输入能源。在能源结构上，煤炭、水能和天然气分别占 51%、42% 和 7%，矿物能源比重较大。在水能利用上，全市水电总装机容量约 1500MW，已开发水电不足经济可开发量的 30%，在已开发水电中，除江口、长寿和石板溪外，多为调节性能较差的水电站或径流式水电站。根据重庆市的能源储量及其结构和水能利用程度分析，兴建有一定调节能力的大型水电是重庆市能源建设的当务之急。彭水水电站调节性能好、输电距离近，建设彭水水电站，可满足重庆电网对电力电量特别是调峰容量的迫切需求，缓解电力供需矛盾，促进重庆电网安全经济运行，并提供大量可再生的清洁能源，环保效益显著。基于以上分析，彭水工程的开发任务以发电为主是合适的，符合乌江干流水资源的开发任务。

3.2.2 航运

乌江航运历史悠久，自古以来就是乌江沿岸联络长江中下游的重要交通要道。目前，大乌江至白马河段为准四级航道，白马至河口河段已达到四级航道标准。乌江航运规划的目标是：通过乌江水电梯级的全部建成，并同步建设通航建筑物和治理各水电梯级间的回水变化段，使乌江渡坝下至白马河段达到四级航道标准。彭水水电站位于乌江下游，可渠化库区航道约100km，淹没主要滩险约70余个，并能改善下游枯水期航运条件。考虑枢纽所在河段目前为可通航河段，拟同步建设通航过坝建筑物。彭水水电站通航建筑物按四级航道标准设计，采用500t级船闸＋垂直升船机方案，设计年过坝货运量510万t，单向年过坝能力达255万t，可满足2020—2030年乌江航运的需要。

3.2.3 防洪

乌江是长江上游主要支流，乌江洪水是长江洪水的来源之一。根据两江洪水的特性，按照长江中下游总体防洪要求，《乌江干流规划报告》结合乌江干流各梯级的地理位置和水库特性，在对发电影响不大的情况下，初步安排乌江渡、构皮滩、思林、沙沱、彭水和大溪口等六个梯级水库在6—8月预留总防洪库容11.66亿m^3，配合长江中下游防洪。彭水水库位于乌江下游河段，可在长江中下游发生特大洪水的情况下利用预留的2.32亿m^3防洪库容拦蓄乌江洪水，配合三峡水库运用，削减长江中下游的超额洪量。因此，航运和防洪是彭水水电站不应忽视的综合利用任务。

3.2.4 其他

乌江干流河谷深切，耕地分布较高且很分散，难以发展大面积的自流或提水灌溉。水库形成后，为发展水库周边地区高台地带的农田提水灌溉提供了条件。乌江鱼类资源较少，工程建成后，将形成约40km^{2}水库水面，可发展水产养殖业，改善当地人民生活，促进当地经济的发展。

综合上述分析，水资源综合利用是我国水利水电工程规划的主导原则，应在深入调查研究各用水部门的要求，结合工程开发条件，从国民经济可持续发展的整体利益出发拟定开发任务。彭水水电站是乌江干流重要的大型骨干工程，拟定其开发任务以发电为主，其次为航运、防洪及其他。彭水工程的建设符合水资源综合利用的原则。

3.3 工程特征水位

3.3.1 正常蓄水位

3.3.1.1 影响彭水水库正常蓄水位选择主要控制性因素

正常蓄水位比选应综合与上游水电站的合理衔接、库区淹没影响、环境影响、地形地质条件、航运要求、发电效益、工程投资等方面进行分析，并通过经济比较和综合分析确定。彭水水电站库区地处四川盆地边缘山区向云贵高原过渡地段，为侵蚀剥蚀型低中山深切峡谷地貌。乌江河道下切很深，临江岸坡相对高差一般在 $150\sim300m$ ，枯水季节水面宽度在 $80\sim120m$ 之间，干流峡谷段长 66km，占总长度的 56% ，多为悬崖峭壁，耕地及人口分布极少；宽谷段长 51km，占总长度的 44% ，多为砂岩、页岩缓坡及沟谷冲积土层，较完整的一、二级阶地台面仅见于贵州省沿河县洪渡镇、和平镇一带，耕地及人口分布较多。根据彭水水电站正常蓄水位选择的特点分析，位于库尾的沿河县城是影响库水位选择的控制性因素，其次是与上游水电站尾水位的衔接等。

1. 沿河县城主要建筑物高程

沿河县城沿乌江两岸分布，在县城一带河谷成不对称宽缓"U"形谷，河面宽 300m，河水面高程 287m 左右。两岸阶地呈条带状分布，一级阶地较完整，阶地台面高程 $300\sim320m$ ，宽 $300\sim500m$ ，顺河向长 3km。

沿河县城位于沿河县中部，乌江河畔，东西两面环山，中间为带状河谷，乌江至南而北纵贯其中，把县城分为东西两岸。沿河县城下距重庆市彭水县城约 110km，正值彭水水库回水影响范围。沿河县城所在地和平镇是全县政治、经济、文化、交通的枢纽。现城区常住人口 5 万余人，城区主要工业分布有化工、采矿、粮油加工、建材、电力、印刷、酿酒等工业门类。布局以河西为主、河东为辅，河西是县镇两级政治、经济、文化的中心，主要商业街道及大部分市政、住宅建筑物均分布于河西。沿河县城总体地势较陡，是一个典型的依山而建的山城。由于受地形限制，沿河县城沿江两岸建筑物建基面高程较低，高程在 $305\sim330m$ 之间，主要街道高程在 $312\sim315m$ 之间。以基本不淹没沿河县城为控制条件，彭水水电站正常蓄水位以不超过 300m 较为合适。

2. 与上游梯级尾水位衔接

沙沱水电站是乌江干流十二个梯级中的第九级，乌江干流下游河段的第一级，贵州省境内的最下游一个梯级水电站。坝址位于贵州省沿河县城上游 7km，距乌江渡 250.5km，距遵义 175km、贵阳 275km。沙沱水电站以发电为主，兼顾航运、防洪及灌溉等任务，属"西电东送"第二批开工项目的"四水工程"之一。

沙沱水电站规划坝址电站尾水位约 290m，在彭水水电站库水位不与之重叠的情况下，最大可利用水头 75m，电站装机容量 1120MW，保证出力 322.9MW，多年平均电量 45.52 亿 $kW\cdot h$ 。从梯级衔接来看，彭水水电站正常蓄水位 290m 与沙沱水电站尾水位基本衔接，对沙沱水电站发电不产生影响；293m 和 295m 方案与沙沱水电站尾水位重叠分别为 3m 和 5m，分别占沙沱水电站运行最大水头的 4.0% 和 6.67% ，因此，彭水水电站正常蓄水位超过 295m 将对沙沱电站正常运行带来较大影响。

3.3.1.2 正常蓄水位综合选择

1. 方案拟定

思南至彭水河段的开发，《乌江干流规划报告》曾研究过彭水水电站高、低两类正常蓄水位方案：高方案采用彭水一级开发，以少淹思南县城及附近耕地为控制，正常蓄水位约在 360m；低方案采用沙沱＋彭水两级开发，以少淹沿河县城及附近耕地为控制，彭水水电站正常蓄水位在 $290\sim300m$ 范围内选取，上接沙沱梯级。《乌江干流规划报告》推荐该河段采用彭水＋沙沱两级开发方案。

彭水水电站属省际间界河电站，影响正常蓄水位选择的关键因素是库尾贵州省沿河县城的淹没。在彭水工程不同设计阶段，围绕沿河县城淹没等问题，着重进行了正常蓄水位 290m 和 293m 方案的比较。1977 年长江流域规划办公室（现长江水利委员会）提出的《彭水枢纽（彭水坝址）初设要点报告》推荐正常蓄水位 290m，次年 6 月贵州省计委曾来文表示同意。

根据 1978 年 6 月水利电力部工作组对彭水水电站现场查勘后的意见，1979 年长江流域规划办公室编制的《彭水枢纽选坝报告》，提出彭水坝址正常蓄水位 293m 方案。1980 年 4 月在电力工业部（1979 年水利电力部分设为水利部和电力工业部）主持召开的彭水水电站选坝会议上，贵州省代表书面表示："彭水 293m 方案，以不淹没沿河县城为要求，……也是可以考虑的，建议进一步协商"；同年 7 月电力工业部转发了《彭水枢纽选坝会议纪要》，决定以彭水坝址正常蓄水位 290m 方案进行初步设计，并要求"在基本不增加淹没的前提下，建议与贵州省协商，研究适当提高汛后蓄水位，增加电站保证出力"，同年 9 月，贵州省计委和建委联合行文，重申了正常蓄水位 290m 的意见。

1981 年长江流域规划办公室提出了彭水水电站特征水位的初步选择意见，推荐正常蓄水位 293m，防洪限制水位 288m，死水位 278m。同年 9 月，在贵州省建委主持下，向贵州省进行了中间成果汇报，贵州省表示正常蓄水位选择主要影响因素是移民问题，293m 方案比 290m 方案利多弊少；同年 10 月，向水电总局进行了中间成果汇报，水电总局的意见是要争取抬高正常蓄水位，并要求研究降低汛期限制水位以减小水库淹没的方案。根据以上情况，长江流域规划办公室 1983 年完成的《彭水水电站（彭水坝址）初步设计报告》推荐正常蓄水位 293m 方案。

1990 年 6 月，在贵州省计委主持下，长江水利委员会向贵州省有关部门和地区介绍了彭水水电站（长溪坝址）预可行性研究工作，并征求意见。沿河县城处于库区回水淹没影响范围的上端，县城回水位的高低主要取决于水库的汛期运行水位，为了达到不淹没沿河县城的要求，290m 和 293m 方案的防洪限制水位均采用 287m。因此，彭水水电站正常蓄水位 290m 和 293m 两方案对沿河县城存在水库淹没同等性质的影响。鉴于此，贵州省有关部门和地区表示，"电站正常蓄水位的选择，应在切实对沿河县城采取防护措施，确保沿河县城的安全和有利全县经济发展的前提下，可按电站较高的保证出力和发电量来确定"。1993 年完成的预可行性研究报告推荐正常蓄水位 293m 方案。水规总院对报告审查后，同意正常蓄水位为 293m。

考虑到对彭水水电站正常蓄水位选择的大量工作，加之有关方面的意见也十分明确，为了进一步分析，拟定了对 290m、293m、295m 三个正常蓄水位方案进行比较。

2. 正常蓄水位综合比较

彭水水电站的正常蓄水位选择主要考虑发电、航运等综合利用效益、水库淹没影响、环境保护以及经济性等因素。

从发电效益看，正常蓄水位越高，电站本身的发电效益及扣除对上游待建沙沱电站影响后的净发电效益均呈递增趋势，其中 290m 方案对沙沱水电站发电不产生影响，293m 方案对沙沱水电站发电效益影响不大，属上下梯级正常重叠范围，295m 方案与沙沱水电站尾水位重叠占沙沱水电站运行最大水头的 6.67%，导致其发电量减小约 2.6%；从水库淹没损失看，正常蓄水位抬高 2～3m，淹没人口分别递增 1700 人和 3300 人，淹没耕地分别递增 1100 亩和 1200 亩，295m 淹没损失增加较多，移民安置难度较大；从工程投资看，正常蓄水位抬高 2～3m，工程静态总投资分别递增 21235 万元和 36602 万元；从方案的经济比较结果看，正常蓄水位 293m 方案总费用现值最小，方案经济性最好。

正常蓄水位是水库工程规模的最主要的指标，强调经技术经济比较和综合分析选定。彭水水电站属省际间界河电站，水库淹没一直是影响正常蓄水位选择的关键因素，考虑到贵州省意见，从合理利用能源、减小移民安置难度和兼顾上游沙沱水电站的开发效益以及经济性出发，通过多年大量的论证和协调工作，选定正常蓄水位 293m。对于省际间界河水利水电工程的设计，设计方案应经技术经济比较和综合分析选定，综合分析时还需充分考虑相关省份的意见，由此形成的可行性研究成果方可得到真正落实。

3.3.2　死水位

彭水水电站以发电为主，兼顾航运和防洪等，在上游沙沱水电站建库前，沿河—思南河段仍未渠化，影响彭水水电站死水位选择主要的因素是发电和经济性。彭水水电站位于乌江下游，上游已建和在建大水库对其补偿效益大，按消落深度占最大水头的比例 15%～20% 考虑，拟定了 276m、278m、280m 三个死水位比较方案。

从发电效益看，死水位抬高，保证出力减小，年发电量增加，但变化幅度不大；从航运来看，各死水位方案均未能与沙沱电站尾水衔接，高方案可更好地渠化库区航道，有利于进一步改善乌江航运条件。

彭水水电站是重庆电网的骨干调峰电源，从增加水库调节能力并兼顾经济性出发，推荐死水位 278m。在水库运行的过程中，可视上游梯级的建设情况，相机抬高死水位运行。

3.3.3　防洪限制水位

3.3.3.1　防洪要求

1. 长江中下游防洪要求

长江中下游防洪历来是长江防洪最突出的问题，现有防洪体系主要由堤防和分蓄洪区组成，长江干堤抗洪能力约 10～20 年一遇。三峡水库完建后，采用对下游河段洪水进行补偿调节运用，可将荆江河段抗洪能力提高到 100 年一遇，根本改变荆江河段的防洪紧张局面，但长江中下游特别是城陵矶以下河段遭遇特大洪水时分洪量仍很大。遭遇 1954 年大洪水城陵矶以下河段仍需分洪 336 亿～398 亿 m^3，特别是遭遇 1860 年或 1870 年特大洪水，运用三峡水库削峰后，在枝城的行洪流量仍达 80000 m^3/s，长江中下游特别是城陵矶以下河段的防洪问题仍然突出，必须采取综合措施进一步提高抗洪能力，其中的重要措施就是持续结合兴利建设上游干支流大型防洪水库，配合三峡水库运用，以减免中下游地区的分洪量。

乌江是长江上游重要支流，乌江洪水是长江上游洪水的来源之一。根据乌江洪水特性及与长江洪水的遭遇组成分析，在对发电影响不大的情况下，《乌江干流规划报告》安排乌江渡及以下共六级水库 5—8 月预留 11.66 亿 m^3 防洪库容，其中分配彭水水库预留防洪库容为 2.0 亿 m^3，以配合三峡水库运用，拦蓄长江中下游发生大洪水时进入三峡水库的超额洪量。

2. 减小库区重要防护对象淹没损失的要求

彭水库区多为峡谷河段，位于库尾的沿河县城一直就是影响库水位选择的控制性因素。沿河县城依山傍水而建，主要街道高程为 $312\sim315$m，在此高程范围内，人口和房屋密集，商业繁华，是库区重要防护对象。如彭水水电站不设置防洪限制水位，沿河县城20 年一遇洪水位达 312.72m，主要街道直接淹没深度达 0.5m 以上，淹没损失和移民安置难度将很大；设置防洪限制水位，控制沿河县城 20 年一遇洪水位在 312m 左右，可大规模地减少沿河县城的淹没损失，极大地降低移民安置难度。

从配合长江中下游防洪和减小库区重要防护对象沿河县城的淹没损失出发，在对发电影响不大的情况下，彭水水电站设置防洪限制水位是必要的。

3.3.3.2　防洪限制水位综合选择

设计中对拟定防洪限制水位 288m、287m 和 286m 和不设置防洪限制水位共四个方案进行了综合比较。

从发电指标来看，防洪限制水位越低，电站发电效益越小，但方案间差异不大；从防洪库容来看，防洪限制水位 288m 方案的防洪库容仅 1.87 亿 m^3，小于《乌江干流规划报告》为长江中下游防洪所分配的防洪库容 2.0 亿 m^3；287m 和 286m 方案的防洪库容分别达 2.32 亿 m^3 和 2.77 亿 m^3，满足《乌江干流规划报告》对防洪库容的分配要求；从对沿河县城主街的淹没来看，288m 方案沿河县城 20 年一遇洪水位达 312.22m，直接淹没了沿河县城主街；287m 和 286m 方案基本不淹没沿河县城主街，防护工程量和工程投资以及移民安置难度较小；从全库区淹没指标来看，防洪限制水位越低，水库淹没损失越小。

防洪限制水位是协调发电与防洪、水库淹没之间关系的关键水位，彭水电站以发电为主，在按长江中下游防洪要求预留防洪库容和对库区沿河县城主街不产生较大淹没影响的前提下，从尽量减小对发电的影响出发，推荐防洪限制水位 287m，预留防洪库容 2.32 亿 m^3。防洪限制水位方案的研究成果较好地协调了发电与防洪、水库淹没之间关系，平衡了利益相关方的需求，解决了彭水水电站规划设计工作中的重大关键问题。

3.3.4　防洪高水位

综合考虑长江中下游防洪及彭水库区淹没方面的要求，彭水水库防洪高水位采用正常蓄水位 293m，即防洪库容与调节库容完全重叠，防洪库容为发电调节库容的一部分。

综上所述，所推荐的彭水水电站正常蓄水位 293m 等特征水位方案，是经多年反复研究比较的合理方案，它统筹考虑了发电、航运、防洪等综合利用效益的正常发挥，以及上下游梯级的衔接，符合乌江流域规划、乌江航运规划、长江流域总体防洪规划的要求。

3.4　装机容量

3.4.1　供电范围

3.4.1.1　地区社会经济概况及发展要求

重庆直辖市是西南地区最大的工商业城市，是长江上游的交通枢纽和对外贸易港口，位于中部和西部地区的结合部，具有承东启西的区位优势。全市幅员面积为 82403km²；

户籍人口为3371万人，常住人口为3017万人，常住人口城镇化率为59.6%，其中主城建成区面积为650km²，常住人口为818.98万人。

重庆市工业体系已形成了以汽车和摩托车为主体的机械制造工业、以天然气化工和医药化工为重点的化学工业、以优质铝材和优质钢材为代表的冶金工业等三大支柱产业，占全市工业总产值的1/3以上。重庆市有水稻、小麦、玉米及薯类等主要粮食作物，并有榨菜、蚕桑、油菜、烟叶、茶叶、柑橘等品种繁多的经济作物，其中涪陵榨菜经过大规模生产和加工，产品盛销国内外。

重庆市交通比较方便，襄渝铁路线和长江水运线已成为市内外交通的主干线，重庆机场与国内大中城市和国外部分城市均有定期航班。市内交通以公路为主，主城区与各区县之间均有公路相通。长江是我国黄金水道，纵贯重庆市，是沟通大西南与华中、华东的战略交通航道，支流乌江、嘉陵江分别通达贵州腹地和川北，构成客运、货运、旅游和经济交流的水运网。

1997年成为直辖市以来，重庆市按照中央的战略部署，通过全市人民的共同努力，投资环境得到改善，经济实力显著增强，国民经济发展速度远高于全国同期平均水平，但工农业生产尚不发达，人均生活水平还较低，扶贫攻坚任务仍然较重。按照中央关于办好移民、扶贫、生态环境建设和老工业基地改造等"四件大事"和全面建设小康社会的总体要求，重庆市制定的未来10~20年的国民经济和社会发展目标为：①到2010年，重庆市要建设成为长江上游和西南地区的经济中心，形成长江上游新兴产业群，综合经济实力力争达到全国中等偏上水平，全市人均国内生产总值达到上海市2000年的人均水平；②到2020年，重庆市要基本达到现代化大都市的经济规模和综合实力。为实现上述目标，规划"十五""十一五""十二五"和"十三五"期间全市国内生产总值年均增长率将分别达到10%、9.5%、8.5%和8%。

根据全面建设小康社会和建成长江上游经济中心的进程和要求，重庆市能源建设的首要任务是确保供给，确保支持国民经济持续稳定发展和人民生活水平、生活质量稳定提高。为此，要认真做好总量平衡，大力加强电力建设，提高电力保障程度。

重庆市24个区县分布有含煤地层，煤炭保有储量23.07亿t，全市各类合法煤矿矿井设计生产能力共达3830万t/a。由于重庆市煤炭储量不大，开发程度已高，且大多数煤炭含硫量超过3%，根据重庆市现有煤炭生产能力和煤炭储量及需求分析，考虑经济性和环保要求等因素，煤炭资源的长远开发利用将受到限制。

重庆市天然气储量丰富，现已探明的资源可以支持天然气生产能力达100亿m³/a，除保证本市民用需求和服从国家能源战略总体安排承担"西气东输"任务外，受生产净化能力不足和输气管道设施的限制，利用天然气发电的资源潜力有限。

重庆市境内江河纵横，主要河流有长江、乌江、嘉陵江、芙蓉江、涪江、綦江、龙河、磨刀溪、大宁河等大中小河流200余条，全市水力资源理论蕴藏量约23000MW，技术可开发量约9000MW，其中经济可开发量约5000MW。目前，全市水电总装机容量约1500MW，已开发水电不足经济可开发量的30%，乌江彭水（1750MW）、银盘（500MW）和白马（350MW）及嘉陵江草街（500MW）等大型水电约占全市经济可开发量的60%，水电开发存在很大潜力。在已开发水电中，除芙蓉江江口水电站（300MW）

属大型水电工程外，其余均为中小型水利水电工程；除长寿、江口和石板水电厂具有较好的调节能力外，其余多为径流式水电站。根据重庆市的能源储量及其结构和水能利用程度分析，兴建有一定调节能力的大型水电是重庆市能源建设的当务之急。

3.4.1.2　电力工业现状及发展要求

改革开放以来，重庆市电力工业建设取得较大成就，生产总量增大，供给能力有所增强，同时电源结构得到一定调整，对环境的污染也有所降低。

"九五"期间和"十五"初期，重庆市电源建设力度较大。截至 2002 年年底，全市总装机容量达到 4200MW，其中水电和火电装机容量分别达到 1170MW 和 3030MW，水电比重达到 28%，电源结构得到较大改善。2002 年全市发电量 182 亿 kW·h，比 1995 年增加 54 亿 kW·h。

重庆电网为受端网络，电网对外电依赖性较大。二滩水电站、四川电网和贵州电网向重庆电网供电。重庆电网由统调电网和地方电网组成，其中统调电网供电面积约 2 万 km²，供电人口约 1000 万人，供电面积和供电人口均占全市的 30% 左右，承担负荷约占全市的 70%。重庆电网已建成 500kV 输电线路 6 条、220kV 线路 68 条、110kV 线路 218 条，长度分别为 723km、1795km 和 3021km。电力供给通道主骨架已基本形成：横贯重庆境内的 500kV 超高压输电线路已联通了四川电网和华中电网，构建起了西电东送的中部通道；西部以三回 220kV 线路和二回 500kV 线路及北部以二回 220kV 线路与四川电网相连；南部以一回 220kV 线路与贵州电网相连；重庆电网西部供区和东北部供区已由 220kV 电网覆盖，其中西部供区已形成以重庆主城区为中心的 220kV 双回环网。

重庆市电力工业虽然发展迅速，但仍存在着一系列亟待解决的矛盾和问题。主要表现为以下几个方面：

1. 装机容量不足，电力电量缺口较大

进入 21 世纪，重庆电网负荷增长迅猛，2002 年重庆电网最高负荷和用电量分别达到 5170MW 和 243.5 亿 kW·h，装机容量和发电量分别占电网电力需求和电量需求的 70% 和 75%，电力缺口和电量缺口分别达 30% 和 25%。2002 年入冬以来，重庆电网出现了网外供电减少和网内机组突发故障等不利因素的不利遭遇，出现了大范围的拉闸限电，最大限电容量 570MW。为满足电网日益增长的负荷需求，迫切需要加快本市电源的建设步伐。

2. 电源结构不合理，电网调峰能力不足

重庆电网峰谷变化幅度大，夏季和冬季日最小负荷率 β 分别为 0.58 和 0.60，峰谷变化幅度近 40%，2002 年峰谷差已达 2000MW 左右，对调峰容量的需求十分迫切。

重庆电网电源结构以火电为主，小机组比重过大。2002 年年底火电比重和水电比重分别为 72% 和 28%，2003 年年底江口水电站竣工以后水电比重仍不足 35%；全市装机容量中，单机 200MW 以下机组比例达 50% 以上。火电除珞璜电厂和重庆新厂共计 1640MW 火电机组具有 40% 以上的调峰能力外，其余大部分火电机组的调峰能力不足 25%，火电平均调峰能力不足 30%；全市已建水电站中，仅长寿、江口和石板水电站总装机容量共计 557MW 具有调峰能力，其余水电多为径流式电站；二滩水电站、四川电网和贵州电网向重庆电网供电，虽可缓解电网电力电量供应紧张状况，但由于受到自身调节性能和远距离输电的制约，外区电源不能适时满足重庆电网对调峰容量的需求。重庆电网不仅缺乏电力电量，尤其缺乏调峰容量，长期以来，电网调峰非常困难，用电高峰周波不稳，多数情况下被迫采取火电机组燃油和压负荷以及水电弃水等手段调峰，既不经济，又不利于电网安全运行。

3. 缺乏骨干电源支撑，供电质量差且可靠性低

重庆市水能资源较丰富，但开发利用程度低。目前已建水电站中除江口水电站（300MW）外，其余均为中小型水电站或调节性能差的水电站，电网缺乏大型骨干电源支撑。在今后一段时间内电网对外电依赖性较大。四川富余水电、贵州和陕西的火电向重庆电网供电，可缓解其电力电量供应紧张状况，但受较多不可预见因素和外区远距离输电的制约，不能适时满足电网对电力电量的需求，替代火电装机效益较差，限制了四川水电在重庆的消纳。

重庆电网受端网络的格局在较长时间内将难以改变。预计未来较长时期内，重庆市经济仍将高速增长，用电负荷将随之迅猛增长，如仅靠本市已建和在建电源并考虑从区外购入电力，"十一五"末期电力缺口将继续扩大。为满足电网日益增长的负荷需求，维护电网安全，提高供电质量，迫切需要加快本市电源的建设步伐，兴建有较大电力电量效益的骨干支撑水电电源点。

与电源建设同步，重庆市要大力加强电网特别是骨干电网建设，提高中低压电网的覆盖率，着力构建统一、开放和安全的输配电网络，在全市范围内形成以 500kV 为骨架、220kV 为支撑，110kV 为主体的输电网络格局，从而提高输配电的供电能力和供电质量，增强全市电力供应的保障程度。

3.4.1.3 彭水水电站电力市场分析

在可行性研究阶段，重庆市电力公司通过对电力市场的分析，以重庆电网 2002 年实际负荷为基础，根据 2005—2020 年重庆市国民经济和社会发展目标，考虑未来第一、二、三产业产值单耗发展趋势，对重庆电网 2003—2015 年负荷进行了预测。根据当时负荷预测成果，2003—2005 年、2005—2010 年和 2010—2015 年期间重庆电网电量需求年增长率将分别达到 8.7%、8.1% 和 7.3%，最高负荷年的增长率将分别达到 9.5%、8.2% 和 7.3%；2005 年重庆电网最高负荷达到 6690MW、全年电量需求 315 亿 kW·h，2010 年最高负荷达到 9920MW、全年电量需求 465 亿 kW·h，2015 年最高负荷达到 14110MW、全年电量需求 660 亿 kW·h。2005—2010 年期间和 2010—2015 年期间，重庆电网最高负荷分别增加了 3230MW 和 4190MW，年电量分别增加了 150 亿 kW·h 和 195 亿 kW·h。

2003 年年底，重庆电网水电机组总装机容量约 1509MW，其中包括长寿水电厂（142MW）、石板水水电厂（115MW）、江口水电站（300MW）和地方小水电（952MW）；在建的水电站总装机容量 242MW，其中包括鱼剑口（60MW）和藤子沟（66MW）、梯子洞（36MW）、大溪河（20MW）以及福金坝（60MW），上述在建水电将于"十五"末期或"十一五"初期完建；规划"十五"和"十一五"期间建设彭水（1750MW）及其反调节梯级银盘（500MW）和草街（500MW）等大型水电和其他中小型水电；为满足 2015 年以后重庆电网的电力平衡和调峰容量平衡，规划在"十二五"期间开工建设盘龙等抽水蓄能电站。根据上述水电电源安排，预计 2005 年、2010 年和 2015 年重庆本市水电装机容量将分别达到 1760MW、4250MW 和 5000MW。2002 年年底，重庆电网火电机组总容量 3030MW，其中包括珞璜电厂（1440MW）、重庆新厂（400MW）、重庆西厂（200MW）、白鹤电厂（100MW）以及企业和地方电网小机组等；在建的白鹤电厂二期工程（600MW）于 2004 年投产；"十五"期间规划改扩建重庆电厂东厂（300MW），"十一五"期间规划建设合川双槐电厂一期工程（600MW）和珞璜三期工程（1200MW）。根据上述火电电源安排，考虑小机组逐年退役，预计 2005 年、2010 年和 2015 年重庆本市火电装机容量将分别达到 3520MW、5320MW 和 5920MW。2004 年以后外区向重庆电网的送电方式和送电规模为：二滩水电站全年向重庆电网送电，送电容量 900MW，年送电量 39.9 亿 kW·h；贵州习水火电厂 6—10 月向重庆送电，送入最大容量 540MW，年送电量 10 亿 kW·h；四川电网主要向重庆输送水电，2015 年送电最高规模达 1600MW。

考虑机组检修和事故负荷备用，在不考虑彭水水电站时，进行重庆电网电力市场盈亏平衡分析，2015 年重庆电网电力市场空间为 2972MW。电力市场需求空间较大。

3.4.1.4　供电范围

彭水水电站位于乌江下游，地处能源相对贫乏的重庆市东南部，与重庆电网负荷中心直线距离在 180km 以内。根据彭水水电站的地理位置和工程特性，结合重庆市能源资源构成特点、重庆电网电源结构和电力系统发展需求分析，彭水水电站的供电范围应为重庆电网。

彭水水电站建成后，是重庆电网唯一具有年调节能力、规模超过百万千瓦的大型水电站。水电站距负荷中心近，地理位置好，规模大和调峰性能好的工程特性恰好与重庆电网峰谷差大的负荷特性相适应，工程建成后将改善重庆电网的电源结构，承担重庆电网的调峰、调频和事故备用任务，具有弥补重庆市电力电量不足、增强电网调峰能力、促进电网经济安全运行和提高供电质量等重要作用，是重庆电网的骨干支撑电源。

3.4.2　影响装机容量的主要因素

1. 设计水平年和设计负荷水平

1989 年预可行性研究阶段拟定彭水电站供电范围为川东电网，计划 2000 年投入第一台机组，选择设计水平年 2010 年，经过川东电网和全川电网 2010 年电力电量平衡，推荐装机规模 1080MW。可行性研究阶段，由于电站的开工时间比预可行性研究阶段预计推迟，拟定工程为"九五"期间开工，第一台机组投入时间为 2005 年左右，拟定设计水平年为 2015 年。由于可行性研究阶段设计水平年较预可行性研究阶段向后延迟了 5 年左右，系统的负荷水平、负荷特性和电源组成等设计条件均发生较大变化。预可行性研究阶段设计水平年 2010 年，川东供电区 5 月出现全年最高负荷 5702MW，枯水期 11 月出现全年次高负荷 5531MW；而可行性研究阶段设计水平年 2015 年，重庆电网 8 月出现全年最高负荷 14110MW。二者相比，可行性研究阶段所采用的设计水平年最高负荷较预可行性研究阶段增加近 1.5 倍；系统负荷指标随着经济发展呈逐渐下降趋势，系统峰谷差增长速率比电力负荷增加的速率更快。即可行性研究阶段相应水平年对新上水电的容量要求更大、更迫切，也意味着彭水水电站的装机规模可以在预可行性研究阶段 1080MW 的基础上进一步扩大。

2. 上游梯级开发形势的影响

预可行性研究阶段，上游梯级仅乌江渡水电站已建，东风水电站在建，其他梯级建设时间尚不明确；可行性研究阶段，东风水电站已建成，洪家渡水电站已开工，构皮滩水电站计划于"十五"期间开工，随着上游梯级的相继开工建设，彭水水库的调节能力大大提高，调节性能相当于多年调节，也为彭水水电站增加装机容量创造了条件。

3. 供电范围变动的影响

在预可行性研究阶段，拟定彭水水电站的供电范围为川东和重庆地区，并考虑川西、川东联网，供电四川全网，考虑到川西水电资源十分丰富，能源结构以水力资源为主，当时已明确二滩水电站等大型水电将在彭水水电站开工前完建，彭水水电站装机容量选择宜适当留有余地。可行性研究阶段考虑重庆市已成为直辖市，主供电区改为重庆电网，重庆电网电源结构以火电为主，远景也是以矿物能源为主的结构，彭水水电站的装机容量应扩大，以适应电网近、远期电力负荷发展的要求。

4. 电力市场发展的影响

重庆市是西南政治、经济、文化的中心，1997 年成为国家直辖市后，重庆市国民经济发展速度明显加快，用电负荷随之迅猛增长，重庆统调电网实际用电量年增长率接近10%，日负荷峰谷变化幅度大于40%。十六大提出全面建设小康社会的战略目标后，重庆市调整了 2000—2020 年国民经济发展规划，为实现规划目标，预计"十五""十一五"和"十二五"期间电量年增长率将分别达到 9.1%、8.1% 和 7.1%，最高负荷年增长率将分别达到 10%、8.3% 和 7.2%，负荷年增长率比原预测提高 2~3 个百分点。

重庆统调负荷增长迅速迅猛，电网峰谷变化幅度大，2002 年重新出现了拉闸限电情况，迫切需要具有一定调峰能力的骨干电源投入。重庆市煤炭储量不大、煤质较差且开发程度高，水力资源开发程度还较低。综合分析重庆市的能源开发现状和电网负荷特性，近期应大力开发重庆本市具有调节能力的大型水电。纵观重庆距负荷中心近的待开发水电电源，长江干流的小南海、朱杨溪等水电开发条件相对较差且前期工作滞后，在相当长时期内很难投入；二滩水电站送电距离远，江口水电站规模小，均难以满足系统调峰、调频及安全稳定运行的要求。除彭水水电站外，重庆近期无合适的可开发水电电源。因此彭水水电站装机规模应在预可行性研究阶段 1080MW 基础上扩大，以满足电力系统发展对容量的需要。

5. 下游航运要求的影响

乌江下游是重要的通航河段。彭水水电站日调节产生的不恒定流对下游航运将产生一定的不利影响，减小不利影响以满足下游航运要求成为彭水水电站装机容量选择的制约因素。

彭水下游乌江河段蕴藏了较丰富的水能资源，开发该河段水能资源与彭水水电站衔接，可解除航运对彭水水电站日调节限制的要求，也是渠化乌江航道的重要措施，将为扩大彭水水电站装机规模创造条件，有利于合理利用乌江水能资源。基于上述分析，可行性研究阶段重庆市已将开发彭水至乌江河口河段提上议事日程，但开发方案及开发时间尚未正式确定，因此，可行性研究阶段拟定了下游梯级与彭水水电站衔接和下游梯级与彭水水电站不衔接两种情况，相应地对彭水水电站不设航运基荷和设置航运基荷 190MW，进行彭水电站装机容量研究。

3.4.3　装机容量比选方案

彭水水电站正常运行水头范围 51.6～81.6m，根据机组设计制造水平和运行条件分析，电站单机容量不宜大于 350MW。根据装机容量有关研究成果及主管部门的审查意见，拟定了彭水水电站 1400MW、1750MW 和 2100MW 共 3 个方案进行比选。

考虑乌江梯级开发形势和重庆电力市场及电网负荷的发展变化情况，在装机方案1400MW、1750MW、2100MW 径流调节计算的基础上，结合下游反调节梯级水库的特性和建设进度，分析彭水水电站不同时期的航运基荷，进行各方案逐年电力、电量平衡和设计水平年调峰容量平衡，复核各方案的容量效益和电量效益，分析不同时期彭水水电站日调节运行对航运的影响，经过综合比较，选择彭水水电站合理的装机容量。

3.4.4　发电指标

根据当时乌江干流水资源开发形势，考虑上游已建乌江渡、东风和在建洪家渡、构皮滩等上游水库的补偿调节作用，采用 1951—2000 年径流系列，计算彭水水电站各装机方案的发电指标，装机容量由 1400MW 扩大至 1750MW 和由 1750MW 扩大至 2100MW，弃水历时分别递减 5％和 2.4％，水量利用率均递增 4％左右，年发电量分别递增 2.45 亿 kW·h和 1.37 亿 kW·h，其中 5—9 月发电量分别递增 2.4 亿 kW·h 和 1.36 亿 kW·h，补充装机利用小时分别为 697h 和 391h。

3.4.5　容量效益和调峰弃水电能

1. 容量效益分析

彭水水水电站供电重庆电网，根据各装机容量方案径流调节计算结果，对彭水水水电站装机 1400MW、1750MW 和 2100MW 方案以及无彭水水电站情况，分别进行重庆电网2009—2015 年的逐年电力电量平衡计算。

逐年平衡计算结果表明：①随着装机容量的增加，同一负荷水平，彭水水电站的容量效益呈增长趋势；②随着负荷水平的增加，同一装机方案，水电站的容量效益呈增长趋势；③装机容量越大，装机可充分发挥容量效益的时间越晚，1400MW 方案和 1750MW方案在设计水平 2015 年均可充分发挥容量效益，2100MW 方案在设计水平年 2015 年不能充分发挥容量效益。

2. 调峰容量和调峰弃水电能分析

重庆电网峰谷差大，电源结构以火电为主，对调峰容量的需求尤为迫切。彭水水电站是重庆电网的骨干调峰电源，在电力电量平衡的基础上，对各装机方案分别进行了 2015年水平重庆电网的调峰容量平衡，调峰容量平衡成果表明：若水电站群不弃水调峰，2015年丰、平、枯代表年重庆电网均出现调峰容量较大缺额，但随着彭水水电站装机容量的增加，电网调峰容量最大缺额将呈现减小趋势。

重庆电网电源结构以火电为主，为满足电网对调峰容量的需求，水电站群需弃水调峰。彭水水电站是重庆电网的骨干调峰电源，装机容量越大，水电站工作位置上升，可向电网提供更多的调峰容量，从而减少水电站群和彭水水电站自身的调峰弃水电能。设计水平年彭水水电站装机容量 1400MW、1750MW 和 2100MW 方案，水电站群平均年调峰弃水电能分别为 26.75 亿 kW·h、21.59 亿 kW·h 和 15.71 亿 kW·h，其中彭水水电站平均调峰弃水电能分别为 4.52 亿 kW·h、3.72 亿 kW·h 和 2.77 亿 kW·h；扣减代表年平均调峰弃水电能后，平均年有效发电量分别为 56.83 亿 kW·h、60.08 亿 kW·h 和 62.40 亿 kW·h，其中年均基荷电能分别为 5.19 亿 kW·h、4.32 亿 kW·h 和 3.18 亿 kW·h，年均调峰电能分别为 51.64 亿 kW·h、55.76 亿 kW·h 和 59.22 亿 kW·h。

3.4.6 装机容量对下游航运的影响分析

1. 航运影响范围

彭水水电站是重庆电网的骨干调峰电源，下游是乌江重要的通航河段，彭水水电站调峰运行产生的不稳定流将引起下游河段各水力要素的改变，对下游航运产生一定影响。彭水水电站坝下为长约 13km 的峡谷河段，峡谷出口有乌江航运枢纽港彭水港，该河段槽蓄能力小，各水力要素受彭水水电站出力变化的影响较大；彭水港下游槽蓄能力逐渐加大，且相继有郁江、芙蓉江等大支流汇入，彭水水电站调峰运行产生的非恒定流在该河段逐步坦化，对该河段各水力要素的影响衰减较快，经采用日调节非恒定流演进计算，非恒定流影响范围的末段在距彭水坝址约 77km 的武隆水文站附近。基于上述分析，将彭水港作为分析彭水水电站对下游航运影响的控制性断面。

2. 航运部门的要求

航运部门对下游航道各航运水力要素的要求为：最小航深 1.6～1.9m，水位最大日变幅和最大小时变幅分别不超过 8m 和 1m，表面最大流速不超过 6.5m/s，平均水面比降不超过 0.57‰。

3. 航运基荷

彭水水电站下游河段为可通航河段，结合彭水水电站施工进度和银盘水电站的预计建设时间及工期安排，拟定彭水水电站 2012 年前设置航运基荷 190MW，2012 年及以后不设置航运基荷。

4. 航运影响分析

根据彭水水电站的施工进度和下游反调节梯级银盘水电站建设时机的初步安排，选择 2010 年和 2015 年分别作为下游银盘水库建成前和建成后的代表年份。考虑同一装机方案彭水水电站枯水年各月典型日的出力变化幅度大于平水年和丰水年相应典型日的出力变化幅度，以枯水年平衡成果为基础，分析各装机容量方案对下游航运的影响。根据 2009—2015 年逐年电力电量平衡成果分析，7 月是彭水水电站出力日变幅和出力小时变幅均较大的汛期代表月，3 月是彭水水电站出力日变幅和出力小时变幅均较大的枯水期代表月，因此，分别计算了各装机容量方案 2010 年和 2015 年的 7 月和 3 月典型负荷日彭水港的各航运水力要素特征值。

根据枯水代表年 2010 年水平电力电量平衡成果，计算彭水水电站 2010 年 7 月和 3 月典型日的逐时出力过程，分别以彭水水电站日出力过程和武隆站水位-流量关系作为上边界条件和下边界条件，采用四点加权隐格式差分法，进行下游河道的非恒定流计算。

（1）计算数学模型。水电站进行日调节时，下游河道将产生非恒定流。根据质量和能量守恒，一维非恒定流的偏微分方程组形式如下：

$$\begin{cases} \dfrac{\partial Q}{\partial x} + \beta \dfrac{\partial F}{\partial t} - q = 0 \\ \dfrac{\partial z}{\partial x} + Ke \dfrac{\partial}{\partial x}\left(\dfrac{V^2}{2g}\right) + \dfrac{1}{g}\dfrac{\partial V}{\partial t} + S_f = 0 \end{cases} \qquad (3.4-1)$$

式中　Q——流量；

　　　Z——水深；

　　　q——单位河长的旁侧入流；

　　　V——断面平均流速；

　　　t——时间；

　　　x——水流方向上的河长；

　　　g——重力加速度；

　　　F——过水断面面积；当用过水面积计算的槽蓄库容与河道（特别是库区）实际容积不一致时；$\dfrac{\partial F}{\partial t}$须乘以容积改正系数 β；

　　　S_f——摩阻损失，$S_f = \dfrac{Q|Q|}{K^2}$；

　　　Ke——局部损失系数。

上述方程组，即圣维南方程组，为拟线性双曲型偏微分方程组，目前在数学上还不能用积分的方法求得精确的解析解。在生产实际中多采用数值解的方法求解。此项计算，采用四点加权隐格式差分法逼近，求其数值解，加权系数取 $\theta = 0.6$。

（2）航运影响分析。各装机方案的下游河道非恒定流计算成果表明：在下游反调节梯级银盘水电站建成前，各装机容量方案下彭水港最小航深、最大流速和水位最大日变幅及各电站尾水出口至彭水港河段平均水面比降均能满足航运部门要求，仅彭水港水位最大小时变幅未能全部满足航运部门的要求，其中装机容量 1400MW 方案水位最大小时变幅接近航运部门的要求，1750MW 方案和 2100MW 方案水位最大小时变幅与航运部门要求的差距较大。

下游反调节梯级银盘水电站建成后，彭水水电站各装机容量方案银盘库区的航深、流速、水位日最大变幅和水面比降均可满足航运部门要求，各方案影响下游航运的主要水力要素为彭水港的水位小时最大变幅。装机容量 1400MW 和 1750MW 两方案汛期和枯水期典型日彭水港的水位小时最大变幅均小于 1m，满足航运部门要求；装机容量 2100MW 方案下彭水港的水位小时最大变幅略大于 1m，与航运部门要求有一定差距。

3.4.7　装机容量经济比较和财务分析

1. 经济比较

彭水水电站装机容量 1400MW、1750MW 和 2100MW 方案，大坝、通航建筑物和枢纽临建工程的规模以及水库淹没的指标的相同，方案间的投资差异主要体现在水电站引水发电系统和输变电工程的投资不同，根据投资估算，方案间水电站工程静态投资分别递增59708万元和62469万元，专用配套输变电工程静态投资分别递增6826万元和7084万元。在各方案电力电量等效的前提下，采用各方案的设计工程费用和补充替代工程费用，计算各方案总费用现值，进行方案间的经济比较。经过计算1400MW、1750MW和2100MW方案总费用现值分别为588271万元、493858万元和448576万元，总费用现值分别递减94413万元、45282万元。

经济比较表明，装机容量越大，方案总费用现值减小，方案的经济性越好。

2. 财务分析

根据各装机容量方案工程静态总投资、发电量和调峰弃水电能，考虑厂用电和线损，按资本金占总投资的20%、经营期30年内还清贷款本息和财务内部收益率不小于8%等控制条件测算，1400MW、1750MW和2100MW方案上网电价分别为0.233元/(kW·h)（含税，下同）、0.235元/(kW·h)和0.241元/(kW·h)。装机容量增加，上网电价呈上升趋势，但各方案上网电价均低于重庆电网现行平均上网电价0.260元/(kW·h)，具有较强的市场竞争力。

装机容量从1400MW增至1750MW，扩机增加投资的财务内部收益率达10.46%，高于行业基准收益率，在财务上是可行的；在1750MW的基础上，进一步扩大装机容量至2100MW，扩机增加投资的财务内部收益率仅7.76%，低于行业基准收益率，说明在1750MW的基础上进一步扩大装机容量至2100MW的财务指标较差。

3.4.8 装机容量的选择

根据以往对装机容量研究成果，拟定了1400MW、1750MW和2100MW等装机容量比较方案，复核了负荷和电源等基本资料，结合新修订的下游河段规划及彭水电站反调节水库电站建设时机的初步安排，拟定彭水电站不同时期的航运基荷，重新进行了各方案的逐年电力电量平衡以及设计水平年的调峰容量平衡，分别从国家和企业角度进行了方案间的经济比较和财务分析，分析了各方案对下游航运的影响。结合重庆电网对电力电量需求特别是调峰容量的需求及彭水水电站在电力系统中的地位和作用，统筹考虑电力系统整体的经济性和电厂的财务可行性，推荐彭水水电站装机容量1750MW。

3.4.9 装机程序

彭水水电站总装机容量为1750MW，装设5台单机容量为350MW机组。水电站采用右岸地下式厂房，引水发电系统的土建工程将一次性建成。按照工期安排，2007年10月将投产第一台机组，2009年2月最后一台机组投产，同年4月底工程完建。根据电力电量平衡成果，2009年彭水水电站的容量效益达1050MW以上，因此，拟定在依次投产前三台机组的基础上，初步分析相继投产第四台和第五台机组的可行性。

每预留一台机组，仅减小同期机电设备及安装投资3.3亿元，并将增加将来施工队伍进场费用。根据长系列径流调节计算成果，在前三台机组投产的基础上，投产第四台机组将增加年发电量达4.44亿kW·h，投产第五台机组将增加年发电量2.45亿kW·h。

从经济性来看，不预留机组方案与预留1台机组方案及预留2台机组方案相比，差额内部收益率分别达 14.9% 和 18.5%，不预留机组的经济性明显优越。

从财务可行性来看，不预留机组方案与预留 1 台机组方案及预留 2 台机组方案相比，不预留机组方案前期增加投资的财务内部收益率分别达 8.3% 和 12.1%，均高于行业基准收益率，财务上现实可行。

综合上述分析，不预留机组方案经济上合理，财务上可行。推荐的装机程序为：5 台机组依次全部投产，不预留机组。

总的来看，在设计负荷水平年 2015 年，彭水水电站在下游反调节梯级银盘水库建成后，能发挥 1750MW 的容量效益，结合考虑水电站机组的投产时间以及下游反调节水库电站建设时机的初步安排，彭水水电站装机 1750MW 是经济合理的，能够适应投入期电力负荷水平及电网负荷和电源组成特性的需求，同时也能基本满足航运部门的要求。5 台机组依次全部投产，不预留机组的装机程序方案经济上合理，财务上可行。

3.4.10 与装机容量选择相关的问题

水电站装机容量选择一般主要取决于两个方面的因素，其一是河川径流大小及其分配特性、水库调节性能、水电站利用水头等特征；其二是水电站的供电范围、电力系统负荷发展规模及其各项负荷特性指标，地区能源资源、电源组成及其水电比重等。目前我国的大江大河河川径流一般都具有较长的观测资料，现行的计算方法也能满足动能计算要求。而在市场经济条件下，要比较准确预测远景负荷，例如 10～15 年以后甚至更远的负荷水平，是一件较难的事。目前远景负荷预测通常以某基准年的实际水平为基础，用一个或几个固定的年增长率推算若干年后的负荷水平；或用国民经济规划增长率结合电力弹性系数推算远景负荷水平；也有采用从国外引进的经济发展模型预测远景负荷。但在市场经济条件下，经济发展受到市场内在规律的调节，是起伏波动发展的，不可能按某一年增长率持续上升；同时经济发展还与国家采取的政策措施、重大自然灾害有关，例如 1998 年长江、松花江特大洪水对我国经济的影响，全球经济一体化进程的加速和我国加入 WTO，都使得我国经济越来越受到世界经济的影响。设计水平年的电源组成直接影响到设计水电站在负荷曲线的位置和承担备用容量的大小。远景电源组成也有一个预测准确性问题，电源建设需要大量投资，谁来投资、投资哪类电站以及何时投资等都是很难预测的。在实际操作中常常根据负荷需要和有关电源前期工作的资料进行设想性安排，这种安排也是设计者主观意图的体现。此外，即使有了电源组成方案，还有一个水电群补偿调节问题，不同的补偿范围和补偿方法，与有调节的设计水电站的出力过程常常有相当大的差别，因而也影响装机容量的确定。因此在选择水电站的装机容量时要认真研究电力市场的变化，包括供电范围可能的变化对装机容量的影响。

新的经济体制要求装机容量选择从电力系统要求出发，满足国民经济最优，还应充分考虑投资业主切身的财务利益。彭水水电站装机容量论证，着重对补充装机的容量效益、财务效益、装机程序等进行了较全面的比较研究，并得到专家的认同，较成功地论证了经济合理、财务现实可行的装机容量方案。

同时，对于在通航河流上修建承担电网调峰任务的水电站，水电站日调节运行时下泄的不恒定流势必引起下游河道水力要素变化（水深和水位小时变幅等），下游航运对水深和水位变幅的要求会对水电站装机规模产生制约。因此，应尽早建设下游反调节梯级，释放航运基荷；而在下游反调节梯级建成前，可采取错航或限制电站负荷变幅等措施予以解决。

3.5 水库调度在初期运行优化中的应用

3.5.1 汛期水库调度方式

彭水水电站主汛期（5 月下旬至 8 月底）设置防洪限制水位 287m，预留防洪库容 2.32 亿 m³，在不增加上下游县城防洪负担的情况下，承担长江中下游防洪任务。

彭水库区重要防护对象为贵州省沿河县城，坝下有彭水县城，在工程设计阶段考虑两县城规划防洪标准均为 20 年一遇洪水，一方面，由于彭水水库建成后 20 年一遇入库设计洪水大于原天然 20 年一遇洪水（洪峰流量 19900m³/s），应进行适当控制，不增加彭水县城的防洪负担；另一方面为避免水库建库后对沿河县城的淹没影响，要求遭遇 20 年一遇洪水，水库坝前最高洪水位不超过 288.85m。根据上述控制条件，结合彭水大坝安全要求，拟定水库洪水调度方式为：

（1）当入库流量≤19900m³/s 时，按来量下泄。

（2）当入库流量＞19900m³/s 时，按等流量 19900m³/s 控制下泄，多余水量蓄存水库，直到库水位蓄至 288.85m。

（3）当长江中下游发生灾情严重的大洪水，彭水水库动用预留的防洪库容（库水位 287~293m 之间 2.32 亿 m³ 库容）配合三峡水库防洪。

（4）若库水位达到或超过 293m，水库按"敞泄"方式工作，以确保工程本身安全。

（5）在入库洪水消落过程中，在下游乌江河段和长江中下游水情平稳的情况下，加大水库泄量，腾空防洪库容以蓄纳下一场洪水。

3.5.2 汛期水库运行存在问题

彭水水电站 2008 年初期蓄水，2009 年汛后获准蓄水至 293m，经过多年初期运行，按设计拟定的汛期调度方式运行，在配合下游县城防洪度汛、为重庆电网调峰调频运行均起到了重要的作用，但在运行的过程中也存在防洪限制水位控制困难、电站调峰弃水量大等问题，制约了电站效益的充分发挥，主要存在的问题如下。

1. 汛期闸门开启频繁，防洪限制水位控制难度大

彭水水库汛期库水位在防洪限制水位 287m 运行，一方面当入库流量大于水电站满发过机流量（不到 3000m³/s，经统计平均每年出现 32d），为维持水位在 287m 运行，泄洪建筑物就要开启工作；另一方面，水电站是重庆电网主力调峰电站，在汛期夜晚，当电网负荷较低时需要彭水水电站降低出力会造成弃水，当入库流量大于电站出力所需流量时也会开启泄洪闸门，将加大彭水水电站汛期泄洪建筑物开启频率。

2. 汛期调峰弃水情况严重

重庆电网负荷增长迅速，峰谷变化幅度大，而自身电源装机不足，水电比重小且调节

性能差，调峰能力严重不足，拉闸限电时有发生。彭水水电站投产后承担重庆电网的调峰任务较重，为满足电网的调峰需要，在负荷低谷时，由于水位控制在 287m，产生了大量的弃水。

3. 汛期水电站出力受阻情况严重

彭水水电站机组额定水头 67m。一方面，彭水水电站汛期水库水位运行在 287m 时，电站 5 台机组满发，上下游水头差约 66m，低于机组额定头；另一方面电站为避免弃水，彭水水库汛期运行水位长期处于 287m 以下运行，这使得水电站出力受阻情况严重，无法发挥电站的容量效益。

4. 汛期水资源利用潜力大

彭水坝址多年平均径流量 410 亿 m^3，径流年际变化不大，但年内分配不均，多年平均情况下 5—10 月汛期径流占年径流 80% 左右。考虑上游水库调蓄后采用 1951—2004 年的 54 年系列进行彭水水电站径流调节计算，有 44 年出现了弃水情况，弃水现象分布时间均集中在 5—9 月，其中主汛期 6—8 月出现了 117 次，占总数的 89.31%，弃水量占总弃水量的 96.43%，汛期对中小洪水利用潜力较大。

3.5.3 对水库汛期运行调度方式研究的必要性

通过对彭水水电站汛期调度运行存在的问题进行分析，在确保工程防洪作用发挥的前提下，开展对汛期水库运行方式的优化研究，在汛期水库实时调度运行时库水位在汛期限制水位基础上提供一定的浮动范围，一方面，可在发生中小洪水时，重复利用调节库容，不仅可获得较大的电量效益，支持重庆地区的经济建设，同时也可落实国家节能减排政策，多利用洁净可再生能源，减少对矿石能源的消耗。

另一方面，随着水文气象技术和手段的发展，对获得较长的预见期和可靠的预报精度具有较大的保障，这为调度人员提供了较大的主动性和回旋空间，可以通过预报，提前预泄，及时腾空库容。不仅可以提高水库的防洪作用，还将大大地提高水库的综合效益，为合理利用中小洪水风险管理和利用探索一条新的途径，该研究具有现实的可行性和必要性。

3.5.4 汛期运行调度方式优化研究

彭水水库汛期运行调度优化研究主要分析在满足防洪安全的基础上，在原设计防洪限制水位上下给予一定水位变动范围以满足电网日调节需要；并在汛期水库水位超过原设计防洪限制水位时，借助水情预报，以下游安全泄量为约束控制下泄水量，采用预泄调度方式使水库水位尽快回落到原设计防洪限制水位以下，保障水库发挥其防洪作用；此外，在洪水结束后，利用水情预报信息，拦蓄部分洪水，提高洪水资源利用率。

1. 彭水水电站汛期日调节库容分析

参考彭水水电站初步设计成果，结合电站实际运行情况分析，对有无下游反调节梯级银盘水电站条件下，彭水水电站所需日调节库容进行分析计算，彭水水电站汛期日调节库容预留 3000 万～4500 万 m^3 基本可满足日常调度的需要。

2. 汛期运用水位变幅范围分析

彭水水库汛期运用水位变幅范围研究主要考虑在不影响枢纽防洪作用发挥的前提下，增加水电站运行调度灵活性和减少水电站调峰弃水。一方面，考虑彭水水库水位高于288.85m则可能影响到贵州省，为减少调度影响范围，水库水位浮动上限以不高于288.85m为宜。另一方面，彭水水电站额定水头为67m，汛期水库水位即便在汛期正常发电容许的最高水位287m运行，电站出力依然受阻，从增加电网的调峰容量和电量的角度出发，宜在防洪限制水位287m以上设置水电站所需的日调节库容。

据此，彭水水库水位浮动拟定上浮 1m 和 1.5m 两个方案进行分析对比。方案一：287～288m，浮动水位间库容3380 万 m³；方案二：287～288.5m，浮动水位间库容5070万 m³。综合各方案获得的效益和对工程防洪任务的影响分析拟定推荐方案。

3. 预泄调度方式研究

（1）调度方式拟定的限制条件。根据彭水水电站所处的地理位置和工程建设的任务，在采用汛期水库水位浮动运行调度方式时主要需同时满足以下 3 个条件：①为不增加沿河县城的防洪负担，拟遭遇 20 年一遇标准洪水，控制沿河县城洪水位不超过 312m，彭水水库坝前最高洪水位应不超过 288.85m；②下游彭水县城所处乌江干流河段现状安全泄量约 8000m³/s，彭水水电站遭遇洪水加大下泄流量时，下泄流量不宜大于 8000m³/s；③彭水枢纽所处的彭水至河口河段航道标准为：最大通航流量为 5000m³/s、最小通航流量为 280m³/s，因此当汛期来量小于 5000m³/s 时，应尽量不恶化河道通航条件，保证通航的要求。

（2）预泄时机的研究。彭水水电站按装机容量工作时最大引用发电流量达 2965m³/s。当彭水水电站来量大于 2965m³/s 时，为避免弃水情况，彭水水电站不宜按调峰方式运行，也就不需要日调节库容。因此，彭水水电站预泄方式起调时机选择为洪水来量大于3000m³/s 时。

（3）预泄调度方式初拟。为调度操作简单，采用固定下泄的方式预泄水库水位，并考虑留有一定的余度，初步拟定彭水水库汛期水位浮动运行方式如下：

1）当彭水水库入库来量不大于 3000m³/s 时，彭水水库按日调节运行方式运行，水位在 287m 到允许上浮的水位之间运行。

2）当彭水水库入库来量大于 3000m³/s 且不大于 4500m³/s 时，按固定流量 4500m³/s 进行预泄；当彭水水库入库来量大于 4500m³/s 且不大于 5000m³/s 时，按来量下泄；当彭水水库入库来量大于 5000m³/s 且不大于 7500m³/s 时，加大下泄流量，按固定流量7500m³/s 进行预泄。

3）当彭水水库入库来量大于 7500m³/s 时，水库按敞泄方式进行洪水调节。

4）洪水处于退水过程中，根据上游水情预报、天气预报和上游梯级水库运行调度情况，水库入库流量将持续减少时，若入库来水小于 5000m³/s，水库拦蓄部分洪水，将水位蓄至允许上浮运行的水位。

（4）预泄效果计算分析。本次拟在 8000m³/s 到 20 年一遇洪峰之间拟定不同流量级的洪水过程进行分析。其中选择 3～4 场具有代表性的不利洪水典型的洪水过程，采用同频率法计算 50%、20%、10% 和 5% 频率入库设计洪水过程线；选择 2 个典型分析

10000m³/s量级中小洪水过程进行分析计算。根据不同量级的典型洪水过程按上述调度方式进行调洪计算，对于汛期水位上浮1m和1.5m方案均能在满足上下游防洪需要以前将水位降低到防洪限制水位287m，不影响彭水水库应承担的防洪作用的发挥。

（5）发电效益分析。彭水水电站汛期运行水位上浮可增加一定的电力电量，经计算，上浮1m方案可增加年发电量0.23亿kW·h，可增加汛期调峰容量50MW；上浮1.5m方案可增加年发电量0.35亿kW·h，可增加调峰容量75MW。

（6）水位浮动范围选择。通过对彭水水库汛期运行水位上浮1m和上浮1.5m两个方案对防洪作用发挥的影响和发电效益的计算可以看出：上浮后所利用库容不大，采用预泄调度方式运行，两方案均可在洪水到来以前将水位降低到287m，不会增加上游沿河县城和下游彭水县城的防洪负担；随运行水位上浮幅度越大，获得电量效益和容量效益越多。但考虑彭水水库防洪库容设置亦承担配合三峡水库对长江中下游防洪任务，而彭水水库投入运行时间较短，尚未和三峡水库建立信息交流机制，因此，在汛期限制水位基础上上浮范围不宜太大，待彭水水电站适应三峡水库汛期调度方式并建立联动机制后在择机抬高浮动范围。

综上所述，此次研究在影响彭水水库防洪效益的发挥和增加重庆电网调峰容量和电量的基础上，考虑泄洪设施启闭时效、水情预报误差，及电站日调节需要，实时调度过程中库水位可在防洪限制水位以上1m的范围内变动，在无防洪需要的情况下每天正常日调节最高水位可浮动运行到288m。

3.5.5 应用效果

2010年7月，研究成果报重庆市防汛办公室，重庆市防汛办公室在重庆组织召开了专题报告的审查会议。会议认为，专题研究报告内容全面，研究思路正确，成果基本合理，推荐的调度方式基本可行。批复意见如下："在确保上下游防洪安全及水库自身安全前提下，同意彭水水库主汛期（5月21日至8月31日）未启动防洪调度运用且未发生大于3000m³/s洪水时，库水位控制在日常运行最高水位288m以下动态运行，在水库遭遇洪水时，按拟定的预泄调度方式将水位降低到防洪限制水位287m；在水库遭遇洪水后，在退水阶段，入库洪水小于5000m³/s时，并在预见期内无后续洪水情况下，拦蓄部分洪水尾部，为利于拦蓄部分洪水，水库水位临时蓄到288.0m，实现洪水资源化。"

经过2010年和2011年两年汛期的试验运行，成功地拦截了多场洪水，大大减少了下游彭水县城的防洪压力和洪灾淹没损失，并增发电量约3170万kW·h，取得了显著的社会效益和经济效益。水情自动测报和水库科学调度相结合，通过预报预泄水库调度方式重复利用水库调节库容，实现水库汛期运行水位动态调度，采用非工程措施挖掘水库调度的潜力，合理利用水资源，提高工程发电、航运与防洪等效益丰富了水库综合调度技术的理论和实践，是由以往单纯防御洪水向管理洪水的有益探索，对其他工程水库调度具有重大的指导意义，具有较好的推广前景。

第 4 章

坝址、坝型及枢纽布置

4.1 坝址选择

彭水水电站位于乌江下游。乌江为长江上游右岸支流，发源于贵州省境内威宁县香炉山花鱼洞，流经贵州北及重庆东南酉阳彭水，在重庆市涪陵注入长江。乌江干流全长1037km，流域面积 8.79 万 km²。六冲河汇口以上为上游，汇口至思南为中游，思南以下为下游。

乌江下游河段河谷多为峡谷与宽谷相间分布，峡谷河段约占 70%。在灰岩地区由于河流下切作用很强造成深窄的 "V" 形和箱形河谷，沿江两岸多悬崖陡壁，一般高出水面100～300m；在砂页岩河段则多形成平缓的丘陵地形。根据开发乌江丰富的水能资源、改善乌江航运条件、提高乌江中下游抗洪能力并配合长江中下游防洪等方面要求，结合乌江沿线地形地质条件、淹没影响等因素，乌江干流规划报告中乌江下游思南—彭水河段的开发方案推荐沙陀、彭水两级开发方案。

根据乌江干流开发规划，彭水水电站选址河段确定为彭水县城以上 20km 的乌江干流河段。根据河岸的地形地质条件，经综合分析研究，比较长溪和彭水坝址。长溪坝址位于彭水县城上游 11km，在峡谷入口处为 "V" 形河谷，两岸山体雄厚，岸坡1∶1，枯水期水位 211m，对应河面宽度 50～70m。坝址基岩主要为奥陶系红花园组灰岩、分乡组灰岩夹页岩及南津关组灰岩，岩层走向与河流流向夹角 70°，倾向上游偏右岸，倾角 60°～70°。坝址区断裂构造发育，左岸断层较右岸多，规模大，河床中未发现规模较大的顺河向断层；坝区内岩溶在红花园组、南津关组第四与第五层及毛田组这些灰岩地层中较发育，岩溶洞穴以中小型为主。坝址近坝地段两岸均有厚约 200m 的奥陶系大湾组封闭页岩，为可靠的隔水层，不存在向邻谷渗漏问题。长溪坝址根据地形地质特点，采用重力坝＋地下式厂房作为代表方案。

彭水坝址位于彭水县城上游 1km，在峡谷出口附近，河谷两岸不对称，谷坡左陡右缓；河床为复式河床，枯水期水面宽度 50m，右岸有宽 50m 的石漫滩。坝址基岩主要为奥陶系南津关组第三与第四层灰岩、白云岩及含灰质串珠状页岩，岩层走向与河流流向夹角 50°，倾向下游偏左岸，倾角 25°～30°，顺流向倾角 23°。坝址区断裂构造不发育；河床内存在四类软弱夹层，夹层的泥化层不连续，由于含有较粗岩屑、方解石脉，且有一定起伏差，其抗剪强度较高；坝区内岩溶南津关组第四与第五层及毛田组这些灰岩地层中较发育，部分岩溶深度较大。左坝肩上、下游均存在岩溶系统，右岸与郁江的河间地段存在岩溶系统，可能存在向下游和郁江渗漏的问题，须采取可靠的措施进行防渗处理。彭水坝址推荐重力坝＋坝后溢流式厂房＋地下式厂房作为代表方案进行坝址比选。

对两坝址的代表方案在地质、水工布置、施工条件、水能利用等方面进行了比较。

（1）在地质方面。两坝址均具备建混凝土高坝的地质条件，长溪坝址主要地质问题是左坝肩断层较多、坝址岩溶较发育；彭水坝址主要地质问题是岩层缓倾向下游、岩层间有软弱夹层，岩溶发育，左坝肩和右岸河间地块可能向下游和右岸郁江渗漏，相对而言长溪坝址地质条件较好。

（2）在水工布置方面。由于坝址洪峰流量大，长溪坝址河谷狭窄反而造成了工程量较大，但彭水坝址可能存在大坝深层抗滑稳定和边坡稳定问题，而且防渗线路长，深岩溶处理难度大、措施复杂，两坝址各有优缺点。

（3）在施工条件方面。彭水坝址导流明渠较长溪坝址导流隧洞工程量小，彭水坝址交通方便，两岸地形开阔，施工场地布置条件好，施工工期短，但彭水坝址防渗工程量大，施工复杂，如岩溶处理遇特殊复杂情况，工期可能延长，总体上彭水坝址施工条件较好。

（4）在水能利用方面。长溪坝址水能利用指标略差。

综上，两坝址在地质、水工布置、施工条件、水能利用等方面各有优缺点，经综合比较，推荐长溪坝址。

4.2　坝线选择

长溪坝址位于彭水县城上游 11km 母猪梁至下游长溪河口 1.5km 的河段内，该河段的河床和两岸地形变化不大，均为狭窄的基本对称的"V"形河谷，两岸山体较雄厚。从上游到下游，出露的地层依次为奥陶系大湾组（O_{1d}）、红花园组（O_{1h}）、分乡组（O_{1f}）、南津关组（O_{1n}）和寒武系毛田组（$\mathfrak{E}_{3m}$）等；岩体主要由灰岩、白云岩、页岩等组成。岩层走向 20°～30°，倾向南东，倾角 60°～70°，倾向上游偏右岸，岩层走向与河流方向交角 70°。坝址区断层、裂隙比较发育，左岸断层较右岸多，规模大，寒武系毛田组（$\mathfrak{E}_{3m}$）地层范围发育的 f_1 断层横跨河床，断层破碎带厚度达 7～15m。坝址区内南津关组第四与第五层及红花园组、毛田组等灰岩地层中岩溶较发育。坝址区软弱夹层顺层发育，部分泥质白云岩、微晶白云岩或白云石化微晶灰岩内形成风化溶蚀填泥软弱层带，主要有 C_2、C_4、C_5、C_0 等。

由于上游大湾组（O_{1d}）页岩岩性软弱，下游受横切河床的大断层 f_1 限制，坝轴线只能在奥陶系红花园组（O_{1h}）灰岩至南津关组（O_{1n}）灰岩和寒武系毛田组（$\mathfrak{E}_{3m}$）灰岩间选择。从上游至下游依序选择了 Ⅰ、Ⅲ、Ⅴ 三条坝轴线，见图 4.2 - 1。Ⅰ线和Ⅲ线相距 96m，Ⅲ线和Ⅴ线相距 84m。由于三条坝线相距不远，河床和两岸地形无甚变化，因而枢纽布置方案、施工场区布置、导流方案和对外交通条件等基本相同，施工条件方面差别不大。三条坝线的导流建筑物、通航建筑物因其所在位置的不同、工程地质条件不同，而使工程量略有差异，但差异并不大，不至于对坝线选择产生很大影响。三条坝线大坝、电站厂房和坝基防渗的工程地质条件各不相同，对主要水工建筑物的影响甚大，是坝线选择中

图 4.2-1 三条坝线位置示意图（单位：m）

考虑的主要因素。

Ⅰ线坝基岩体为红花园组（O_{1h}）灰岩和分乡组（O_{1f}）灰岩夹页岩，该坝线的主要优点一是避开了Ⅲ类 C_2、C_4、C_5 风化溶蚀填泥软弱层带，二是两岸防渗帷幕距上游防渗隔水层（大湾组 O_{1d} 页岩）最近，坝基防渗工程量最小。其主要的工程地质问题有三：一是分乡组（O_{1f}）灰岩夹页岩中页岩强度低，其湿抗压强度为 14.1～18.1MPa，不能满足大坝对基础的抗压要求；二是左坝肩主要落在分乡组（O_{1f}）灰岩夹页岩，左岸断裂构造较发育，f_7、f_{50}、f_6、f_{16}等断层切割交汇，岩体比较破碎，且页岩及断层带风化、溶蚀较深，使左坝肩的工程地质条件比较复杂，处理深度大，难度高；三是地下厂房的引水隧洞穿过O_{1d}、O_{1h}、O_{1f}组岩层中的软弱夹层，主厂房位置在夹层多的O_{1h}^5层和O_{1h}^4层，厂房的工程地质条件不好。

Ⅲ线坝基为南津关组上部灰岩O_{1n}^5、O_{1h}^4层，存在的主要工程地质问题有二：一是河床及左坝肩有性状较差、风化溶蚀填泥厚度较大的Ⅲ类C_2、C_4、C_5夹层，右坝肩有泥化厚度较大和性状差的Ⅰ类泥化夹层和Ⅱ类破碎夹层（608、703），对坝基岩体的变形产生不利影响；二是岩溶比较发育，左右岸对称发育KW_{17}、KW_{51}岩溶系统，岩体完整性差，透水性强。与Ⅰ线相比较，大坝和厂房的工程地质条件没有得到改善。

Ⅴ线坝基岩体主要为南津关组第一层（O_{1n}^1）至第五层（O_{1n}^5）和毛田组（ϵ_{3m}），岩性为灰岩、白云岩等。岩体较完整，强度高，其湿抗压强度值一般为43.7～123MPa（其中O_{1n}^2层白云质页岩平均湿抗压强度为31.2MPa）。软弱夹层较少，夹层性状较好，岩溶不发育，基础处理不太困难，大坝和厂房的工程地质条件较好。虽然右坝肩遇到Ⅲ类C_2、C_4、C_5软弱层带，但在高程200m以下，性状较好，未见风化溶蚀填泥，大坝基本避开规模较大的Ⅲ类软弱夹层，使其大部分处于库内；其缺点是坝轴线距大湾组页岩距离较远，坝基防渗线路长，防渗工程量稍大，但考虑到左岸岩体地下水位较高，南津关组第一、二、三层（O_{1n}^1、O_{1n}^2、O_{1n}^3）岩溶不发育，可作为相对隔水层，左岸防渗帷幕可以此为依托，不需要接至大湾组页岩，坝基防渗线路由此可缩短，基本克服了Ⅴ线坝基防渗线路较长的缺点。

综合比较Ⅰ、Ⅲ、Ⅴ坝轴线，Ⅴ线大坝和厂房工程地质条件优于Ⅰ、Ⅲ线，防渗工程略大于Ⅰ、Ⅲ线，推荐Ⅴ坝轴线。

4.3　坝型选择

根据彭水水电站防洪调度要求，泄水建筑物的泄流能力必须满足在防洪限制水位287m时，泄量不小于19900m³/s；在校核洪水时最大下泄流量达43300m³/s，设计下泄流量大。若采用当地材料坝，则需要布置规模很大的岸边式溢洪道或泄洪洞，而坝址处河道狭窄，河床枯水期宽度仅90m左右，两岸山体雄厚，坡高陡峭，无天然垭口可利用，岸边式溢洪道方案开挖工程量大；泄洪洞方案规模大，且下游消能布置难度大。因此，当地材料坝方案予以排除，重点比较了混凝土重力坝和混凝土重力拱坝两种坝型，两种坝型枢纽总平面布置图见图4.3-1和图4.3-2。

混凝土重力坝和混凝土重力拱坝两方案均在河床布置泄水建筑物，采用河床集中泄洪的方式，由于河床狭窄，且下泄流量大，下游水位变幅大，设置底孔对表孔的堰顶高程等布置影响不大，因此在坝型比较时泄洪建筑物均采用全表孔布置方案。两方案从地质条件、工程布置、施工、下游消能和工程量等方面进行比较。

（1）从地质条件方面比较。重力拱坝左岸岩溶、断裂发育，岩体完整性差，拱座、拱座下游抗力体存在变形、抗滑稳定问题，溶洞、断层破碎带处理难度较大，防渗工程量

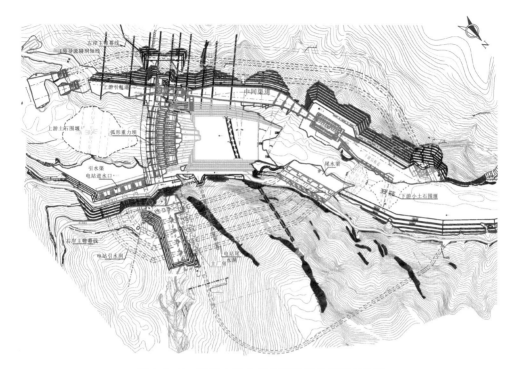

图 4.3-1　混凝土重力坝方案枢纽总平面布置图

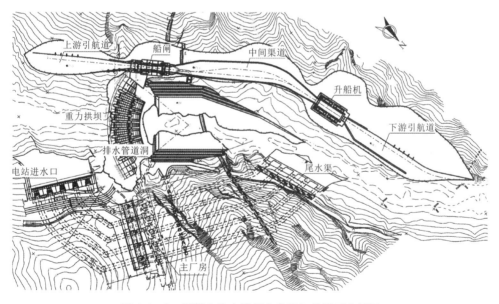

图 4.3-2　混凝土重力拱坝方案枢纽总平面布置图

大，且不易形成帷幕。重力坝避开左岸 KW_{17}、KW_{65} 两个主要的岩溶系统，左岸坝基基本位于Ⅲ、Ⅳ弱～微弱岩溶区。

（2）从工程布置方面比较。左岸的通航建筑物使左岸拱座岩体上挖出约30m宽的渠道，对下部拱座而言，失去了很大的能产生阻滑力的重量，对拱座稳定不利。

（3）从施工方面比较。大坝拟采用碾压混凝土填筑，重力坝在施工工艺上较重力拱坝简单、方便，有利于加快施工进度。

（4）从下游消能方面比较。重力拱坝堰顶泄水道呈径向布置，对下泄水流归槽有利，而拱坝半径较小，下泄水流过于向心集中，单宽流量增大，对下游河床的冲刷加剧，消能防冲设计的难度反而增加。

（5）从工程量方面比较。重力拱坝方案混凝土量略少于重力坝方案，但开挖量较多，地质缺陷处理量大，重力拱坝在坝体工程量方面的优势并不明显。其主要原因是：①枢纽泄量大，溢流面至坝顶最大高度达 55m，该部分坝体断面是根据水力断面及金属结构等其他构造要求决定的，而最大坝高仅 116.5m，使得上部近一半范围重力拱坝断面与重力坝断面相同，即"上重下拱"；②在高程 240m 以下的坝体断面，重力拱坝虽然可以小一些，但还需在拱坝剖面以外增加钢筋混凝土墩支撑下游溢流面板，总工程量相差不大；③重力拱坝的坝体应力有较严格的限制，为满足坝体应力要求，并考虑左岸拱座的地基处理，需将部分拱座加深嵌入，从而增加了开挖量和混凝土量；④船闸从左岸拱座左侧通过，切割了拱座岩体，需在船闸右边布置重力墩坝段。

综合比较，混凝土重力坝方案优于重力拱坝方案，推荐采用混凝土重力坝方案。

本工程大坝坝型为重力坝，泄洪方式采用全表孔，表孔溢流面以下坝体均为实体，从结构型式上适合碾压混凝土的施工，因此对碾压混凝土筑坝和常态混凝土筑坝进行了技术经济比较。碾压混凝土采用通仓、薄层连续上升的方式，施工速度快。彭水水电站施工工期短，大坝混凝土施工时间只有 14 个月左右，最大坝高 113.5m，月平均上升速度达 9m，高峰月达 12～14m，如采用常态混凝土浇筑，需分块分层进行，大坝共分 15 个坝段，其中溢流坝段（10 个坝段）需设一条纵缝，则总共有 25 个浇筑仓。浇筑层厚 2m，仓面面积为 700～800m²，每一浇筑仓约 1500m³。20t 缆机浇筑约需 20h，30t 的缆机浇筑约需 15h，如坝体月平均上升 6m，即月浇筑 75 个仓次，需 3 台缆机。浇至坝顶约需 20 个月，与碾压混凝土方案相比工期将延长一年。

大坝采用碾压混凝土的方量为 58.76 万 m³。经比较，碾压混凝土方案较常态混凝土可节省工程直接费用约 5325 万元；另外，碾压混凝土方案较常态混凝土方案提前一年发电，可增加发电收入约 126960 万元，因此，碾压混凝土方案较常态混凝土方案增加经济效益约 13 亿元，经济效益显著，因此，采用碾压混凝土筑坝经济合理。

4.4　枢纽布置方案研究

4.4.1　枢纽布置格局

枢纽由大坝、泄洪建筑物、引水发电系统、通航建筑物及防渗帷幕等组成。由于坝址处河谷狭窄，洪水流量大，洪枯水位变化幅度大，两岸地形缺乏可布置泄洪道的天然垭口，故采用河床泄洪比较适宜。为了宣泄大洪水，河床部位被溢流坝段全部占用，其他建筑物如厂房及通航建筑物，则只能靠两岸布置。厂房考虑采用地下式厂房及地下式厂房与溢流式厂房结合两种型式。坝址区断裂构造及岩溶较发育，多集中在左岸，大小断层累计达 64 条，右岸岩体较完整。断层在灰岩、白云岩地段，构造胶结较好，在页岩或灰岩夹页岩地段构造较破碎。考虑地下电站对地质条件的特殊要求，将其布置在右岸有利于围岩稳定。通航建筑物布置在左岸，同样会遇到工程地质问题，但通航建筑物系地面工程，一般工程地质问题较易处理。根据地形、地质、水文条件和关于各永久建筑物形式分析的结果，拟定了以下枢纽布置方案进行比选。

（1）方案一：河床重力坝，电站厂房为右岸地下式厂房，通航建筑物布置在左岸。

（2）方案二：河床重力坝，电站厂房为部分河床溢流式厂房与部分右岸地下式厂房，通航建筑物布置在左岸。

由于本工程的泄洪单宽流量大，河床溢流式厂房的运行条件差，不宜采用。因此推荐方案一作为长溪坝址的枢纽布置代表方案，从而确立了河床泄洪、右岸布置地下电站、左岸布置通航建筑物的基本格局。

由于本工程泄量大、河道窄、全表孔直线重力坝方案在边表孔须采用不对称宽尾墩等型式使水流归槽，解决了水流对岩坡的直接冲刷问题，但加大了边表孔的单宽流量，河床两侧冲刷有所加深，不利于两岸边坡稳定。为解决河床两侧冲刷较严重的问题，将溢流前缘由直线改为弧线，表孔呈径向布置，使水流均匀泄入下游河床，水舌落点处的单宽流量在河床部位及两侧基本相同，从水工模型试验的冲刷地形看，冲刷情况尤其是河床两侧的冲刷有明显改善。因此，大坝采用弧形重力坝。

4.4.2　枢纽总体布置

彭水水电站坝址位于重庆市彭水县境内的乌江上，乌江在坝址区流向 310°～320°，枯水位为 211～213m。两岸河谷深切狭窄，谷坡高峻陡峭，坝址左岸地形坡度 40°，右岸下陡上缓，350m 高程以下 60°，350m 高程以上 40°，总体为一基本对称的"V"形谷。乌江流向与岩层走向夹角 70°～75°，坝址河谷为横向谷。河床覆盖层厚度 0～7m，基岩面顶板高程 185～205m。

根据坝址区地形地质条件，河床布置碾压混凝土重力坝，坝身设泄洪表孔，由船闸、中间渠道和升船机组成的通航建筑物布置在左岸，右岸山体内布置地下电站。导流洞布置在左岸山体内。坝基防渗帷幕沿坝轴线布置向两岸延伸，左岸帷幕穿过通航建筑物后延伸至接 O_{1n}^{1+2+3} 相对隔水层，右岸帷幕穿过地下电站引水隧洞，垂直岩层走向接至 O_{1d}^{1-3} 隔水层封闭。

1. 碾压混凝土重力坝

碾压混凝土重力坝挡水前缘总长 309.53m，其中船闸坝段长 32m，溢流坝段和两岸非溢流坝段共 277.53m，划分为 15 个坝段，单坝段宽 20m 左右。大坝中心线为北偏西 50°，坝轴线在 5 号～12 号坝段呈弧线，半径为 450m，中心角 20.8°；在两岸为直线，右岸坝轴线与河床弧形坝轴线右端点相切，左岸轴线与船闸中心线垂直。

大坝坝顶高程 301.5m，河床最低开挖高程 188m，最大坝高 113.5m。大坝顶宽 20m，大坝上游面为垂直面，非溢流坝段下游坝坡为 1∶0.7；溢流坝段表孔实体混凝土长 69.18m，坝体下游在高程 213.10m 以上为垂直面至表孔的挑坎，在高程 213.10m 以下坝坡为 1∶0.75。

2. 泄洪消能建筑物

大坝泄洪采用全表孔方案，未设底孔和中孔。

在大坝4号～13号坝段布置9个表孔，表孔跨横缝径向布置，中心线之间夹角2.6°，孔口净宽14m，堰顶高程268.5m。溢流堰顶设检修平板闸门和弧形工作闸门，闸门孔口尺寸为14m×24.5m（宽×高）。表孔间设闸墩，中墩厚5m，边墩厚5.5m，墩顶上游设工作桥和门机大梁。

表孔采用挑流和挑面流消能，9个表孔分为2种型式，中间5孔反弧半径为43.98m，挑坎高程为253m，挑角为25°；两侧的4孔反弧半径为36.22m，挑坎高程为238m，挑角为15°。

大坝下游250～300m范围为消能区，采用护坡不护底型式，在两岸设混凝土护坡。护坡顶高程为270m，底高程为200m，坡度为1∶0.2～1∶0.3，厚度为2～3m。混凝土护坡底部挖防冲齿槽回填混凝土，齿槽底高程为185m。另外，为防止小流量下泄水流对坝后的冲刷，在溢流坝段下游40m范围设混凝土护坦。

3. 渗流控制工程

彭水水电站位于岩溶地区，为控制坝基及近坝山体段渗漏，保持坝基渗透稳定，降低坝基扬压力，工程渗控采用防渗帷幕与幕后排水相结合的方案，其中对右岸以KW_{51}岩溶系统为主形成的岩溶发育区采用开挖后浇筑混凝土防渗塞、坝前岩溶封堵等措施加强防渗处理。同时，为防止江水向地下厂房入渗，在地下厂房沿江侧布置一道厂外防渗帷幕。

（1）大坝及两岸山体防渗帷幕。大坝及两岸山体防渗帷幕采用左岸山体段接O_{1n}^{1+2+3}相对隔水层、右岸山体段接O_{1d}^{1-3}页岩隔水层的防渗方案。具体为：坝基帷幕布置于坝踵基础灌浆廊道上游侧，至两岸坝肩后，左岸折向上游山体，接至O_{1n}^{1+2+3}相对隔水岩层；右岸折向上游穿过右岸地下厂房5条引水隧洞上平段，接至O_{1d}^{1-3}隔水层封闭。防渗线路总长为810m，防渗面积约10万m^2。

（2）地下厂房临江侧防渗帷幕。地下厂房临江侧防渗帷幕顶高程根据下游江水位确定为270m，其上游与坝基防渗主帷幕相接，下游穿越W_{84}岩溶系统接至ϵ_{3m}^2岩层。防渗帷幕线路长约150m，按两排孔布置，孔距为2～2.5m，孔深为150～180m。

防渗帷幕利用主厂房外沿江侧三层排水洞采用分层搭接式成幕，上下两层帷幕之间采用水平衔接帷幕相衔接。

（3）大坝基础排水。为进一步降低坝基扬压力，排除坝基幕后渗水和两岸山体来水，在坝基及两坝肩附近的防渗帷幕后设置一道排水幕。排水幕为单排布置，孔距3m，孔深按帷幕深度的2/3左右控制，约为42m。排水孔孔径为91mm，斜孔，倾向下游，顶角约15°。

4. 引水发电建筑物

彭水地下电站布置在坝址右岸山体中，共安装5台单机容量为350MW的混流式水轮发电机组，总装机容量为1750MW。地下电站主要包括：引水渠、进水塔、引水隧洞、主厂房、母线洞、变电所、交通洞、通风洞、机组检修闸门井、尾水隧洞、尾水塔和厂外防渗、排水系统等。

引水渠紧靠大坝布置，引水渠渠底高程定为254.6m，渠底宽度为166.8～277m，顺水流向渠长为 30～100m。进水塔前 25m 范围内，渠底设钢筋混凝土护坦。

进水塔呈一字形排列布置，纵轴线与坝轴线夹角为 63.5°～95.7°，尺寸为 163.8m×24.9m×55.9m（长×宽×高），进水塔底板高程为 250.1m，塔顶高程为 306.0m。进水塔与上坝公路之间设一座交通桥，桥面宽为 14.0m，跨度为 7.5m。

引水隧洞采用一机一洞，进口中心高程为 261.60m，出口中心高程为 201.00m。平面上，隧洞轴线垂直进水塔布置，经竖井转弯后，垂直进厂，轴线间距为 35m。立面上，由渐变段、上平段、上弯段、竖井段、下弯段、下平段和渐变段等组成，引水隧洞最大直径为 14.0m，最大长度为 422.8m。

地下厂房轴线方向 NE24°，与岩层走向呈 0°夹角布置，地下厂房尺寸为 252.0m×30.0m×76.5m（长×宽×高）。其中机组段长为 175m，采用一机一缝，单机组段长为 35m；安装场段布置在靠山侧，长为 59m；集水井段布置在靠江侧，长为 18m。在地下厂房上游侧布置 5 条母线洞，经母线竖井接至 500kV 地面变电所。水轮机安装高程为 201m，建基面高程为 171.5m，发电机高程为 220m，厂房拱顶高程为 248m。下游侧尾水管出口处设机组尾水检修闸门门井，闸门孔口尺寸为 12.60m×16.20m（长×宽）。

地下厂房四周设 3 层厂外排水洞，顶层排水洞的洞顶以上及 3 层排水洞间均设穿排水孔，形成封闭式地下厂房排水幕，截住渗向厂房的地下水，同时在地下厂房洞室的左右两侧，利用端部排水廊道设置局部防渗帷幕，以截断山里侧及靠江侧渗水。

尾水隧洞采用一机一洞平行布置，洞轴线间距 35m。尾水隧洞具有自动调压功能，能替代尺寸巨大的尾水调压室结构，隧洞前部顶拱采用二次曲线，其后洞段采用不同的顶坡和底坡与尾水出口相接，尾水隧洞断面采用变顶高形式的城门洞型，断面尺寸 12.60m×22.88m～12.60m×27.50m（宽×高），尾水管底板高程为 174.50m，出口底板高程为 198.50m。尾水隧洞最大长度为 481.6m。

尾水塔布置在尾水隧洞出口，设检修门一扇，尾水平台高程为 236m，其轴线与尾水隧洞轴线夹角为 69.4°，尾水平台设备经 1 号沿江公路运入。

500kV 变电所布置在主厂房顶部地表处，利用天然冲沟鸭公溪开挖而成，地面高程为 380m。变电所长为 177m，宽为 45～75m，变电所上游侧为控制管理楼、GIS 室、风机房及地下事故油池，中部为 1 号～5 号机变压器，下游侧为开敞式油罐区及油处理室。

5. 通航建筑物

通航建筑物主要由上游引航道、船闸、中间渠道、垂直升船机和下游引航道组成。其中船闸可适应库水位变幅，最大水头为 15m；垂直升船机最大提升高度为 66.6m；船闸和升船机之间采用中间渠道连接，中间渠道为恒水位静水航道，尺度满足上下行船只双向运行要求。

上游引航道长为 210.5m，底部开挖高程为 275.0m，底宽 40m，其中中心线以左宽为 11.0m，以右宽 29.0m；引航道边坡最大开挖高度约为 105m。引航道左侧靠上闸首设 60m 长的导航墙，船闸右侧进水口上游设置 45m 长的辅导航墙，在上游引航道左侧，距船闸上闸首上游面 145.0m 沿上游方向布置 4 个间距为 15.0m 的靠船墩。

船闸由上闸首、闸室、下闸首及输水系统组成。船闸最大工作水头为 15.0m，闸室有效尺寸为 62m×12m×3.0m（长×宽×高）。闸首、闸室均采用整体式结构。上闸首作为挡水建筑物的一部分，总长为 28.20m，总宽为 32.0m，闸顶高程为 301.5m，底板顶高程为 275.0m，建基面高程为 264.0~269.0m。闸室结构长为 58.0m，沿长度方向分为 4 段，每段长为 14.5m。下闸首总长为 17.0m，总宽为 32.0m，墙顶高程为 297.5m，闸槛高程为 275.0m，建基面高程为 269.5m。输水系统经比较研究选用闸墙长廊道侧支孔出水分散式输水系统。

中间渠道位于船闸和垂直升船机之间，长为 421.1m，最大水面宽为 48.2m，渠道恒水位为 278.0m，通航水深为 2.7m，渠底高程为 275.3m。中间渠道分为两段，上半段在山体中开挖形成，长为 256.76m；下半段为渡槽段，长为 164.34m。渠道边坡最大开挖高度约 100.0m。

中间渠道上下游两端右侧均设有 60.0m 长的导航墙。上游导航墙为衬砌式结构，建基面高程为 275.0m，底宽为 0.5m，顶高程为 280.0m，顶宽为 2.0m；下游为渡槽右侧挡水板。在中间渠道中段，距船闸下闸首下游面 180.0m 处的右侧挡水墙上，沿下游方向上布置 4 个间距为 15.0m 的系船柱，双向运行时，供上（下）行先行至此的船只等待过闸停泊之用。

垂直升船机上游通航水位为恒水位 278m，下游通航水位为 211.4~227m，最大提升高度 66.6m，采用钢丝绳卷扬平衡重式垂直升船机。结构由上闸首、升船机主体和下闸首组成，总长为 102.8m，总宽为 52.4m，总建筑高度为 113.0m。

下游引航道长为 362.8m，底高程为 208.5m，底宽为 40m，下游引航道最大开挖边坡高度约 160m。引航道左侧紧接下闸首设有 60m 长的半衬砌式导航墙，在引航道右侧紧接升船机下闸首布置 45m 长的衬砌式辅导航墙，在下游引航道左、右侧，距升船机下闸首下游面分别为 145m、97m 处向下游方向各布置 4 个间距为 15m 的靠船墩，在引航道右侧，下闸首下游 74.5~210m 范围内布置长 135.5m 的重力式隔流堤。

推荐的枢纽总平面布置图见图 4.3-1。

第 5 章

挡 水 建 筑 物

5.1 挡水建筑物设计

大坝为弧形碾压混凝土重力坝，包括左、右岸非溢流坝段，河床溢流坝段及船闸坝段，共分 14 个坝段，坝轴线总长为 309.53m。

大坝坝顶高程为 301.5m，最大坝高为 113.5m。坝轴线在 5 号～12 号坝段呈弧线，半径为 450m，中心角为 20.8°，坝轴线在两侧为直线，其中左岸 1 号～4 号坝段坝轴线垂直于船闸中心线，右岸 13 号坝段、14 号坝段坝轴线与河床弧线坝轴线相切。

1. 坝段布置

左岸非溢流坝段共分 4 个坝段（1 号～3 号坝段、船闸坝段），前缘长度分别为 21.75m、18m、16m 和 32m，总长为 87.75m。大坝平面布置图见图 5.1－1，大坝上游立视图见图 5.1－2。1 号～3 号坝段坝体上游面垂直，下游坝坡为 1∶0.7，3 号坝段设电梯楼梯井，平面尺寸为 5m×6m（长×宽），从坝顶通至基础廊道，是大坝的主要垂直通道。

河床溢流分 10 个坝段（4 号～13 号坝段），左右两个边坝段长分别为 16.42m 和 18.00m（坝轴线处），中间每个坝段长 20.42m（坝轴线处），总长 197.78m。共设 9 个表孔，表孔泄槽在坝轴线下游 20.27m 以前宽为 14m，其后逐渐变窄至 11.78m，堰顶高程为 268.5m，溢流坝段孔中分缝，堰顶设事故检修平板门和弧形工作门各一道。9 个表孔从左至右依次编号为 1 号～9 号；各孔之间均采用长隔墩。泄洪坝段典型剖面图见图 5.1－3。

右岸非溢流坝段为一个坝段（14 号坝段），前缘挡水长为 24m。坝体上游面垂直，下游坝坡为 1∶0.7，14 号坝段坝顶布置表孔事故检修门库。14 号坝段典型剖面图见图 5.1－4。

2. 廊道与垂直交通布置

根据大坝基础防渗、坝体排水、坝体接缝灌浆、坝内观测及交通等要求，坝内布置了基础灌浆廊道、排水廊道、横向交通廊道及坝顶电缆廊道。

大坝基础灌浆廊道及下游排水廊道断面尺寸为 3.0m×3.5m（城门洞型），排水廊道及横向交通廊道断面尺寸均为 2.0m×2.5m（城门洞型），坝顶电缆廊道断面尺寸为 1.5m×2.2m（宽×高）。

纵向廊道与大坝迎水面距离约 0.07～0.1 倍作用水头，且不小于 3m，所有廊道均位于坝体压应力范围。两条平行廊道之间的净距离大于 3m，廊道纵向坡度缓于 1∶1，否则采用竖井连接。

廊道纵剖面图及基础廊道平面图见图 5.1－5 和图 5.1－6。

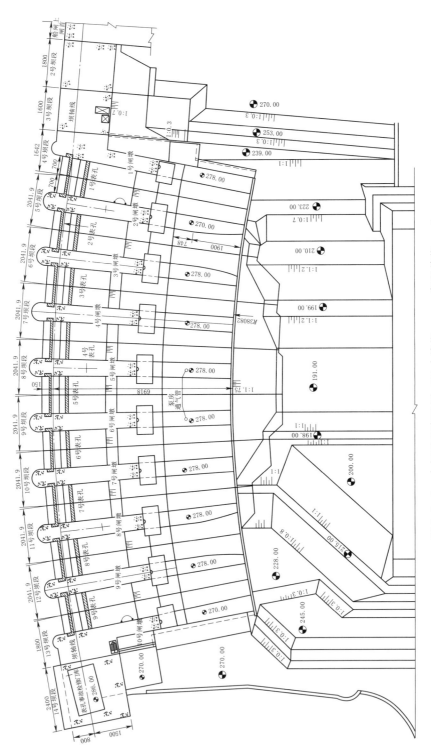

图 5.1—1 大坝平面布置图（尺寸单位：cm；高程单位：m）

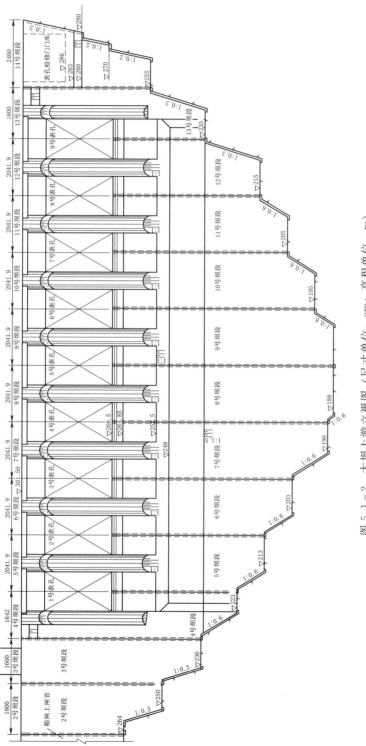

图 5.1-2 大坝上游立视图 (尺寸单位: cm; 高程单位: m)

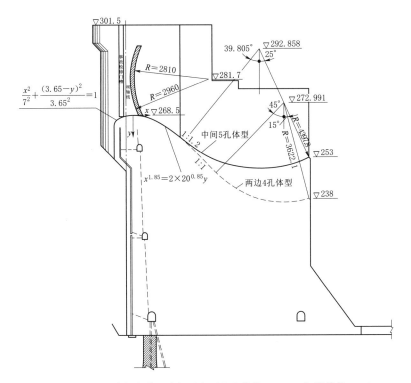

图 5.1-3 泄洪坝段典型剖面图（尺寸单位：cm；高程单位：m）

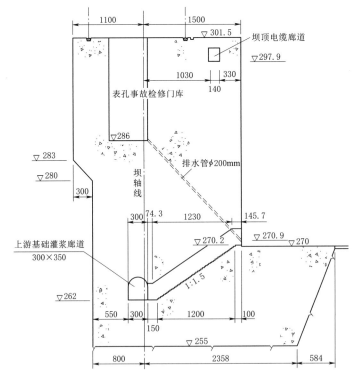

图 5.1-4 14 号坝段剖面图（尺寸单位：cm；高程单位：m）

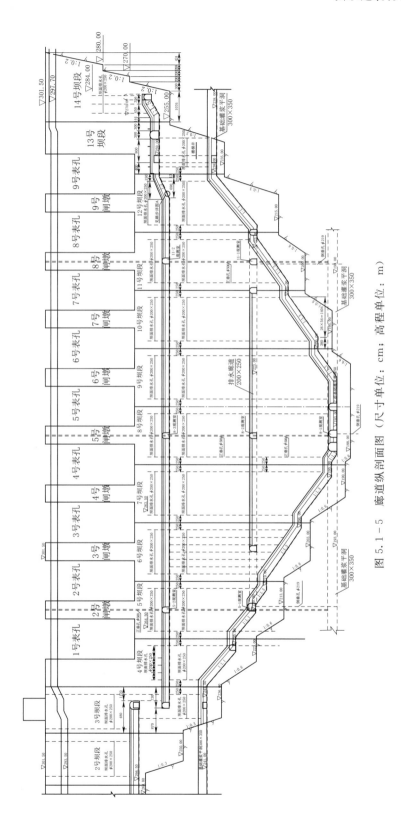

图 5.1-5　廊道纵剖面图（尺寸单位：cm；高程单位：m）

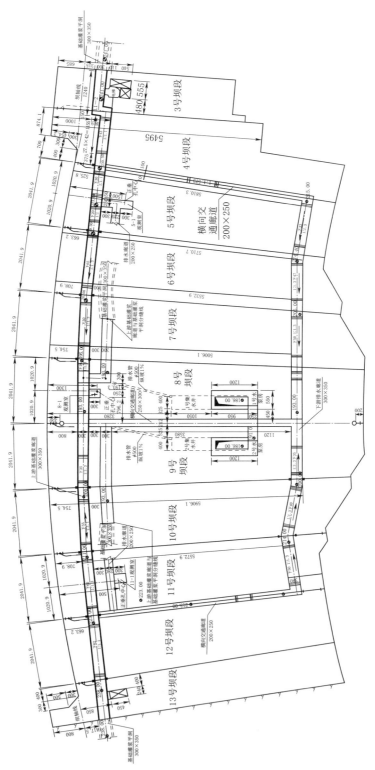

图 5.1-6　基础廊道平面图（尺寸单位：cm；高程单位：m）

各廊道的布置如下：

（1）基础灌浆廊道。基础灌浆廊道布置在坝体上游侧，距大坝上游面5～8m，贯穿整个大坝。8号～9号坝段廊道高程193m，与高程193m灌浆平洞相通；两岸随建基面升高而逐渐抬高。左岸升至高程241m与第二层灌浆平洞相连，并与3号坝段内电梯井相通，至高程268m与船闸上闸首的基础灌浆廊道相连；右岸上升至高程238m在13号坝段与灌浆平洞相连，并通过楼梯竖井上升至高程259m，继续上升至14号坝段高程262m，再连接高程262～270.4m的横向交通廊道至下游坝面，与坝后高程270m平台连通。

（2）下游排水廊道。在5号～11号坝段下游侧设纵向排水廊道，断面尺寸为3.0m×3.5m（宽×高）。河床部位底部高程193m，两岸沿基础上升。左岸升至高程225m在5号坝段通过横向交通廊道与上游基础灌浆廊道连接。右岸上升至高程220m在11号坝段通过横向交通廊道与上游基础灌浆廊道连接。

（3）排水廊道。在河床坝段（3号～13号坝段）上游侧布置两层排水廊道，底高程分别为223m和255.4m，断面尺寸均为2.0m×2.5m（宽×高），主要用于坝体排水、坝内观测及交通等，排水廊道两端与基础灌浆廊道连接。在5号、8号、11号坝段设置四个观测室。

（4）集水井。在8号和9号坝段各布置一个集水井。大坝两岸两层平洞及大坝廊道内的渗水均排入此集水井，统一抽排。集水井通过高程193m的横向排水廊道与上游基础廊道、下游排水廊道连接。

（5）坝顶电缆廊道。坝顶电缆廊道从右岸坝肩变电站引至左岸船闸上闸首人字门操作室，贯穿整个大坝，在非溢流坝段布置于坝顶下游侧，在溢流坝段布置于闸墩下游，断面尺寸为1.7m×2.2m（宽×高）。

（6）楼梯竖井、电梯井。为了各廊道之间交通，在3号坝段设置电梯井，自基础廊道通至坝顶，与各层廊道相接，是进出坝内各层廊道的主要通道。在13号坝段设置楼梯竖井连接坝顶与下游高程270m平台。

3. 坝顶布置

左岸非溢流坝段坝顶宽度为20m，采用实体断面，右岸非溢流坝段坝顶宽26m，其中实体部分宽为23m，上游侧挑出3m，以便布置门机轨道和交通道。

溢流坝段坝顶宽为20.1m，其中坝轴线上游宽为11.7m，坝轴线下游宽为8.4m。跨表孔时，表孔事故检修门槽部位采用钢格栅盖板，门机轨道部位采用门机大梁，其余部位采用"T"型梁。

溢流坝段坝顶下游侧电缆廊道顶形成通道，电缆廊道采用2个倒"L"形梁现浇组合而成。

4号坝段与14号坝段之间，设一台2×2500kN/350kN双向门式启闭机，门机轨距为15m，上游侧轨道中心线位于坝轴线上游8.9m处，下游侧轨道中心线位于坝轴线下游6.1m处。

船闸坝段坝顶布置一台挡水及事故检修闸门启闭桥机，桥机容量2×250kN，轨距为6.9m。

坝顶交通道连接左右岸，作为坝区运行维护、检修、巡视之用，车道宽5m，按二级荷载设计，坝顶上游侧设1.2m宽人行通道。受表孔闸门布置、启闭操作等条件的限制，3号~14号坝段坝顶道路布置在坝顶门机轨道之间。1号、2号坝段交通道转向下游，沿船闸闸室墩墙，在下闸首经交通桥连通。

表孔启闭机房位于坝顶，每个表孔设一个机房，分别位于各表孔右侧的闸墩上。机房平面净尺寸为4.5m×9.0m（长×宽），墙厚为0.5m，净高为4.5m，房顶面高程为301.5m，与坝顶齐平。在机房下游设台阶通道与坝顶连通。

坝顶平面布置图见图5.1-7。

4. 大坝横缝止水布置

大坝上游横缝及诱导缝设两道紫铜止水片，第一道距上游面1m，两道止水片相距1.5m，两道止水片之间设排水槽，并在每层廊道处设排水管与廊道连通。两道止水片至表孔堰顶处沿堰面向下游弯折，在表孔弧形工作门底坎处与弧形门底止水相连；弧形门底止水下游堰面设一道紫铜止水片，距堰面0.5m。下游横缝及诱导缝设一道紫铜止水片，距下游面1m。

溢流坝段纵缝设一道紫铜止水片，沿堰面及闸墩表面布置，距表面0.5m，端头与横缝止水连接。

由于坝基侧向边坡较陡，因此应设置陡坡止水。陡坡止水基座用钢筋锚固在基岩上，上游采用两道止水片，均为紫铜止水片。

5. 坝体及坝基排水布置

大坝排水分为坝面排水和坝基排水两部分。

溢流坝段坝体排水孔距迎水面6~10m，排水孔采用埋管形成，孔径为200mm，间距为2.5m，孔顶距堰顶约3.5m；非溢流坝段坝体排水孔距迎水面6m，采用拔管形成，孔径为200mm，间距为2.5m，孔顶通至门库底或坝顶，在坝体前沿形成排水幕，以减小坝体渗透压力。

基础灌浆廊道下游侧设基础主排水孔幕。

下游排水廊道内设辅助排水孔，排水孔在廊道内采用钻孔形成，孔径为90mm，间距为2.5m，以减少坝基扬压力。

在灌浆平洞和廊道内设排水沟，大坝8号、9号坝段设有集水井，下部两层灌浆平洞内排出的水流及坝面渗水均汇至坝基底部集水井内，集中抽排至坝外（乌江下游），顶层灌浆平洞排水自流排出。

6. 大坝混凝土材料分区

大坝采用全表孔方案，表孔以下为大体积混凝土，溢流坝段按全断面碾压混凝土设计。根据各部位不同要求，溢流坝混凝土材料分区如下：

（1）基础垫层。基岩表面100cm厚采用$C_{90}20$（三）F150W10常态混凝土找平基础，便于碾压混凝土施工。

（2）上、下游面防渗层。根据重力坝设计规范和设计水头、止水布置等综合因素，上游面防渗层厚为7.8~4.0m，下游面防渗层厚为3.0m，均采用$C_{90}20$（二）F150W10碾压混凝土，靠近模板设50cm厚变态混凝土。

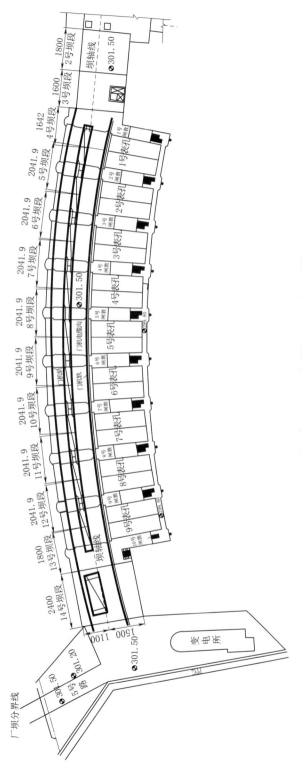

图 5.1 - 7　坝顶平面布置图（尺寸单位：cm；高程单位：m）

（3）坝体内部。采用 $C_{90}15$（三）F100W6 碾压混凝土。

（4）溢流面。表孔流速较大，在溢流面 1m 范围采用 C40（二）F150W10 抗冲耐磨混凝土。

（5）过渡层。由于内部混凝土与溢流面混凝土强度等级相差很大，在两者间设过渡层，其最小厚度 2.5m，采用 C25（三）F150W10 混凝土。

（6）闸墩。闸墩按预应力结构设计，侧面过流，在侧面 1m 范围采用 C40（二）F150W10 抗冲耐磨混凝土，中间采用 C30（三）F150W10 混凝土，预应力锚块应力很大，采用 C40（二）F150W10 混凝土。

非溢流坝段数量少，断面较小，全部采用常态混凝土，混凝土材料分区如下：

（1）基础垫层。基岩表面 100cm 厚采用 $C_{90}20$（三）F150W10 常态混凝土。

（2）上、下游面。在上游面 4.0m 厚和下游面 3.0m 厚范围采用 $C_{90}20$（三）F150W10 混凝土。

（3）坝体内部。采用 $C_{90}20$（三）F100W6 混凝土。

（4）电梯井。周边采用 C25（二）F150W6 结构混凝土。

7. 大坝分缝

常态混凝土部分，每个坝段设一条横缝，横缝间距为 16～21m。碾压混凝土部分，除 8 号、9 号坝段间设诱导缝外，其余每个坝段设一条贯穿横缝。4 号～13 号坝段间横缝在高程 255m 以上灌浆。

碾压混凝土采用多坝段通仓浇筑，分层厚度为 3～4.5m，摊铺厚度约 35cm，横缝和诱导缝从上游坝面至第二道止水后 1m 范围埋纤维板或沥青杉板。其后横缝采用切缝，切缝深度大于摊铺厚度的 2/3，缝内填彩条布；诱导缝上游深度为 3.5m，下游深度为 2m，在端部设 ϕ500mm 的应力释放孔。

3 号非溢流坝段在距上游面 25m 处设一条纵缝，其余非溢流坝段不设纵缝。溢流坝段下部碾压混凝土不分纵缝通仓浇筑，上部常态混凝土在坝轴线后 42.20m 设纵缝。7 号～10 号坝段纵缝底高程为 245.9m，4 号～6 号、11 号～12 号坝段纵缝底高程为 233.0m，13 号坝段从建基面分缝。为限制纵缝向碾压混凝土内发展，在常态混凝土底部沿纵缝设 2 层 Φ28@20 的并缝钢筋。

8. 大坝防渗设计

大坝混凝土防渗采用二级配富胶凝碾压混凝土，并在上游面涂刷防水材料作为辅助防渗层。

根据规范要求，防渗层水力坡降取 $i=15$，溢流坝段上游面二级配碾压混凝土防渗设计厚度为 4～7.8m，下游面二级配碾压混凝土防渗设计厚度为 3m，其中在上、下游模板附近采用 50cm 厚变态混凝土。在溢流坝段上游面高程 248m 以下，涂刷聚合物水泥防水涂料作为辅助防渗层。

为预防大坝碾压混凝土和止、排水细部构造等施工质量缺陷，辅助大坝防渗，并对大坝上游面保温，以避免大坝混凝土内外温差过大诱发上游面混凝土裂缝，在大坝上游面高程 235m 以下回填黏土保护。回填黏土顶部厚为 3m，上游坡比 1∶0.5，碾压层为 30～40cm；黏土上游侧回填石渣混合料保护，其顶部厚为 4m，上游坡比为 1∶1.5，碾压层厚为 40~60cm。黏土回填范围底面清至岩石。

5.2 弧形重力坝拱向效应研究

为使下泄水流均匀向河床集中，重力坝坝轴线采用弧线，表孔径向布置。由于坝体整体呈弧形，可能会像拱坝一样具有拱向效应，产生对两岸山体的推力，而两岸山体内裂隙发育，拱向效应产生的推力将对两岸山体、坝体变形产生不利影响，因此需研究弧形重力坝的拱向效应问题。

1. 计算模型及边界条件

对坝体除 1 号坝段和船闸坝段外的 2 号~14 号坝段采用整体三维有限元模拟。根据溢流坝段碾压混凝土部分的横缝切缝施工方案，以及计算所要了解坝段之间的拱向作用对坝体应力与对左右岸边坡的影响的目的，坝段之间的横缝采用接触-目标单元模拟。接触单元与目标单元之间的间隙值为零，即坝体在初始阶段为临界状态，一旦横缝两侧坝体顺坝轴线向的变形有靠近的趋势，则横缝两侧坝体之间相互接触，且在两侧坝体之间传剪传压，如横缝两侧坝体顺坝轴线向的变形有分开的趋势，则横缝两侧坝体之间发生接触，模型基岩深度取 1 倍坝高，上下游范围取 1 倍坝高，在坝体整体两侧的基岩取约 1 个坝段的宽度，在所有计算模型中均不考虑基础自重，地基底部、左右两侧、下游侧取法向约束。计算模型见图 5.2-1，横缝接触单元编号见图 5.2-2。

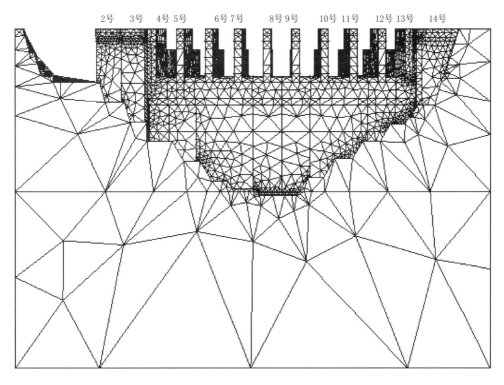

图 5.2-1 弧形重力坝整体有限元计算模型

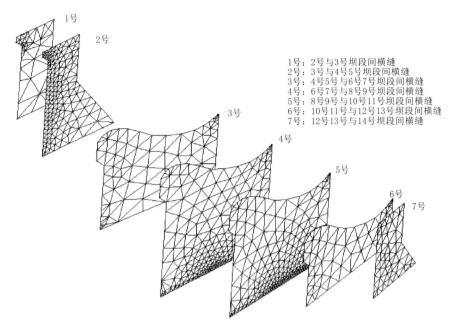

1号：2号与3号坝段间横缝
2号：3号与4号5号坝段间横缝
3号：4号5号与6号7号坝段间横缝
4号：6号7号与8号9号坝段间横缝
5号：8号9号与10号11号坝段间横缝
6号：10号11号与12号13号坝段间横缝
7号：12号13号与14号坝段间横缝

图 5.2-2 弧形重力坝横缝接触单元示意图

2. 物理力学参数

接触单元摩擦系数为 0.7，无黏聚力，即当接触发生时，接触-目标单元传剪传压不传递拉力。

为减小计算规模，假定基岩均为均质基础，计算所用物理力学参数见表 5.2-1。

表 5.2-1 有限元计算中物理力学参数表

部 位	弹性模量/GPa	容重/(kN/m³)	泊松比
坝体	17.5	23.5	0.167
基础	35.7	0.0	0.28

3. 计算工况

仅计算正常蓄水工况。

4. 计算成果分析

整体三维有限元计算应变成果见表 5.2-2。

表 5.2-2 整体三维有限元法计算应变成果表

工 况	坝 段	坝体 x 向变形/mm	坝体 z 向变形/mm
正常蓄水	2 号坝段	3.0	0.88
	6 号、7 号坝段	1.2	8.2
	8 号、9 号坝段	−0.5	7.7
	12 号、13 号坝段	−2.4	3.8

注 x 为顺坝轴线向；z 以顺水流向为正。

正常蓄水工况下，8 号、9 号河床坝段顺坝轴线方向基本处于零变位状态，而右岸 10 号～13 号岸坡坝段顺坝轴线方向变形为倒向河床方向，左岸 2 号～7 号岸坡坝段顺坝轴线方向变形同样为倒向河床方向，顺坝轴线方向最大变形出现在 2 号坝段坝顶，为 3mm；溢流坝段碾压混凝土部分顺坝轴线方向最大变形出现在 12 号、13 号坝段，为 2.4mm。

从模拟的 7 个横缝接触面的接触状态看，2 号～6 号横缝接触状态大部分出现接触压应力，1 号与 7 号横缝之间接触状态大部分脱开，说明弧形重力坝的拱作用对岸坡坝段应力影响不明显。

出现上述情况的原因是由于岸坡坝段基础处于不同高程，而每个岸坡坝段靠河床部分基岩相对较低，在自重荷载影响下，坝体产生不均匀沉降，导致岸坡坝段顺坝轴线方向变形均出现倾向河床的趋势。弧形重力坝由于弧线半径为 450m，中心角仅为 20.8°，与拱坝断面相比，弧形重力坝坝体断面尺寸大，以上原因均使弧形重力坝拱向作用不明显。对左、右岸坝基不会带来明显的拱向作用。

坝体整体计算表明，尽管溢流坝段呈弧线分布，但拱向作用不明显，对坝体垂直应力与左、右坝基应力不会产生明显的不利影响。

5.3　碾压混凝土坝诱导缝优化研究

5.3.1　诱导缝设计

采用三维有限元仿真计算彭水碾压混凝土重力坝的温度及温度应力，模拟横缝和诱导缝进行分析研究，主要结论如下：

（1）大坝整体的徐变温度应力仿真计算结果表明，坝体的横缝有效地截断了基础约束区拉应力分布，使高拉应力在横缝处得以释放，在横缝部位形成一个低应力区域，诱导缝也明显地减小了坝段中部区域的拉应力，因此，坝体横缝和诱导缝位置是合理的。

（2）考虑诱导缝非线性开裂特性的温度应力仿真分析结果表明，诱导缝部位的拉应力范围随高程增加逐渐减小，上游诱导缝的开裂单元长度在高程 185m、195m 和 205m 分别为 4.5m、4.2m 和 3.5m。

（3）调整诱导缝长度分别进行计算，对比计算结果表明，上游诱导缝缝长由 3m 改为 4.5m，其水平应力改善很小，下游诱导缝缝长由 3m 改为 2m，缝端顺坝轴线方向拉应力明显恶化，应力增大 0.5～0.6MPa。

计算结果表明，诱导缝缝端应力较大，为改善应力在缝端设 ϕ500mm 的应力释放孔。诱导缝深度参考计算结果并结合坝体廊道布置确定，上游诱导缝深为 4m，下游诱导缝深增加至 3.5m。诱导缝止水布置同横缝，采用预埋沥青杉板成缝。

5.3.2　溢流坝段横缝

1. 原设计方案

在可行性研究报告及招标设计阶段，溢流坝采用孔中分缝，每个坝段宽度为 19.5m。堰面以下大体积碾压混凝土的分缝以 2 种分缝方案进行对比研究：方案 1 为每个坝段切一条横缝；方案 2 为两个坝段切一条横缝，横缝间的两个坝段仅在上游 4m 范围和下游 2.5m 范围设诱导缝。

（1）计算模型及边界条件。

1）模型 1：计算模型取一个最高的溢流坝段（9 号坝段）按线弹性三维有限元计算。计算模型在坝踵、坝趾部位采用加密的六面体单元，其他部位采用较大网格尺寸的六面体或四面体单元过渡，计算模型见图 5.3-1。

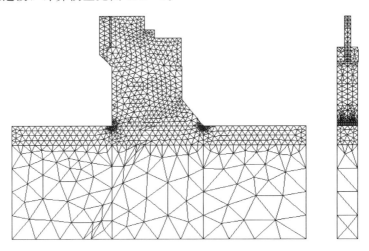

图 5.3-1 单坝段有限元模型

2）模型 2：模型 1 在正常蓄水位一侧弧门挡水＋一侧泄水计算工况时，由于泄水侧的侧向水压力作用，使坝体基础一侧产生较大垂直正应力，结合坝体分缝情况，计算模型采用两个坝段（8 号、9 号坝段）联合受力进行计算，以确定降低坝踵部位垂直拉应力大小的程度，计算模型见图 5.3-2。

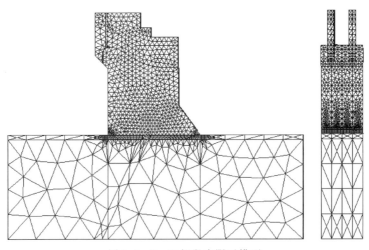

图 5.3-2 双坝段有限元模型

以上计算模型基岩深度取 1 倍坝高，上下游范围取 1 倍坝高，假定地基除白云质页岩外，均为均质基础，白云质页岩弹性模量相对较低。地基底部、左右两侧、下游侧取法向约束，在所有计算中均不考虑基础自重。

（2）物理力学参数。有限元计算中的物理力学参数见表5.3-1。

表5.3-1 有限元计算中物理力学参数表

部 位	弹性模量/GPa	容重/(kN/m³)	泊松比
闸墩	28.0	24.5	0.167
坝体	17.5	23.5	0.167
基础	35.7	0.0	0.28
白云质页岩基础	15	0	0.28

在所有计算中均不考虑基础自重。

（3）计算工况。各计算工况荷载作用组合见表5.3-2。

表5.3-2 各计算工况荷载作用组合表

	计 算 工 况	坝体自重	静水压力	动水压力	扬压力	泥沙压力	平板门推力	弧门支铰推力	地震力	计算模型
1	施工完建期	√								模型1，模型2
2	正常蓄水位	√	√		√	√		√		模型1，模型2
3	校核洪水	√	√		√	√				模型1
4	正常蓄水位—一侧表孔弧门挡水+一侧表孔检修门挡水	√	√		√	√	√	√（单侧）		模型1
5	正常蓄水位—一侧表孔弧门挡水+一侧表孔泄水	√	√	√	√	√		√（单侧）		模型1

计算中假定地基为均质基础。在计算中均未计入扬压力，待求得坝基正垂直应力计算结果后，将扬压力一并计入，求得坝基垂直正应力结果。

（4）成果分析。有限元计算应力与应变成果见表5.3-3。

表5.3-3 有限元法计算应力与应变成果表

计算模型	工 况	垂直正应力/MPa		上游拉应力范围/m	垂直变形/m		备注
		上游坝踵	下游坝趾		上游坝踵	下游坝趾	
1	施工完建期	−7.5	−0.31	0	−0.0048	−0.0022	
	正常蓄水位	3.24	−2.04	3.16	−0.00192	−0.0038	
	校核洪水	2.98	−1.4	3.16			
	正常蓄水位—一侧表孔弧门挡水+一侧表孔检修门挡水	3.18	−2.03	3.1577	−0.0019	−0.0038	
	正常蓄水位—一侧表孔弧门挡水+一侧表孔泄水	5.39	−1.62	37.4	−0.0016	−0.0031	
2	正常蓄水位—一侧表孔弧门挡水+一侧表孔泄水	3.38	−2.51	2.26	−0.0016	−0.0031	

注 应力值拉正、压负；位移方向：U_x 顺水流向为正；U_y 竖向向上为正。

1）模型1。施工完建期，河床坝段坝踵垂直压应力值由坝踵至坝趾为-7.5～-0.3MPa，全断面受压。

正常蓄水位工况下，河床坝段坝踵垂直拉应力范围为3.1m，坝踵最大垂直拉应力为3.2MPa，坝趾垂直压应力为-2.0MPa，垂直拉应力分布宽度与坝基宽度比小于0.07。

泄校核洪水工况下，河床坝段坝踵垂直正应力大小分布与正常蓄水工况类似，但小于正常蓄水工况的垂直正应力。

正常蓄水位一侧弧门挡水＋一侧检修门挡水工况下，河床坝段坝踵垂直拉应力范围为3.1m，坝踵最大垂直拉应力为3.2MPa，坝趾垂直压应力为-2.0MPa，垂直拉应力分布宽度与坝基宽度比小于0.07，河床坝段坝踵垂直正应力大小分布与正常蓄水工况类似。

正常蓄水位一侧弧门挡水＋一侧泄水工况下，由于有闸墩侧向水压力影响，仅靠单坝段承担侧向力将导致坝基拉应力范围达到37.4m，坝踵最大垂直拉应力为5.39MPa，不能满足规范要求。

2）模型2。仅计算正常蓄水位一侧弧门挡水＋一侧泄水工况，计算结果表明，坝基应力较模型1有很大改善，坝踵最大垂直拉应力为3.4MPa，坝踵垂直拉应力范围为2.3m，未超过帷幕中心线位置（距坝踵9m），分布宽度与坝基宽度比小于0.07；满足规范要求。

综上所述，采用有限元法对溢流坝段坝基垂直正应力进行分析，在计入扬压力的不同工况下，考虑双坝段联合受力时，坝踵垂直拉应力范围均小于坝底宽度的0.07倍，且未超过帷幕线，满足《混凝土重力坝设计规范》（NB/T 35026—2014）要求。

2. 施工期间优化分缝

溢流坝段2个坝段分一条横缝，横缝间距为40m，由于现场混凝土生产、运输、入仓手段、仓面设备、气温等施工条件限制，碾压混凝土不能通仓浇筑，必须分块施工。碾压混凝土施工分块必须与永久横缝位置一致，如4个坝段为一个浇筑块，仓面较大，加大了施工组织难度，容易出现混凝土施工质量事故，如2个坝段为一个浇筑块，则仓面较小，影响施工进度。

碾压混凝土施工中，根据现场实际施工条件合理地分块施工，既可以保证施工质量，又可以加快施工进度。因此为确保工程质量和进度，有必要对原设计中的分缝进行优化。

（1）优化设计的基本原则。

1）溢流坝段各坝段宽度不变，即坝段分缝位置不变。

2）根据碾压混凝土施工特点，各坝段不分纵缝。

3）横缝结构处理措施尽量简单，处理措施不影响大坝施工直线工期。

4）结构受力满足规范要求。

（2）优化设计基本构想。为满足施工单位按现场施工能力调整碾压混凝土浇筑分块，分缝分块优化考虑将诱导缝变更为横缝，并对横缝采取横缝灌浆，使多个坝段联合受力。

由于碾压混凝土内设置横缝灌浆系统时须埋设预制块和灌浆管路，结构复杂，不利于碾压混凝土快速施工，质量也难以保证，而在常态混凝土中设横缝灌浆系统施工简单，工艺成熟，不影响施工进度，因此初步考虑碾压混凝土内横缝仍采用切缝形成，不设灌浆系统，仅在堰头部位常态混凝土范围设横缝灌浆系统。

（3）结构计算分析。在原设计计算中，单坝段受力情况下仅单侧泄水工况坝体底部应力不能满足规范要求，因此在优化设计中仅对坝体底部应力情况进行分析。结构计算采用三维有限元进行分析。

1）计算模型及计算条件。根据初步设想，坝段之间均设置横缝，在碾压混凝土浇筑范围横缝间距为 2mm，在堰头常态混凝土浇筑范围横缝考虑灌浆后增开，间距为 0.5mm。

计算模型选取 6 号～8 号坝段（8 号坝段右侧表孔泄水），横缝采用传压不传拉接触模式，接触面摩擦系数为 0.75。

每个坝段宽为 20m，按直线坝段模拟，8号坝段坝踵以 1m 单元加密。基础模拟尺寸按 1 倍坝高、1 倍坝长模拟。约束按基础底部全约束，基础两侧、下游按法向约束。计算模型见图 5.3-3。

2）计算结果。8 号坝段顺水流向坝基垂直应力在距上游面 1.3m 范围内为拉应力（考虑坝基扬压力影响），满足规范要求。

不考虑坝基扬压力影响时，8 号坝段上游面坝基垂直应力出现在坝段右侧约 8m 范围内，6 号、7 号坝段均未出现拉应力。

堰顶顺坝轴线向最大变形约 3mm，弧门支铰处顺坝轴线向最大变形约 7mm。

堰顶接触面接触情况基本为下游较上游

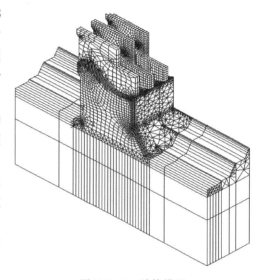

图 5.3-3　计算模型

接触更紧密，下游接触面发生接触后滑动，堰头部位接触面为临近接触。7 号、8 号坝段接触面接触相对更紧密。

7 号、8 号坝段接触面最大法向应力为 1.62MPa，最大摩擦应力 0.58MPa。

根据坝基垂直应力分布，按 1m 坝段宽度反算坝基应力，8 号坝段坝踵压应力为0.48MPa，坝趾压应力为 1.65MPa；7 号坝段坝踵压应力为 0.57MPa，坝趾压应力为 1.53MPa。

计算结果表明，溢流坝段各坝段间均采用切缝，在堰头部位常态混凝土范围采用横缝灌浆措施后，坝体结构受力能满足要求。

（4）分缝分块优化结构设计。根据计算结果，为确保工程质量和进度，将大坝碾压混凝土中 4 号坝段与 5 号坝段之间、6 号坝段与 7 号坝段之间、10 号坝段与 11 号坝段之间、12 号坝段与 13 号坝段之间的诱导缝变更为永久横缝，保留 8 号坝段与 9 号坝段之间的诱导缝。优化后的大坝分缝布置见图 5.3-4。

在溢流坝段堰头部位的常态混凝土范围布置灌浆系统，灌区底高程为 255m，顶高程为 266.5m，设水平梯形键槽，键槽高度为 1.5m，每条横缝灌浆面积为 221m²，灌浆管路引入高程 255.4m 的廊道中。横缝灌浆布置见图 5.3-5。

灌浆安排在低温季节进行，灌区两侧块混凝土龄期宜大于 6 个月，不得小于 4 个月。接缝张开度不宜小于 0.5mm。

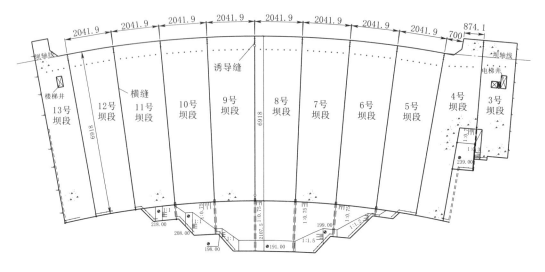

图 5.3 - 4　优化后的大坝分缝布置图（尺寸单位：cm；高程单位：m）

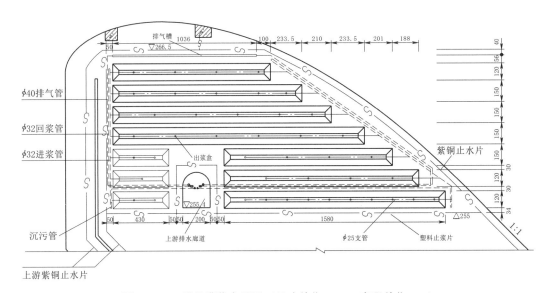

图 5.3 - 5　横缝灌浆布置图（尺寸单位：cm；高程单位：m）

5.4　大坝监测成果分析

5.4.1　变形监测

1. 大坝水平位移

大坝水平位移是在水平位移监测网的整体控制下，采用正、倒垂线以及水平位移测点进行监测。每个坝段坝顶下游侧各布置了 1 个水平位移测点，采用边角交会法观测。在 5

号、8 号、11 号坝段基础部位各布置了 1 条倒垂线，基础廊道至坝顶间各布置了 1 条正垂线，其中 8 号坝段正垂线在高程 255.4m 廊道处分成上、下两段设置。

截至 2019 年年底，5 号、8 号、11 号坝段倒垂线测得的坝基顺流向最大位移测值分别为 1.94mm、2.46mm、1.24mm，最近一年年变幅在 0.55mm 以内，变化幅度较小、变化趋势稳定。大坝基倒垂线水平位移测值过程线见图 5.4-1。

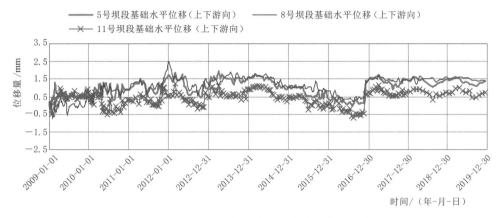

图 5.4-1　大坝基倒垂线水平位移测值过程线

5 号、8 号、11 号坝段正垂线坝顶水流向最大位移测值分别为 6.12mm、8.91mm、5.49mm，交会法观测相应坝段水流向最大位移测值分别为 16.60mm、13.00mm、8.33mm，最大值均出现在库水位最高的时期。坝顶水平位移测值受库水位及温度年变化的影响，呈年周期性变化，冬季向下游位移，夏季向上游位移，符合混凝土重力坝的变形规律。典型坝段坝顶水平位移测值过程线见图 5.4-2。

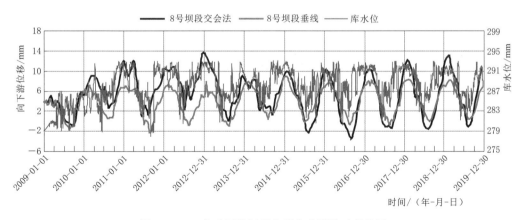

图 5.4-2　典型坝段坝顶水平位移测值过程线图

2. 大坝垂直位移

大坝垂直位移主要采用精密水准法进行监测，分别在坝基上下游排水廊道、坝基横向廊道、坝段中间高程廊道及坝顶，共布置了 53 个水准点。

基础廊道水准点从 2009 年测点安装至 2019 年测值总体稳定，目前上游基础廊道累积沉降为 2.45～6.03mm，下游基础廊道累积沉降为 3.83～5.59mm，总体表现为同一测点年变幅在 1.5mm 之内，同一坝段上游侧小于下游侧（坝基表现为向下游倾斜），且随时间推移无趋势性变化，坝基沉降表现处于正常状态。典型坝段坝基水准点垂直位移测值过程线见图 5.4-3。

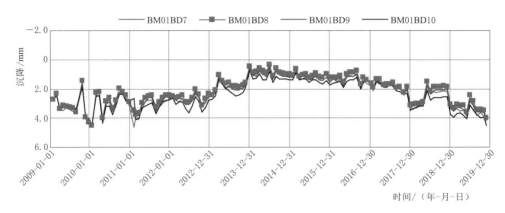

图 5.4-3　典型坝段坝基水准点垂直位移测值过程线图

坝顶沉降测点布置在 1 号～14 号坝段坝顶下游侧，从 2009 年测点安装至 2019 年测值总体稳定，目前最大累积沉降为 8.22mm（4 号坝段）。自 2007 年始监测至 2019 年无增大趋势，呈年周期性变化，最大沉降值出现在低温季节，符合混凝土重力坝变形规律。典型坝段坝顶水准点垂直位移测值过程线见图 5.4-4。

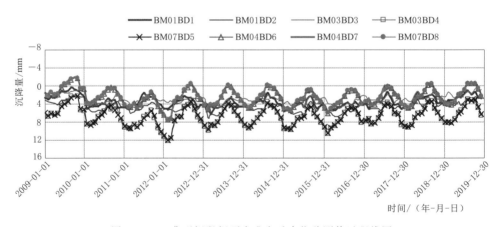

图 5.4-4　典型坝段坝顶水准点垂直位移测值过程线图

3. 坝基压缩变形

坝基压缩变形采用坝基钻孔埋设的基岩变形计进行监测，5 号、8 号、11 号坝段的坝踵、坝趾各布置了 1 支基岩变形计，共计 6 支。

坝基压缩变形自基岩变形计埋设后总体呈压缩变形状态，变形主要发生在坝体浇筑过程中，2007 年年底坝体全部浇筑完成后变形基本稳定。目前，5 号坝段基岩变形计已全部失效，8 号坝段、11 号坝段坝趾基岩变形计测值分别稳定在 -0.18～-0.12mm、-0.54～-0.51mm，测值近几年变化不大，说明大坝基岩压缩变形已经稳定。典型基岩变形计测值过程线见图 5.4－5。

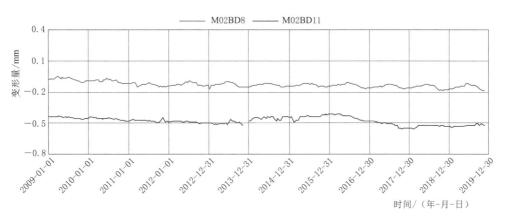

图 5.4－5　典型基岩变形计测值变化过程线

4. 结合缝及裂缝开度

大坝各结合缝及施工期裂缝采用骑缝埋设测缝计或裂缝计进行监测。大坝共埋设测缝计 33 支、裂缝计 20 支，包括：5 号、8 号、11 号坝段横缝共布置 12 支测缝计，5 号、8 号、11 号坝段相邻诱导缝上共布置 18 支裂缝计，坝体与大坝左右岸陡坡、建基面、闸墩上布置了 21 支测缝计，6 号坝段高程 274.0m 顺流向裂缝及 8 号坝段高程 274.0m 顺流向裂缝上各布置 1 支裂缝计。

截至 2019 年年底，各测缝计和裂缝计测值为－0.64～2.29mm，最大年际变化量在 0.5mm 以内，且大部分无明显变化或呈年际周期性变化，无长期趋势性开合变形，说明各结合缝和诱导缝均呈稳定状态。典型测缝计测值变化过程线见图 5.4－6。

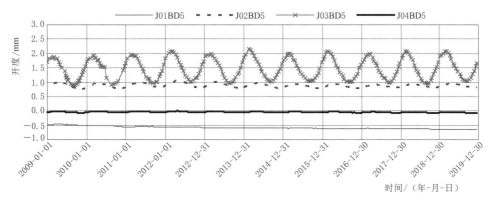

图 5.4－6　典型测缝计测值变化过程线

5.4.2　渗压监测

1. 坝基扬压力

坝基扬压力主要采用基础部位钻孔埋设的测压管进行监测，在基础灌浆廊道共布设 33 根测压管，各测压管钻孔深入基岩约 1m。

蓄水后至 2019 年测压管水位随库水位变化规律明显。其中 4 号、12 号坝段基础扬压系数相对较大，目前最大值分别为 0.26（BV01BD4）、0.24（BV01BD12），均未超出设计值（岸坡 0.35，河床 0.25）；船闸（BV02CZ）扬压力折减系数最大值为 0.23，坝基渗压低于设计渗压值，总体显示坝基帷幕防渗及排水孔减压效果较好。典型测压管水头高度与库水位变化过程线见图 5.4 - 7。

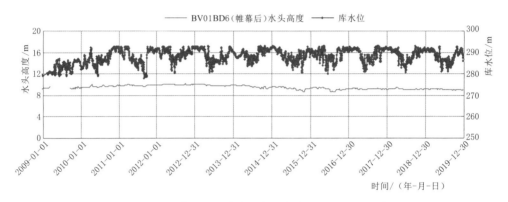

图 5.4 - 7　典型测压管水头高度与库水位变化过程线

2. 坝体渗压

为监测坝体碾压混凝土水平施工缝的渗压情况，在 5 号、8 号、11 号坝段高程 210m 和 230m 附近的施工层面上各布置 3～4 支渗压计，共计布设渗压计 21 支。

从大坝蓄水至 2019 年，这些渗压计除个别测点有一定渗压外，大部分处于无明显渗压状态。其中 P02BD11（11 号坝段高程 210m，距坝面 4m 处）在 2008 年蓄水初期测值突然增大至 20.90m，随后在 12.0～23.8m 之间变化，2016 年 3 月至 2019 年该仪器渗压呈持续减小趋势，截至 2019 年 12 月底水头高度为 20.86m，现场巡视检查大坝廊道无异常渗水。其余渗压计测值较小或处于无水压状态。总体而言，坝体渗压除局部测值偏大，可能存在与上游面的渗水通道外，坝体碾压混凝土结合面渗压基本正常。P02BD11 测值与库水位变化过程线见 5.4 - 8。

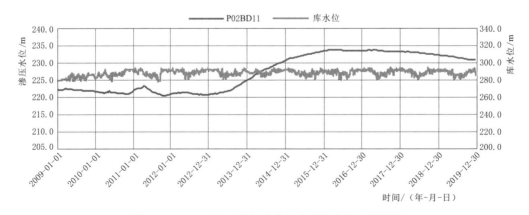

图 5.4 - 8　P02BD11 渗压水位与库水位变化过程线图

3. 坝基及坝体渗漏量

坝基及坝体渗漏量采用基础廊道布置的量水堰进行监测。坝基渗漏量自蓄水以来基本稳定，最近一年（2019 年）坝基最大渗漏量为 1.38L/s（最大值发生在冬季），平均渗漏量为 0.98L/s，渗漏量总体处于正常合理范围。坝基渗漏量变化过程见图 5.4-9。

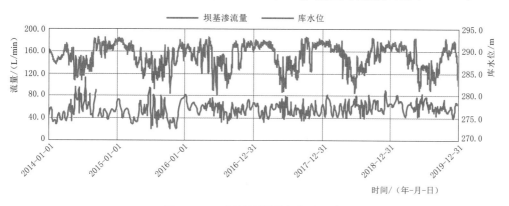

图 5.4-9 坝基渗漏量变化过程线

4. 绕坝渗流

在左右岸高程 193m、高程 241m（或 238m）和高程 301.5m 灌浆平洞的灌浆帷幕前、后各布设 3～4 根测压管，以监测大坝左、右坝肩的绕坝渗流情况。这些测压管既作为绕坝渗流监测孔，同时也作为地下水位长期观测孔。共计布设了测压管 34 根。

各绕坝渗流测压管在大坝蓄水初期，受蓄水影响测压管水头均在短时间内明显上升，此后几年测压管水头基本无变化或变化幅度很小。典型绕坝渗流测压管压力变化过程线见图 5.4-10。

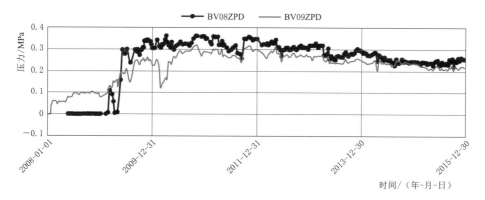

图 5.4-10 典型绕坝渗流测压管压力变化过程线

5.4.3 应力应变监测

1. 温度监测

大坝共坝布置温度计 426 支，均布设在 5 号、8 号、11 号坝段 3 个重点监测坝段，分别位于上下游坝面、坝体以及坝基内。

这些温度计从埋设后开始观测，在施工前期受混凝土水化热作用，呈现短时间快速温升，此后温度逐步下降。混凝土浇筑1～2年后温度逐渐趋于稳定，此后温度测值变化主要受气温影响，温度计测值呈周期性年际变化，其中坝面温度年际变化大，坝体温度年际变化小，符合大坝混凝土温度一般变化规律。典型坝体及坝面温度计测值变化过程线见图5.4－11。

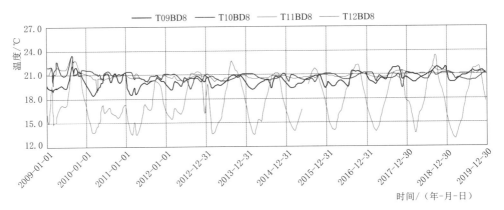

图 5.4－11　典型坝体及坝面温度计测值变化过程线

2. 钢筋应力监测

5号、8号、11号坝段闸墩与8号坝段两侧闸门牛腿处及10号坝段L7裂缝部位共布置钢筋计44支。

截至2019年年底，5号、8号、11号坝段闸墩钢筋计测值受混凝土温度影响呈现周期性变化，最大值出现在冬季，2019年钢筋计测值为－44.9～50.2MPa，变化趋势平稳无突变。典型闸墩钢筋计测值变化过程线见图5.4－12。

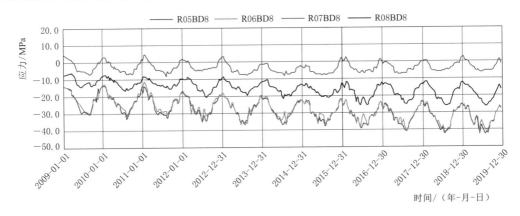

图 5.4－12　典型闸墩钢筋计测值变化过程线

3. 闸墩预应力监测

表孔闸墩安装了11台锚索测力计以监测闸墩锚索预应力的变化。截至2019年年底，各锚索测力计均呈预应力损失状态，损失率为12.79%～3.43%，预应力损失主要发生在测力计安装初期，安装一年后至2019年测值基本保持稳定，说明闸墩受力状态总体保持稳定。

综上所述，彭水坝体及坝基变形符合混凝土坝一般变形规律，各结合缝和裂缝无趋势性变化，坝基和坝肩渗控效果良好，主要结构部位应力状态稳定，总体显示大坝运行状态总体良好。

5.4.4　右岸坝肩边坡

2019 年右岸坝肩边坡向临空侧表面位移测值为 0.78～6.28mm，长期测量结果呈现年际周期性变化，无趋势性变形；高程 360m 最大实测岩体渗压为 0.027MPa，与降水相关，呈小幅波动；监测锚索预应力锚固力为 2797.2～2966.9kN，长期测值呈现年际周期性小幅变化，测值相对较为稳定。典型右岸坝肩边坡表面位移测值过程线见图 5.4-13。

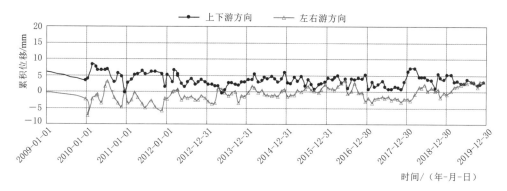

图 5.4-13　典型右岸坝肩边坡表面位移测值过程线

第6章

泄 洪 建 筑 物

6.1 全表孔泄洪研究

6.1.1 泄洪调度原则

根据彭水水电站地形、地质、水文条件及水库运行调度要求，泄洪消能建筑物设计原则如下：

（1）满足枢纽的正常泄洪需要，并有一定的超、预泄能力，在防洪限制水位287m时，泄量不小于19900m³/s，同时考虑上游沿河县防汛要求，在坝前水位288.85m时，能安全下泄20年一遇的洪水。

（2）泄洪建筑物应尽量布置紧凑，缩窄溢流前缘，减轻下泄水流对两岸的直接冲击。

（3）泄水建筑物的布置应尽可能简单化，使闸门及其启闭设备运用简单、灵活、可靠。

（4）坝下游有坝址区最大的断裂构造f_1断层，该断层破碎带宽7～17m，横穿河谷，枢纽泄洪消能尽可能减轻对f_1断层的冲刷。

（5）枢纽泄洪消能要满足位于下游的垂直升船机和电站正常运用的要求。

6.1.2 岸边泄洪方式研究

彭水水电站坝址河谷狭窄，洪水峰高量大，全部采用坝身集中泄洪，泄洪单宽流量将达到300m³/s以上，如果能与岸边泄洪方式相结合，可避免下泄水流过分集中，从而减小泄洪消能难度，因此有必要研究设置岸边泄洪方式的可能性。

1. 岸边溢洪道

由于彭水水电站坝址处河谷呈"V"形，两岸山体雄厚，坡高陡峭，无天然垭口可利用，岸边式溢洪道开挖工程量巨大。因此，修建岸边溢洪道不可行。

2. 泄洪洞

本枢纽右岸布置引水发电系统和地下厂房，左岸布置两条导流洞和一级船闸＋一级垂直升船机的通航建筑物。

由于右岸山体内布置有5条引水隧洞、5条变顶高尾水洞、主厂房洞、检修闸门洞、母线洞、进厂交通洞等大型洞室，若将泄洪洞布置在右岸，无论采取何种设施，均会与引水发电系统产生矛盾。因此，泄洪洞不宜布置在右岸。

若将泄洪洞布置在左岸，将影响通航建筑物和导流洞布置，而且左岸有 KW_{17}、W_{202}、KW_{65}、W_{10} 岩溶系统，断裂构造亦较为集中，对大型洞室的开挖及结构均非常不利。另外，泄洪洞泄流与上、下游引航道相邻，其运用会影响通航条件，因此，左岸布置泄洪洞难度亦很大。

若将导流洞改建为泄洪洞则存在以下几个问题：

（1）泄洪洞位于左岸，与上、下游引航道相邻，其运用会影响通航条件，因此必须在 $5000m^3/s$ 流量以上运用。

（2）作为永久泄洪洞，下游水位变幅为 60m 左右，下游最高水位可高于出口 45m，出口淹没度过大，洞内掺入的气体，不能通畅排出，一方面，洞内形成有压空腔，另一方面洞口掀起较高的水浪与水花，加剧下游尾水的波动。

（3）泄洪洞出口最大流速仍在 15m/s 左右，且正对河对岸，对河床及河岸冲刷厉害，加大了防护工程量。

（4）导流洞改建泄洪洞可以代替一个溢流表孔，大坝减少一个溢流坝段，下游消能区两岸扩挖宽度可减少 10m，此部分工程量：土石方开挖 42.5 万 m^3、混凝土 3.67 万 m^3、钢筋 880t；而导流洞改建主要工程量为：土石方开挖 17.55 万 m^3、混凝土 18.97 万 m^3、钢筋 2395t。由此比较，改建工程量明显过大。

（5）导流洞改建为泄洪洞必须在一个枯水期内完成，全断面混凝土衬砌如在导流洞施工时一次完成，将加大导流洞施工工程量，影响导流洞施工进度；如在后期施工，工程量较大，施工运输条件等受到限制，工期难以保证，并且还需增加下游围堰等临时工程。

（6）导流洞改建后的泄量在低水位时泄量大于单表孔，而在高水位时小于单表孔，因此校核洪水位会抬高，库区临时淹没范围会增加，大坝工程量也会稍有增加。

综合分析，本工程不适合采用岸边泄洪方式。

6.1.3　坝身泄洪方式研究

6.1.3.1　坝身孔口尺寸初拟

坝身泄洪建筑物中，泄洪表孔具有泄流能力大、超泄能力强，结构简单等特点，是重力坝的首选泄洪建筑物；在一般混凝土坝设计中，还在大坝的较低高程设有深式泄洪孔，不仅具有泄洪作用，还根据需要可兼有排淤、放空和施工期过流等作用。

彭水水电站最大泄量达 $42200m^3/s$，而且下游水位变幅大，大泄量时深式泄水孔淹没出流，泄流能力小、下游消能区内流态复杂，因此坝身泄洪建筑物型式以表孔为主，仅在较小泄量时考虑使用深式泄洪孔泄洪。综合考虑总体布置、泄洪调度和弧门制造水平等方面因素，初拟设置 9 个表孔、2 个深式泄水孔，表孔孔口宽度 13.5～14m，孔口高度 25m 以内，深式泄水孔孔口尺寸 4m×6m（宽×高），进口底高程 230m 左右。

6.1.3.2　深式泄水孔必要性研究

由于彭水水电站泄洪量很大，但大坝的挡水前缘宽度仅 300m 左右，如何缩短溢流前缘宽度是泄洪建筑物布置中首要解决的问题。深式泄洪孔与泄洪表孔在溢流前缘方向错开布置，占据了一定的溢流前缘宽度，但孔口尺寸小，泄流能力相对较小，考虑到表孔堰顶高程已经较低，因此提出全表孔泄洪思路，对深式泄洪孔设置的必要性从功能方面进行分析研究。

1. 水库排淤

乌江属少沙河流，彭水水电站位于乌江下游河段，乌江上游乌江渡蓄水后，拦蓄大量上游来沙，输沙量大大减少，1980—2000 年坝址多年平均含沙量为 0.354kg/m³，多年平均输沙量为 1450 万 t。上游构皮滩枢纽、乌江渡枢纽、东风枢纽、洪家渡枢纽、思林枢纽建成后，进一步减少了彭水水库的含沙量。彭水水库泥沙淤积计算分析结果表明，水库运用到 100 年时，泥沙淤积不大，对回水影响不大，库尾部分对照不淤积时水位基本不抬高；防洪库容和调节库容，损失均不大，均能保留 89% 以上，不影响水库发挥效益；坝前淤积高程 237.52m，而电站进水口高程 254.60m，对水库及电站长期使用基本无影响。因此，从水库排淤方面分析没有设深式泄水孔的必要。

2. 枢纽泄洪及运用

彭水水电站设计洪水工况泄洪量很大，表孔堰顶高程较低，而水库的表孔防洪限制水位距设计洪水位不到 8m，高于堰顶高程，适当调整孔口尺寸，表孔的泄流能力可以满足水库运行调度的各种要求，承担枢纽的全部泄洪功能。而且由于表孔堰顶高程低于很多，泄洪调度时，可采用闸门局部开启进行预泄。因此，从枢纽的泄洪运用方面分析没有设深式泄水孔的必要。

3. 水库放空

水库放空的目的主要是在紧急情况降低水位、减小库容、降低风险或者减小帷幕的工程的检修难度。彭水水电站表孔堰顶高程较低，可快速将库水位降低 20m 左右至死水位以下，相应库容约 5 亿 m³，仅占总库容的 40%；剩余水深仅 80m 左右，而国内部分高坝最低一层孔距坝基高度已达 100m 左右（表 6.1-1），仅设表孔情况下，帷幕等工程的检修难度不会比这些工程大。因此，从水库放空方面没有设深式泄水孔必要。

表 6.1-1　　　　　　　　国内部分高坝最低一层孔距坝基高差统计表

工程名称	坝高/m	最低一层孔名	孔口高程/m	坝基高程/m	高差/m
二滩	240	放孔底孔	1080	965	115
小湾	292	放孔底孔	1090	953	137
溪洛渡	273	泄洪深孔	500	332	168
构皮滩	232.5	泄洪中孔	550	408	142

4. 施工期影响

根据施工进度安排，截流后的第一年汛前，大坝浇筑到高程 205m，泄洪底孔还没形成；截流后的第二年汛前，大坝浇筑到高程 270m 以上，已经形成溢流堰面，汛期可由大坝溢流面和导流洞泄洪；而且碾压混凝土坝身可留缺口过流，因此施工期度汛可不设底孔。

导流洞封堵时如流量达 5000m³/s，设底孔库水位为 274.3m，不设底孔库水位为 275.3m，库水位仅增加 1.03m，对导流洞封堵的影响很小。

在导流洞封堵后，水库蓄水期按 11 月 85% 保证率的月平均流量 457m³/s 计算，在高程 240m 设底孔时，蓄水至高程 240m 需 2.6d；如不设底孔，蓄水至表孔溢流堰顶高程 268.5m 则需 12.6d。因此，取消底孔乌江向下游暂停供水时间要增加 10d 左右，但考虑坝址下游有郁江和芙蓉江两个较大支流，并且可考虑在坝体或导流洞封堵时埋设供水管等工程措施减小蓄水期对下游的影响。

从以上研究分析可看出，彭水水电站可以不设深式泄水孔。

6.1.3.3 坝身泄洪方式比选

根据以上分析，结合坝址地形、地质条件和水文特征条件，拟定了三类共 7 个可供比较选择的泄洪布置方案。第一类布置有表孔、滑雪道及底孔等泄水建筑物的方案；第二类布置有表孔和底孔的方案；第三类仅布置表孔的方案。

三类方案中三个代表性方案泄洪建筑物布置特性及主要工程量见表 6.1-2。

表 6.1-2　　三个代表性方案泄洪建筑物布置特性及主要工程量比较表

方　案		一	二	三
泄洪方式		溢流堰 底孔参与 5% 以下泄水泄洪	溢流堰 底孔参与 5% 以下泄水泄洪	溢流堰
溢流堰孔数	表孔	7	9	9
	滑雪道	2	0	0
溢流堰	堰顶高程/m	268.8	268.5	268.5
	孔宽/m	13.5	13.5	14
弧门支铰推力/kN		42900	42900	43900
溢流堰前缘宽度/m		198.5	174.5	170
底孔	位置及数量	两岸 2 个	河床中部靠两侧 2 个	
	进口高程/m	240	240	
	尺寸/(m×m)	4×6	4×6	
主要工程量	开挖/万 m³	225.22	224.72	223.54
	混凝土/万 m³	144.26	143.74	140.36
	钢筋/t	20200	19700	19650
	金属结构/t	6370	6370	6055

从结构布置、泄洪消能、弧形工作门及其支承结构设计、大坝施工、施工导流及施工期供水、工程量等方面对三类方案进行综合比较，第三类全表孔方案较好，因此泄洪建筑物布置采用全表孔布置方案。

6.1.4 表孔设计

1. 泄洪表孔的运用条件

大坝泄洪采用全表孔方案，未设底孔和中孔。

大坝共设 9 个表孔，跨横缝布置，孔口净宽为 14m，表孔径向布置，中心线之间夹角为 2.6°，堰顶高程为 268.5m，采用挑流和挑面流消能。

2. 泄洪表孔体型设计

（1）表孔体型。表孔堰顶高程为 268.5m，堰顶上游底板采用 1/4 椭圆曲线，曲线方程分别为 $\dfrac{x^2}{7^2} + \dfrac{(3.65-y)^2}{3.65^2} = 1$。堰面曲线的定型设计水头为 20m，堰面曲线为 $y =$

$0.0392x^{1.85}$，堰面曲线原点位于坝轴线下 2.5m。反弧段 9 个表孔采用两种型式，其中 1 号、2 号、8 号、9 号孔反弧半径为 36.22m，见图 6.1-1，其余 5 孔反弧半径为 43.98m，见图 6.1-2，反弧段与堰面曲线之间用斜直段连接，坡度分别为 1∶1 和 1∶1.2。该布置能使边表孔底而平的射流在前行过程中遇到 3 号与 7 号表孔的挑流水舌，产生了动水垫效应，达到了减轻下游冲刷的目的。

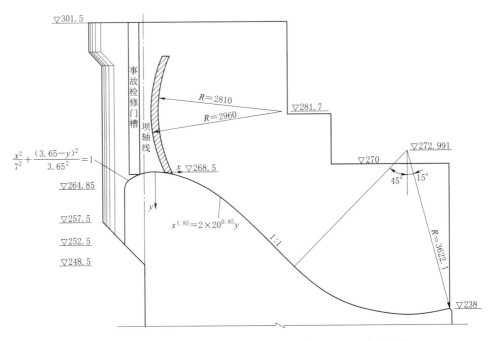

图 6.1-1　1 号、2 号、8 号、9 号孔体型（尺寸单位：cm；高程单位：m）

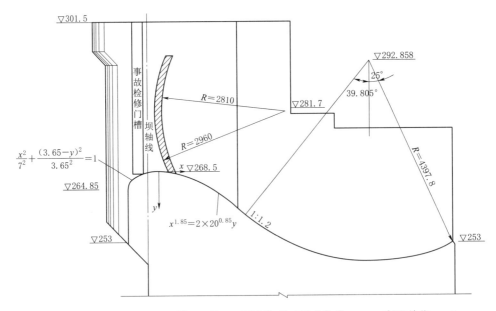

图 6.1-2　3 号、4 号、5 号、6 号、7 号孔体型（尺寸单位：cm；高程单位：m）

表孔设有弧形工作门和平板事故检修门各一道。事故检修门槽在坝轴线上游 1.8m。门槽宽为 1.6m，深为 1m，圆弧半径为 0.1m，退坡为 1:12。

（2）试验研究。

1）泄流能力。经 1/100 水工模型试验验证，表孔水位-泄量关系曲线见表 6.1-3。

表 6.1-3　　　　　　　　　　　表孔水位-泄量关系表

库水位/m	299.00	297.85	296.15	293.82	292.889	289.09	287.00	284.90	281.13	278.85	275.81
泄流能力/(m³/s)	42598	40117	36510	31634	29819	23085	19607	16334	11011	8154	4720

2）压力分布。在各级流量下，堰面未出现负压，在堰顶后一定范围内压力较低，压力随水头的增加而减小，在宣泄 41871m³/s 洪水时，最小压力为 2.82×9.81kPa。

3）空化特性。通过减压模型试验对表孔体型的空化特性进行研究表明，在各工况敞泄运行时，仅在库水位为 298.36m 时，门槽区及坝面堰顶附近、坝面 WES 曲线段的蒸汽型空化强度达到初生阶段，空化导致空蚀破坏的可能性较小，其余情况各部位最大空化强度仅为初生态或免于空化；在弧门局部开启时，蒸汽型空化强度达到发展阶段，但据流态和空化噪声谱级特征综合分析，空化信号为弧门前沿两侧的涡旋流产生的涡带所致，与孔侧墙和坝面均有一段距离，产生空蚀的可能性较小。

3. 表孔的结构设计

（1）结构布置。溢流坝段孔中分缝，表孔边闸墩宽为 5m，中闸墩宽由 6.7m 渐变至 5.5m，为布置坝顶门机闸墩向上游面挑悬 12.5m，在距坝轴线 32.3m、高程 281.7m 处设预应力锚块，在距坝轴线 42.2m 处设纵缝，锚块上游闸墩顶高程为 301.5m，纵缝下游闸墩顶高程为 270m（1 号、2 号、9 号、10 号闸墩）、278m（3 号~8 号闸墩）。

弧门支承结构预应力锚块高为 5m，长为 10.5m（边墩长 7.5m），宽为 5.5m，悬出闸墩每侧各 2.5m，为改善闸墩与锚块连接部位的应力状态，在锚块上游面底部各布置一小牛腿，尺寸为 2.5m×1.5m×1.0m（长×宽×高）。

表孔两侧闸墩布置有检修门槽。跨表孔布置有上、下游门机大梁、公路梁、电缆廊道等预制构件。

（2）结构设计。弧门挡水按正常蓄水位 293m 设计，弧门总推力为 43900kN，单铰推力为 25320kN，与水平面夹角约 11°，弧门推力作用点至闸墩边缘的距离为 1.52m。由于弧门推力大，闸墩及弧门支承采用预应力结构，按部分预应力结构设计。

中墩布置主锚束 36 束，边墩布置 24 束，主锚索永存张拉力为 3042kN，超张拉力为 3549kN。中墩的预应力总吨位为 109512kN；边墩的预应力总吨位为 73008kN。为使锚块保持较好的应力状态，在锚块内布置纵向水平次锚束，中墩、边墩均为 15 束，次锚索永存张拉力为 1921kN，超张拉力为 2241kN。

主锚束在闸墩竖直面内分为六层，两侧由内至外与弧门推力作用平面的夹角依次为 1.0416°、3.1221°、5.1944°。根据规范要求，长锚束取 30m，短锚束取 26m，长短间隔布置。中墩每层布置 6 束，两侧对称各布置 3 束，共计 36 束；边墩每层布置 4 束，弧门推力侧布置 3 束，另一侧布置一束，共计 24 束。

次锚束布置在锚块竖直面内分为 5 层，每层布置 3 束，其中 2 束布置在锚块上游部位，另外 1 束布置在锚块下游部位，共计 15 束，预应力总吨位为 28815kN。

除布置预应力锚索外，弧门支承范围内每侧配 17Φ36 的扇形钢筋。

闸墩在根部 10m 范围配置双层钢筋网，外层配筋为双向 Φ28@20，内层配筋为双向 Φ25@20，该范围以上配置一层钢筋网，配筋为双向 Φ28@20。

4. 表孔防空蚀防磨损设计

（1）严格控制表孔体型及过流面不平整度的施工。

（2）表孔堰面采用 C40 抗冲耐磨混凝土，闸墩采用 C30 混凝土。

6.1.5　泄洪方式特点

首次在高重力坝设计中采用全表孔泄洪方式，不仅能满足工程安全运行调度的要求，而且简化了坝体结构，降低了碾压混凝土施工难度，适合坝体碾压混凝土快速施工，为保证工期和施工质量创造了良好的条件。

6.2　表孔径向布置研究

坝址河床狭窄，大坝下游低水位高程河床宽度仅 100m 左右，全表孔方案溢流前缘宽度 170m，如何减小下泄水流的入水宽度，使水流归槽，降低消能设计难度也是泄洪建筑物设计的关键问题。

6.2.1　研究过程

通常重力坝表孔垂直与坝轴线平行布置，为解决水流归槽问题，一般在出口采取一些结构措施。本工程参考同类工程经验，在出口布置加不对称宽尾墩、两边表孔加扭鼻坎、将边表孔加长等方案，并在 1:100 水工整体模型上进行试验。

原设计方案主要泄水建筑物由 9 个溢流表孔组成，中间 5 个表孔为短闸墩连续鼻坎，左、右边表孔采用长闸墩布置，出口设不对称宽尾墩，其收缩比 $\beta = 0.643$（出口宽 9.0m）；溢流表孔进口宽为 14.0m；堰顶高程为 268.5m，后接 WES 曲线，曲线方程 $y = 0.032413x^{1.85}$，由斜坡与反弧衔接反弧半径为 35.0m，挑角为 33°，出口鼻坎高程为 253.0m。

通过 1:100 水工整体模型进行了相关验证，试验成果表明：河床最大冲刷深度为 26.1m，最大淤积高程为 232.2m，都发生在下泄量为 41871m³/s、下游水位为 271.60m 工况时。在试验的各种工况下，冲坑的上游坡均小于 1/3，不会淘刷坝脚，且水电站出口无淤积，但河床中央的冲刷会直接破坏高程 200m 处的防护平台，危及消能区两岸护坡安全。

模型试验又比较了不同收缩比的不对称宽尾墩、两边表孔加扭鼻坎、将边表孔加长、减小边表孔反弧段的出口挑角、将左岸护坡的凹岸拉直等局部修改方案。

试验结果表明：模拟效果最好的修改方案中河床冲坑最深点高程仍深达 25.2m，修改优化的效果不明显，且增大了消能区护岸基础的处理难度和工程量。

通过表孔平行布置方案体型优化试验研究可知：直线重力坝方案表孔泄流入水宽度一般较大，易对两岸坡脚产生冲刷；两侧孔采用不对称宽尾墩虽能使水舌流向有所偏折，但难以纵向拉开，且挑距明显小于其他孔，一方面加大了两侧入水的单宽流量，另一方面形成较大回流，都对防冲、防淘不利。

为减小两岸冲刷深度，使水流均匀泄入河床，在不改变大的坝型的前提下，提出了坝轴线为弧形的重力坝方案。溢洪道径向布置，使水流均匀向河床集中，以达到减轻对两岸的冲刷，减小护岸基础处理难度和工程量的目的。

弧形重力坝坝轴线半径的大小对下泄水流的入水落点分布有较大影响，其取值太小，入塘水流会过于向心集中，对河床中心冲击能量过大，河床中心冲坑太深；半径取值过大，水流扩散打击岸坡，起不到向心归槽的作用。

设计中对坝轴线半径为 600m、400m、450m 的布置方案进行了比较。按表孔平行布置模型试验中下泄水流入水宽度基本保持不变的原则，坝轴线半径为 600m 的方案在布置上需在边表孔采用宽闸墩调整水流方向，水流均匀向河床集中效果不好；而坝轴线半径为 400m 的弧形重力坝使水流过于径向集中，加大了入水水流的单宽流量和单宽功率；坝轴线半径为 450m 的弧形重力坝方案，通过模型试验，消能效果较好，可满足河床冲坑底至坝趾的反坡小于 1/2.5、坝下护坦边缘不淘刷、两岸坡脚冲刷最低高程在 185m 左右及常遇流量下水电站尾水洞出口无淤积等要求。

6.2.2　泄洪建筑物布置方案

溢流坝段坝轴线半径为 450m，河床连续布置 9 个溢流表孔，溢洪道径向布置，大坝溢流前缘弧线长度为 180.65m，大坝坝顶高程为 301.5m。

溢流表孔堰顶高程为 268.5m，宽度由 14.0m 渐变至 11.78m，溢流堰前部为满足工作弧门操作需要，泄槽等宽为 14.0m，后部为满足弧门支撑结构需要，保证闸墩厚度 5.5m，泄槽逐渐变窄，溢流表孔均采取孔中分缝。溢流堰工作门为弧形门，检修门为平板门。

表孔平面布置示意图见图 6.2-1。

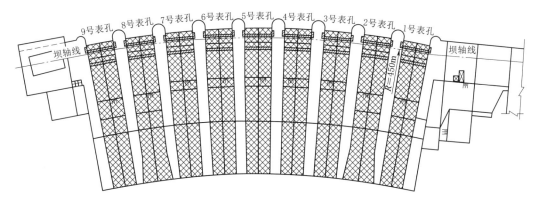

图 6.2-1　表孔平面布置示意图

6.2.3　布置方案特点

为解决水流归槽问题，首次采用弧形碾压混凝土重力坝型式，表孔径向布置，使水流均匀向河床集中，一方面避免水流局部集中对下游河床造成的不利冲刷，可减小消能设计难度；另一方面可减小下游消能区的扩挖宽度，从而降低了边坡的开挖总体高度，减小开挖工程量和支护工程量。

6.3　高低坎动水垫消能研究

彭水水电站泄洪消能区的基础岩石总体为硬质岩石，抗冲性能较好，下游水深有一定厚度，经比较，采用挑、面流消能型式，对消能区进行适当扩挖，仅在坝趾附近 40m 左右采用短护坦避免小流量时直接冲击坝趾；下游主要采取护坡不护底的防护方式，坡脚根据冲刷情况做混凝土深齿墙。

可行性研究阶段，泄洪建筑物布置采用表孔径向布置后，采用常规挑流消能方案，下泄水流均匀向河床集中，两侧护坡坡脚冲坑深度为 15m，因此护坡齿槽深度设计为 20m。施工阶段，由于齿槽深度仍然较大，施工难度大，工期长，为保证工程建设的顺利进行，有必要进一步研究，优化消能方案，减小下游坡脚的冲刷。

由于泄洪量大，表孔单宽过流能力达 335m³/s，选择正确、合理的消能方案，对保证工程的安全和经济合理性至关重要。

6.3.1　消能方案思路

在维持原有泄洪建筑物大的布局不变的情况下，通过优化表孔局部体型，使表孔出流水舌横向扩散或者纵向拉开（或错开），从而减轻坝下冲刷。由于表孔出口段 Fr 数偏低，若采用窄缝出流，恐难以使水舌纵向拉开，且水舌内缘拉近后对坝下护坦安全不利。因此，通过表孔出口段局部体型的修改来提高消能防冲效果，使坝下岸坡和护坦边缘冲刷得到大幅改善的难度较大。为此，进行了表孔出口段局部体型多种形式及其组合的试验研究，方案主要包括等断面窄缝出口、部分孔变断面窄缝出口、部分孔差动坎出口、部分孔侧扩散出口、边孔戽式池出口、边孔低挑坎出流等。

6.3.2　水工模型试验研究

6.3.2.1　研究过程

彭水水工模型试验研究工作历时长，研究内容广泛，多家科研单位参与其中，开展了多个 1∶100 水工整体模型试验的优化比选工作、1∶100 水工模型试验验证及调度试验工作、表孔 1/40 减压断面模型试验等研究工作。弧形重力坝布置的多种优化方案主要模型试验成果如下：

（1）等断面窄缝、变断面窄缝、差动坎及侧扩散等方案，对减轻坝下冲刷效果不明显。

（2）将两边表孔的出口段体型的修改幅度稍加大，即改为戽式池消能型式，结果表明：虽然边孔出流形成不了典型的戽式池消能流态，但坝下两岸坡脚的冲刷较原方案明显减轻，确定了通过降低边孔的出口坎顶高程，来减轻两岸坡脚冲刷的优化方向。

（3）两边孔采用低挑坎、小挑角出流型式，能使坝下河床冲刷减轻，但对中等流量级洪水而言调度运行方式较苛刻。通过增加两边孔为低挑坎出流，即四孔低挑坎方案，使运行调度方式得到了简化，提高了调度的灵活性。

（4）对低挑坎出流型式进行了出口坎顶高程、出流挑角（小挑角与平角对比）等方面的试验及比较分析，以及增补 5 号孔为低挑坎出口比选试验，结果证明四孔低挑坎、出口坎顶高程 238m 和 15°的小挑角体型，对本工程消能防冲而言是较优的选择。

（5）四孔低挑坎方案，在两边孔关闭后下泄中等流量级洪水时，坝下护坦脚存在一定程度的淘刷，经过两次边孔出口采取平面扩散型式、扩散角 6°的优化措施，其试验结果满足现施工详图阶段的防冲设计要求，即两岸坡脚冲刷最低高程 190m 及以上，坝下护坦脚最低冲刷高程不低于 197m。四孔低挑坎、次边孔出口扩散方案为最终推荐的方案，其体型布置见图 6.3－1。

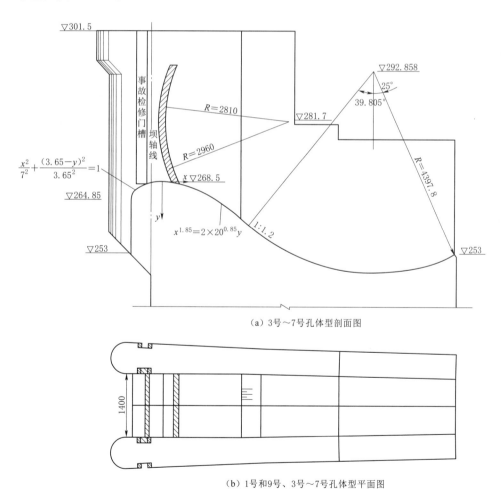

（a）3号～7号孔体型剖面图

（b）1号和9号、3号～7号孔体型平面图

图 6.3－1（一）　四孔低挑坎、2 号和 8 号孔侧扩散体型布置图（尺寸单位：cm；高程单位：m）

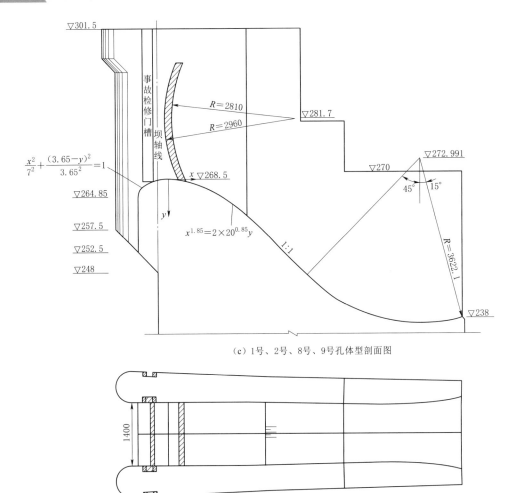

（c）1 号、2 号、8 号、9 号孔体型剖面图

（d）2 号、8 号孔平面图

图 6.3-1（二）　四孔低挑坎、2 号和 8 号孔侧扩散体型布置图（尺寸单位：cm；高程单位：m）

6.3.2.2　主要研究成果

最终推荐方案的主要研究成果如下。

1. 泄流能力

表孔水位-流量关系曲线满足设计要求，见表 6.3-1。

表 6.3-1　　　　　　　　　表孔水位-流量关系表

库水位/m	299.00	297.85	296.15	293.82	292.889	289.09	287.00	284.90	281.13	278.85	275.81
泄流能力/（m³/s）	42598	40117	36510	31634	29819	23085	19607	16334	11011	8154	4720

2. 压力分布

在各级流量下，堰面未出现负压，在堰顶后一定范围内压力较低，压力随水头的增加而减小，在宣泄 41871m³/s 洪水时，最小压力为 2.82×9.81kPa。

3. 空化特性

通过减压模型试验对表孔体型的空化特性进行研究表明，在各工况敞泄运行时，仅在库水位 298.36m 时，门槽区及坝面堰顶附近、坝面 WES 曲线段的蒸汽型空化强度达到初生阶段，空化导致空蚀破坏的可能性较小，其余情况各部位最大空化强度仅为初生态或免于空化；在弧门局部开启时，蒸汽型空化强度达到发展阶段，但据流态和空化噪声谱级特征综合分析，空化信号为弧门前沿两侧的涡旋流产生的涡带所致，与孔侧墙和坝面均有一段距离，产生空蚀的可能性较小。

4. 坝下游冲刷

当大坝下泄流量为 10373m³/s（$H_上$＝293.00m、$H_下$＝235.21m）时，采用 1 号、2 号、5 号、8 号、9 号孔关闭，4 号和 6 号孔敞泄，3 号和 7 号孔开度 9.4m 的运行方式。左、右岸坡脚及河床中部左岸坡脚冲刷最低点高程分别为 190m、193.5m 及 173.2m。坝下左、右侧护坦脚均不冲。下游河床冲淤地形详见图 6.3－2。

当下泄流量为 13830m³/s 时，采用 2 号、3 号、4 号、6 号、7 号、8 号六孔均匀控泄运行方式，低挑坎出流为挑流衔接，左、右岸坡脚及河床中部左岸坡脚冲刷最低点高程分别为 190m、193m 和 181m；坝下左、右侧护坦脚不冲。下游河床冲淤地形参见图 6.3－3。

当下泄流量为 15000m³/s 时，采用 2 号～8 号七孔均匀控泄运行方式，低坎孔出流为附着挑流衔接。左、右岸坡脚及河床中部左岸坡脚冲刷最低点高程分别为 191m、196m 和 180m；坝下护坦脚左侧略有淤积，右侧不冲。冲刷地形见图 6.3－4。

当下泄流量为 17288m³/s 时，采用 2 号～8 号七孔均匀控泄运行方式，低坎孔出流为附着挑流衔接，左、右岸坡脚及河床中部冲刷最低点高程分别为 190.8m、192.5m 和 179m；坝下护坦脚左侧略有淤积，右侧不冲。冲刷地形见图 6.3－5。

当下泄流量为 19900m³/s 时，采用九孔均匀控泄运行方式（上游水位为 293m、下游水位为 246.88m），低坎孔出流水舌淹没，左、右岸坡脚及河床中部左岸坡脚冲刷最低点高程分别为 200m、191.8m 和 185.5m；坝下护坦脚左、右侧均略有淤积。冲刷地形见图 6.3－6。

当下泄流量为 28300m³/s 时，采用 1 号～4 号、6 号～9 号八孔敞泄，5 号孔控泄运行方式（上游水位为 293m、下游水位为 255.59m），低坎孔淹没出流，左、右岸坡脚冲刷最低点高程均为 199m，河床中部冲刷最低点高程为 187.5m；坝下护坦脚左、右侧均略有淤积。冲刷地形见图 6.3－7。

当下泄流量为 33900m³/s，上游水位为 294.91m、下游水位为 262.81m 时，九孔敞泄，低坎淹没出流，左、右岸坡脚及河床中部左岸坡脚冲刷最低点高程分别为 192.5m、200m 和 183m；坝下护坦脚左、右侧不冲。冲刷地形见图 6.3－8。

5. 通航水流条件

通航水流条件标准为引航道口门区表面流速：纵向流速 $V_纵 \leqslant 2.0$m/s，回流流速 $V_回 \leqslant 0.4$m/s，横向流速 $V_横 \leqslant 0.3$m/s。波高 $B_{max} \leqslant 0.5$m。

在隔流堤堤头以下 250m 范围内布设 7 个流速测量断面，对总下泄流量 5000m³/s、3450m³/s、2970m³/s 三组流量级，进行了通航水流条件试验。

通过对各工况的流速、流态、波高及隔流堤内外水位差等参数的测试及成果分析，下游引航道口门区除局部范围的少数点回流流速或者横向流速超过了规范规定值外，其他满足通航水流条件要求；流态观察表明仅导流洞出口附近存在于通航不利的回流现象，其他流态正常。

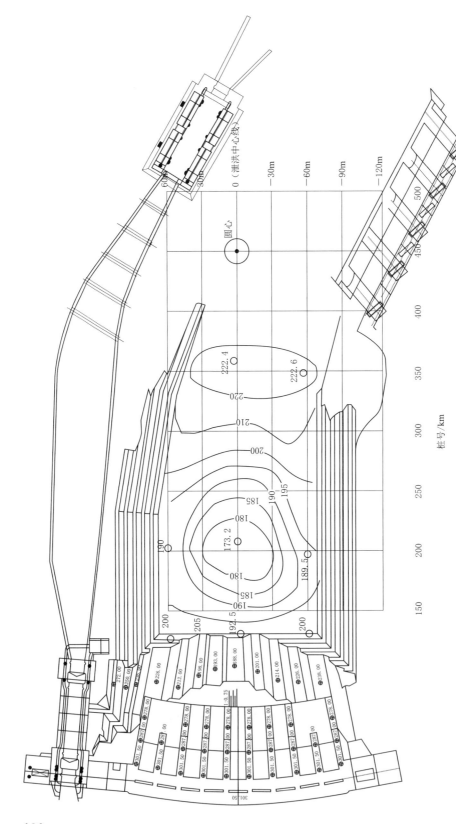

$Q_汛 = 10373\text{m}^3/\text{s}$，$H_上 = 293.00\text{m}$，$H_下 = 235.21\text{m}$，3号、4号、6号孔敞泄，3号、7号控泄，其余五孔关闭

图 6.3 - 2　流量 Q = 10373 m^3/s 时下游河床冲淤地形图（单位：m）

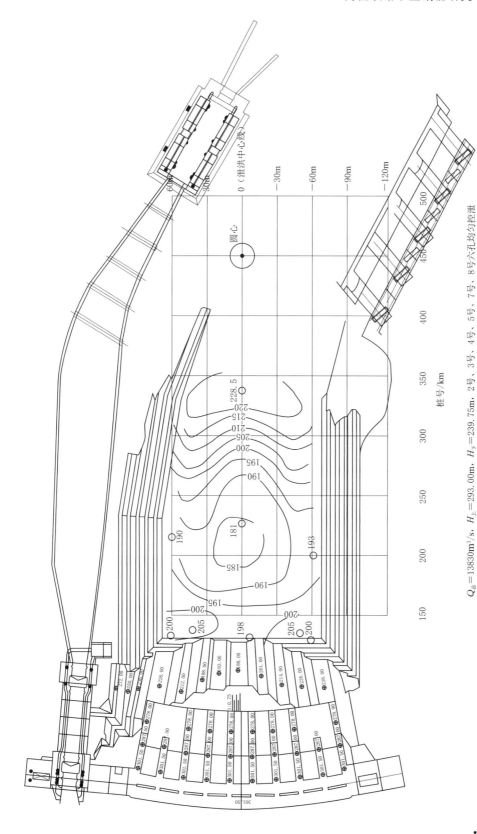

$Q_总=13830m^3/s$，$H_上=293.00m$，$H_下=239.75m$，流量 $Q=13830m^3/s$ 时下游床河床冲淤地形图（单位：m）

图 6.3-3　流量 $Q=13830m^3/s$ 时下游床河床冲淤地形图（单位：m）

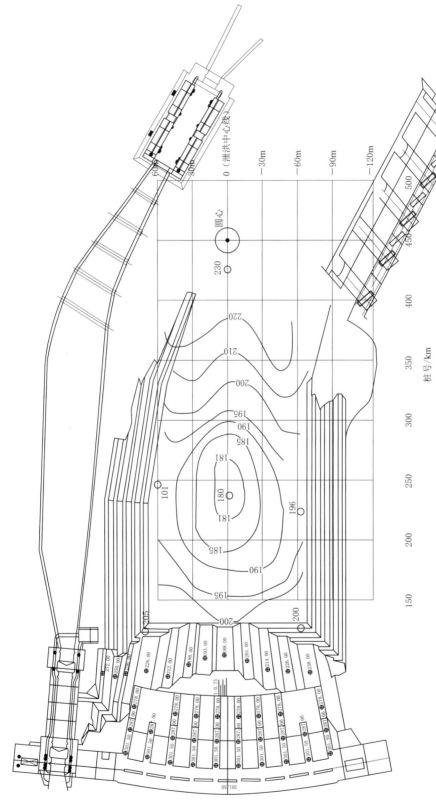

$Q_总=15000\text{m}^3/\text{s}$，$H_上=293.00\text{m}$，$H_下=241.00\text{m}$，2号~8号七孔均匀控泄

图 6.3-4　流量 $Q=15000\text{m}^3/\text{s}$ 时下游河床冲淤地形图（单位：m）

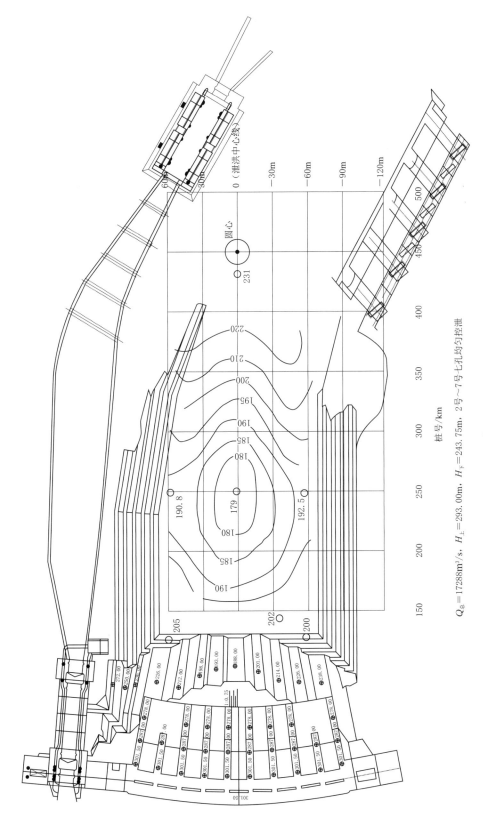

$Q_总=17288\text{m}^3/\text{s}$，$H_上=293.00\text{m}$，$H_F=243.75\text{m}$，2号～7号七孔均匀控泄

图 6.3－5　流量 $Q=17288\text{m}^3/\text{s}$ 时下游河床冲淤地形图（单位：m）

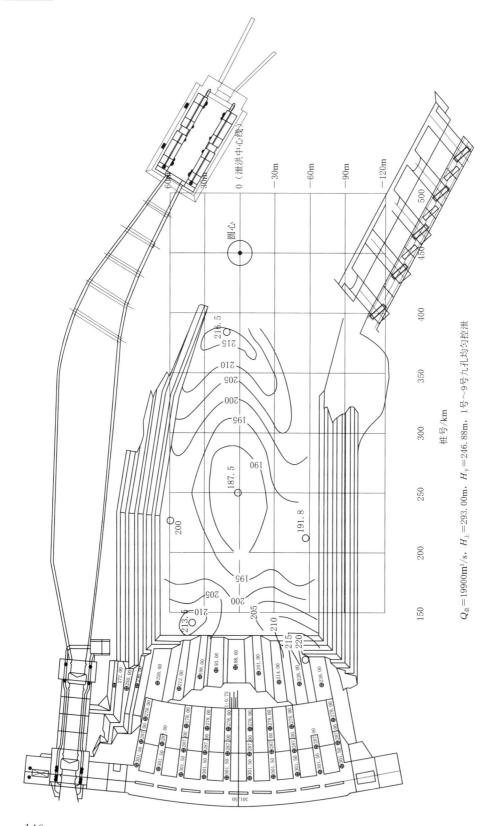

$Q_{总}=19900\text{m}^3/\text{s}$，$H_{上}=293.00\text{m}$，$H_{下}=246.88\text{m}$，1号~9号孔均匀控泄

图 6.3 - 6　流量 $Q=19900\text{m}^3/\text{s}$ 时下游河床冲淤地形图（单位：m）

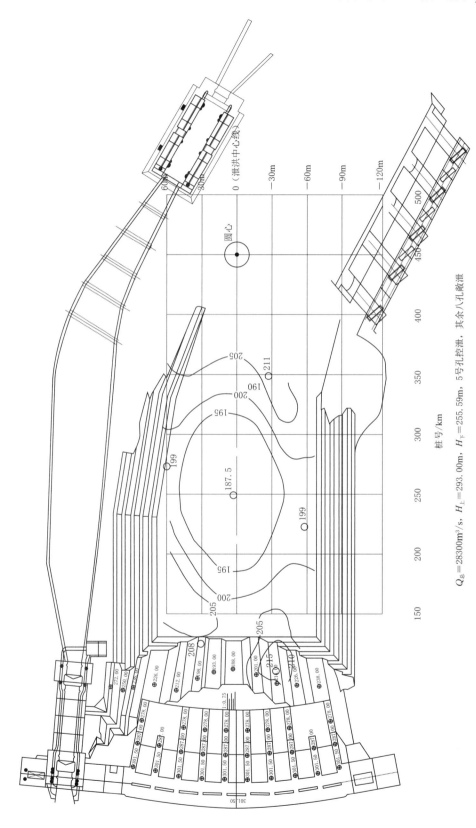

$Q_{总}=28300\mathrm{m^3/s}$，$H_{上}=293.00\mathrm{m}$，$H_{F}=255.59\mathrm{m}$，5号孔控泄，其余八孔敞泄

图 6.3 - 7 流量 $Q=28300\mathrm{m^3/s}$ 时下游河床冲淤地形图（单位：m）

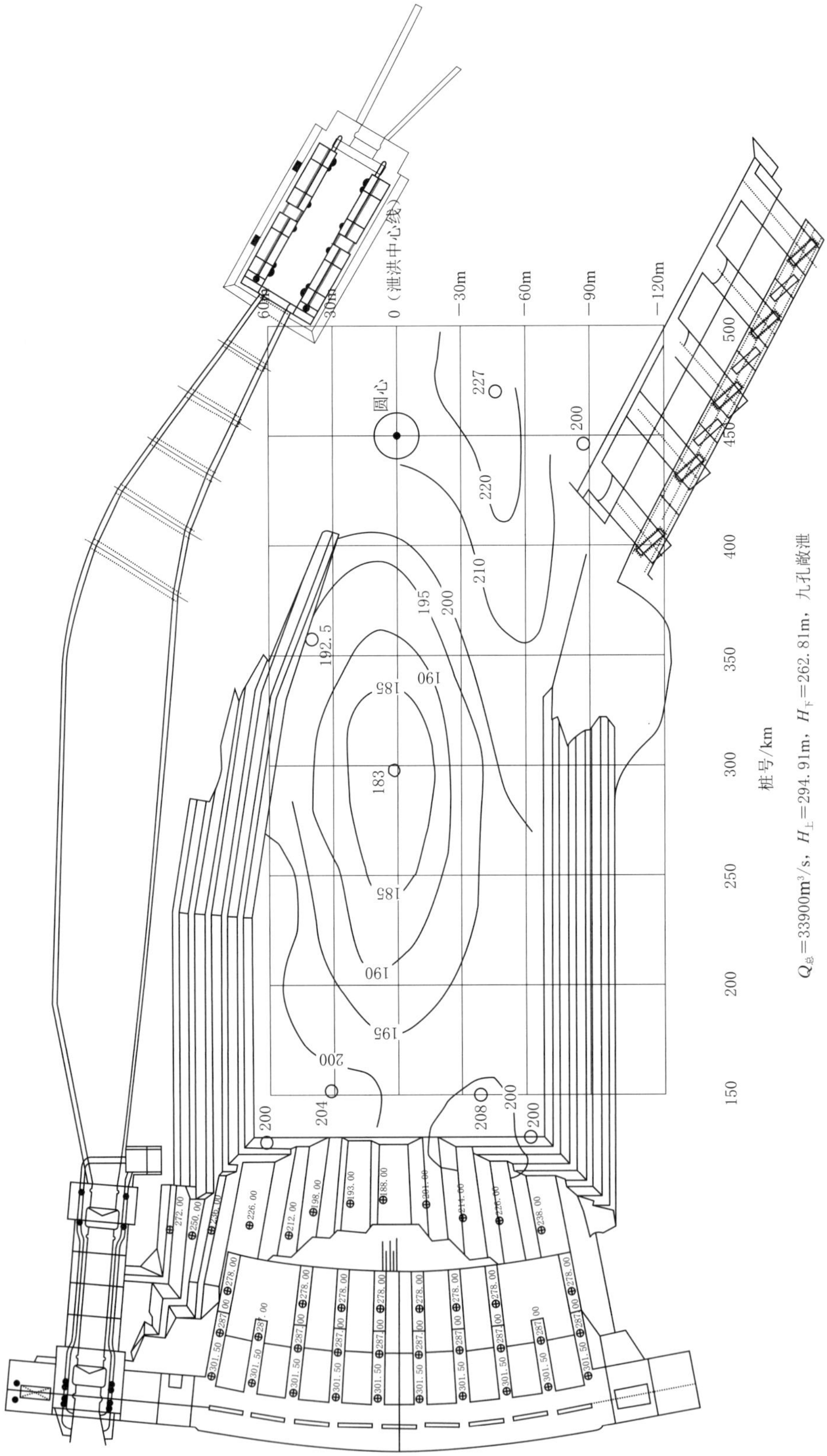

图 6.3 - 8 流量 $Q = 33900\,\mathrm{m^3/s}$ 时下游河床冲淤地形图（单位：m）

$Q_B = 33900\,\mathrm{m^3/s}$，$H_\perp = 294.91\,\mathrm{m}$，$H_\mathrm{F} = 262.81\,\mathrm{m}$，九孔敞泄

6.3.3　下游防护设计

6.3.3.1　下游护坦

1. 护坦布置

为防止小流量下泄水流对坝后的冲刷，在坝趾至桩号0+130（以弧形坝轴线与8号、9号坝段分缝线的交点为0点，沿8号、9号坝段分缝线向下游为正）之间、溢流坝段下游设混凝土护坦。

根据地形地质条件，护坦河床部位基面高程188.0m，向两岸逐渐抬高，护坦坡度1：0.7～1：1.2。左岸护坦坡面走向与泄洪中心线平行，右岸护坦坡面走向与泄洪中心线呈40°夹角。

2. 护坦结构设计

(1) 护坦的抗浮稳定计算。护坦的抗浮稳定按《溢洪道设计规范》（SL 253—2018）中公式进行计算。计算中考虑护坦的自重、护坦顶面的时均压力、脉动压力和护坦底面的扬压力。通过抗浮稳定公式求出护坦所需的锚固力，确定锚筋数量。

在大坝下泄100年一遇洪水时，下游水位一般为255.65～259.18m，护坦底面扬压力计算水位按258.00m考虑。护坦表面排水孔作为安全储备，不考虑扬压力折减。

护坦顶面的时均压力根据模型试验实测资料确定，时均压力水面高程按251.00m计。

(2) 锚筋的布置。根据计算下游护坦水平段按2.5m×3m（顺坡向间距×高度间距）布置3φ32mm锚桩，斜坡段按间距2.5m×2m（顺坡向间距×高度间距）布置3φ32mm锚桩，锚桩长9m（锚入基岩7.5m）。

另外，在护坦顶面双向布置Φ20@20的限裂钢筋。

6.3.3.2　下游护坡

1. 护坡布置

桩号0+130以下河床扩挖并采用混凝土护坡，扩挖范围至桩号0+330，桩号0+330河床按1：5的缓坡与地形相接，扩挖底高程200m，扩挖范围边坡与泄洪中心线平行，扩挖护坡后底宽为136m。由于左岸布置通航建筑物且下游河道向右偏转，左岸护坡与下游升船机护坡衔接，右岸护坡至桩号0+330.00。

护坡每15m设一级马道，高程242m以下坡度为1：0.2，高程242m以上为1：0.3。

护坡坡脚设防冲齿槽，根据水工模型试验成果，通过调度消能区坡脚处冲刷高程在190m以上，防冲齿槽底高程185m，底宽为3m。

2. 护坡设计

(1) 护坡的抗滑稳定计算。护坡采用透水形式，表面布置排水孔，在泄洪时主要承受脉动压力，在水位骤降时主要承受护坡内外静水压力，采用抗剪断公式对护坡的稳定进行计算。

(2) 锚筋的布置。根据计算护坡按3m×3m（顺坡向间距×高度间距）布置3φ32mm锚桩，锚桩长为9m（锚入基岩7.5m）。

另外，在护坡表面双向布置Φ20@20的限裂钢筋。

6.3.3.3 f_1 断层处理

f_1 断层斜跨消能区，左岸位于桩号 0＋230，右岸位于桩号 0＋260，宽度为 7～17m，断层溶蚀风化严重，位于水舌落点范围，采取以下措施进行处理：

（1）该断层及上下游 10m 范围防淘齿槽加深至高程 180m，宽度为 6m。

（2）左岸防淘齿槽范围内有温泉出露，流量较大，在混凝土埋设 2 根 $\phi500mm$ 的钢管。该泉水含硫酸根离子，在温泉出露范围桩号 X＋198～X＋238 高程 206m 以下采用抗硫酸盐混凝土。

（3）施工中该断层被用作防淘齿槽的除渣通道，两岸已挖至高程 185m。在齿槽外侧增加贴坡混凝土，外侧坡比 1：1，并在通道底部浇筑 3m 厚的混凝土防护板，分块尺寸 5m×6m（宽×长），块间用间距 1m 的 Φ36 钢筋连接。

6.3.4 消能技术要点

根据彭水水电站弧形重力坝体型以及下游尾水深厚这两大泄洪消能技术特点，最终提出了利用高低坎分区布置、低坎小挑角使出流形成动水垫、下游护坡不护底的技术思路，该布置体型的技术要点是：

（1）对 9 个表孔全部采用中隔墩下拉至鼻坎末端的布置形式。

（2）降低两侧表孔的出口鼻坎高程，使边孔的出流形成表层射流流态；由于大坝坝轴线为弧形，两侧边表孔的出射水流偏向河道中央，低而平的射流在前行过程中遇到中间表孔的挑流水舌，即产生动水垫效应，以此降低下游河床的消能负担，达到减轻河床与岸坡坡脚冲刷的效果。

（3）由于 2 号与 8 号两个次边孔的挑流水舌在横向上的扩散对边表孔的出射水流有一定的"覆盖作用"，同时两侧回流的存在，对两个边表孔的出射水流也有一定的"向心挤压"作用，因而下游水面波动不会有明显增大。

6.4 泄洪运行情况

2008 年水库初期运行水位在 275m 左右时曾多次开启了 1 号、8 号、9 号表孔进行泄流，坝后消能区在极不利的工况下运行了较长时间。此后水库蓄水至正常蓄水位运行中大坝多次开启表孔闸门泄洪。

为检查消能区的冲蚀情况，确保大坝长期安全运行，在大坝经过第一次汛期后，重庆大唐国际彭水水电开发有限公司委托黄委测量中心进行了坝后消能区加密：500 地形图测图工作，对测量结果分析后，怀疑在桩号 0＋35 有被冲刷现象，为此，业主又委托中水八局对坝后消能区进行了水下检查，最终发现桩号 0＋35 附近仅是局部软基有磨损，其他部位均正常。

此后 2011 年初重庆大唐国际彭水水电开发有限公司再次委托专业水下作业公司对坝后消能区进行检查，检查的范围主要包括：水下检查坝趾护坦至桩号 0＋130 之间高程 212.0m 以下的所有混凝土护坦，0＋130 下游防淘墙和混凝土护坡相结合部位。检查未发现有明显缺陷。

2014 年 7 月中旬，乌江上游连降暴雨形成大洪水，7 月 16 日洪峰抵达彭水水电站，入库流量达 $16800m^3/s$，超过彭水水电站 5 年一遇洪水标准（$P=20\%$，$15800m^3/s$），最大泄洪流量为 $15000m^3/s$，库水位最高为 289.41m，尾水位最高为 243m，超过尾水平台（高程为 236m）和升船机平台（高程为 235m）。汛后业主组织对消能区进行了检查，水下检查成果和水下地形测量结果显示，护坦混凝土损伤均为表面损伤，大多数部位范围较小、深度不大，仅两处混凝土损伤深度超过 20cm。混凝土损伤总量约 $3m^3$。总体来看，护坦、护坡混凝土表面损坏深度不大，对混凝土结构未造成实质性损伤，不影响结构安全。

第7章

地 下 电 站 建 筑 物

7.1 地下电站布置

7.1.1 地下电站总体布置

彭水地下电站布置在坝址右岸山体中，安装 5 台单机容量为 350MW 的混流式水轮发电机组，总装机容量为 1750MW。电站采用中部式地下厂房，引水系统采用一机一洞，尾水系统采用一机一洞，主变压器布置在地面，不设调压室，地下电站建筑物主要由引水渠、进水塔、引水隧洞、地下厂房、尾水隧洞、尾水塔、变电所等组成。

引水渠紧靠大坝布置，引水渠渠底高程定为 254.6m，渠底宽度为 166.8～277m，顺水流向渠长约 30～100m。进水塔前 25.0m 范围内，渠底设钢筋混凝土护坦。

进水塔呈 "一" 字形排列布置，纵轴线与坝轴线夹角为 63.5°～95.7°，尺寸为 163.8m×24.9m×55.9m（长×宽×高），进水塔底板高程为 250.1m，塔顶高程为 306m。进水塔与上坝公路之间设一座交通桥，桥面宽为 14.0m，跨度为 7.5m。

引水隧洞采用一机一洞，进口中心高程为 261.6m，出口中心高程为 201m。平面上，隧洞轴线垂直进水塔布置，经竖井转弯后，垂直进厂，轴线间距为 35.0m。立面上，由渐变段、上平段、上弯段、竖井段、下弯段、下平段和渐变段等组成，引水隧洞最大直径为 14.0m，最大长度为 422.8m。

地下厂房轴线方向 NE24°，与岩层走向呈 0°夹角布置，地下厂房尺寸为 252.0m×30.0m×76.5m（长×宽×高）。其中机组段长为 175.0m，采用一机一缝，单机组段长为 35.0m；安装场段布置在靠山侧，长为 59.0m；集水井段布置在靠江侧，长为 18.0m。在地下厂房上游侧布置 5 条母线洞，经母线竖井接至 500kV 变电所。水轮机安装高程为 201m，建基面高程为 171.5m，发电机高程为 220m，厂房拱顶高程为 248m。下游侧尾水管出口处设机组尾水检修闸门井，闸门孔口尺寸为 12.6m×16.2m（宽×高）。

地下厂房四周设 3 层厂外排水洞，顶层排水洞的洞顶以上及 3 层排水洞间设排水孔幕，形成封闭式地下厂房排水幕，截住渗向厂房的地下水，同时在地下厂房洞室的左右两侧，利用端部排水廊道设置局部防渗帷幕，以截断山里侧及靠江侧渗水。

尾水隧洞采用一机一洞平行布置，洞轴线间距为 35m。尾水隧洞具有自动调压功能，替代尺寸巨大的尾水调压室，隧洞前部顶拱采用二次曲线，其后洞段采用不同的顶坡和底坡与尾水出口相接，尾水隧洞断面采用变顶高形式的城门洞型，断面尺寸 12.6m×22.88m～12.6m×27.5m（宽×高），尾水管底板高程为 174.5m，出口底板高程为 198.5m。尾水隧洞最大长度为 481.6m。

尾水塔布置在尾水隧洞出口，设检修门一扇，尾水平台高程为 236m，其轴线与尾水隧洞轴线夹角 69.4°，尾水平台设备经 1 号沿江公路运入。

500kV 变电所布置在主厂房顶部地表处，利用天然冲沟鸭公溪开挖而成，地面高程为 380m。变电所长为 177m，宽为 45～75m，变电所上游侧为控制管理楼、GIS 室、风机房及地下事故油池，中部为 1 号～5 号机变压器，下游侧为开敞式油罐区及油处理室。

7.1.2　地下厂房位置与纵轴线

地下厂房厂区岩溶系统发育，主要有 KW_{14}、KW_{54}、W_{84}、KW_{51} 等岩溶系统，其中，KW_{51} 及 W_{84} 岩溶系统最大洞穴达数万方，W_{84} 中还存在较大的深循环温泉，水温较高，岩溶处理代价极高。岩溶系统的处理有常见两种思路：工程处理岩溶和规避岩溶，由于工程位于陡倾角岩层，岩溶是顺层发育，采用规避岩溶方式，可较好地避开主要岩溶的影响。采用规避岩溶的思路，地下电站洞室群布置、围岩稳定等与常规地下电站设计有很大的不同，产生了很多新的技术难题，如主厂房布置、洞群优化、高陡倾边墙稳定等，其中，主厂房布置是需要首先解决的问题。

1. 地下厂房位置

彭水地下厂房洞室尺寸为：252.0m×30.0m×76.5m（长×宽×高），洞室规模大，围岩稳定要求高。结合工程地质条件及特点，地下厂房位置布置主要考虑以下几个问题：①应尽量避开断层及其严重影响带以及溶洞、溶槽等岩溶发育部位，即应尽量避开 KW_{84} 与 KW_{51} 两个岩溶系统及 C_0、C_2、C_4、C_5 等Ⅲ类软弱夹层；②尽可能利用坚硬完整岩层，并避开 C 类夹层。应将地下厂房洞室拱顶置于完整岩体内，地下厂房洞室侧墙围岩应完整、各岩层间结合良好；③地下厂房纵轴线走向选择应与最大地应力方向一致或相近；④应尽量缩短输水路线，在满足规范要求的机组调保参数条件下，尽量不设置上游调压室，并且进水口及尾水出口应具有较好的进水条件和尾水出流条件。

基于上述原因，对于地下厂房的布置方式常见的首部式、中部式和尾部式三种布置型式，因彭水水电站大流量、水头较低，相应引水和尾水隧洞断面都较大，尾水隧洞由于流速较低，隧洞断面更大，在三种厂房布置方式中，首部式将出现长度较长的尾水隧洞和尺寸较大的尾水调压井，经济方面不占优，地下厂房还会遭遇 KW_{51} 岩溶系统；尾部式地下厂房也将遭遇 W_{84} 岩溶系统，洞室开挖及支护难度大，且需设 5 个独立的上游调压井，工程量较大。经对比研究，综合围岩地质条件、水工布置及造价等因素，中部式厂房布置设计在满足机组调节保证规范要求、地下洞室围岩稳定安全、施工难度及施工进度、工程造价等方面具有较大的综合优势，彭水地下厂房采用了中部式厂房布置方案，将地下厂房洞室布置于南津关组三、四层（O_{1n}^3、O_{1n}^4）岩层段。

2. 地下厂房纵轴线

地下厂房洞室位于南津关组三、四层（O_{1n}^3、O_{1n}^4）岩层段的中部，从地层的分布条件分析，O_{1n}^3、O_{1n}^4 岩层段的水平投影长度约 60m，岩层倾角 65°，主厂房高度约 76.5m，其下部岩层的水平偏移约 33.6m，顶、底的共有宽度仅一个洞室的宽度。考虑到断层对岩层的水平局部错动影响因素，地下厂房位置的调整余地极小。在地下厂房上游侧的 O_{1n}^5 岩层中发育有 KW_{51} 岩溶系统，主要沿 C_4 夹层顺层发育，岩溶规模较大，地下水丰富。在地下厂房下游侧的 ϵ_{3m}^{2-2} 岩层发育有 W_{84} 热水岩溶系统，属深循环热水与浅层水混合岩溶系统，顺层发育，岩溶规模较大，地下水丰富。基于本工程地质条件限制，布置地下厂房洞室既要避开主要岩溶系统，又要与主要地质构造线呈大角度相交是不可能同时满足的，布置地下厂房轴线应采取避重就轻的原则，避开处理 W_{84} 与 KW_{51} 两个岩溶系统，使地下厂房洞室布置在完整岩体内，再采用工程措施保证洞室稳定。

从输水线路布置分析，尾水隧洞轴线基本与岩层走向垂直，这已经决定了地下厂房洞室轴线必将与岩层走向夹角较小，若将两者夹角设计较大时，输水线路长度将增加很多，工程量增加较大，工程明显不经济。经分析研究，为保证输水线路的长度在比较合理的范围，地下厂房轴线与岩层夹角最大值在 20°左右，坝址区的地形及岩层走向决定了地下厂房轴线没有条件与岩层呈更大的夹角。

从彭水地下电站厂区的地质条件分析，地下厂房轴线与岩层走向呈 20°夹角时，其安装场顶拱被 C_2 夹层斜切，存在局部块体稳定问题；性状较差的 C_2 夹层在安装场至 2 号机组段的上游边墙出露，易于形成不稳定楔形块体，不利于边墙的稳定；左端靠江侧其下游边墙底部已切入寒武系 ϵ_{3m}^{2-2} 岩层及 W_{84} 热水岩溶系统，不利于地下厂房的围岩稳定及防渗。当厂房轴线与岩层走向呈 0°夹角布置时，可以保证地下厂房洞室大多部位位于完整岩体内，其主要围岩条件为：顶拱全部为 O_{1n}^3、O_{1n}^4 岩体，岩体性状好，顶拱稳定性较好；厂房上游侧墙均为 O_{1n}^3、O_{1n}^4 岩体，C_2 夹层深埋；厂房下游侧墙大部分为 O_{1n}^3，底部为 O_{1n}^2、O_{1n}^1；岩层产状分析表明，上游侧高边墙为陡倾角、逆向岩层组合，对上游墙的围岩稳定有利；下游侧高边墙为陡倾角、顺向岩层组合，对下游边墙的围岩稳定不利，特别是岩性相对较弱的 O_{1n}^2、O_{1n}^1 岩层在下游墙高程 202m 以下出露，需重点加强支护；地下厂房洞室未进入寒武系 ϵ_{3m}^{2-2} 岩层的 W_{84} 温泉系统，围岩的防渗条件较好。综合分析，厂房轴线与岩层走向呈较大夹角布置，洞室围岩稳定条件没有明显的优势，存在诸多难以解决的问题，因此，彭水地下电站选取地下厂房洞室轴线与岩层走向呈 0°交角的布置方案，布置示意见图 7.1-1。

厂房轴线与岩层走向呈"0°交角"的布置方式，突破了《水电站厂房设计规范》（SL 266—2014）建议的"洞室轴线宜与围岩的主要构造弱面（断层、节理、裂隙、层面等）呈较大的夹角"。对于彭水这种建设在陡倾角岩层中的大型地下电站，"0°夹角"布置方将会加大围岩稳定的不利影响，围岩稳定条件不如"大交角"布置，洞室的开挖、支护及监测工作要求更高。

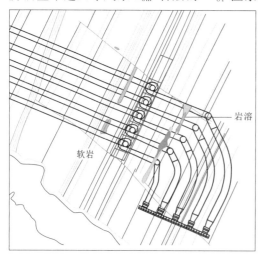

图 7.1-1 主厂房轴线与岩层走向"0°交角"
布置示意图

但从彭水工程特殊地质条件分析，采用"0°交角"布置为彭水地下电站这种复杂岩溶系统地质条件下建设大型地下厂房寻找了一条较合理的出路；反之，若按"大交角"布置，工程将会增加非常庞大的岩溶处理工程和输水线路工程，施工难度与工程量急剧加大，工程建设的可行性必将大打折扣，"0°交角"布置虽增加了一些围岩稳定的不利风险，相比岩溶处理，其代价要小得多，同时这种设计也是对岩溶地质条件下地下厂房设计的创新，为同类工程设计可提供很好的工程经验。

7.1.3 地下电站洞室群布置优化

通过研究自动调压尾水洞取代常规调压室、研究超长母线竖井将主变地面布置（取消主变洞），将大型地下电站由传统的三个主洞室（地下厂房、主变洞、尾水调压室）变为单一主洞型（仅地下厂房），降低山体挖空率，减小岩溶处理规模和难度，提高地下洞室围岩稳定性，成功解决了复杂岩溶地区大型地下电站的布置难题。

7.1.3.1 自动调压尾水洞

由于选定的主厂房位置，流道最长约1000m，机组调节保证计算分析表明，电站流道水流惯性时间长达6.65s，远大于《水电站调压室设计规范》（NB/T 35021—2014）中规定的2~4s的允许值要求，若采用扩大尾水洞洞径的措施来满足低水位下尾水管真空度的规范要求，电站装机高程将很低，会增大地下开挖工程量及施工难度，不利于洞室群的围岩稳定；若设置尾水调压室，由于电站流量大，水头较低，采用圆筒阻抗式或分室差动式都需要5个直径33.5~54m、高64m的调压井才能满足运行要求，采用长廊阻抗式调压室的规模将达到186m×25m×65m（长×宽×高），工程量均巨大，洞室稳定难度大，且尾水调压室将遭遇W_{84}岩溶系统，支护及岩溶处理工程量很大。另外，由于主厂房下游侧存在较厚的页岩区，岩性较差，开挖尺寸较大的主厂房和尾水调压室，将导致页岩上下端均形成临空面，对洞室围岩稳定非常不利。

考虑到彭水水电站具有机组流量大、水头相对较低、下游水位变幅大（校核尾水位266.5m，最低通航水位211.5m）的特点，在大量数值分析及模型试验基础上，基于对机组淹没深度、下游水位及尾水有压段长度三者关系的认识，研究了自动调压尾水洞技术，采用变顶高型式的尾水调压隧洞，实现了竖向调压向横向调压的转变，取消了尾水调压室。

自动调压尾水洞的原理是利用洞顶斜面使下游水位与洞顶在任意处衔接，将尾水流道分成有压满流段和无压明流段。下游处于低水位时，水轮机的淹没水深较小，有压满流段短，无压明流段长，水力过渡过程中负水击压力小，尾水管进口断面真空度不会超过规范规定要求；随着下游尾水位的上升，尽管无压明流段逐渐减短，有压满流段逐渐增长，负水击越来越大，直至尾水洞全部呈有压流，但水轮机的淹没水深逐渐加大，有压满流段的平均流速也逐渐减小，正负两方面的作用相互抵消，使尾水管进口的真空度仍然能控制在规范要求的范围内。尾水调压隧洞所采用的特殊体型，使其无论处在何种下游水位，洞内水流状态均平稳，无吸气和滞气现象，无明满流相互交替现象，并且涌浪幅值、水击压力大小以及分界面移动距离和速度均在合理范围之内。尾水调压隧洞利用下游水位的变化，即水轮机的淹没水深来确定尾水洞有压满流段的极限长度，使之始终满足过渡过程中尾水进口断面真空度的要求，从而达到取代尾水调压室的作用。

水力过渡过程计算表明：当 $GD^2=154000\text{t}\cdot\text{m}^2$ 时，采用分段关闭规律，第一段关闭速率为 0.118，第二段关闭速率为 0.085，第一个拐点相对开度为 0.47，总关闭时间为 10s，开机时间为 20s，蜗壳最大压力上升率 $\xi=47\%$，最大转速上升相对值 $\beta=54\%$，尾水管真空度为 $3.2\text{mH}_2\text{O}$。调节保证参数均满足规范要求；导叶直线关闭时，最大转速上升相对值 $\beta=54\%$，尾水管真空度为 $7.03\text{mH}_2\text{O}$，蜗壳最大压力上升率为 62%。除蜗壳最大压力上升率偏大外，其余各项值均能满足要求；在蜗壳和压力钢管设计时考虑了这一因素，提高了蜗壳和压力钢管的设计强度，从而全面满足了调节保证计算的要求。

自动调压尾水洞方案的主要特性是从大波动过渡过程中的水力特性来看，自动调压高尾水洞可以取代尾水调压室，使机组调节保证参数满足设计规范要求。从小波动过渡过程中的水力特性以及对机组调节性能的影响方面，自动调压尾水洞也能起到尾水调压室的作用，尤其在高尾水位时，机组的调节品质和运行的稳定性比尾水调压室方案要好。自动调压尾水洞在极端最小水头特殊条件下仍可保证电站的调节品质，而尾水调压室方案即使调压室断面积扩大，也不能十分有效地改善电站的调节品质。

自动调压尾水洞体形设计原则是：下游最低水位时，无压明流段延伸到尾水管出口断面之前，让有压满流段尽可能减短；根据尾水洞出口断面允许的最大流速，确定其底板高程和底宽；选择出口断面的顶部高程，以及尾水洞顶坡和底坡的大小，满足尾水洞全部呈有压流时调节保证的要求；顶坡的大小要有利于解决明满流问题，防止出现顶拱滞气和明显的明满流交替等现象；尾水洞与尾水管之间的高差，以及底宽的差别等由过渡段衔接。过渡段的顶拱保证尾水管始终是有压流，避免对机组运行效率产生影响。

自动调压尾水洞采用一机一洞平行布置，洞轴线与地下厂房纵轴线垂直，各洞轴线间距 35m，进口段接机组检修闸门井，出口段接尾水塔。尾水隧洞进口段顶拱采用二次曲线，其后隧洞段采用不同的顶坡和底坡与尾水出口相接。尾水洞断面采用变顶高型式的城门洞型，断面尺寸为 $12.6\text{m}\times22.28\text{m}\sim12.6\text{m}\times27.5\text{m}$（宽×高），顶拱中心角为 $180°$，进口底板高程为 180m，出口底板高程为 198.5m，隧洞最大长度为 401.3m。

尾水调压室方案由于尾调结构尺寸高大，开挖时对主厂房洞室围岩稳定影响较大，岩体应力扰动较大，调压室洞室围岩的支护要求高、工程量大、造价高。自动调压尾水洞方案有效地简化了地下洞室群的布置，主厂房围岩所受的扰动小，尾水隧洞结构较为单一，虽然隧洞开挖高度较高（最大高度约 30m），但宽度相对较窄（开挖宽度约 15m），围岩应力和变形均不大，在采用系统支护及对穿预应力锚索加固后，可满足围岩稳定要求。总之，自动调压尾水洞既可替代尾水调压室作用，解决机组的调节保证问题，又简化了地下洞室群，避免了在岩溶系统中布置大型调压室的难题。

7.1.3.2　超高母线竖井

常规地下电站大多采用地下主变洞室，将主变压器布置于地下，以缩短高压母线长度，减少电能损耗。因彭水水电站特定的地质条件，主厂房上游侧有 KW_{51} 岩溶系统和 C 类夹层，下游侧为南津关第二段页岩以及 W_{84} 热水系统，主厂房上、下游侧高程

220m 均不宜布置地下主变洞。要避开两大岩溶系统影响，主变洞设在上游侧，洞底高程需提高到 301m，且主变洞顶拱及上、下游侧墙处于岩溶中等发育的 O_{1n}^{5-3} 岩层内，主变洞设在下游侧，洞底高程需到 270m，位于 W_{84} 热水系统上部，受较高地温影响，不利于主变正常运行。主厂房、主变洞室均为顺岩层走向开挖，主变洞不论布置在上游或下游，在主变洞与主厂房间都会形成两面临空的孤立岩体，陡倾层状且两面临空的高边墙稳定性较差。

在成功开发"超长超高封闭母线技术"后，在解决了长垂直大电流离相封闭母线的散热、结构及防凝露技术的基础上，实现主变地面布置，取消了主变洞。

将主变压器及 GIS 设备布置于高程 380m 处的 500kV 变电所，利用厂房顶部地表的天然冲沟鸭公溪开挖形成，地面变电所由母线洞连接至地下厂房。综合考虑地质条件、运行管理及造价等因素，虽母线长度较常规地下布置会较长，电能损耗略大、年费用略高，但地面布置取消了地下主变洞，避免了在岩溶系统中开挖大型洞室，有利于确保地下洞室的围岩稳定，降低工程风险，也方便了主变的正常运行与检修维护。

母线竖井采用单机单洞，竖井为矩形断面，尺寸为 6m×5m（长×宽），采用全断面混凝土衬砌，井中布置母线、电缆通道和楼梯，为防止渗水影响，在衬砌与围岩间设有排水网络，并在衬砌内壁上设防渗防水处理。彭水地下电站单机母线洞长度约 190m，其中母线竖井高度约 160m，为国内最高的低压母线竖井。

通过深入研究彭水地下电站洞室群布置，采用"自动调压尾水洞"取代尾水调压室，采用"超高母线竖井"技术将主变布置于地面取消主变洞，将大型地下电站由传统的"三洞型"（地下厂房、主变洞、尾水调压室）变为"单洞型"（仅地下厂房），大大减小了地下洞室群的规模，降低了地下挖空率，规避了主要岩溶系统影响，减少了岩溶系统处理难度和工程量，为在复杂岩溶系统地质条件下建设大型地下电站创造了有利条件。主厂房洞室与岩溶相对位置见图 7.1-2。

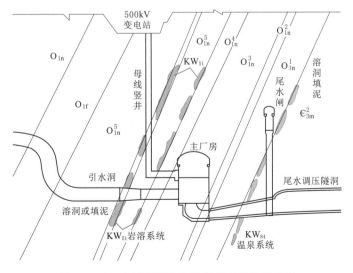

图 7.1-2　主厂房洞室与岩溶相对位置示意图

7.2 电站建筑物设计

7.2.1 进水口

进水口采用岸塔式进水口，主要由进水塔、交通桥、自记水位计塔等建筑物组成。

1. 进水塔

进水塔为钢筋混凝土塔式结构，侧向进水。与五条引水隧洞对应，分五段布置，呈"一"字形排列，塔顶通过交通桥与高程 306m 的上坝公路平台相连，为运行期交通通道。

进水塔 1 号、5 号段长为 29.4m，2 号、3 号、4 号以引水洞轴线洞距控制，段长为 35m，前沿总宽为 163.8m。在上游死水位 280m 条件下，为避免进水塔门前出现漩涡和吸气漏斗，按戈登公式计算，所需最小淹没深度为 11.2m，考虑引水隧洞洞径 14m，进水塔底坎高程为 254.6m，建基面高程为 250.1m，塔顶高程根据上游校核洪水位 298.85m 及工作闸门启闭运行要求，定为 306m，塔高为 55.9m。

进水塔顺水流向总长为 23.4m，依次布置拦污栅段、喇叭口段、闸门井段，分别长 8.0m、3.0m、9.4m。布置有拦污栅、检修门及工作门各一道。

拦污栅共设一道，采用直立平面活动式，由塔顶门机（容量 $2×400kN$）的回转吊吊装及提栅清污。每段进水塔按五孔六墩设计，栅后进水塔前沿贯通，机组间水流可互相补充调剂。拦污栅墩宽为 1.2m，孔跨为 4.4m，栅高为 28.5m。拦污栅底坎高程为 254.6m，栅墩顶高程为 306m，高为 51.4m，按结构受力要求，栅墩高程 306m、294.3m、283.1m、273.6m、264.1m 各设一支撑梁与进水塔上游挡墙连接，并在栅墩之间设联系横梁，布置高程同支撑梁。

喇叭口段长为 3.0m，入口处底高程为 254.6m，断面尺寸为 16m×18m～10m×15.69m（宽×高）。闸门井段底坎高程 254.6m，设平板检修门和平板事故工作门。检修门孔口尺寸为 10m×15.69m（宽×高），上游止水，由塔顶的 $2×2000kN$ 双向带回转吊的门机在静水中启闭，事故工作门孔口尺寸为 10m×14.17m（宽×高），下游止水，动水关闭静水开启，由容量为 2500/5000kN 的液压启闭机操作。

闸门井内高程 302m 处设有液压启闭机房，平面尺寸为 13.6m×6.2m（长×宽），可通过设在壁面的爬梯从塔顶进入。塔顶 2 号与 3 号、3 号与 4 号机之间设置高 4m 的液压启闭机机房兼自记水位计观测室，平面尺寸为 12.0m×5.0m（长×宽），4 号与 5 号机布置配电房，平面尺寸为 12.0m×7.0m（长×宽）。

进水塔上、下游墙为挡水结构，塔顶上游侧设有行车道，2 号、4 号机下游墙内各埋设一个直径 0.2m 的自记水位计钢管，钢管与下游墙前沿的库水相连，用以观测拦污栅栅后水位变化。下游墙内 1 号～5 号机水道两侧各设一个直径为 1m 的通气孔。上游拦污栅平台长 7.0m，塔顶顺水流向长 24.5m。

进水塔基础落在大湾组 O_{1d}^{1-1}、红花园组 O_{1h}、分乡组 O_{1f}、南津关组 O_{1n}^{5-3} 地层上。大湾组 O_{1d}^{1-1} 为页岩，抗压强度 10MPa，变形模量 4～6GPa；红花园组 O_{1h}、南津关组 O_{1n}^{5-3}

为灰岩，抗压强度 60～80MPa，变形模量 25～30GPa，强度与变形模量相差较大，容易导致基础产生不均匀沉降。为防止进水塔基础产生不均匀沉陷，进水塔采用一机一塔，塔基 O_{1d}^{1-1} 地层采用回填 C20 混凝土换填，以提高进水塔基础的抗压强度。

2. 交通桥

为满足交通运输需要，进水塔与上坝公路平台之间设有一座交通桥，为进水塔机械设备运输及运行期车辆、人员的进出塔顶的通道。交通桥跨度为 7.45m，为一跨预制钢筋混凝土简支"T"型梁桥，桥梁一端支承在进水塔下游墙上，另一端支承在上坝公路平台一侧的筋混凝土台上。桥面宽为 13.8m，行车道宽为 11.8m，两侧各设有宽为 0.75m 的人行道。左侧人行道下布设三排电缆架。

3. 自记水位计塔

为观测上游库水位变化，在 5 号进水塔左端上游侧布置一个自记水位计塔，塔底高程为 253.6m，塔顶高程为 306m，塔高为 52.4m，平面尺寸为 3m×3m（长×宽），为空心圆筒结构，内径为 1m，设 ϕ250mm 钢管与库水连通。

7.2.2 引水隧洞

7.2.2.1 引水隧洞布置

引水隧洞采用平面上相互平行的一机一洞、与进水口和地下厂房的纵轴线垂直布置形式，由进口渐变段、上平段、平弯段、上弯段、竖井段、下弯段、下平段和渐变段等组成，隧洞洞轴线间距为 35m。其中 1 号、2 号、3 号机隧洞由上平段至下平段洞径为 14m，经渐变段后洞径变为 10.5m，再经下平段与蜗壳进口相接，隧洞进口中心高程为 261.6m；4 号机隧洞洞径为 12.5m，经渐变段后洞径变为 10.5m，再经下平段与蜗壳进口相接，隧洞进口中心高程为 260.85m；5 号机隧洞洞径均为 10.5m。引水隧洞进口中心高程为 259.85m，出口中心高程为 201m。1 号～5 号机引水隧洞长度分别为 458.46m、402.40m、349.89m、293.82m、241.37m。

机组额定流量为 578m³/s 时，引水隧洞洞径 14m、12.5m、10.5m 的流速分别为3.75m/s、4.71m/s、6.68m/s。

7.2.2.2 引水隧洞支护与衬砌

1. 支护

引水洞开挖洞径规模较大，分别为 16.4m（1 号、2 号、3 号）、14.9m（4 号）、12.9m（5 号）。引水隧洞穿过 O_{1d}、O_{1h}、O_{1f}、O_{1n}^5 等灰岩、白云岩和页岩，其中 O_{1d}^1、O_{1f} 层页岩强度较低，O_{1h}^1 和 O_{1f}^3 岩层厚度薄，页岩含量高，层间错动比较发育。同时引水洞将穿越 KW_{14}、KW_{51} 两个岩溶系统和 C_2、C_4、C_5 三个溶蚀填层夹层，其中 5 号机的引水管道将穿越 P_{17} 平洞揭示的大溶洞。

1 号～5 号机各洞段围岩分类长度见表 7.2-1。

根据围岩类别及洞室围岩稳定分析结果确定的系统支护参数为：喷钢纤维混凝土厚0.10～0.15m；系统锚杆采用普通砂浆锚杆，间距 1.5m；系统锚杆的长度及杆径根据围岩类别不同采用的不同参数，具体见表 7.2-2。

表 7.2-1　　　　　　　　　　1 号～5 号机各洞段围岩分类长度统计表

洞段	Ⅱ类		Ⅲ类		Ⅳ类		Ⅴ类	
	长度/m	占比/%	长度/m	占比/%	长度/m	占比/%	长度/m	占比/%
1 号机	173.67	41.08	28.85	6.82	193.84	45.85	26.44	6.25
2 号机	250.56	68.36	23.58	6.43	76.7	20.93	15.68	4.28
3 号机	212.67	68.47	44.32	14.27	41.5	13.36	12.1	3.90
4 号机	109.32	42.36	123.58	47.89	11.86	4.60	13.31	5.16
5 号机	163.66	83.08	19.26	9.78	0	0.00	14.08	7.15

表 7.2-2　　　　　　　　　不同围岩类别的引水隧洞支护系统锚杆参数表

锚杆	Ⅱ类		Ⅲ类		Ⅳ类		Ⅴ类	
	长度/m	直径/mm	长度/m	直径/mm	长度/m	直径/mm	长度/m	直径/mm
类型 1	9	$\phi25$	9	$\phi28$	9	$\phi28$	9	$\phi32$
类型 2	6	$\phi25$	6	$\phi25$	6	$\phi28$	6	$\phi28$

注　类型 1、2 锚杆间隔布置。

部分围岩条件差及穿越溶蚀洞段，采取 I20A 钢拱架加强支护；引水隧洞下平段与主厂房母线洞室交汇的 30m 洞段内也采用 I20A 钢拱架加强支护。

2. 衬砌

考虑到隧洞上平段承受水头相对较小，最大水头为 39～59m，隧洞上平段、上弯段采用钢筋混凝土衬砌，竖井段和下弯段采用钢纤维混凝土衬砌，衬砌厚度 1.05m，过帷幕加强段衬砌厚度 1.35m，衬砌结构采用限裂设计，裂缝宽度小于 0.25mm。引水隧洞下平段承受的水头较大（最大 140m），与母线洞叠合，挖空率较高，为防止内水外渗对主厂房洞室上游高边墙围岩产生不利影响，下平段采用钢衬，钢衬外围混凝土衬砌厚度 1.05～0.9m。

引水隧洞最大内径为 14m，属国内外最大直径的压力引水隧洞，隧洞最大水头 140m，最大 PD 值 1960H_2O·m，混凝土衬砌的强度与限裂要求是引水隧洞设计较突出的问题，尤其是竖井段和下弯段衬砌的限裂难度大，经研究分析采用了钢纤维混凝土衬砌，很好地满足衬砌在强度和限裂两方面的要求。

钢纤维混凝土是一种由水泥、水、粗细骨料、随机乱向分布的短钢纤维按一定比例配置组合而成的复合材料。它除具有普通混凝土的优良特性外，还能大幅提高混凝土的抗拉、抗折、抗剪强度以及延性、韧性、抗冲击性和抗变形能力，还具有耐冲击、耐疲劳、耐磨耗能力强等特性，尤其是它能很好地抑制裂缝的开展，能明显提高抗裂强度并使荷载作用下的构件的裂缝宽度大大减小。普通混凝土构件中掺加钢纤维可以大大改善构件的受力性能，提高正、斜截面抗裂性能和构件整体性能，限制裂缝宽度的发展。

钢纤维混凝土在混凝土基体未开裂前，纤维与混凝土共同处于弹性状态，对材料的变形性能影响很小，但在基体开裂后处于裂纹面的纤维便发挥出其桥联阻裂性能，使材料具有较高的裂后强度、抗拉韧性等。基体开裂后，混凝土的拉伸变形主要来自初始裂缝的不断张开，在断裂面处钢纤维混凝土通过纤维继续把荷载传递给未开裂的部分。这样，材料的力学性能就安全取决于纤维与基体界面的结合强度，随裂缝不断张开，纤维桥联纤维与不断被拔出，基体在阻碍纤维拔出的过程中，主要靠纤维-基体界面间的黏结力（包括黏着与剪摩约束两种作用）及纤维的异性造成的机械抗力。钢筋钢纤维混凝土构件中钢筋与钢纤维混凝土间的黏结锚固力较普通混凝土提高，这既降低了钢筋的平均应变，又使主裂缝间钢纤维混凝土平均拉应变较普通混凝土有显著提高，从而降低了主裂缝的开展宽度。

借鉴钢纤维混凝土抗裂性能优的特点，彭水水电工程压力引水隧洞竖井段和下弯段采用钢纤维混凝土衬砌，取消了招标设计采用的钢衬衬砌方案，减少了 5500t 钢材，有效提高了工程的经济性。

引水隧洞衬砌计算模型及最大主应力见图 7.2-1 和图 7.2-2。隧洞经放空检测，衬砌表面无裂缝产生，钢纤维混凝土衬砌很好地保证了隧洞的安全运行。

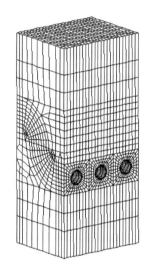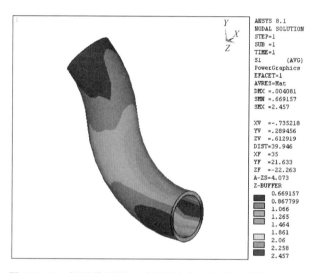

图 7.2-1　引水隧洞模型　　图 7.2-2　钢纤维混凝土衬砌最大主应力图（单位：MPa）

7.2.3　地下厂房与附属洞室

地下厂房位于大坝右坝肩下游侧，厂房轴线 NE24°。其所处岩层为 O_{1n}^2、O_{1n}^{3-1}、O_{1n}^{3-2}、O_{1n}^{3-3}、O_{1n}^{4-1}，属Ⅱ、Ⅲ类围岩，总体稳定条件较好。在厂房上游侧布置 5 条母线竖井，与位于山体顶部的变电所相连，厂房右端布置有安装场，与进厂交通洞相接，机组由进厂交通洞运至安装场进行安装检修。

7.2.3.1　主要尺寸及高程

根据电站的总体布置、水轮机组特性参数调节保证计算的结果要求，水轮机安装高程确定为 201m，依据水轮机组尺寸、设备布置和结构要求，尾水管底板高程定为 174.5m，建基面高程为 171.5m，布置机组检修放空排水管部位开挖高程为 169.5m，水轮机层地面高程为 209m，发电机夹层地面高程 213.9m，发电机层、安装场和母线洞地面高程均为 220m。

根据机组安装及检修时起吊大件需要，确定桥机轨顶高程为 234m；由桥机运行和使

用、厂房吊顶和通风排烟管布置以及顶拱围岩稳定的需要，确定拱顶起拱点高程为
240m，拱顶高程为 248m，矢跨比为 0.267，厂房最大开挖高度为 78.5m。

机组段长度主要受蜗壳平面尺寸控制，结合引水隧洞的布置，以及厂房设备布置、交
通的要求和结构受力特点，确定机组段长度为 35m，以机组中心线分，其左侧长度为
18.2m，右侧长度为 16.8m，5 台机总长为 175m。机组段跨度受发电机风罩平面尺寸和
蜗壳平面尺寸的共同控制，在尽可能减小主厂房跨度，同时满足运行通道和设备布置的原
则下，确定厂房跨度：高程 232.5m 以上为 30m，高程 232.5m 以下为 28.5m，扣除防潮
墙所占宽度，厂房内侧净宽 27.2m。考虑转子、定子、转轮及下机架等 4 大件安装检修布
置需要，安装场长度确定为 59m，厂房左端设集水井段，长度 18m，因此厂房共分 7 段，
从右至左为安装场段、5 个机组段和集水井段。地下厂房开挖尺寸为 252.0m×30.0m×
78.5m（长×宽×高）。

7.2.3.2　厂内布置

1. 主厂房

主厂房发电机层地面高程为 220m，每个机组段上游右侧布置通往下层发电机夹层的
交通楼梯，楼梯的下游侧布置蜗壳检修设备吊物孔，上游左侧与母线洞相接，下游布置的
机组励磁保护盘和油、气设备吊物孔；发电机夹层高程为 213.9m，上游右侧与发电机层
相同，上游左侧通过扩挖槽与母线洞相接，机组左侧还布置机组调速器和装置等设备，在
下游侧布置有机组用电配电装置和通风装置；水轮机层高程为 209m，布置技术供水系统
等设备，并有交通楼梯与吊物孔通往上、下各层。在水轮机层下部上游侧布置有水轮机室
进人廊道，在高程 191m 布置有交通廊道。

发电层上部布置有 2 台桥式起重机，用以发电机组的安装和检修吊运。

在厂房洞室顶部布置有贯通全厂的送风和排烟道系统，通过通风管道洞与山体外部空
气交换。

2. 安装场

安装场分为三部分，位于主厂房右端，紧邻 1 号机布置的安Ⅰ、安Ⅱ段，以及位于主
厂房左端的集水井段，其尺寸主要根据一台机五大件检修（扩大性检修）布置及桥机吊钩
限制线的尺寸确定，其中安Ⅰ段和安Ⅱ段总长度为 59m，集水井段长度为 18m，跨度均
与主厂房相同。

安Ⅰ段长为 35.45m，地面高程为 220m，与发电机层同高，用于放置下机架和转子。

安Ⅱ段位于 1 号机与安Ⅰ段之间，长为 23.55m，分 3 层布置：高程 220m 层，与发
电机层同高，用于放置上机架（或定子）和转轮；高程 213.9m 层和 209m 层为副厂房。

集水井段位于主厂房左侧临江侧，长为 18m，分 4 层布置：高程 220m 层，与发电机
层同高，用于放置顶盖或上机架；高程 213.9m 层和 209m 层为副厂房，高程 209m 以下
布置有检修集水井和渗漏集水井。

3. 副厂房

副厂房布置采用"集中与分散相结合，地面与地下相结合，尽量减少地下洞室"的原
则，将副厂房分为地面和地下两个部分。

必须靠近主机放置的附属设备集中布置在地下，利用安装场下部的空间布置，采用框

架结构。安Ⅱ下部高程 213.9m 层和 209m 层，布置有空压机室、厂内照明配电装置、油处理室、10kV 配电装置等系统设备，集水井段下部 213.9m 层和 209m 层布置蓄电池室、公用电配电装置和厂房排水泵房设备等。

地面部分主要布置于地面变电所内，包括中央控制室、办公室等，较好地改善了运行人员的工作条件。

集水井由厂房渗漏集水井和机组检修集水井组成。厂房的渗漏集水井和检修集水井均布置在厂房左端集水井段下部，渗漏集水井平面尺寸为 4.2m×8.0m（长×宽），底部高程为 169m，开挖高程为 167m，井壁设有爬梯；检修集水井平面尺寸为 4.2m×15.0m（长×宽），底部高程为 165.5m，最低开挖高程为 163.5m，井内设有楼梯。集水井抽排水设备布置在集水井段高程 209m 层，装有 8 台立式水泵将水抽排至厂外。

7.2.3.3 岩壁吊车梁

1. 吊车梁型式选择

主厂房上游边墙围岩为南津关组 O_{1n}^{3-1}、O_{1n}^{3-2}、O_{1n}^{3-3}、O_{1n}^{4} 灰岩，下游边墙围岩为南津关组 O_{1n}^{3-2}、O_{1n}^{3-3}、O_{1n}^{4-1} 灰岩和 O_{1n}^{2} 白云质页岩，在桥机梁所处高程岩体为南津关组 O_{1n}^{3-2}、O_{1n}^{3-3}、O_{1n}^{4} 岩石较坚硬完整，稳定性较好，为减少主厂房开挖跨度，以及使吊车能先期使用，加快机组安装进度，在进行吊车梁结构型式选择时，以无柱式吊车梁的岩台和岩锚式两种型式进行比较。

岩台式吊车梁要求开挖的部位岩石完整，对开挖爆破的控制要求较高，且岩台部位的岩石在开挖后处于应力集中、松弛回弹区，较难成型及达到设计要求，故在工程中一般倾向于不采用。当采用岩台式吊车梁时，厂房顶拱的跨度将达到 32.5m，桥机跨度为 29.5m。当采用岩锚式吊车梁时，厂房顶拱的跨度减至 30m，桥机跨度减到 27m，均较岩台式吊车梁小，且岩锚式吊车梁与围岩之间采用倾角较陡的斜面接触，较大地改善了岩台吊车梁中岩台开挖成型困难的问题，对岩石完整性要求也相对较低，因此选用岩锚式吊车梁型式。

2. 岩锚式吊车梁设计

岩锚梁作为地下厂房的一个重要结构，直接影响厂房直线工期、桥机永久运行、机组安装检修等功能，它是利用一定数量的深孔锚杆把钢筋混凝土梁体牢牢地锚固在洞室岩壁台座上，由锚杆和钢筋混凝土联合构成的壁式受力结构，梁体承受的全部荷载及其自重通过锚杆及岩壁台座传递到岩体内。其主要优点为：减小厂房跨度；提前安装临时桥吊，便于混凝土浇筑；提前安装桥机，便于机组提前安装。

由于岩锚梁是在地下厂房前期开挖施工期间形成的，后期的爆破开挖施工引起的侧墙变形对其工作性态存在较大影响，岩锚梁的锚固系统设计与施加不当，往往造成围岩与岩锚梁变形不协调，导致岩锚梁开裂破坏、轨道扭曲等严重后果。经统计，国内地下电站中，岩锚梁出线开裂现象的工程实例占较大比例。

彭水地下电站吊车梁布置在厂房上、下游边墙上，岩壁台座开挖角度 26.6°，梁顶高程为 234m，梁顶宽度为 2m，梁体高为 3m；岩锚梁上部设 2 排 Φ36mm@50cm 预应力锚杆，与水平向分别成 25°、20°夹角，杆长为 12m，预应力值为 200kN；下部设 1 排 Φ32mm@50cm 受压锚杆，杆长为 9m；梁体沿厂房轴线方向设置 3 条伸缩缝。

设计中反复研究了主厂房各级开挖对岩锚梁部位变位的影响大小，通过围岩开挖卸荷仿真分析、施工期围岩动态反馈分析等数值模拟计算，提出了岩锚梁进行分序施加预应力锚固的技术。在岩锚梁下部第二层岩体开挖前，预应力锚杆仅施加较小的预应力支护，既保证岩锚梁结构的稳定性，又使岩锚梁与围岩能变形协调一致，在岩锚梁下部第二层开挖爆破完成后，再对岩锚梁预应力锚杆施加至最终的预应力值，并采用固结灌浆锁定，保证岩锚梁永久运行的安全。通过分序实施预应力锚固系统，有效避免了下部岩体卸荷变形对岩锚梁开裂的影响，工程检验岩锚梁无裂缝产生、质量较优。

7.2.3.4　交通布置

1. 厂内交通

（1）水平交通。发电机层全厂贯通，发电机夹层和水轮机层均在主厂房下游侧设有贯穿全厂的通道，最小宽度2.5m；在机组段下部上、下游侧高程191m各设1条贯穿整个机组段的交通操作廊道，在机组中线右侧每台机组布置有横向廊道连接，在厂房下部形成交通网络；母线洞底板与发电机层同高，其末端设有母线洞交通廊道将5条母线洞连通，组成了母线洞和厂房间的交通网络。

（2）竖向交通。每个机组段在高程220～191m均布置有通往主机段各层的厂内主交通楼梯和吊物孔。从高程220m沿主交通楼梯向下，可进入各进人通道，如水轮机进人廊道、蜗壳进人廊道、尾水管锥管进人廊道等；在尾水管底板高程171m沿厂房纵轴线布置1条贯穿整个机组段的排水管，并与检修集水井相连，从高程191m交通操作廊道可进入渗漏集水井。尾水管放空阀室及尾水管进人孔均设在高程191m下游侧廊道旁。

2. 对外交通

进厂交通洞布置在厂房右端下游侧，平行厂房轴线进入厂房安装场，用于运输机组等大型设备。

安装场上游侧布置有交通廊道和交通竖井，竖井内设有电梯和交通楼梯，可从高程220m发电机层通往高程380m的500kV变电所的管理楼，是地下厂房与地面500kV变电所最便捷的通道，也是地下厂房的一个重要的安全通道。

7.2.3.5　厂内排水、防潮

1. 厂内排水系统

厂内排水系统分机组检修排水和厂房渗漏排水两部分。

（1）机组检修排水系统。机组检修排水系统由放空阀、检修排水管及检修排水集水井组成。

每台机组设2个尾水管放空阀，在高程191m下游侧交通操作廊道可操作放空阀，经排水管将水排入检修排水管内。每台机组设1个蜗壳放空阀，在高程191m上游侧交通操作廊道可操作放空阀，经排水管将水排入尾水管中，再排入检修排水管内。检修排水管沿主厂房纵轴线平行布置，中心高程171.5m，直径为1.75m，该廊道贯穿整个机组段，并与主厂房左端集水井段底部的检修排水集水井连通。

（2）厂房渗漏排水系统。厂房渗漏排水系统由排水孔、集水管、排水沟及渗漏排水集水井组成。

机组段及安装场顶拱、上下游边墙、左右端墙均按4.5m×4.5m（间距×排距）布置

ϕ56mm 排水孔，孔深 5m。

排水孔中均埋设 ϕ50mmPVC 集水支管，集水支管伸入岩石 30cm，排水孔内的水经集水支管引至 ϕ90mmPVC 集水主管。岩石渗水经集水主管排入排水沟内，然后再经排水沟将水引至高程 191.0m 交通操作廊道的排水沟，集中排至主厂房左端集水井段的渗漏排水集水井。集水主管均采用明管安装，以方便检查及检修。厂内生活用水及设备漏水均通过落水管排至高程 191.0m 交通操作廊道的排水沟，再排至渗漏集水井。

2. 防潮设计

除采用有序排放厂房四壁及顶拱岩石渗水，以减小水的自流面积外，在厂房水轮机层、发电机夹层四周与围岩接触面还设置防潮墙，防潮墙采用 24cm 厚黏土砖墙，外抹水泥砂浆 2cm，在距底部排水沟 50cm 处的砌体中设 2cm 水泥砂浆防水层，防止水沿防潮墙爬高，并按间距 5m 设置 1.5m×1.0m（高×宽）的检查门孔，门孔用活动轻质板封堵，高程 220.0m 至拱座采用轻质隔板，顶拱设防水吊顶，防潮墙和吊顶将岩石面与厂内设备完全分隔；加强厂内通风，并设置必要的加热除湿设施。

7.2.3.6 母线出线系统

母线出线系统由母线洞、母线竖井组成，采用单机单洞布置，在每个机组段上游侧左端，垂直厂房轴线平行布置了 5 条母线洞，每条洞长为 25m，洞底部高程为 220m，与发电机层同高，在母线洞上游端布置有母线交通廊道，连通 5 条母线洞和安装场。母线洞最大开挖尺寸为 8.5m×7.3m（宽×高），为城门洞型。在母线洞与主厂房相交部位下部作了部分扩挖槽，以便使母线能从发电机夹层接至母线洞，并加强了母线洞下游端前 10m 的衬砌结构，以保证在洞口上部通过岩锚吊车梁的安全运行。母线洞布置了 PT 柜、厂用变、励磁变、制动开关等设备。

母线洞的上游端布置母线竖井，高程范围为 220～380m，竖井顶部位于高程 380m 的变电所内，竖井开挖平面尺寸为 6m×5m（长×宽），矩形断面。母线竖井支护采用全断面混凝土衬砌，井中布置有母线及电缆通道和垂直交通用楼梯，为防止渗水影响电气设备的运行，在混凝土衬砌与岩面间布设有排水网络，并在衬砌内壁上做了防渗防水处理。

7.2.3.7 附属洞室

1. 交通洞

进厂交通洞布置在地下厂房右端，进洞口位于高程 270m 沿江公路里侧，底板高程为 270m，洞的两端和中部设有各 50m 水平段，其他洞段由 6% 左右的斜坡段相接，进厂交通洞末端水平段与厂房安Ⅰ段相接，安Ⅰ段高程为 220m。交通洞进、出口高程差 50m，总长约 1000m，断面尺寸为 10m×9m（宽×高），城门洞型，隧洞支护一般为顶拱和边墙采用喷锚支护，但地质条件差的洞段也采用 0.5～0.8m 厚钢筋混凝土衬砌，底板全部采用混凝土路面。

2. 通风与排水通道

通风洞布置在地下厂房左端山体内，总长约 70m，起始端位于厂房左端墙上，洞轴线与厂房顶拱轴线重合或平行，分设备洞段、通风竖井段和通风廊道段。设备洞段长约 16m，底板高程为 240.5m，断面尺寸为 18.0m×7.9m（宽×高），城门洞型，洞内布置组合空调系统、排水管及排烟管等；通风竖井段上下高度约 30m，矩形断面，平面开挖尺寸为 7m×5m（长×宽），竖井内布置通风管及排烟管及安全检修楼梯和吊物通道，以利于行走和设备运输，竖井顶部高程为 270.6m；通风廊道连接通风竖井和高程为 270m 的沿江公路。通过该洞既能将外部新风引入厂房吊顶风道，又可将烟排向山外。

3. 安全通道

在地下电站厂房中布置有数条通道可通达山外。

（1）进厂交通洞通达高程为 270m 的沿江公路。

（2）交通竖井布置有电梯和楼梯可通达高程为 380m 的变电所和高程为 300m 的上坝公路。

（3）母线竖井设置有封闭楼梯，可通达高程为 380m 的变电所。

（4）厂房左端楼梯经排水洞、通风洞可通达高程为 270m 的沿江公路。

7.2.4　尾水隧洞

7.2.4.1　尾水隧洞布置

尾水隧洞采用相互平行的一机一洞、与地下厂房的纵轴线垂直布置形式，由尾水管段、变顶高尾水洞段和出口段组成，变顶高尾水洞的前部顶拱采用二次曲线，其后的隧洞段采用不同的顶坡和底坡与尾水出口相接，变顶高尾水洞的断面为城门洞型，断面尺寸 12.6×22.28m～12.6×27.5m（宽×高），进口底板高程为 180m，出口底板高程为 198.5m。1 号～5 号机尾水隧洞长度分别为 481.61m、453.01m、424.42m、395.86m 和 367.30m。

每条尾水隧洞均在变顶高尾水洞进口处设有机组尾水检修门，闸门孔口尺寸为 12.6m×16.36m，在尾水出口段设有尾水隧洞检修门，闸门孔口尺寸为 12.6m×27.5m。尾水洞出口不设尾水平台，直接接尾水渠。

尾水隧洞满流时洞内平均流速为 1.55m/s，1 号～5 号机的水头损失分别为 1.90m、1.86m、1.84m、1.90m 和 2.01m。

7.2.4.2　机组尾水检修闸门

根据水电站输水系统的布置、机组尾水管的尺寸以及地质情况，在主厂房洞室下游侧约 54m 处布置了机组尾水检修闸门，并相应设置闸门井，闸门孔口尺寸为 12.6m×15.8m（宽×高），闸门井开挖尺寸为 17m×6.15m（长×宽），顶部高程为 270m，闸门井上部设闸门操作廊道，将 5 个机组检修闸门井连通，并建立与山体外高程为 270m 沿江公路的交通，廊道长约 212m，高为 31m，廊道内设一部桥式起重机，用来启闭机组尾水检修闸门，桥机轨道以上开挖宽度为 9.2m，轨道以下为 7m，断面形状为城门洞型。

7.2.4.3　尾水隧洞支护与衬砌

1. 支护

尾水隧洞断面为城门洞型，最大开挖断面高度约 30m，宽为 15.2m，各洞室轴线间距为 35m，洞间岩体厚度约 20m。洞线通过的 O_{1n}^1～$\mathbb{C}_{3m}$ 和部分 $\mathbb{C}_{3g}$ 层灰岩白云岩，岩体坚硬，白云岩中微裂隙发育，通过的主要断层有 f_1 断层，由于尾水洞轴线与岩层走向及 f_1 断层近乎正交，故成洞条件总体较好。不利地质因素主要为 W_{84} 热水岩溶系统的地热涌水、岩溶洞段局部稳定及江水倒灌等问题。

尾水洞段的围岩大部为Ⅱ、Ⅲ类围岩，各洞段围岩分类长度见表7.2-3。

表7.2-3　　　　　　　　1号～5号尾水洞段各类围岩长度统计表

尾水洞段	Ⅱ		Ⅲ		Ⅴ	
	长度/m	占比/%	长度/m	占比/%	长度/m	占比/%
1号机	346.79	85.79	44.825	11.09	12.61	3.12
2号机	324.87	86.50	37.425	9.96	13.27	3.53
3号机	283.43	81.70	41.825	12.06	21.65	6.24
4号机	279.965	87.97	26.99	8.48	11.29	3.55
5号机	234.035	80.82	35	12.09	20.54	7.09

根据围岩类别及洞室围岩稳定分析结果确定的系统支护参数为：喷钢纤维混凝土0.10m厚；系统锚杆为$\phi 32mm$、$L=9m$，$\phi 28mm$、$L=6m$，间排距为1.5m×1.5m；在部分围岩条件差及穿越溶蚀洞段，考虑采取I20A钢拱架加固；另在各尾水隧洞之间的洞间岩柱部分（尾水隧洞直墙段）采用间距为3m的150t对穿预应力锚索进行加固。

为保证衬砌与围岩的结合，提高围岩的力学性能，同时减少内、外水对围岩及衬砌结构的不利影响，尾水隧洞全程均采用固结灌浆。

2. 衬砌

尾水隧洞的衬砌结构采用普通钢筋混凝土衬砌，衬砌厚度为1.1m，为加强衬砌与围岩的结合性能，除进行固结灌浆处理外，系统锚杆的外露端需埋入混凝土衬砌内并结合良好。

由于尾水隧洞所处地段地下水位较高，下游尾水变幅较大约55m，所采用的变顶高尾水隧洞水压变动频繁。调节保证计算表明，在运行过程中由于机组调节保证影响，沿隧洞洞周将形成一定程度的水击压力。由于过水断面为城门洞型，其两侧高边墙（高约20～25m）抵御外压的能力十分有限，因此需采取措施减少混凝土衬砌所承受的外水压力，同时加强衬砌结构与围岩的结合，以保证尾水衬砌结构的安全。

根据尾水隧洞所处洞段的围岩地质条件分析，其主要岩体为O_{1n}^1～ϵ_{3m}和部分ϵ_{3g}层灰岩白云岩，岩体坚硬，遇水后强度及力学性能变化不大，在采取高强固结灌浆后，围岩的力学性能可提高，并具备更好的防渗能力，隧洞内水外渗对围岩影响不大。

因此，尾水隧洞采用透水式衬砌，在衬砌中设计浅层排水系统，排水系统由间距1.5m×1.5m、$\phi 56$的预埋PVC管穿过衬砌形成，并间隔深入岩石10cm和100cm，将衬砌内外表面连通，减少检修放空期衬砌所承受的内外侧水头差；此外，各机组间采用对穿预应力锚索，将锚墩与衬砌形成联合受力结构，有效保障了衬砌的安全。

7.2.5　尾水塔

彭水水电站为Ⅰ等大（1）型工程，依据相关设计规范，尾水塔设计标准为：200年一遇洪水位设计、1000年一遇洪水位校核，即尾水校核水位266.5m，设计水位为261.68m，机组满发尾水位为226m，最低通航尾水位为211.4m，尾水最大变幅约55m，下游水位变幅大。由尾水调压隧洞设计确定尾水塔建基面高程为194.5m，按常规设计，尾水塔顶部高程为 267m，尾水塔塔体高度 72.5m，考虑塔顶闸门启闭设备，尾水塔结构高度大，工程技术难度大。此外，尾水边坡为高陡倾边坡，存在"L"形卸荷裂隙，尾水塔交通公路将切割裂隙下部，影响高边坡的整体稳定，尾水塔与尾水高边坡的安全存在较大风险。

尾水塔的设计功能主要是为了提供机组、尾水隧洞等部位的检修条件，经全面分析机组、尾水隧洞的功能与检修要求，在满足尾水塔的功能要求的前提下，尽可能地降低尾水塔规模，减小对尾水高边坡的开挖扰动，以增加工程的安全性与经济性。

经研究论证，降低尾水塔设计洪水位标准，容许其全淹没于水下，并优选门库布置与闸门起吊方案，以满足尾水隧洞的检修要求；在机组尾水管出口布置了地下竖井式检修闸门，以满足机组及尾水管的检修要求。此外，沿江公路采用隧洞方式通过尾水出口边坡段，避免对边坡坡脚及表层的开挖扰动，特别是对"L"形裂隙的下部切割，最大程度减少对原自然边坡稳定的影响。

尾水塔按 2 年一遇洪水位设计，其顶高程为 236m，高度为 41.5m，相对常规设计，塔体高度降低了 34m。塔顶高程可满足"4 台机满发、1 台机检修"的尾水隧洞检修要求。尾水检修闸门由汽车吊进行启闭操作，在静水中启闭。当下游水位较高时，通过尾水管出口的机组检修闸门，满足机组与尾水管的检修要求。

降低设计洪水位标准的尾水塔，使尾水塔结构设计难度和尾水高边坡处理难度大幅度降低，提高了工程安全性，节省了工程投资。

尾水塔距大坝下游约 360m，塔顶接右岸沿江公路，与 5 条尾水隧洞相对应，尾水塔共 5 个，呈"一"字形布置，其轴线依山而建与尾水隧洞轴线夹角 69.4°。各尾水塔相互独立，塔间设置结构分缝。尾水塔内布置尾水隧洞检修闸门。1 号、5 号尾水塔段长 30m，2 号～4 号尾水塔段长 37.5m，均为钢筋混凝土塔体结构。建基面高程 194.5m，塔顶高程 236m，塔高 41.5m。尾水塔设检修门槽 2 扇，闸门尺寸 7.5m×28.6m。

尾水出口洞脸边坡高程 245m 以下坡比采用 1：0.3，支护采用系统锚杆支护，并做 0.6m 厚混凝土护坡，高程 245m 以上采用垂直坡开挖，采用 $\phi28mm$、$L=6m$、间排距 1.5m×1.5m 的系统锚杆并挂网喷混凝土支护，且布置排水措施以保证边坡安全。

尾水渠为近似的直向出水，渠底宽约 174m，尾水隧洞出口的后设 5m 的水平护坦段，顶面高程 198.5m，再以 1：4 的反坡段接至高程 208m，与河床相接。

尾水渠两侧边坡采用直立开挖，边坡支护以挂网喷混凝土为主，并结合排水措施以保证边坡安全。

7.2.6　500kV 变电所

7.2.6.1　平面布置

为尽量缩短母线长度，减少变电所的开挖工程量，变电所布置在主厂房山顶上游侧，利用天然冲沟鸭公溪开挖而成，其长边与厂房轴线平行，地面高程 380m，长 177m，宽 45～75m，占地面积 8805m²。

变电所采用 GIS 配电装置与主变压器布置在地面同高程的平面布置方式，主变压器布置在高程 380m 户外。

变电所上游侧为操作控制管理楼及地下事故油池。中部并排布置 1 号～5 号机变压器及阻抗器和风机房等配套设备，变压器轴线间距 35m。管理楼与变压器之间设有 4.5m 的单行车道，与布置在下游侧的变压器运输道相接，为变电所厂内循环通道。该通道在变电所左端上游侧与 11 号公路连接，为人员、设备运输进出厂的主要通道。变电所左端上游侧布置开敞式油罐区及油处理室。

鸭公溪为一天然冲沟，其后缘山坡地表水的处理，结合总体环境整治，进行专项研究确定处理方案。场内坡面排水采用系统排水措施，每级坡高 15m，下部设 2 排长 6m 的排水孔。

7.2.6.2　操作控制管理楼

操作控制管理楼占地面积约 2000m²，为钢筋混凝土框架结构，由 GIS 区和控制楼区两部分组成，左边为 GIS 区，右边为控制楼区。

1. GIS 区

GIS 区分二层布置：第一层高程 380m，布置 GIS 配电装置室和专为 GIS 设置的风机房，以及通往顶层的楼梯；顶层高程 393m，布置高压出线架及其相关设备。

2. 控制楼区

控制楼区呈"L"形分两层布置，位于变电所右端及右端上游侧，右端部分在高程 380m、385m 均布置大厅及直通地下主厂房的交通竖井，竖井内布置楼梯、电梯各 1 部，作为地下主厂房的安全消防通道。右端一楼，地面高程 380m，布置 UPS 室、共用设备直流盘室、继电保护盘室、空调室、保护试验室、高压试验室、配电盘室、备品备件房、检修间。二楼地面高程 385m，布置中控室、计算机室、通信机房、电源室、计算机仪表试验室及办公室。一、二楼均设有卫生间。控制楼左端设有 1 部安全楼梯。

7.2.6.3　交通

1. 对外交通

500kV 变电所在下游侧布置变压器运输通道，宽 6m，与布置于变压器与管理楼之间宽 4.5m 的通道相连，经 11 号公路通向厂外。

2. 场内交通

管理楼与变电器之间设有 4.5m 的单行车道，与布置在下游侧的变压器运输道相接，为变电所厂内循环通道。

管理楼楼内交通：主变区布置 3 个宽 4m 的大门，在左端布置由底层高程 380～393m 房顶的安全楼梯。控制楼区右端上游侧设有交通竖井，井内设有安全楼梯和电梯各 1 部，向上通往高程 393m 处，向下直到主厂房高程 220m 发电机层，为管理楼与地下主厂房的连接通道。控制楼区左端还设有 1 部从高程 380～385m 的安全楼梯。

7.3　地下电站开挖支护关键技术

彭水地下电站这种陡倾地层条件下采用地下厂房轴线与岩层走向"0°交角"布置，需重点厂房洞室围岩稳定安全，尤其是地下厂房下游高边墙，为顺层陡倾角岩层，围岩稳定性较差。结合数值技术、现场试验等手段，提出了"层面固灌、强锚快锚、动态反馈"的综合加固处理技术，较好地解决了顺层陡倾岩层洞室稳定问题。

7.3.1 地下厂房开挖支护

7.3.1.1 开挖

彭水地下电站地下厂房洞室的开挖遵循了新奥法的理念，采用了"自上而下、分层分序开挖"的原则，在顶拱的开挖过程中，先进行导洞开挖、随后进行全断面扩挖、支护的施工顺序；在边墙的开挖过程中，采用了分层预裂爆破、中部抽槽、分片剥离施工顺序。

为保证边墙及各洞室交汇区边墙的稳定，考虑岩层地质条件，地下厂房边墙开挖按分层高度不大于5m进行控制。由于边墙沿岩层走向开挖，采用常规的水平孔光爆法进行施工，因层面切割严重，可能导致边墙塌落，施工中通过水平孔开挖与垂直孔开挖两种爆破方法的对比性试验，确定地下厂房开挖采用垂直孔进行边墙保护层开挖。在与地下厂房洞室相连的各引水隧洞、母线洞及尾水管洞的开挖支护施工过程中，采用了"先小洞、后大洞"的原则，要求在相邻洞室的喷锚支护及锁口完成后再进行主厂房边墙下挖的施工顺序，岩锚梁部位为保护基岩，采取了先完成母线洞衬砌，再进行厂房边墙开挖的方法。地下厂房开挖步序见图7.3-1。

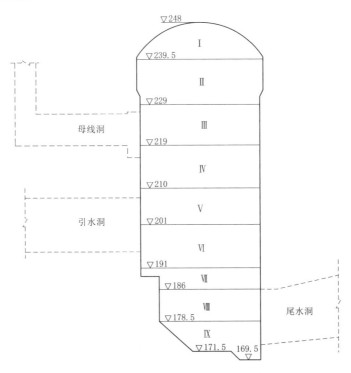

图7.3-1 地下厂房开挖步序示意图（单位：m）

7.3.1.2 支护

彭水地下厂房洞室围岩的支护以喷锚支护为主，地下厂房全断面采用喷混凝土，采用C25的钢纤维混凝土、厚度15cm；顶拱采用系统的涨壳式中空注浆张拉锚杆，上下游边墙采用系统的砂浆锚杆及预应力锚索，各交叉洞口进行锁口锚杆加强支护。

1. 顶拱支护

根据顶拱出露的岩层条件及顶拱受力特性，系统张拉锚杆的间排距 1.5m×1.5m，采用长短 10m、8m 相间，直径 32mm 的中空注浆张拉锚杆，单根锚杆张拉力 15t。施工过程中，中空注浆张拉锚杆在完成插杆后即可施加预应力，随后进行灌浆固结，可以快速对顶拱围岩提供支护力，并保证了锚杆注浆的密实度，取得了较好的支护效果。

2. 上游边墙支护

上游高边墙出露岩层为南津关组 O_{1n}^{3-1}、O_{1n}^{3-2}、O_{1n}^{3-3} 灰岩，岩石的完整性和稳定性较好，为陡倾角逆坡向产状，但部分岩层层面夹薄层泥化页岩结合较差。由于边墙沿岩层走向开挖，加上 5 条引水隧洞、5 条母线洞在上游边墙交汇，上游边墙岩体的挖空率较高，上游岩锚梁底距母线洞顶的最小距离约 3.5m，母线洞距引水隧洞的最小距离仅 9m。设计采用的支护系统为：喷锚支护＋预应力锚索。喷混凝土采用 15cm 厚钢纤维混凝土；砂浆锚杆直径 32mm，长 6m 和 9m 间隔布置，间排距 1.5m×1.5m；锚索预应力为 2000kN，长 25m，间排距 4.5m×4.5m；各洞室与边墙交汇处沿周边布置 2 排直径 32mm、长 12m 张拉锚杆进行锁口加固。

3. 下游边墙的支护

下游边墙围岩为南津关组 O_{1n}^{3-2}、O_{1n}^{3-3}、O_{1n}^{1-1} 灰岩和 O_{1n}^{2} 白云质页岩，岩石强度高且较完整，属Ⅱ、Ⅲ类围岩，岩层为陡倾角顺坡向产状。支护采用系统喷锚支护及无黏结预应力锚索加固，系统锚杆直径 32mm，长 6m 和 9m 间隔布置、间排距 1.5m×1.5m；锚索预应力为 2000kN，长 25m、间排距 4.5m×4.5m。

主厂房横剖面支护方案见图 7.3-2。

7.3.2　围岩稳定动态反馈与加强支护

7.3.2.1　层面固灌

根据数值模拟分析成果，以及施工期安全监测和反馈分析研究，层面强度是影响陡倾角岩层地下厂房洞室稳定安全的最主要因素，而对高边墙层面固结灌浆，充填开挖卸荷产生的裂隙，提高层面间摩擦系数，是一种有效提高层面强度的方法。

施工过程中，针对主厂房内开挖卸荷层面张开的浅表围岩体，以及结构面交割形成的松动破碎带采用了无盖重固结灌浆加固处理。灌浆范围由数值分析成果及开挖揭示地质情况确定，厂房上、下游边墙高程 218～240m、桩号 X0+000～X0+216，以及下游边墙高程 218～189m、桩号 X0+13～X0+193 的范围进行了层面固结灌浆加固处理。

对于顺岩层走向呈 0°夹角布置在薄层、陡倾角灰岩、夹软弱页岩层状中的大型地下洞室高边墙在无盖重条件下进行固结灌浆加固处理，其灌浆压力控制、灌浆先后顺序等尚无成熟经验可借鉴，灌浆压力过小则满足不了灌浆固壁效果，灌浆压力过大则可能加大岩体卸荷变形，进一步危及高边墙稳定。通过灌浆试验，灌前应用地质取芯、地质探洞探明厂房边墙的地质情况，确定了采用自下而上、先排序、后孔序的施工方法；采用孔口阻塞，分段灌注，严格控制各段灌浆压力的灌浆工艺。灌后对围岩进行物探、压水等检测，对灌浆效果进行评价分析，检查结果表明围岩加固效果良好，对提高因开挖卸荷和爆破震动影响的陡倾角层面与裂隙岩体强度，效果十分显著，改善了层面裂隙的力学形状，提高

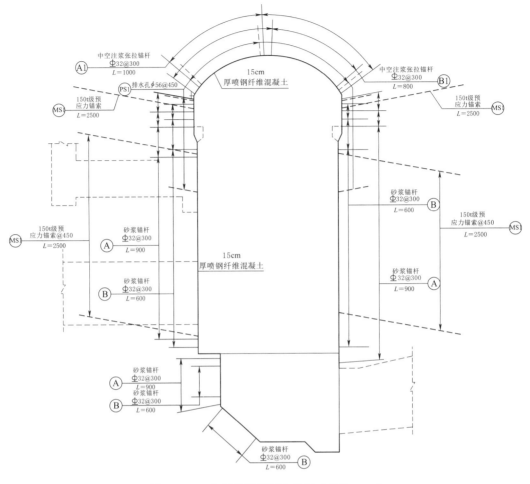

图 7.3 - 2　主厂房横剖面支护图（单位：cm）

了围岩的整体刚度。

7.3.2.2　强锚、快锚

1. 强锚加固

根据数值模拟和反馈分析的成果，对上下游边墙变形大的部位进行重点加强锚固，将高程 189～218m 上下游边墙的预应力锚索进行设计调整，调整后锚索间排距为 3m×3m；下游边墙尾水管洞脸及其尾水管交汇段进行预应力加固，增加 6 束长 20m 的预应力锚索；采用长 12m 张拉锚杆替换原尾水管洞脸砂浆锚杆；在尾水管与厂房交汇的 12m 范围内，将原设计的系统普通砂浆锚杆改为张拉锚杆。

2. 快锚加固

采用预制钢板锚墩进行快速锚固，及时提供支护力。现行的预应力锚索外锚墩大部分采用钢筋混凝土现浇或预制，同时为适应不同的锚固角度及开挖不均引起的起伏差需进行二次局部清挖。这一方面延迟了预应力锚索加固的时效性，同时二次清挖爆破造成的围岩破坏将极大地影响非常敏感的围岩二次应力调整，对开挖后本已处于应力松弛状态的围岩造成非常不利的影响；对于彭水地下厂房这种顺岩层走向开挖、层面结合较差的围岩地质条件，更加容易引起高边墙的局部垮塌与失稳。为此彭水地下厂房边墙的预应力外锚墩根据围岩的性状采用了钢垫板锚墩，极大地方便了预应力锚索施工，加快了施工进度，保证了支护的及时性。

7.3.2.3　动态反馈

在大量试验研究与数值模拟计算分析基础上确定，根据在施工过程中揭示的围岩具体条件、施工期安全监测数据进行反馈分析，对主厂房开挖的第2层～第10层进行了反馈分析，及时调整支护参数，预测洞室位移和支护措施受力情况。

施工过程中根据围岩变形特征、支护结构要求，对部分系统锚杆、锚索的参数进行调整，并根据开挖过程揭示的围岩条件及安全监测数据，动态调整开挖、支护施工步序，补充部分随机锚杆、张拉锚杆及预应力锚索。根据监测资料以及位移反分析结果对围岩变形进行的预测分析表明：地下厂房围岩变形趋于收敛，支护措施可以保证围岩的整体稳定性。

1. 主厂房围岩监测

彭水地下厂房在施工过程中根据安全监测的实测变形、应力等数据，对开挖支护施工过程进行跟踪，并及时调整施工开挖工序及支护参数。主厂房施工开挖期进行了围岩变形与收敛、地下水渗流、锚索锚杆受力等项目的监测。

主厂房开挖过程中，围岩位移变化及锚索（杆）受力的基本特征为：开挖至第3层以前围岩的位移及锚索（杆）的内力均较小；当开挖至第3层底部高程218m时出现层面张开滑移，采取了对边墙进行灌浆以及增设锚杆、锚索等支护措施后，围岩变形得到有效控制。在第4层、第5层开挖过程中，厂房围岩变形基本保持稳定，位移有少量的增长。当开挖第6层至高程189m（机窝平台）期间，多个测点部位监测位移及锚索（杆）受力呈跳跃性增长，其变化速率明显增大；在采取了灌浆加固、增加锚杆锚索以及控制施工开挖爆破等措施后，后续机窝开挖过程中围岩变形得到明显控制，位移基本无增加。

厂房上下游边墙围岩监测的主要特性为：

（1）厂房上游边墙围岩变形明显小于下游边墙。上游边墙围岩水平位移一般在5～15mm之间，厂房开挖完成后，位移月变形量为0.39mm，趋于收敛。厂房上游边墙典型部位（高程221m）围岩位移变化过程线见图7.3-3。

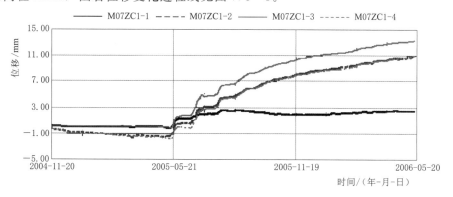

图7.3-3　厂房上游边墙高程221m围岩位移变化过程线

（2）厂房下游边墙最大位移出现在页岩 O_{1n}^2 出露部位以及页岩与下部灰岩交界的软弱夹层部位，最大累计位移达到 42mm，出现在 0+106.20 断面的下游边墙高程 206m。经过加固处理后，位移趋于收敛。厂房下游边墙典型部位（高程 198m）围岩位移变化过程线见图 7.3-4。

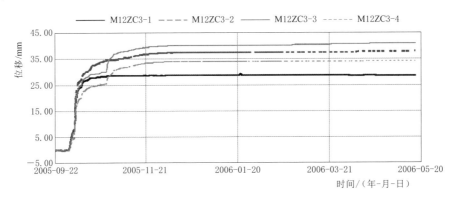

图 7.3-4 厂房下游边墙高程 198m 围岩位移变化过程线

2. 支护措施监测

锚索锚杆受力情况的主要特性为：锚索和锚杆轴力的快速增长主要伴随着厂房新的施工开挖与爆破。下游边墙锚索最大轴力达到 2418.4kN，相对于张拉锁定值增加了 502kN。从锚索测力计的分布曲线来看，高程 192m 平台的开挖与爆破对锚索轴力值影响很大，这主要与位于灰岩和下部页岩相接的软弱层面出露有关。厂房上、下游边墙经固结灌浆处理后，各断面的锚索测力计和锚杆应力计增加不明显，表明厂房洞周围岩已基本趋于稳定。下游边墙典型部位（高程 210m）锚索轴力变化见图 7.3-5。

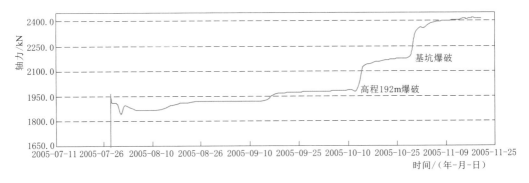

图 7.3-5 下游边墙高程 210m 锚索轴力变化过程线

岩锚吊车梁部位的锚杆轴力值较大，普遍为 150～240kN。埋设在岩锚梁下游侧 233.4m 的测缝计累积张开度为 0.81mm；其他测点变化不明显。锚杆测力计和测缝计监测表明岩锚吊车梁部位是稳定的。

3. 围岩稳定反馈分析

工程岩体是一个高度复杂的不确定系统，根据施工过程中的现场监测数据反演分析岩体的力学参数及初始地应力等，以此对后续开挖岩体的变形性态及其稳定性作出预测是围岩动态设计与施工理念中的一个十分重要的步骤。彭水地下厂房第 3 层～第 5 层开挖结束后，根据监测资料和实际揭露的地质条件，进行了反演分析和预测。反演分析的步骤为：①根据现场和室内的岩体力学试验结果、地质宏观分析、工程经验等确定待反演参数的取值范围；②应用均匀设计理论进行多参数多种水平的试验组合设计，得到多组正分析样本；③将上述样本输入经过遗传算法优化后的神经网络中，进行网络训练，得到待反演参数与监测部位响应量（如位移等）的计算值的非线性映射关系；④将实际监测值输入训练好的网络，即得到要反演的力学参数和地应力等；⑤用所得到的力学参数进行正分析，预测围岩监测部位的力学响应量，应用统计检验的方法对反分析的结果进行检验和评价。

将实际监测得到的特征点的相对位移增量值输入训练好的神经网络，得到所要反演的岩体力学参数和地应力侧压系数，经检验，指标 $C = 0.12$、$P = 1$，反分析结果评价为优，反演结果是合理有效的。反演分析结果表明，厂房中下部开挖后，下游边墙出现了异常变形，需增加围岩固结灌浆、预应力锚固等措施，以限制围岩变形过大。施工过程中根据动态反馈的研究成果进行了有针对性的加强支护措施。

4. 施工过程支护调整

（1）开挖至高程 218m 时支护措施调整。主厂房全断面开挖至高程 218m（约发电机层楼板高程）后，受层面及节理裂隙的切割影响，在开挖爆破施工过程中，出现了如下问题：①下游边墙表层顺层面滑移、顺壁面张开并出现局部掉块；②在第 5 层导洞开挖过程中 O_{1n}^2 页岩出现松弛、局部滑塌；③锚杆注浆过程中窜浆。因此，对上、下游边墙支护措施进行了相应调整。

首先，对主厂房已全断面开挖揭示的上、下游边墙围岩，进行系统的固结灌浆及预应力锚索加强支护，以加强上部围岩、特别是岩锚梁下部承力岩台的整体性，并对上、下游边墙出现岩层层面张开、错动变形的部位施加预应力锚索加固，以限制不利变形的进一步发展。

其次，对于高程 218m 以下围岩，充分利用主厂房第 4 层全断面开挖之前对上、下游边墙形成的横向支撑作用，沿开挖的主厂房第 5 层上、下游边墙通道，对第 5 层的上、下游边墙进行超前的系统锚杆、锚索支护。此后，再进行第 4 层的分层、分序下挖及以后各层的顺序下挖。

（2）开挖至高程 198m 时支护措施调整。主厂房全断面开挖至高程 189m 时，下游边墙出现了围岩变形持续增大，预应力锚索、锚杆应力增大且部分锚固结构受力超过设计值的不利情况，对主厂房下游边墙进行了高程 218～189m 的固结灌浆，并对高程 189m 下部各机组段间岩台进行固结灌浆；同时，对边墙及下部洞室交汇处进行了预应力加固。

7.3.2.4 隔墩支撑

主厂房高度是影响下游顺层陡倾高边墙稳定的又一重要因素。下游边墙处有奥陶系下统南津关组第 2 段（O_{1n}^2）出露，主要为页岩，强度低，尤其是页岩与灰岩间的层面强度低，该岩组的变形将直接影响下游边墙的稳定性。厂房高度越大，O_{1n}^2 层软岩部位出露的高度越大，该层岩体的开挖卸荷越大，其变形也就越大；相反，降低厂房的高度，尤其厂房蜗壳层以下的开挖高度，能有效地减少 O_{1n}^2 层出露，对减少其变形是很好处的。

水电站地下厂房的高度由尾水管、水轮机、发电机高度以及桥机运行起吊高度等确定，各个组成部分优化设计后，主厂房的高度为 78.5m，总高度方面已没有减少的余地。

通过研究分析地下电站的内部构造，地下电站尾水管采用了"窄高型"结构，高度约 28m，宽度 17m，机组段长度为 35m，主厂房在尾水管之间的部位是有条件减小开挖高度的。结合数值技术、监测反馈等手段，在对洞周围岩力学性态进行充分论证的基础上，提出利用原岩"隔墩支撑"结构加固洞室围岩的新思想。在两台机组尾水管之间的开挖部位保留宽 15m、高 19.5m 的原岩隔墩，并进行超前综合加固（超前固结灌浆、锚桩和钢筋混凝土压重板等）处理，降低洞室全断面开挖高度，减小开挖过程的能量释放，并将部分能量转移至岩墩，充分利用了隔墩岩体的刚度及强度，达到减小边墙变形和改善支护结构应力状态的目的。

"隔墩支撑"结构降低了主厂房洞室全断面开挖高度，将隔墩部位的页岩出露高度减小了 1/3，并对主厂房上下游边墙产生较好的支撑作用，限制上下游边墙下部的变形，提高了洞室的整体稳定性。数值分析显示，无"隔墩支撑"结构的厂房洞室，下游边墙最大变形将增加 18%，说明"隔墩支撑"结构对提高主厂房洞室的稳定性是有效果的。

7.3.3　地下电站洞室群围岩稳定

对地下电站洞室群围岩稳定进行了大量的分析工作，其中比较典型的研究有：①采用 3DEC 离散元分析软件，进行地下厂房洞室的三维围岩稳定分析及分步开挖、支护模拟分析研究；②采用 FLAC3D 计算分析软件，进行三维及平面的洞室围岩开挖支护模拟计算分析研究。

7.3.3.1　离散元分析

1. 计算模型及主要方法

针对厂房洞室围岩的层面、夹层、节理特性，进行了不连续介质的三维离散元分析，重点考了 O_{1n}^2 页岩上下界面、O_{1n}^{3-3}/O_{1n}^{4-1}/O_{1n}^{4-2}/O_{1n}^{4-3} 界面以及 O_{1n}^{4-3} 上覆岩层中的几条夹层（软弱结构面）。计算采用混合模型与块体稳定性离散模型两种模型，在混合模型中，既考虑完整岩石的变形，又考虑结构面的滑移和张开等不连续位移，其中，对完整岩石，特别是页岩，考虑了其破坏以后的应变软化特性；在块体稳定性离散模型中，模拟了地层岩性、结构面、节理分布、初始地应力和施工开挖等条件，对围岩块体的稳定性状进行了计算分析，其中块体简化为刚体，以分析岩层界面、夹层在洞周出露时块体稳定的影响。计算模型见图 7.3-6，洞室群开挖步序见图 7.3-7。

2. 计算结果分析

（1）混合模型分析成果。各开挖步引起的系统不平衡力都可以收敛、降低到一个很低的水平并保持稳定，模型没有出现整体失稳现象。

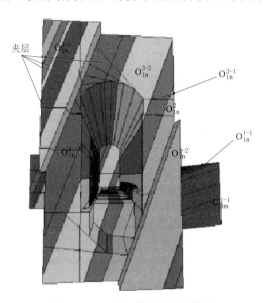

图 7.3-6　洞室群围岩计算模型

厂房围岩位移在下游侧明显大于上游侧，主厂房下、上游边墙位移大小分别在 $100\sim120mm$ 和 $60\sim80mm$ 的范围内。在考虑页岩影响后，最大收敛位移为 $240mm$，其收敛应变为 0.84%，不足 1%，按照 Hoek - Brown 准则判断，围岩总体保持稳定。

洞周的变形均表现为开挖卸荷引起的正常内缩变形。厂房洞室开挖完成以后的速度场分布情况显示，主厂房洞室下游边墙围岩基本处于稳定状态。

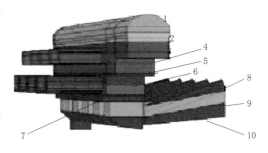

图 7.3-7　洞室群开挖步序图
注　数字为开挖步序。

（2）块体稳定性离散模型分析成果。各开挖步的系统不平衡力可以趋于平稳并保持在一个相对较低的水平，地下厂房洞室群开挖完成以后，在不支护的条件下没有出现块体失稳破坏连续增加的现象。

在不支护条件下，不稳定和潜在不稳定块体的数量在围岩中所占的比例有限，没有遍布洞室周边围岩的现象，而且块体分布深度不大，一般小于 $5m$，同时在分布形态上，这些块体的分布不是连续的。

除局部失稳块体以外，围岩位移可以在开挖结束以后快速收敛并保持稳定。

在块体的分布上，下游边墙围岩中不稳定块体最多，其位移随开挖发展到一定程度时，转化为失稳；上游边墙中的不稳定块体相对较少，不足下游墙的 1/4，但变形量较大；上游边墙将以变形为主，而下游则以失稳占主导地位。顶拱围岩中的不稳定块体的体积与上、下游边墙相比，小一个数量级，并在第 4 步（对应完成母线洞开挖）开挖完成以后，不再出现新的失稳现象，且松弛范围也基本趋于稳定。各开挖步中不同位移的块体总体积及其变化情况见表 7.3-1，块体位移分布见图 7.3-8。

表 7.3-1　　　　　各开挖步中不同位移的块体总体积及其变化表

位移/mm	各开挖步块体体积/m³									
	1	2	3	4	5	6	7	8	9	10
>100	111	115	159	560	644	11366	12510	13977	16073	17031
100~50	190	232	283	5267	5572	14027	14939	18409	18810	18008
50~20	1152	1207	4704	23457	24895	40602	50236	61319	75095	79708
<20	69940	92486	106080	149440	165400	235210	261950	295570	321690	336370

（3）锚固计算分析。

1）锚索拉力的分布特征：受力较大的锚索，在上游面的位置主要分布在高程 $201m$ 以下的三排锚索；而在下游面主要是吊车梁以下的三排锚索。

2）锚索拉力的变化特征：锚索安装以后，受后续开挖的影响，在正常岩体条件下，会使锚索荷载增加 $5\%\sim10\%$，达到 $155\sim165t$ 的水平。局部由于地质或结构条件的影响，会使锚索拉力增加到 20% 甚至更高，达到 $185t$ 左右，如下游边墙的第 4 排锚索，在开挖

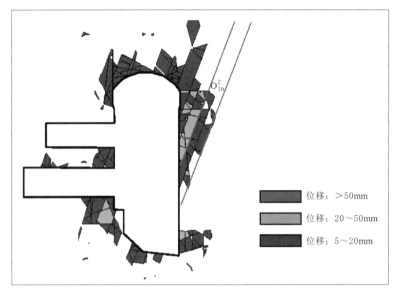

图 7.3-8 3号机组段开挖完成后的块体及其位移分布图

及结构面等因素作用下，拉力从原150t迅速增加到185t左右。

3. 三维离散元分析结论

（1）多方面的分析研究表明，地下厂房洞室群在施工开挖期间围岩具有良好的整体稳定性，局部可能出现的掉块破坏以地质结构面控制型为主，破坏形式主要是块体沿层面的滑动。

（2）影响洞室围岩稳定的主要因素：节理对顶拱和上游边墙中存在的不稳定块体起到主导作用，层面对下游边墙的稳定起主导作用。与层面对下游边墙的影响因素相比，页岩强度因素的作用较小，不是影响围岩稳定的主要因素。

（3）围岩锚固支护重点：根据对地下厂房围岩的稳定特征和主要影响因素的分析，主厂房围岩的系统锚固能有效地遏止块体的失稳和大规模的不利变形。其中顶拱的系统锚固可以有效地防止小碎块掉块产生的安全问题；上游边墙与引水洞和母线洞连接地段可能存在潜在的块体失稳问题，但规模不大，同时由于该部位普遍存在应力松弛现象，需考虑增加预应力锚杆或锚索以提高加固力度。

（4）围岩锚固支护原则：下游边墙的锚固则应该体现强力深锚的原则，加固主要针对层面进行。锚固措施不但要提高岩体的完整性，还需要给岩体、特别是层面提供额外的抗滑力。锚固深度至少要保证在8m以上，可采用锚索和预应力锚杆的搭配使用。下游边上部围岩的锚固工作，应在第6步（对应完成引水洞上半部分的开挖）开挖前完成，必要时可根据变形监测情况，对下部围岩实施超前锚固并加强锚固强度。

（5）锚固支护措施：离散元计算成果表明系统锚杆的长度在6～10m较为合适，预应力锚索的加固深度宜达到25m，锚索的材料强度应达到150～200t。

7.3.3.2 弹塑性分析

1. 计算模型及方法

采用FLAC3D软件对地下厂房开挖支护进行了整体三维弹塑性数值分析。计算区域包含了引水洞、主厂房、安装间、集水井、母线洞、母线竖井、尾水洞、闸门廊道。区域内地层有 ϵ_{3g}^1、ϵ_{3g}^2、ϵ_{3g}^3、ϵ_{3m}^1、ϵ_{3m}^2、O_{1n}^1、O_{1n}^2、O_{1n}^3、O_{1n}^4、O_{1n}^5、O_{1f}^1、O_{1f}^2、O_{1f}^3。另外，还模拟了穿越地下洞室的 3 条风化溶蚀软弱夹层 C_2、C_4 和 C_5，以及 406 夹层。计算模型与三维网格剖分见图 7.3 - 9，地下洞室群布置见图 7.3 - 10。

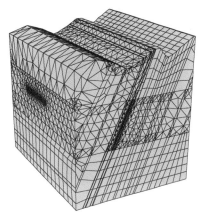 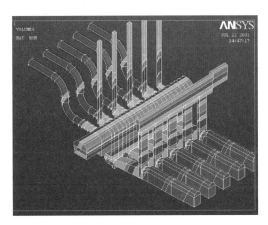

图 7.3 - 9　计算模型与三维网格图　　　　图 7.3 - 10　地下洞室群布置图

2. 计算结果分析

（1）围岩位移与变形主厂房洞室开挖后，洞周岩体均朝洞内变形，围岩顶拱下沉，上、下游边墙向厂房中心线方向变形。随着开挖步下延，洞室上、下游边墙及底板朝洞内变形逐渐增大；主厂房顶拱的变形量一般为 6.5～10.4mm，最大下沉变形为 10.39mm，发生在 2 号机组围岩内。受洞室交叉及上游数条软弱夹层的影响，上游边墙变形量总体上大于下游边墙，最大位移值为 31.14mm，出现在 3 号与 4 号机组间靠近母线洞部位；下游边墙最大位移值为 18.88mm。机窝底板最大回弹变形为 8.92mm；在靠近安装场一侧的厂房端墙最大位移约 14.3mm，另一侧厂房端墙的最大位移约 14.9mm，出现在高程 204m 附近。图 7.3 - 11 为地下厂房 3 号机组中心剖面位移矢量及等色区图。

（2）围岩应力。主厂房顶拱及底板基本处于受压状态，上游拱座受 406 号夹层影响存在着明显的应力集中现象，最大压应力出现在 2 号机组上游拱座，其值为 22.62MPa；机窝底板拐角处切向应力集中，最大压应力值为 18.32MPa。主厂房安装间和集水井顶部与底板也有一定程度的应力集中，其顶拱处最大压应力分别为 16.0MPa、19.26MPa；底板最大主压应力分别为 28.73MPa、19.0MPa。开挖过程中，主厂房边墙切向应力随开挖步增大，径向应力减小。开挖完成后，上、下游边墙的切向压应力值一般为 5.0～10.0MPa，最大压应力值达 11.27MPa；靠近安装间一侧端墙的切向压应力值一般为 12.0～16.0MPa，另一侧（靠近集水井）端墙的切向压应力为 16.0～23.94MPa。主厂房边墙岩体产生应力松弛，部分围岩处于受拉状态，上游边墙的拉应力区从拱座向下延伸至引水洞顶部；下游边墙从拱座向下延伸约 30m，深度约 3～4m，最大拉应力值为 0.82MPa，出现在下游拱座部位。主厂房隔墩岩体基本处于低压应力或拉应力状态，最大拉应力值为 1.0MPa，出现在 5 号机组与集水井之间的隔墩部位。

（3）围岩塑性区分布。地下洞室群开挖完成后，主厂房与各洞室交叉部位、夹层交接

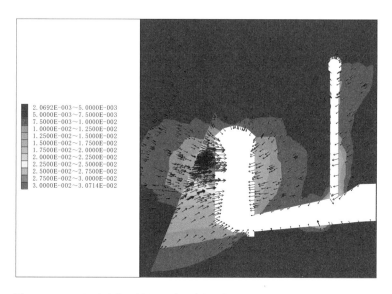

图 7.3－11　地下厂房 3 号机组中心剖面位移矢量及等色区图（单位：m）

处围岩均产生了范围不等的塑性区，主厂房上、下游侧墙塑性区的最大延伸深度达 15m，洞室顶拱及底板分布有零星的塑性区。厂房隔墩约 $70\%\sim80\%$ 的岩体进入塑性状态；在厂房的前后端墙塑性区深度通常小于 7.0m。主厂房围岩塑性屈服以剪切破坏为主，其次为拉剪破坏。图 7.3－12 为开挖完成后 3 号机组中心剖面塑性区分布图。

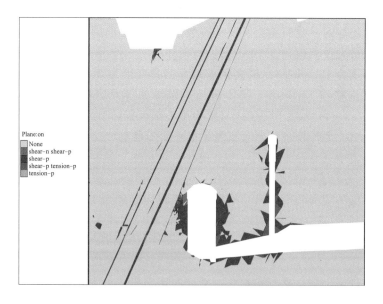

图 7.3－12　开挖完成后 3 号机组中心剖面塑性区分布图

3. 弹塑性有限元分析结论

（1）彭水水电站地下洞室开挖完成后，除母线洞底部 406 号夹层出露处变形接近于 70mm 之外，各洞室围岩位移值通常为 8～32.0mm。主厂房顶拱最大变形量一般不大于

10.5mm，上、下游边墙的最大位移值分别为 31.1mm、18.9mm，底板最大回弹变形为 8.9mm，两侧端墙的位移值不超过 15.0mm。尾水洞顶拱位移通常小于 12.0mm，在 082 号、085 号和 084 号破碎夹层穿越地段的位移值达 22.0mm。闸门廊道顶拱变形通常为 2.4～6.0mm，局部破碎夹层出露部位最大位移达 30.7mm；闸门井边墙变形一般小于 13.0mm。

（2）围岩变形明显受岩层产状及层间错动带影响，最大位移值出现在层面出露部位。与三维计算结果相比，由于弱化了主厂房下游边墙出露的岩层层面（页岩 O_{1n}^2 与灰岩 O_{1n}^{3-1} 交接面），下游边墙的位移值明显大于三维结果，最大变形量为 30.0mm（保留隔墩方案）；上游边墙最大位移值为 29.5mm，与三维计算结果相近。可见，软弱夹层在洞室边墙部位出露对围岩变形十分不利。闸门廊道的围岩有整体顺岩层倾向朝上游变形的趋势，位移量值与三维结果相近。主厂房机组间的隔墩，在一定程度上限制了洞室围岩的变形，最大位移减幅达 14.3%。

（3）通过对围岩的应力分析表明，各洞室围岩大多处于受压状态，主厂房上游拱座部位及底板拐角处有明显的应力集中，最大切向压应力值二维、三维计算结果分别为 45.9MPa 和 22.62MPa（上游拱座）以及 26.41MPa 和 28.7MPa（底板拐角处）；其他洞室周边的最大主压应力值不超过 26MPa。围岩拉应力区的分布范围较小，主要位于厂房边墙中部、隔墩及各交叉洞口的局部区域，拉应力值一般小于 1.0MPa。

（4）地下洞室群开挖完成后，主厂房与各洞室交叉处围岩、软弱夹层部位均产生了较大范围的塑性区，塑性破坏以压剪屈服为主。主厂房上、下游侧墙塑性区最大延伸深度达 15m，顶拱和底板部位塑性区分布厚度小于 5.0m；闸门廊道及闸门井边墙岩体与尾水洞顶部的塑性区已基本连通；尾水洞洞间岩柱分布有较大范围的塑性区，特别是下游尾水隧洞部分塑性区已贯通，这些部位应加强支护。

（5）洞室开挖过程中及时进行喷锚支护，与无支护方案比较，洞周围岩变形约减少了 6.0%；围岩应力状态有较明显的改善，拉应力区明显减少，塑性区面积减少了 13.8%。

（6）软弱夹层、层面等不连续面的存在，很大程度上影响着围岩的变形、应力与塑性区的分布。

7.3.3.3　主厂房围岩稳定分析

1. 主厂房洞室围岩稳定的总体判断

（1）主厂房顶拱可以保持良好的自稳能力，是稳定性最好的工程部位之一，这主要得益于主要结构面发育特征（陡倾）与二次应力场的关系：顶拱较高的切向应力集中为这些陡倾结构面提供了较高的法向应力，从而有利于围岩保持稳定。

（2）毛洞条件下，厂房上游拱端一带发育的软弱夹层对其周边围岩的稳定性会有明显的影响，并可以导致失稳现象；但是，与之对称的下游拱端一带发育的层面，其影响则不如上游侧强烈。导致这一差别的原因，不仅仅是这两个部位上结构面性状的不同，还与这两个部位结构面和应力场的相互关系密切相关。在岩锚梁位置以下，下游边墙的这一优势不复存在，需要注意层面变形可能导致的缓倾节理开裂等现象，及其对该部位岩锚梁结构安全的影响。

（3）在开挖不支护条件下，上、下游边墙中部一带会出现一定程度的破坏现象。在上游边墙内，潜在破坏区主要集中在引水洞、母线洞上方一定范围内；在下游边墙，破坏将主要出现在页岩顶板一带。

（4）上、下游边墙中的潜在破坏机制不完全相同，下游侧以典型的滑动破坏为主，上游侧则以松动变形、倾倒变形后的坍塌为主。因此，在实际工程中的表现形式上，下游侧如果产生破坏，则可能具备较显著的突然性，不易被监测设施所捕捉，但同时加固施加后也容易控制这种破坏；上游侧则表现出变形时间较长、影响深度较大、变形量较大、难以控制的特征。

2. 支护加固设计的计算分析成果

（1）设计的加固措施可以从总体上保证围岩开挖稳定和保持良好的安全性，在实施过程中对关键部位的加固工作应针对重点结构面进行。

（2）总体上主厂房洞室围岩的大部分区域都具备一定的自稳能力，因此大部分的锚固措施可起到保证工程安全的作用。对存在潜在失稳可能的部位，锚固发挥了维持岩体稳定和保证工程安全的作用。

（3）在下游边墙的潜在不稳定部位的稳定性主要通过锚索实现，这是由于破坏突出地沿层面发生，因此施工过程中需要注意锚固对层面的控制性。

（4）在上游边墙，多个开挖面的存在和多面临空的基本条件，松弛变形是不可避免的。尽管这些松弛、变形、破坏最后都是通过结构面表现出来，但不会像下游边墙那样突出地受某一优势性结构面的控制，这会给加固工作造成一定的困难。

（5）计算结果表明设计的系统锚固可以有效维持围岩的稳定，但局部存在锚杆应力较高的问题，适时进行锚杆加固和增加随机锚杆是解决这一问题的有效手段。其中上游边墙高程 200～235m 的锚杆应力高的问题较为突出，进行母线洞和引水洞的开挖时，需采取必要的加固措施。

7.4　地下电站岩溶处理关键技术

彭水水电站地下厂房围岩中分布有以 W_{84}、KW_{51} 为主的复杂岩溶系统，岩溶具有规模大、溶洞分支数量多、发育高差大的特点。岩溶中充填黄黏土，淤泥富集、地下水丰富，对洞室的开挖爆破、围岩稳定和施工安全等极为不利。施工过程中，针对岩溶系统中地下水及淤泥富积的特点，对岩溶系统采取超前预探、动态监测，控制释放、围堵抽排，分区截断，强制封堵，多点设防，接力抽排等措施，在保障施工安全的前提下按时完成岩溶清挖及洞室开挖；同时，采取分高程、多工作面并行，对岩溶进行置换回填、灌浆加固、深层锚固、喷混凝土封闭，增设随机锚杆等处理加固。

7.4.1　主要岩溶系统

1. W_{84} 岩溶系统

W_{84} 岩溶系统位于厂房边墙下游侧，主要穿越五条尾水管、机组检修闸门竖井、排水洞等洞室，岩溶主要处于 $\in_{3m}^{2-2}$ 层近地步附近，并顺岩层走向与倾向发育。W_{84} 岩溶属于温泉系统，具有轻微硫化氢味。对厂房下游壁、尾水管、机组检修闸门洞室的围岩稳定及施工安全、进度等均有重要影响。W_{84} 岩溶处理范围为高程 $290\sim165m$。

2. KW_{51} 岩溶系统

KW_{51} 岩溶系统发育在坝轴线上游 O_{1n}^{4+5} 层中，岩溶系统发育集中在各引水隧洞的下弯段～下平段处，贯通 1 号～5 号引水隧洞，遇 f_{110}、f_8 等断层交汇处发育有规模较大的溶洞。KW_{51} 岩溶系统位于地下主厂房上游侧，岩溶系统规模大、溶洞分支数量多，发育深。溶洞充填黄黏土和淤泥，地下水流丰富。KW_{51} 岩溶系统主要沿 C_2、C_4、C_5 夹层发育，贯通 1 号～5 号引水隧洞，上至高程 380m 平台，出露于河床坝肩；遇 f_{110}、f_8 等断层交汇处均发育有规模较大的溶洞。高程 219m 及其以上 KW_{51} 形成连续顺层发育较大的洞穴系统，而在高程 209m 处 KW_{51} 洞穴规模明显变小；KW_{51} 岩溶洞穴高程 219m 向上发育高度较大。对主厂房上游壁及顶拱，母线竖井（廊道）、引水隧洞的围岩稳定及衬砌结构以及施工安全、进度等均有重要影响。KW_{51} 岩溶处理范围为高程 $380\sim200m$，主要是三大溶腔的处理。

7.4.2　岩溶处理关键技术及措施

7.4.2.1　岩溶系统处理原则

W_{84} 岩溶处理原则：根据尾水管、检修闸门竖井衬砌结构受力特点和主厂房下游防渗要求，以及开挖揭示的情况，分步骤、分高程及建筑物部位进行处理。对尾水管洞、检修闸门竖井内揭露的溶洞进行扩挖清理、回填混凝土处理，并加强引、排水，后期结合衬砌固结灌浆提高回填混凝土与围岩的整体性。

KW_{51} 岩溶处理原则：充分揭示引水洞周边的岩溶系统性状及溶洞分布，对揭示的溶洞（槽）进行清挖、回填混凝土处理；完善并加强引、排水措施（KW_{51} 岩溶系统截水洞）；后期结合引水隧洞衬砌结构的固结灌浆，加强回填混凝土与围岩的整体性，满足引水隧洞衬砌结构与围岩联合受力的埋管特性要求。

7.4.2.2　施工期岩溶超前勘探

水电站引水及尾水系统穿越了岩溶系统，受其影响施工中存在突发涌水和江水倒灌等不确定因素，因此在前期勘探地质资料的基础上，结合主洞开挖采取了超前勘探等多种手段，运行信息化施工技术，确保整个地下洞室的围岩稳定和施工安全。施工过程中采用了"边施工，边追探"的勘探方式进一步探明岩溶系统的详细分布及发育情况，采用的施工勘探技术主要包括以下四类：①造孔超前探测；②导洞探测；③通道追溯；④非物质性勘探方式。在超前勘探成果基础上，通过调整施工支洞的线路布置，有效避开岩溶管道；选择最佳部位开辟处理通道对岩溶进行清理回填，以减少施工干扰、降低处理难度；准确地对岩溶管道进行截、堵处理，在保证施工安全的前提下加快施工进度。

7.4.2.3　岩溶处理关键技术

1. 岩溶的涌水、涌泥处理

岩溶涌水、涌泥是岩溶地区工程建设中经常遇到的难题，但对于如 KW_{51}、W_{84} 这种规模庞大、性状复杂、泥水充填且高差较大的岩溶系统而言，在地下封闭空间中一旦发生大规模的涌水、涌泥，将对施工设备及人员生命安全造成严重威胁。为此要求施工中，必须补充勘探以查明岩溶管道，准确判断、确定合理处理措施再行施工，并要求所有参加施工的人员做到：①重视预报、做到"四查明"；②充分准备、科学应对；③安全第一、文明施工。采取的施工技术包括：超前预探、动态监测与控制释放、围堵抽排、分区截断、强制封堵、多点设防与接力抽排、特殊情况处理。

2. 岩溶充填物清理

压力引水隧洞、尾水隧洞以及附属洞室穿越的岩溶区内溶蚀管道遍布，具有形态复杂、充填物类型多样、空间狭窄的特性，溶洞清理难度大。施工中运用了以下溶洞清理方法：机械清理、人工清理、爆破清理、高压风（水）冲洗清理、抽排清理、混合清理等。此外，由于溶洞形状的复杂性和充填介质的多样状态特性（含水量），以及受到溶洞通道和开挖作业限制，施工中还总结了溶洞充填物有效装运方法，包括：直接装运、集中装运、裹碴装运、滤水风干装运、分解装运、封闭式装运。

3. 岩溶系统岩溶跨越技术

岩溶系统与主体洞室空间交错、关系复杂，且处理时间较长，而主体工程洞室的施工工期均很紧张，因此岩溶处理的质量与进度与主体工程的施工进度是矛盾的。如何尽早安全跨越岩溶区域，为主体工程施工创造有利的条件，形成岩溶处理与主体工程施工平行作业是施工方案确定中需要考虑的另一个重要因素。施工中总结和应用了 6 种典型的岩溶跨越技术：①防护穿越；②栈桥跨越；③垫渣跨越；④置换跨越；⑤避让跨越；⑥强堵穿越。

4. 岩溶系统围岩加固处理技术

引水隧洞、尾水隧洞、机组检修闸门竖井及母线竖井等建筑物与岩溶系统空间交错、关系复杂，岩溶处理除要满足上述建筑物周边围岩的永久承载要求外，还要保证施工期岩溶周边围岩的稳定。施工中考虑了将永久支护与施工临时支护相结合的围岩加固处理思路，采用的岩溶围岩加固及处理措施主要有以下 5 种：置换回填、灌浆加固、深层锚固、喷混凝土封闭、增设随机排水孔。

7.4.3　岩溶处理监测

1. 安全监测设备

为了监测 KW_{51}、W_{84} 岩溶处理效果及其对厂房洞室围岩稳定的影响，分别在主厂房洞室及厂外排水洞布置了相应的安全监测仪器，其中：地下厂房开挖支护监测共布置有 7 个观测断面，分别位于各机组段轴线断面及安装场断面，其中的 1 号、3 号、5 号机组的（XCF）0＋176.20、（XCF）0＋106.20、（XCF）0＋36.20 为主要监测断面，各主要监测断面布置 9 支渗压计监测主厂房洞室围岩地下水。同时，为监测地下厂房围岩渗水情况，在厂外三层排水洞中共布置 24 根测压管，除布置在第三层排水洞沿江侧的 1 根测压管为倾斜 30°钻孔外，其余测压管均为垂直钻孔。此外，为监测厂外排水洞渗漏量，在厂房第二层排水洞沿江侧廊道左右各布置 1 套量水堰，在厂房第三层排水洞沿江侧廊道左右各布置 1 套量水堰，共布置 4 套量水堰。

2. 安全监测数据及成果

安全监测的渗压数据表明，厂房围岩顶拱及边墙渗透压力很小，蓄水前后基本无变化。2008 年 2 月 1 日第一台机组（4 号机）充水后，机坑高程 175m 以下及肘管底部的水头上涨 10m 左右，4 号机组发电以来，机坑底部水头未出现异常，目前水头稳定在 20m 左右，运行情况良好。主厂房 1 号机组机坑底部水头变化过程线见图 7.4-1。

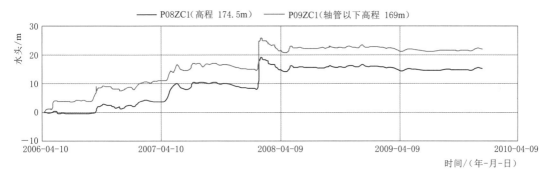

图 7.4-1　主厂房 1 号机组机坑底部水头变化过程线

排水洞渗流测压管的监测成果表明：厂外排水洞中安装的 24 根测压管绝大部分长期处于无压及小压力状态，且变化量较小。

排水洞渗流量监测数据表明：在 2009 年后的运行期，厂外二层排水洞排水沟内一直无水；第三层排水洞的渗流量在 20.8～69.8L/min 之间，最大值出现在 2009 年 5 月，汛期过后渗流量逐渐减小趋势；KW_{51} 截水洞的渗流量稳定在 40L/min 左右。监测成果表明，厂外排水洞绝大部分测压管处于无水压状态甚至干孔，顶层及第二层排水洞无渗水，第三层排水洞漏水量较小，说明厂房周边岩溶系统处理后的帷幕防渗效果良好。

通过施工勘探技术、岩溶系统岩溶跨越技术、岩溶系统围岩加固处理技术等岩溶处理新技术的实践，有效解决了岩溶系统的地质缺陷。

7.5　电站运行情况

7.5.1　进水塔

在每个进水塔顶部四角各布设 1 个水准点；在 1 号、3 号及 5 号进水塔的建基面上各埋设了 2 支基岩变形计，以监测进水口建筑物的表面及基础变形情况。

基岩压缩变形主要产生在 2005—2006 年（进水塔施工期间），2007 年以后测值趋于稳定。目前实测最大累积压缩变形为 1.38mm，2017—2019 年基本无变化。进水塔典型基岩变形计测值过程线见图 7.5-1。

进水塔顶部水准点于 2006 年测取初始值，实测塔顶最大沉降为 0.49～7.70mm，呈年际周期性变化，无长期趋势性变形，说明进水塔塔顶沉降已经稳定。进水塔典型水准点沉降测值过程线见图 7.5-2。

7.5.2　引水隧洞

1. 围岩变形

引水隧洞围岩变形主要发生在开挖过程中，2007 年隧洞衬砌后变形测值已趋于稳定，

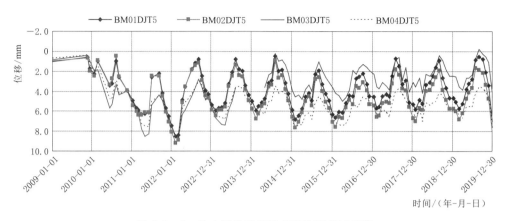

图 7.5 - 1　进水塔典型基岩变形计测值过程线

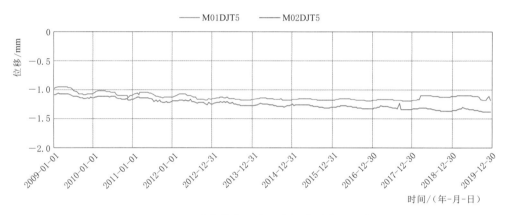

图 7.5 - 2　进水塔典型水准点沉降测值过程线

2019 年引水隧洞各多点位移计变化量均很小；埋设在 1 号引水洞 0＋86、3 号引水洞 0＋279、5 号引水洞 0＋185 桩号顶拱的测缝计目前实测开度分别为 1.10mm（J04YSD1）、3.23mm（J01YSD3）、0.68mm（J02YSD5），受机组检修流道排空影响，埋设在 3 号引水隧洞 0＋30 拱顶钢板面的测缝计年变幅较大，其中 J08YSD3 为 1.30mm，其余测缝计变化不大。典型测缝计测值过程线见图 7.5 - 3。

2. 衬砌外水压力

目前隧洞围岩渗压计实测最大水头 42.82m（P04YSD3），位于 3 号引水隧洞 0＋279 桩号底板，基本随库水位变化而变化。

3. 钢板应力和钢筋应力

2008 年隧洞充水后钢衬段钢板应力计测值呈周期性变化，拉应力出现在冬季，当机组检修期间流道内水被排空时会产生压应力。流道充满水时则产生拉应力，最近一年最大应力为 113.4MPa（GB01YSD1），其余测点测值为－41.4～76.2MPa。钢筋应力在机组投入运行后，测值整体呈年际周期性变化，无长期趋势性发展，受力处于正常合理水平。典型钢筋计测值过程线见图 7.5 - 4。

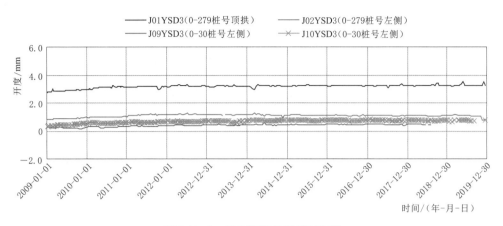

图 7.5-3　典型测缝计测值过程线

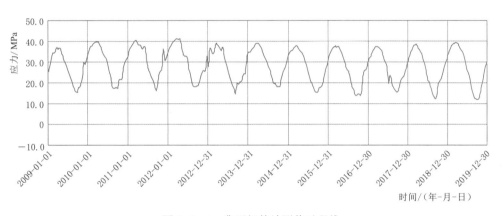

图 7.5-4　典型钢筋计测值过程线

7.5.3　地下厂房

1. 围岩变形

地下厂房洞室于 2004 年开始开挖，开挖初期围岩上下游边墙产生较大变形，多点位移计测值最大受拉达 40mm 以上，后经过调整施工方案，变形逐渐减缓，2006 年 5 月围岩支护完成后至今，多点位移计测值基本稳定，最近一年多点位移计测值变化极小，目前实测最大测值为 41.17mm。典型多点位移计测值过程线见图 7.5-5。

2. 发电机层沉降

截至 2019 年 10 月厂房发电机层位移量为 -3.51～0.01mm，未出现不均匀沉降，沉降量在最近三年内变化不大，厂房发电机层无异常变形。典型沉降测点测值过程线见图 7.5-6。

3. 主厂房周边岩体渗透压力

厂房围岩 1 号机组下游拱座渗压计 P02ZC1 从 2007 年开始水头高度一直呈增大趋势，2008 年期间变幅较大，2015 年至 2019 年较为平缓，2019 年实测最大水头高度为 22.0m，历史最大水头高度为 22.70m；边墙其他测点无异常增大迹象；2019 年内 1 号、3 号、5

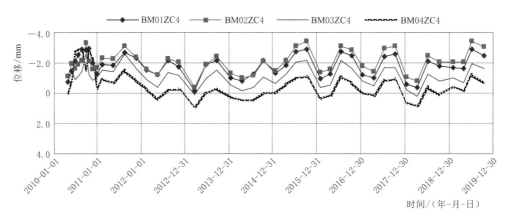

图 7.5－5　典型多点位移计测值过程线

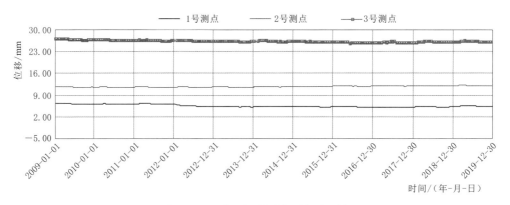

图 7.5－6　典型沉降测点测值过程线

号机组尾水管底部水头最大值分别为 33.71m（P06WSD1）、32.00m（P06WSD3）、55.27m（P07WSD5），较 2018 年测值变化不大。典型渗压计测值过程线见图 7.5－7。

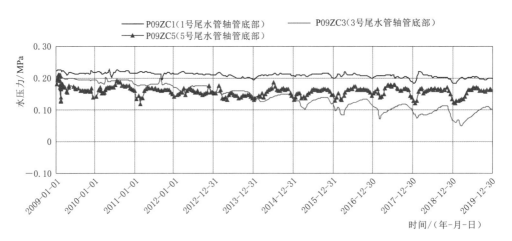

图 7.5－7　典型渗压计测值过程线

4. 岩锚梁混凝土与围岩结合面开度

岩锚梁顶部混凝土与围岩结合面处布置了 18 支测缝计，2008 年后有 9 支测缝计开度略有增大，位于 5 号机上游侧岩锚梁目前最大开度为 2.16mm，年变幅 0.03mm（J03ZC5），同部位埋设的位错计（W01ZC5）截至 2019 年 12 月实测累积开度 0.33mm，年变幅为 0.08mm；预应力点焊式锚杆应力计年际变化较小，测值一直比较稳定。典型岩锚梁测缝计测值过程线见图 7.5-8。

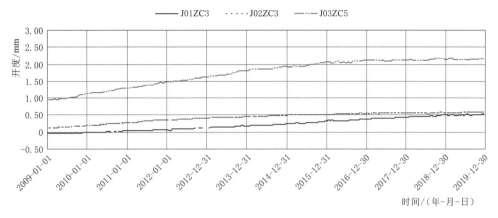

图 7.5-8 典型岩锚梁测缝计测值过程线

5. 厂外排水洞处地下水水位

厂房外围共布置 3 层排水洞，每层排水洞内按孔深 15m、10m、5m 布设了测压管。截至 2019 年实测成果显示，顶层排水洞 3 个测压管只有 BV23ZCF 孔底有极少量水，其余测压管均孔内无水；二层排水洞 9 个测压管，一个常年干孔（BV13ZCF），仅 BV16ZCF 管内有压，压力表最大读数为 0.008MPa，其他测压管水位均低于孔口以下；三层排水洞 11 个测压管中有 7 个水位低于孔口，其余 4 个测压管（位于上游洞及临江段）有较小的渗水压力，水位年变幅在 3.30m 以内。

7.5.4　尾水隧洞

1. 围岩变形

尾水隧洞围岩多点位移计变形主要发生在开挖过程中，2007 年后测值稳定，目前实测最大测值为 12.08mm（M02WSD5-4）。典型尾水隧洞多点位移计测值过程线见图 7.5-9。

2. 衬砌钢筋应力

目前实测衬砌钢筋应力为 -60.3~83.0MPa，钢筋应力随混凝土温度变化呈周期性变化，钢筋应力变化趋势合理。典型尾水隧洞钢筋计测值过程线见图 7.5-10。

7.5.5　检修闸门廊道

1. 围岩变形

目前检修闸门廊道多点位移计最大测值为 8.18mm（M04JXZM-4），位移主要发生

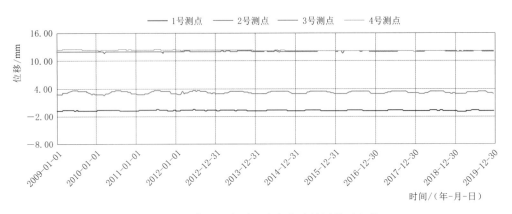

图 7.5 - 9　典型尾水隧洞多点位移计测值过程线

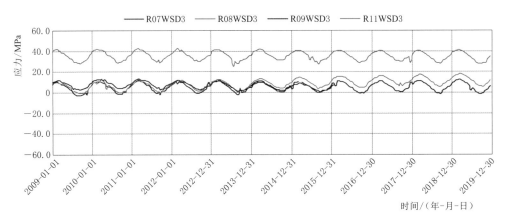

图 7.5 - 10　典型尾水隧洞钢筋计测值过程线

在施工期，投运至 2019 年测值基本无变化。典型检修闸门廊道多点位移计测值过程线见图 7.5 - 11。

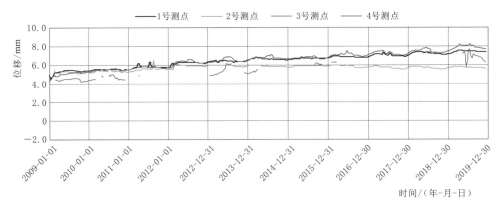

图 7.5 - 11　典型检修闸门廊道多点位移计测值过程线

2. 围岩锚杆应力

截至 2019 年 12 月底，检修闸门廊道监测锚杆应力值为 -68.7～359.4MPa，出现最大值的监测锚杆位于 3 号机组中心线上游高程 285.7m（R03JXZM）处，目前仍呈逐年增大趋势，最近一年较上年应力测值增大 15.3MPa，其余锚杆应力计变化趋势平缓。典型检修闸门廊道锚杆应力计测值过程线见图 7.5-12。

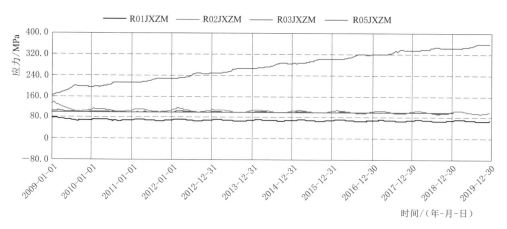

图 7.5-12　典型检修闸门廊道锚杆应力计测值过程线

3. 围岩外水压力

检修闸门竖井布置 18 支渗压计监测围岩外水压力，各点水压力变化主要受降雨影响，2019 年最大水头高度为 13.44m（P17JXZM，发生在 7 月 8 日），目前水压力在 0.081MPa 左右，其余渗压计变化不大。典型检修闸门廊道围岩渗压计测值过程线见图 7.5-13。

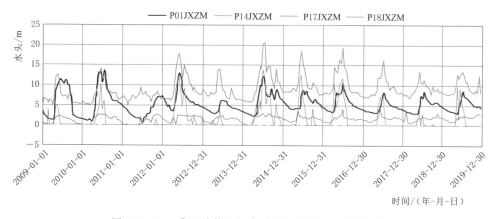

图 7.5-13　典型检修闸门廊道围岩渗压计测值过程线

综上所述，引水隧洞、主厂房、尾水隧洞、检修闸门廊道等实测围岩变形收敛、衬砌与围岩结合缝稳定。检修闸门廊道围岩锚杆应力计 R03JXZM 有逐年增加趋势，需要继续关注；流道压力钢管及衬砌受力状况正常，主厂房岩锚梁监测仪器物理量变化趋势大多已稳定，只有极少数监测仪器物理量呈蠕变状态，变形速率很小；主厂房周边排水洞处地下水位无异常变化。总体而言，引水发电系统各部位运行状态基本正常。

7.5.6　电站进水口边坡

2019 年，进水口边坡向临空侧表面位移测值为−8.30～7.55mm，与前一年测值变形规律类似，呈现年际周期性变化；边坡多点位移计测值变化较小，实测最大变形为 1.97mm，目前测值均比较稳定。埋设在 3 号引水洞边坡高程 330.5m 马道的测斜孔 IN05DJP 在 2014 年 9 月距孔口 9～10m 处增出现 2.50mm 增量位移，但测斜孔孔口无异常变化，目前该孔变形已经趋于稳定。边坡其他测斜孔近几年观测数据变化较小。进水口边坡典型多点位移计测值过程线见图 7.5-14。

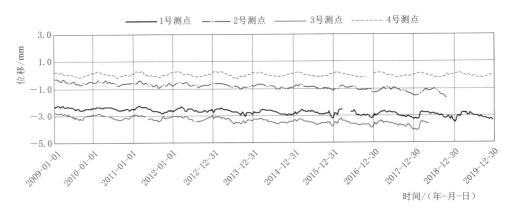

图 7.5-14　进水口边坡典型多点位移计测值过程线

7.5.7　电站尾水出口边坡

2019 年，尾水出口边坡向临空侧表面位移测值为−5.91～4.04mm，长期测量结果呈现年际周期性变化；边坡多点位移计测值变化较小，实测最大变形为 2.72mm，目前测值均比较稳定。锚杆应力计普遍呈受压状态，9 支锚杆应力计中仅 2 支受拉，目前最大拉应力为 18.5MPa，测值平稳无异常突变；各锚索测力计应力损失率为−14.30%～11.59%，测值变化主要发生在安装初期，未发现有测值突变现象，长期观测成果主要受温度影响，呈现年际周期性变化，说明支护措施受力基本正常。

第8章

通 航 建 筑 物

8.1 总体布置及主要建筑物设计

8.1.1 总体布置

根据坝址的自然条件、河势、通航要求和枢纽总格局,线路布置在左岸,下游引航道口门布置在电站尾水以下水域。

通航建筑物型式为带中间渠道的船闸＋垂直升船机。其线路尽量靠近河床布置,第一级为船闸,适应 15m 的库水位变幅;第二级为垂直升船机,最大提升高度 66.6m;两级之间用中间渠道连接,中间渠道为恒水位 278m,尺寸按满足上下行船只在渠道内交汇错船和进出闸的运行要求确定,两级通航建筑物可独立运行。船闸上闸首作为大坝挡水建筑物的一部分,布置在左岸 1 号、2 号非溢流坝之间,船闸轴线与坝轴线垂直相交,交点 H2 坐标为 $X=3231466.618$、$Y=519117.509$。上闸首上游面距 H2 点距离为 6.85m,船闸主体段长 103.2m。上闸首迎水面以上为上游引航道,由 210.5m 的直线段与库区航线相连。船闸下闸首下游为中间渠道,总长 421.1m,其中开挖段长 256.76m,渡槽段长 164.34m。沿船闸轴线在距船闸下闸首 269.3m 处接半径为 165m,圆心角为 25.5°的圆弧段,其端点切线为升船机轴线,端点 H11 坐标为 $X=3231786.774$、$Y=518820.084$,以 66.7m 的直线段与垂直升船机上闸首连接。垂直升船机总长 102.3m,升船机下闸首以下为下游引航道,沿升船机轴线由上往下依次为 250.2m 的直线段,半径为 165m、圆心角为 20°的圆弧段,最后接 55m 的直线段与主河道衔接。线路总长 1188.6m。

8.1.2 上游引航道工程

上游引航道长 210.5m,水库蓄水后位于库区。上游最高通航水位 293m,最低通航水位 278m,水位变幅为 15m,最小通航水深 3m;引航道的开挖底高程为 275m,底宽 40m,其中船闸轴线以左宽 11m;引航道最大开挖边坡高度约为 105m。引航道左侧靠上闸首设 60m 长的导航墙(含进水口段),导航墙与船闸轴线夹角为 3°。导航墙墙顶高程 294.5m,顶宽 3m,在导航墙迎水面设有 3 列间距为 16m 的固定式系船柱,布置高程 278.6~294.5m,每 1.6m 一个,供船只单向运行时停靠使用。右侧进水口上游设有 45m 长的墩板式辅导航墙,与船闸轴线夹角为 15.95°,辅导航墙顶高程为 294.5m,顶宽 3m;

在引航道左侧距上闸首上游面 142m 处向上游方向布置 4 个衬砌式靠船墩，靠船墩中心距为 15m，顶高程 294.5m。

8.1.3　船闸

船闸长 103.2m，由上闸首、闸室、下闸首及输水系统组成。船闸上游最高通航水位 293m，最低通航水位 278m，下游通航水位恒为 278m，最大工作水头 15.0m，闸室有效尺寸为 62.0m×12.0m×3.0m（长×宽×门槛水深）。闸首、闸室均采用整体式结构。

上闸首作为大坝挡水建筑物的一部分，总长 28.2m，总宽 32m，其中闸室利用长度 8m，两侧边墩各宽 10m，闸顶高程为 301.5m，底板顶高程为 275m，建基面高程 264～269m。上闸首底板距上游面 4.5m 处设有断面尺寸为 3.0m×3.5m（宽×高）城门洞型帷幕灌浆排水廊道，与右侧非溢流坝段廊道相接。两侧边墩内设有充水廊道及相应的工作阀门井和检修阀门井。充水阀门由设在闸顶容量为 200kN 液压启闭机操作，检修阀门采用流动机械启闭。上闸首上游端设有挡水事故检修闸门，该门由七节叠梁和其上的平板门组成，叠梁外形尺寸为 13.2m×2.7m×1.95m（宽×高×厚），用于适应水位变幅和检修闸室时挡水；平板门外形尺寸为 13.2m×5.3m×1.95m（宽×高×厚），用于事故关闭。洪水期叠梁门、平板门共同挡 298.85m 的校核水位。挡水事故门平时置放于上闸首左侧 1 号非溢流坝段的门库中，由设在闸顶的 2×250kN 双向桥式启闭机操作。在挡水事故门下游设有人字工作门，门龛长 9m，深 1m。人字门孔口尺寸 12.0m×17.5m（宽×高），设计水头 15.0m，门叶外形尺寸 7.6m×18.5m×1.1m（宽×高×厚），由设在两侧闸墙启闭机房内容量为 2×600kN 的卧式摆缸液压启闭机操作。机房由设在闸墙左右侧楼梯作为交通通道。

控制室布设在上闸首上游侧，支撑在左、右侧进水段上，为框架结构。

闸室结构长 55m，沿长度方向分为 4 段，分别长 14.3m、13.5m、13.5m、14.7m，段间设伸缩缝，并采用 20mm 厚聚丙烯泡沫板隔缝。缝的迎水面侧设置两道止水，外侧为紫铜片止水，内侧为塑料止水片。为满足交通要求，闸室顶为 1:11 斜坡道与上、下闸首连接，闸室建基面高程 269.5m，底板顶高程 274.75m，底板宽 25m，边墙顶宽 7m，航槽宽 12m。两侧边墙共布置 4 对浮式系船柱。

下闸首长 20m，宽 32m，其中航槽宽 12m，两侧边墙各宽 10m，墙顶高程 297.5m，建基面高程 269.5m。下闸首工作门也为人字门，其尺寸、设计水头、门重及启闭机械均同上闸首人字工作门。人字门下游设一扇检修门，检修门孔口尺寸为 12m×22m（宽×高），设计水头 2.7m。下闸首边墙内布置有人字工作门启闭机房、泄水廊道及相应的平板工作阀门井和检修阀门井。泄水阀门由设在闸顶容量为 200kN 液压启闭机操作，检修阀门采用流动机械启闭。在人字门后设交通桥沟通左右岸的交通。

输水系统采用闸墙长廊道侧支孔出水分散式输水系统。上闸首上游设 12m 长的进水口段，同时兼作导航墙侧向进水，每侧由 2 个孔口尺寸为 1.6m×2.6m（宽×高）的进水口组成，进水口顶高程 274.65m，进口设拦污栅。上闸首输水阀门处廊道断面尺寸为 1.6m×2.0m（宽×高），顶高程为 273m。主廊道断面尺寸为 1.9m×2.2m（宽×高），顶高程 276.95m。两侧闸室墙内各布置有 14 个间距为 3m 的侧支孔，两侧支孔相间布置，支孔断面尺寸 0.51m×0.54m（宽×高）。另外距两侧闸墙 1.2m 处，在闸室底板顶部各布置一条消力槛，消力槛底宽 0.5m，高 0.25m。下闸首泄水阀门处廊道断面尺寸为 1.6m×2.0m（宽×高），顶高程 273.65m。泄水系统由泄水主廊道与设在下闸首下游侧的水池组成。两条泄水主廊道断面尺寸均为 3.2m×2.0m（宽×高），水池的平面尺寸为 15.0m×（16.39～18.5)m(宽×长），泄水廊道与水池相通，并通过水池右侧的溢流堰将闸室水体泄入主河床。

经计算和试验，船闸输水时间为 7.41min，最大输水流量为 $47.6m^3/s$，充水惯性超高为 0.24m，船舶在上游引航道及闸室内的停泊条件均能满足设计要求。

8.1.4　中间渠道

中间渠道位于船闸和垂直升船机之间，长 421.1m，最大水面宽 48.2m，渠道恒水位 278m，通航水深 2.7m，渠底高程 275.3m，两侧挡水墙顶高程 280m。中间渠道分为两段，上半段在山体中开挖形成的明渠段，长 256.76m，采用混凝土衬砌结构，在右侧设有混凝土挡水墙；下半段为渡槽，长 164.34m，渡槽采用 6 跨预应力箱型简支梁承重结构，梁高 2.4m，跨度为 27.6m；桥墩采用圆形混凝土柱框架结构，均坐落在基岩上，最大墩高为 37.4m。中间渠道最大开挖边坡高度约 100m。

为保持中间渠道水位恒定为 278m，可由设在下闸首人字门上的阀门向渠道补水，或由设在右侧的溢水口排水，渡槽挡水板也设有溢水口；当渠道需检修时，可由船闸泄水系统和设在溢流堰处的放空阀泄水。在右侧挡水墙顶部距船闸下闸首下游面 180m，向下游方向布置 4 个间距 15m 的固定式系船柱，作为等待过闸船只停泊之用。

1. 明渠段

（1）导航墙。在船闸下闸首下游右侧，与船闸轴线夹角为 3°方向，设重力式挡水墙，重力式挡水墙前 60m 段为导航墙，每段之间及其与下闸首之间设伸缩缝，缝内距迎水面 20cm 布置一道紫铜止水片。建基面高程为 274.8m，底宽 4.2m，顶高程为 280m，顶宽 2m。

（2）挡水墙。左侧贴开挖岩坡浇筑衬砌式混凝土挡水墙，右侧设置重力式混凝土挡水墙。挡水墙顶高程为 280m，顶宽 2m，渠道内侧为直立式，外侧坡度为 1∶0.5。挡水墙每隔 15m 设一条伸缩缝，缝内距迎水面 25cm 设一道紫铜止水片。

（3）防渗。中间渠道底板及左右侧开挖段均采用衬砌混凝土防渗，衬砌混凝土采用 C30，厚度 50cm。底板结构分缝与挡水墙一致，每隔 15m 设一条伸缩缝，采用 20mm 厚沥青杉板贴缝。缝内距迎水面 20cm 设一道紫铜止水片。

左侧墙底设有一条纵向排水槽，与设在底板横向结构缝面的横向排水槽连接，横向排水槽引至右侧挡水墙外侧，以便排出地下水和渗漏水。

2. 渡槽

（1）结构型式和布置。中间渠道后半段为长 164.34m 的渡槽，渡槽水域宽度 48.2～12.0m，设计水位为 278m，通航水深 2.7m。根据渡槽水荷载大，水密性要求高和变宽度的特点，采用了由框架式支墩、简支预应力箱梁和挡水板及防渗层等组成的结构。

渡槽总长 164.34m，共分为 6 跨，呈不规则的弧线状，沿轴线顺流向分别长 26.28m、

4×27.6m、27.66m，均为预应力简支梁承重体系。A 号墩为岸墩，B 号～F 号墩均采用圆形钢筋混凝土实体柱框架结构，G 号墩为升船机上游端箱梁。墩基础坐落在新鲜岩石上，最大墩高为 37.4m。

渡槽上部"U"形盛水承重结构采用预应力箱型梁，其两侧为 50cm 厚的挡水板，挡水板顶设 2.0m 宽的人行道。每跨挡水板间设结构缝，缝内设一道紫铜止水片。箱梁顶部与挡水板内侧浇筑 20cm 厚的钢纤维混凝土防渗层，挡水板内侧浇筑至高程 278.3m。各跨梁之间收缩缝 40mm，设有"U"形紫铜止水片，布置在钢纤维混凝土内，距顶面 10cm，在挡水墙上布置顶高程为 278.3m。为了充分吸收和分散船舶撞击能量，在挡水墙迎水面设置 CD300H×1500L 型橡胶防撞设备。

（2）结构设计。

1）预应力简支箱梁设计。预应力简支箱梁分中箱梁和边箱梁两种，中箱梁梁高 2.4m，底板、顶板厚 0.2m，两腹板厚均为 0.25～0.35m（跨中 0.25m，两端 0.35m），边箱梁两腹板厚 0.5～0.7m 和 0.25～0.35m（跨中 0.5m 和 0.25m，两端 0.35m 和 0.7m）。中箱梁顶、底宽均为 2.5m；边箱梁底宽 2.5m，顶宽 3.0m。

预制箱梁混凝土采用 C50，后张法施工。中箱梁每个腹板纵向预应力采用 3 束 13-7ϕ5 的钢绞线（f_{ptk}=1860MPa），边箱梁的两个腹板纵向预应力各采用 2×3 束 13-7ϕ5 的钢绞线和 3 束 13-7ϕ5 的钢绞线，每束钢束的张拉控制力为 2281kN，预应力钢束为有黏结。经计算分析，箱梁顶板纵向没有出现拉应力，最小压应力为 0.46MPa，最大压应力为 8.68MPa，梁体承载能力极限状态和正常使用极限状态均能满足设计要求。

2）支墩设计。渡槽支墩由墩帽、墩身和基础等三部分组成框架结构。

墩帽主要作用是将下部墩身联成整体并成为上部预应力箱梁的基座，B 桥墩墩帽顺水流方向宽 3.3m，其他宽 2.8m；垂直水流方向的长度根据渡槽布置及地形条件分别为 18.91m、25m、32.9m、27.6m、22.6m，厚度均为 3.0m。

墩身由 2～3 个圆形钢筋混凝土柱组成，其主要参数见表 8.1-1。墩身下设有 2.5～3.0m 厚的混凝土基座。

表 8.1-1　　　　　　　　　　　渡槽支墩主要参数表

参数 墩号		圆形柱个数	中心距/m	柱截面直径/m	墩顶程/m	最大高度/m
B 号		2	13.61	3.0	272.4	25.4
C 号		3	10.05	2.5	272.4	24.4
D 号		4	9.30	2.5	272.4	28.9
E 号		3	11.55	2.5	272.4	24.9
F 号	高程 250m 以上	3	9.05	2.5	272.4	37.4
	高程 250m 以下	3	9.05	3.0		

第 F 号墩在高程 250m、260.95m 处均设有连梁，连梁断面尺寸分别为 200cm×300cm（宽×高）和 150cm×250cm（宽×高）。基础顺水流方向的宽度为 6.0m，垂直水流方向的长度为 24.1m，嵌入基岩深 3m。其他墩也设有连梁。支墩底板混凝土采用 C20，其他部位混凝土采用 C30。

3）挡水板设计。挡水板厚 0.5m，顶高程为 280m，顶部设有 2m 宽的人行道板。走道板厚 10cm，外侧由布置在箱梁顶部，间距为约 3m 的柱支撑。待简支梁后浇带浇筑完成后，再浇筑挡水板。挡水板混凝土采用 C30。

（3）中间渠道充、泄水设计。中间渠道水位为恒水位 278m，正常水深为 2.7m。中间渠道首次充水通过船闸输水系统进行，即关闭下闸首泄水阀门，同时开启上闸首充水阀门和下闸首人字门，使水流经闸室进入中间渠道。中间渠道的小量补水则由设在下闸首人字门上的两根 $\phi 200mm$ 的补水管进行，以补充其因渗漏、蒸发、充闸门缝隙水造成的水量损失，保证足够的通航水深。

在船闸溢流堰底部设有与中间渠道连通的排水管，由阀门进行控制，以满足中间渠道水体排干、检查和维护要求。

在中间渠道右侧挡水墙高程 278m 设有排水设施，以保证中间渠道水位不超过 278m 的设计条件。

8.1.5　垂直升船机

垂直升船机上游通航水位为恒水位 278m，下游通航水位为 211.4～227m，最大提升高度 66.6m，采用钢丝绳卷扬平衡重式垂直升船机。

垂直升船机由上闸首、升船机主体和下闸首组成，总长 102.3m，总宽 50.4m，总建筑高度 113m。

1. 上闸首

上闸首设在垂直升船机上游端的两个组合筒体之间，高程 268.1～280m，长为 6.2m，宽度为 18m，其中航槽净宽 12m。上闸首底板既是渡槽的支撑结构，又是升船机左右侧筒体的横向联系体系，采用箱型梁结构。箱梁两端固结在筒壁上，顶高程为 275.3m，底高程 268.1m。上闸首设有一道检修门和一道工作门，检修门、工作门均采用滑动平板门，孔口尺寸分别为 12m×2.5m（宽×高）、12m×2.6m（宽×高），门槽宽度均为 0.6m，分别由布置在高程 290m 上部机房内、容量为 2×80kN、2×100kN 的固定式卷扬机启闭。

2. 承重塔柱

垂直升船机承重塔柱为筒体结构，以垂直升船机轴线为中心左右对称布置两列，每列有两个组合筒体。筒体下部用筏基联成整体，上部用箱型板连接，构成上部机房的基础，机房屋盖为钢网架结构。

（1）基础。垂直升船机基础是连接上部承重结构，传递荷载于地基，同时是保持机室在正常运行时无水的挡水结构，采用筏式基础，长 80.25m，宽 50.4m，筏板厚 6.5m。筏板基础的埋置深度，按《钢筋混凝土高层建筑结构设计与施工规程》（JGJ 3—91），当采用天然地基时，不小于建筑高度的 1/12，即 9.8m，实际埋置深度根据布置需要为 38.5m，满足地基稳定及变形要求。

根据高程 235m 以下基础施工期温控要求，为改善结构在施工期的温度应力条件，在施工过程中沿底板纵轴线设一条、横河向设三条宽槽，宽槽侧面预留键槽，槽宽均为 1.2m，将基础分为 8 个浇筑块，待各浇筑块温度满足设计要求后，进行宽槽内的钢筋连接和混凝土回填，使之形成整体结构。

（2）筒体。筒体结构根据承船厢、平衡重、主提升设备和附属设备布置要求及运行条件，采用长方形薄壁箱型钢筋混凝土结构。筒体在平面上分为左、右两列，对称布置，每列有两个组合筒体，上游组合筒体平面尺寸为 38.05m×10.0m（长×宽），下游组合筒体平面尺寸为 31.10m×10.0m（长×宽），筒壁厚在高程 235m 以下为 1.3m，在高程 235m 以上为 0.9m。筒体顶高程为 290m，沿高度方向不大于 14.0m 设一厚度为 50cm 的隔板，顶部用箱型板刚性连接。筒体内在高程 270m、277.4m 和 282.5m 设有平衡重安装、检修及锁定平台，上游筒体内布置有楼梯间及电梯井。

（3）箱型顶板。箱型顶板既是上部机房的基础，又起着将塔柱联成整体的作用，顶板底高程 286m，满足通航净空 8m 的要求，顶板高度 4.0m，箱板厚 0.6m。

根据箱型顶板施工期温控要求，为改善结构的应力条件，在施工过程中沿 18m 宽机室两侧设置施工缝。缝两侧箱型顶板与筒体一起连续浇筑完成。在分缝处高程 286.15m 筒体上设置向机室侧伸出 0.9m 长的牛腿，牛腿上布置插筋，缝两侧水平钢筋过缝，待后期年平均温度季节，浇筑机室上部浇筑块，使箱型顶板形成整体结构。

（4）上部主机房。上部主机房设在高程 290m 的箱型顶板上，为排架柱结构。机房平面尺寸为 84.55m×45.0m（长×宽），机房内安装有 8 组重力平衡重滑轮组和 4 套卷扬机设备，设有供安装和检修用 1000kN 桥式起重机。在主机房左右两侧还布置有配电室和主电室，上游端设有上闸首启闭机房，下游端设有控制及操作室，机房屋盖采用钢网架结构。

3. 下闸首

下闸首采用整体式结构，总长 22.05m，总宽 44.4m，其中航槽宽 12.0m，左右边墙宽均为 16.2m。闸首建基面高程为 187～203m，边墙顶高程为 235m。下闸首工作门采用下沉式平板工作门，由设在闸顶启闭机房内的固定式卷扬启闭机操作。启闭机房底高程为 264.2m，机房内设有检修桥机。在下闸首右侧边墙上还布置有集水井，泵房和水位计井。在工作门的下游设有叠梁检修门，门槛高程为 208.4m，检修门由单向桥式启闭机操作，启闭机排架顶高程 257.79m。正常运行时，检修门放在闸首左右边墙的门库内。

当下游水位超过 235m 时，考虑垂直升船机机室进水；当水位下降到 235.0m 以下时，利用所设的排水泵对机室进行抽水，抽干后恢复通航，抽水时间不超过 48h。

8.1.6　下游引航道

下游引航道长 362.8m，底高程 208.5m，底宽 40m，其中升船机轴线以左宽 11m，以右宽 29m。下游最高通航水位 225.8m（考虑郁江流量 3000m³/s 顶托作用为 227m），最低通航水位 211.4m，通航水位变幅 15.6m，最小通航水深 2.9m。引航道左侧紧接下闸首设有 60m 长的衬砌式导航墙，导航墙与升船机中心线的夹角为 3°，建基面高程 207.5m，顶高程 230m，顶宽 3m。在导航墙迎水面设有 4 列间距为 15m 的固定式系船柱，布置高程 212.4～230m，每 1.6m 一个，供船只单向运行时停靠使用。在导航墙下游 85～130m 范围内的航道左侧布置 4 个衬砌式靠船墩，靠船墩中心距为 15m，底高程 207.5m，顶部高程 228.5m，顶宽 3m。每个靠船墩迎水面均布置一列固定式系船柱，布置高程及间距与导航墙相同。在引航道右侧，紧接下闸首设有 45m 长的衬砌式辅导航墙。在下闸首下游 74.5～210m 范围内的航道右侧布置长 135.5m 的重力式隔流堤，隔流堤在施工期兼作下游引航道及升船机基坑施工围堰，堤顶高程 230m，顶宽 3m，底宽 3.6～10.3m。在下闸首下游 97～142m 范围内的航道右侧布置 4 个衬砌式靠船墩，其布置同左侧靠船墩。隔流堤末端接引航道口门区，口门区长 120m，宽 60m。

8.1.7 左岸交通

右岸车辆依次经过坝顶公路、船闸下闸首交通桥，到达左坝肩，进入左岸交通隧洞，出洞后经过 230m 长的斜坡道，最后到达垂直升船机高程 235m 平台。左岸交通隧洞断面尺寸 8m×6m（宽×高），从左坝肩经过 951m 的隧洞与下游引航道高程 250m 马道相接，该通道施工和运行期共用，也是升船机对外消防交通通道。

8.1.8 护岸工程

下游引航道左侧岸坡在正常运行时，受船行波和风成波的冲击，当枢纽总泄量大于 7000m³/s，隔流堤漫顶后，将受泄洪建筑物下泄洪水冲刷。通航建筑物右侧为主河槽，受泄洪建筑物下泄洪水的影响，渡槽支墩、升船机塔柱和下游隔流堤及建筑物右侧岸坡受到冲刷，因此需进行全面保护。护岸工程范围从渡槽段到隔流堤末端，长约 400m，用厚 1.0m 的 C20 混凝土保护。护坡混凝土采用间距为 3.0m×3.0m、长度为 6.0m 的 Φ25 锚筋加固，锚筋伸入混凝土内 0.6m。护坡混凝土设间距为 3.0m×3.0m、深 4.0m 的 ϕ56 排水孔。

8.1.9 下游航道整治工程

为了改善下游引航道口门区的水力学条件，以满足通航要求，需采取必要的工程措施。鉴于左岸为陡坎河段，扩挖难度很大，因此采取整治右岸岸线，扩宽过水断面，并使主流线向右移的措施。

将坝轴线下游 600m 以下右岸线，向右适当扩挖，开挖坡度为 1∶1～1∶0.5，整治底高程 200m，向上每 15m 高设一宽 3m 的马道。整治河段长 600m 左右，河道平均扩宽 40m。

下游航道经过整治后，根据水工模型试验和船模试验观测，下游引航道口门区通航水流条件基本满足通航要求。

8.1.10 船闸输水系统

1. 输水系统运用指标

（1）船闸灌（泄）水时，上游引航道中最大纵向流速不大于 0.5～0.8m/s。

（2）船闸正常运转时，输水系统各部位在一般情况下不宜出现负压，在特殊情况下，其局部压力不宜产生超过 3m 的负压。

（3）当船闸闸室灌（泄）水时，闸室水位最大惯性超高（超降）值，在采取措施后，不宜大于 0.25m。

2. 输水系统布置

船闸设计静水头 15m，设计输水时间为 8min，经多方案比较，采用闸墙长廊道侧短支孔输水系统。

输水系统进水口布置在上游引航道左右侧进水段墙体内，每侧两个进水口。进水口底高程 272.05m，进水口断面尺寸为 1.6m×2.6m（宽×高）。进水口与闸墙出水段通过二次垂直及水平转弯相连接，工作阀门在垂直转弯以下，阀门顶淹没水深 4.5m；阀门后通过水平转弯将输水廊道宽度由 1.6m 扩大至 1.9m，高度也由 2.0m 调至 2.2m。

为保持中间渠道的恒水位和满足通航水流条件要求，船闸下游泄水采用旁侧泄水布置。下闸首阀门段廊道与阀门前闸室出水廊道相连接，阀门后廊道顶高程 273.65m，底高程 271.65m。

（1）泄水箱涵。泄水箱涵与下闸首左右边墙内的泄水主廊道相连，孔口尺寸 3.2m×2.0m（宽×高），泄水箱涵底高程为 271.65m。

（2）泄水池。泄水池建基面高程为 269.6m，底板顶高程为 271.65m，宽 15.0m，长 16.39～18.5m，两侧边墙顶高程为 280m，底板与挡水墙整体浇筑。

（3）溢流堰。溢流堰紧接蓄水池，顶高程为 278m，堰宽 15m，上游面为直立面，下游直线段坡度为 1:0.5，将水体泄入河床。

在溢流堰外侧布设有放空阀，必要时可将闸室和中间渠道的水体放空。

输水系统各部分特征尺寸见表 8.1-2。

表 8.1-2　　　　　　　　　　输水系统特征尺寸汇总表

序号	部位	描　述	面积（宽×高）/m²
1	上闸首进水口	上游导航墙垂直 2 支孔布置，进水口廊道顶高程 274.65m，底高程 272.05m，在水平段末端设置检修门槽，其后由垂向鹅颈管与阀门段廊道连接	2×2×1.6×2.6=16.64
2	输水阀门段廊道	两侧主廊道阀门顶高程 273m，底高程 271m，廊道高度由 2.6m 缩小为 2.0m，宽度不变。淹没水深 4.50m	2×1.6×2.0=6.40
3	充水阀门后主廊道	阀门后廊道顶部以斜坡向上扩大 0.2m，底部保持水平，廊道高度扩大为 2.2m，然后先接垂向弯管，再以水平弯管与出水段廊道相连接，廊道宽度则由 1.6m 扩大到 1.9m	
4	闸室出水段廊道	廊道顶高程 277.2m，底高程 275m	2×1.9×2.2=8.36
5	闸室出水支孔	每侧廊道布置 14 个支孔，每孔 0.51m×0.54m、间隔 3.0m，出水孔段廊道总长 42.0m，与闸室段有效长度比为 0.67	2×14×0.48×0.54=7.71
6	泄水主廊道	与充水阀门后主廊道相似，由闸室出水廊道通过水平弯管与泄水阀门段廊道相连接	2×1.9×2.2=8.36
7	泄水阀门段廊道	尺寸与充水阀门段相同，廊道底高程 271.65m	2×1.6×2.0=6.40
8	泄水阀门后廊道及出水口	下闸首阀门段廊道通过一个垂直和水平转弯，一方面与阀门前闸室出水廊道相连接，阀门后廊道顶高程 273.65m，廊道底高程 271.65m。然后两侧泄水廊道再压扁和拓宽为 3.5m×1.2m 的廊道，其后的消力池顶宽 15.0m，溢流堰顶高程 278m	

3. 输水系统模型试验验证

通过水力计算及分析，确定彭水船闸输水系统型式，并以此建立 1：25 水工整体模型。通过物理模型试验，验证船闸输水系统的布置和阀门开启方式，测定过闸船队（舶）在闸室及引航道内的停泊条件，输水系统各项水力性能、参数。模型试验结论如下。

（1）确定充水阀门开启时间 $t_v=6\text{min}$，对应的闸室充水最大流量为 $47.6\text{m}^3/\text{s}$，对应的闸室充水时间为 7.41min，输水时间满足要求。

（2）当一侧阀门检修，由一侧阀门充水时，采用间歇开启方式（即阀门先以相当于 $t_v=6\text{min}$ 全开的速率开至 $n=0.4$ 停 2.5min，然后继续以相同速率至阀门全开），可保证闸室内船舶停泊安全。此时闸室充水时间为 13.33min，最大流量为 $27.4\text{m}^3/\text{s}$。

（3）泄水阀门开启时间 $t_v=4\text{min}$，并提前关闭（即在水头 $\Delta H=3.0\text{m}$ 时以 $t_v=4\text{min}$ 关闭阀门），对应的闸室泄水最大流量为 $52.2\text{m}^3/\text{s}$、闸室泄水时间为 8.42min。

（4）设计水头 15m 情况下，充水阀门双边开启（$t_v=6\text{min}$），门后基本无负压，但充水阀门工作空化数与临界空化数相差不大。对于泄水阀门，门后有一定的负压，阀门工作条件要较充水阀门差。

（5）设计水头 15m 情况下，泄水阀门双、单边开启（$t_v=4\text{min}$）门后负压较大，利用彭水船闸下游水位不变的特性，在泄水阀门后设置通气管进行有控制的通气，可消除泄水阀门后的负压。

（6）闸室内出水孔段设置的两根消力槛，可改善船舶在闸室中的停泊条件，船闸正常运行时闸室内水流较平稳，闸室中线处水面无壅高，设计船舶 500t 的最大纵向系缆力仅为 8.87kN，最大横向力为 3.55kN，均小于规范规定的允许系缆力要求。

（7）上闸首廊道进水口采用闸墙垂直支孔布置，由于上游进水口淹没水深大，因此进水口水流条件良好，水面平稳，上游引航道水流条件较好。

综上所述，彭水船闸采用的闸墙长廊道侧支孔出水输水系统的整体布置设计是合理的，各输水水力特征的设计值与初步模型试验值吻合，达到了预期的设计目标。

8.1.11 引航道通航水流条件

通过水工模型试验和船模试验表明，下游引航道口门区纵向流速均小于 2m/s，口门区大部分范围内的横向流速值及回流流速值满足要求，虽有少数测点超标，但自航船模仍然能顺利进出口门。

乌江是典型的山区河流，单纯采取整治措施大幅度提高航道尺度、彻底改善航行条件较困难。在超过电站最大流量时，采取泄水孔调度，减少单宽流量有利于下泄水流较均匀和减小泄流引起的波浪，对改善下游通航水流条件有利。

随着下游银盘梯级的建成，下游航道的通航水流条件将进一步得到改善。

8.1.12 运行程序

以船只下行为例，其运行程序如下：打开船闸充水工作阀门对闸室充水，待闸室水位与上游库水位齐平时，船闸上闸首人字门开启，船只从上游引航道靠船墩或导航墙经上闸首进入闸室内系缆。关闭上闸首人字工作门及充水工作阀门，开启下闸首泄水工作阀门，降低闸室内水位，待闸室水位与中间渠道水位齐平后，关闭泄水工作阀门，打开下闸首人字工作门，船只解缆由闸室驶入中间渠道。此时，垂直升船机上闸首及承船厢上游端闸门处于开启状态，船只由中间渠道经升船机上闸首进入承船厢，船只在厢内系缆。关闭上闸首工作门及厢头闸门，泄掉两闸门间密封框内的水体，松开厢头密封框和顶紧、夹紧装置，卷扬机驱动承船厢下降至厢内水位与下游引航道水位齐平时停止，承船厢顶紧、夹紧，密封框推出与下闸首对接，并向两闸门间密封框内充水平压后，打开承船厢下游端闸门及下闸首工作小门，船只解缆驶出承船厢进入下游引航道。

上行船只运行过程与下行相反。迎向运行时，上、下行船只在中间渠道中错船，以缩短过闸时间，提高通过能力。此时，由于船闸和升船机独立运行时间有快慢，先行到中间渠道的船只以直线出（进）升船机或船闸，后行到中间渠道的船只则以曲线进（出）升船机或船闸，先到船只在中间渠道等待码头停靠，待后到船只在此错船后，方可再启航继续过闸。

8.1.13　通过能力

通过能力受垂直升船机控制，按下列参数进行计算。

1. 船厢运行参数

启、制动加减速度：$a=\pm0.01\mathrm{m/s^2}$。

正常运行速度：12m/min。

充、泄间隙水时间：60s。

船厢对齐顶紧时间：30s。

密封框进退时间：30s。

2. 船只进出厢平均速度

进厢：单向运行，0.8m/s；双向运行，1.0m/s。

出厢：单向运行，1.0m/s；双向运行，1.4m/s。

3. 其他计算参数

年通航天数：325d。

每天运行时间：22h。

船只装载系数：0.8。

运量不均匀系数：1.3。

昼夜内非货运过坝船只上、下水各两次。

根据以上参数计算，单向过坝时间为 27.5min，双向过坝时间为 39.7min，日平均过坝次数为 55 次，双向通过能力为 510 万 t。

8.2　通航建筑物布置方案研究

乌江是典型的山区河流，由于本工程泄量大、河道窄，两岸山体陡峭，水头高，根据枢纽总体布置要求，通航建筑物需布置在左岸山体的开挖边坡上，且枢纽坝址河段为"S"形，通航水头高。根据坝址地形、地质条件和河势特点，以及枢纽总体布置要求，决定了彭水水电站通航建筑物的布置条件十分复杂，其线路布置、通航建筑物的选型不仅关系到通航建筑物运行的安全可靠和方便，而且对枢纽工程的土石方工程量影响很大，为此，对乌江彭水水电站通航建筑物的设计进行了多方案的比较论证专题研究，以确定其最合理布置型式。

通航建筑物照片见图 8.2-1。

8.2.1　通航建筑物五种方案布置和比选

针对坝址地形、地质条件和河势特点，结合枢纽总体布置及运行要求，可行性研究阶段对通航建筑物线路和型式提出了九种代表性方案，初步设计阶段经分析比较，提出了五种代表性方案，分别是船闸＋垂直升船机（方案Ⅰ）、一级垂直升船机（方案Ⅱ）、双向下水式斜面升船机（方案Ⅲ）、两级垂直升船机（方案Ⅳ）和三级连续船闸（方案Ⅴ），各方案的特性及比选过程如下。

图 8.2-1　通航建筑物照片

方案Ⅰ的线路布置为通航建筑物第一级为船闸，低水头船闸，适应 15.0m 的库水位变幅，第二级为垂直升船机，垂直升船机最大提升高度 66.6m，采用钢丝绳卷扬平衡重式垂直升船机，两级之间用中间渠道连接，中间渠道为恒水位 278.0m，尺寸按满足上下行船只在渠道内交汇错船和进出闸的运行要求确定，两级通航建筑物可独立运行。结构布置主要由上游引航道、船闸、中间渠道（含渡槽）、垂直升船机和下游引航道组成。通过能力受垂直升船机控制，单向过坝时间为 27.5min，双向过坝时间为 39.7min，日平均单向过坝次数为 55 次，双向通过能力为 510 万 t。

方案Ⅱ的线路布置是将方案Ⅰ中的船闸和中间渠道改为深水航道，适应库水位15.0m 的变幅，升船机的提升高度为 81.6m。升船机布置在坝轴线下游，结构布置主要由上游引航道、通航口门坝段、垂直升船机和下游引航道组成。通过能力为单向过坝时间为 29.5min，双向过坝时间为 41.7min，日平均单向过坝次数为 52 次，双向通过能力为480 万 t。

方案Ⅲ的线路布置是斜面升船机采用双向斜坡道加中间渠道的布置，结构布置主要由上游引航道、上游斜面升船机、中间渠道、下游斜面升船机及下游引航道等组成。通过能力为单向过坝时间为 37.0min，双向过坝时间为 46.6min，日平均单向过坝次数为 43 次，双向通过能力为 390 万 t。

方案Ⅳ的线路布置是将方案Ⅰ中的船闸用升船机代替，其他与方案Ⅰ相同，即上下游各布置一座垂直升船机。结构布置为上游引航道、第一级垂直升船机、中间渠道、第二级垂直升船机及下游引航道的布置、结构型式及尺寸均与方案Ⅰ相同。单向过坝时间为27.5min，双向过坝时间为 39.7min，日平均单向过坝次数为 55 次，双向通过能力为 510万 t。

方案Ⅴ的线路布置是将第一级船闸布置在坝轴线上游，船闸轴线与坝轴线交角84°，坝下游为第二、三级船闸；结构布置主要由上游引航道、三级船闸、下游引航道组成。过坝历时为80.2min，单向过坝时间为50.8min，若采用每天换向一次的运行方式，日平均过坝次数为25次，通过能力为460万t，日平均耗水量为9.99～12.46m³/s。

五种方案分别从地形、地质条件，结构技术及运行条件，工程量及投资，施工强度及难度等方面进行详细的核算和反复论证，形成如下比选结论：

（1）由于斜面升船机运行可靠性差、耗电量大、运行费用高、通过能力较小，存在着明显的缺陷，故不推荐方案Ⅲ。

（2）方案Ⅴ的工程投资较方案Ⅰ增加1.84亿元，且耗水量更大，影响发电效益，单线船闸采用成批过闸，定时换向的过闸方式，船闸运行条件差，与方案Ⅰ相比具有明显劣势。

（3）方案Ⅱ工程投资较方案Ⅰ增加0.85亿元，方案Ⅰ船闸运行消耗水量引起的电能损失约为每年0.24亿kW·h，经过综合经济技术比较，方案Ⅰ较方案Ⅱ减少总费用现值约3802.3万元。

（4）方案Ⅳ工程投资较方案Ⅰ增加1.62亿元，方案Ⅰ船闸运行消耗水量引起的电能损失为每年0.24亿kW·h，经过综合经济技术比较，方案Ⅰ方案Ⅳ减少总费用现值约为10983.8万元。

（5）对船闸结构型式进行了整体式和分离式比较，由于船闸位于比较陡峭的山坡上，且船闸人字门对两侧边墙的变位要求较严格，分离式结构需要的闸墙厚度较大，因此从减少山体开挖、结构整体稳定、人字门运行要求和减少混凝土工程量考虑，经研究最终采用整体式"U"形结构。

（6）为保证中间渠道的通航水流条件和恒水位，船闸采用傍侧泄水型式，泄槽最高水位为船闸上游最高通航水位278m，下游常水位为211.4m，泄水总落差近70m，为解决船闸高水头傍侧泄水的技术难题，设计首次采用了溢流池+隔流墩+泄槽消能的工程措施，有效地解决了船闸高水头弯侧泄水的技术难题，设计方案通过了模型试验验证，并经受了运行的考验。

综上所述，通航建筑物的布置型式最终确定为方案Ⅰ，即单级船闸+中间渠道+一级垂直升船机的方案，对垂直升船机的型式比较了下水式垂直升船机和钢丝绳卷扬全平衡重式垂直升船机，确定采用钢丝绳卷扬全平衡重式垂直升船机，故通航建筑物的布置型式最终确定为单级船闸+钢丝绳卷扬全平衡重式垂直升船机，中间由渠道连接。

8.2.2 通航建筑物实施方案的水工模型试验研究

8.2.2.1 上游引航道口门区通航水流条件

根据水工模型试验观测，当枢纽泄量为5000m³/s时，上游引航道口门区及其连接段水面较平稳，水流流速较小，纵向流速在0.10～0.30m/s之间，横向流速均小于0.10m/s，水流条件满足通航要求，自航驳用小舵角即能顺利进出引航道。

8.2.2.2 下游引航道口门区通航水流条件

下游航道经过整治后，模型施测了大坝和电站联合下泄5000m³/s流量（大坝2孔或

3 孔控泄）及电站单独过 2860m³/s 流量工况的下游引航道口门区流速分布。试验表明：

（1）口门下游存在狭长形反时针回流，将流速分解成纵向（平行航线）和横向（垂直航线）流速。在口门区右侧一般为顺流，流速向下游沿程递增，三种工况的最大纵向流速均小于 2m/s；在口门区左侧，一般为逆流，最大纵向流流速也小于 2m/s，并从下游向上游沿程递减和贴近岸边；在最大通航流量 5000m³/s 时，横向流流速局部大于 0.3m/s。

（2）考虑到山区峡谷河流流速大，机动船马力大，性能好，横向流速超标值主要出现在口门区的末端和右侧局部范围，初步判断选择适当航线，用舵得当，可基本满足航行要求，为慎重起见，专门又进行了船模试验，作为最终判断的依据。

8.2.2.3　船模试验

自航船模的优点是直观和能较全面地反映船舶航行与水流的关系，为了进一步验证口门区水流条件是否满足通航要求，根据葛洲坝、三峡工程的经验，当横向流速局部超标时，采用自航船模在枢纽整体模型上进行船模试验，作为能否满足通航要求的主要依据。

船模试验结果表明：

（1）电站单独过 2860m³/s 流量工况，口门区处于弱回流区，纵向流速小于 0.7m/s，横向流速均小于 0.30m/s，波浪的最大波高为 0.24m，水流相对平稳。当自航驳分别沿航道中心线左、右航线上、下行时，受主流和口门区回流的影响较小，航行指标满足船舶进、出口门航行条件。

（2）大坝和电站联合下泄 5000m³/s 流量，其中电站过 2860m³/s 流量，3 号、5 号和 7 号表孔各控泄 713m³/s 流量工况，下游引航道口门区纵向流速小于 1.5m/s，局部横向流速大于 0.3m/s，但均小于 0.45m/s。当自航驳分别沿航道中心线左、中、右航线上、下行，航行指标基本满足船舶进、出口门航行条件要求。

（3）大坝和电站联合下泄 5000m³/s 流量，其中电站过 2860m³/s 流量，4 号、6 号或 3 号、7 号表孔各控泄 1070m³/s 流量工况，当自航驳分别沿航道中心线左、右航线上行，航行指标基本满足船舶进入口门航行条件要求，但波动较大。自航驳分别沿航道中心线左、右航线下行，航态良好，航行指标满足船舶出口门航行条件要求。可见开 3 个孔控泄比 2 个孔水流条件好，可减少自航驳航行时船体的摇晃。

（4）除隔流堤与左岸平行布置外，模型上还试验了隔流堤头部 63m 范围顺时针偏 5°、隔流堤延长 15m，且延长段顺时针偏 20°和设 2 个透水孔及其他不同型式的透水孔方案。由于隔流堤延长堤头进入深槽，开孔方案难以适应下游水位变幅大，不能满足不同水位的过流要求，施工难度增大，对口门区的流速流态无实质性的改善，故予以放弃。

8.2.2.4　试验小结

（1）通过水工模型试验和船模试验表明，下游引航道口门区纵向流速均小于 2m/s，口门区大部分范围内的横向流速值及回流流速值满足要求，虽有少数测点超标，但自航船模仍然能顺利进出口门。

（2）乌江是典型的山区河流，单纯采取整治措施大幅度提高航道尺度、彻底改善航行条件较困难。在超过电站最大流量时，采取泄水孔调度，减少单宽流量有利于下泄水流较均匀和减小泄流引起的波浪，对改善下游通航水流条件有利。

（3）当前下游银盘梯级已经建成，下游航道的通航水流条件进一步得到改善。

8.2.3 主要研究结论

通航建筑物布置在枢纽左岸的开挖边坡上，采用单级船闸＋中间渠道＋钢丝绳卷扬全平衡式垂直升船机的组合布置，该型式为国内首次采用，布置型式因地制宜，充分适应了枢纽所处的地形地质条件和上游水位条件，大大减少了开挖工程量，且各建筑物的工程技术较成熟，安全可靠，运行条件较简单。这种布置型式在国内外尚无工程实例，目前通航建筑物已通过通航验收，并在完成试运行后已正式运行，运行正常，理论和实践都证明了通航建筑物这种布置型式的可行性和独创性，总体布置的思路和方法可作为以后其他工程的借鉴。

8.3 通航渡槽结构设计关键技术

8.3.1 通航渡槽布置

彭水通航渡槽为通航建筑物中间渠道的下半段，上游与中间渠道的明渠段相连，下游连接垂直升船机，长 164.34m，渡槽水域宽度为 48.2～12.0m，设计水位为 278.0m，正常水深 2.7m，校核水深 3.0m；共分为 6 跨，从上游至下游方向，第 1 跨长 26.28m，第 2～第 5 跨长均为 27.6m，第 6 跨长 27.66m。桥墩采用圆形混凝土柱框架结构，均坐落在基岩上，最大墩高为 40.4m。中间渠道最大开挖边坡高度约 100.0m。上、下行船只在中间渠道中错船，以缩短过闸时间，提高通过能力。此时，由于船闸和升船机独立运行时间有快慢，先行到中间渠道的船只以直线出（进）升船机或船闸，后行到中间渠道的船只则以曲线进（出）升船机或船闸，先到船只在中间渠道等待码头停靠，待后到船只在此错船后，方可再启航继续过闸。

渡槽上部"U"形盛水承重结构为布置有预应力的箱型梁，其两侧为 50cm 厚的挡水板，挡水板顶设 2.0m 宽的人行道。挡水板每隔 13.8m 设一条结构缝，缝内设一道紫铜止水片。为了防渗需要，在箱梁顶部与挡水板内侧浇筑 20cm 厚的钢纤维混凝土防渗层，各跨梁之间收缩缝 40mm，设有"U"形紫铜止水片，紫铜止水片布置在钢纤维混凝土内，距顶面 10cm。紫铜止水片布置在挡水墙顶高程 279.5m 处。为了充分吸收和分散船舶撞击能量，在挡水墙迎水面设置橡胶防撞设备。

预应力简支箱梁梁高 2.4m，底板、顶板厚 0.2m，壁厚 0.25～0.50m（挡水板下面 0.5m，其他 0.25m）。中部箱梁底宽 1.5m，顶宽 2.5m；两侧箱梁底宽 2.0m，顶宽 3.0m。沿梁轴线分别在两端、1/4 跨、1/2 跨、3/4 跨处各设一道横隔板，其厚度除端头为 0.8m 外，其余部分为 0.30m。箱梁被 5 个横隔板分为 4 个空腔，在底板开设 4 个进人空，孔尺寸为 70cm×50cm（70cm 为梁长方向），孔距靠支座侧腹板 30cm。

在箱体内部直角处设置 100mm×100mm 和 100mm×300mm 的倒角。箱形板左右侧设置 4.6m 高的挡水板，为了受力需要，挡水板沿长度方向三等分，缝间设置紫铜片止水；挡水板顶设置 2m 宽的人行道，人行道的下面为半敞开的设备层。挡水板上高程 278.1m 设有 $\phi10mm@3m$ 的排水管，以免渡槽水深超过 2.7m。预制箱梁混凝土为 C50。在渡槽迎水面布置有 200mm 厚的 CF50 钢纤维混凝土防渗层。

简支箱梁之间设置 50～160cm 的后浇带。在简支梁端头设置挑耳，挑出长度 0～100cm，挑耳断面为牛腿结构，前端高 30cm，跟部高 30～130cm，挑耳与后浇带一起浇筑。

8.3.2　通航渡槽结构研究分析

8.3.2.1　结构计算原则

箱型渡槽槽壁较薄，结构受力条件复杂，设计标准如下：

(1) 二类环境。

(2) 纵向要求按二级设计，不出现裂缝，应力小于 1.11MPa。

(3) 横向按三级标准设计，裂缝宽度按短期组合 0.3mm、长期组合 0.25mm 控制。

(4) 槽身挠度：短期组合 $f \leqslant L_0/500$，长期组合 $f \leqslant L_0/550$。

8.3.2.2　设计计算条件

1. 结构特性

渡槽结构特性详见表 8.3－1。

表 8.3－1　　　　　　　　渡槽结构特性表

项　　目	单位	规格及数量
(1) 建筑物级别		2级建筑物
(2) 槽身结构		
结构型式		简支梁
计算跨度	m	27.6
主梁断面外轮廓	mm	2400×44000（高×宽）
(3) 断面结构（跨中断面）		
结构型式		箱型断面
箱内净宽	mm	1000
箱内净高	mm	2000
断面总宽	mm	2500
断面总高	mm	2400
(4) 混凝土标号		C50
(5) 预锚体系		
预锚方法		后张法，纵向，有黏结
钢绞线		ASTM 标准 1860N/mm² 级低松弛钢绞线

2. 基本资料

(1) 水深：设计水深 2.7m，校核水深 3.0m。

(2) 设计荷载。

1) 结构自重：槽身混凝土容重 26.0kN/m³。

2) 水压力：水的容重 10kN/m³。

（3）材料特性。混凝土、钢筋特性按有关规范采用，预应力钢绞线采用美国 ASTM 标准。

8.3.2.3　计算软件及模型

平面计算采用桥梁博士软件，边跨单元立体模型及三维有限元模型图见图 8.3 - 1 和图 8.3 - 2。

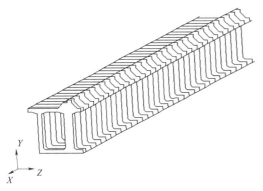

图 8.3 - 1　边跨单元立体模型图

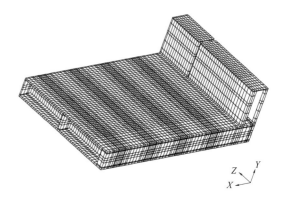

图 8.3 - 2　三维有限元模型图

8.3.2.4　计算分析概况

箱型渡槽在主要荷载作用下的各种工况进行平面有限元和三维有限元静力计算分析。

平面有限元静力计算分别取渡槽中部（或中跨）和侧边（或边跨）进行纵向简化计算分析，其荷载组合为：①自重＋纵向预应力；②自重＋纵向预应力＋校核水深。计算得出梁顶、底面的纵向应力分布，计算结果表明，拟定的渡槽结构方案在施加预应力后的各期荷载组合工况下渡槽纵、横向部位可满足设计要求，槽身挠度满足 $f \leqslant L_0/550$ 的要求。

三维有限元静力计算荷载组合为：①自重＋纵向预应力；②自重＋纵向预应力＋校核水深。计算得出各典型断面的纵、横、竖向应力分布。计算结果表明，拟定的渡槽结构方案在施加预应力后的各期荷载组合工况下渡槽纵、横向部位可满足设计要求，槽身挠度满足 $f \leqslant L_0/550$ 的要求。

8.3.2.5　计算结果

（1）从平面和三维计算结果可知，槽身跨中竖向挠度较小，满足小于 $L/550 = 50.2\text{mm}$ 的要求，表明槽身的整体刚度较大。

（2）从平面和三维计算结果可知，箱梁除局部应力集中外，纵向应力基本为压应力，说明纵向应力基本满足抗裂要求。

（3）从三维计算结果可知，箱梁横向应力顶部和底部均出现拉应力，顶部最大拉应力出现在跨中腹板中部挡水墙与箱梁交界处，为局部应力集中部位，值为 1.8MPa，顶部其他部位也出现拉应力，但均小于 1.11MPa，说明箱梁顶部横向除局部应力外，拉应力部位不会产生裂缝；箱梁底部横向应力最大为 1.57MPa，出现在跨中腹板中部，其值大于 1.11MPa，说明箱梁底应按限裂设计。

（4）从三维计算结果可知，箱梁最大剪应力为 τ_{yz}，一般部位小于 1MPa，通过一般配筋可以满足要求。

（5）从三维计算结果可知：

1）挡水板 Z 方向没有出现拉应力。

2）挡水板 Y 方向应力最大为 2.77MPa，出现在跨中腹板中部挡水墙与箱梁交界处，为局部应力集中，其他部位也出现拉应力，其值也大于 1.11MPa，说明挡水板 Y 向应按限裂设计。

3）挡水板剪应力一般部位小于 1MPa，通过一般配筋可以满足要求。

渡槽在各种荷载作用下的位移值见表 8.3 - 2。

表 8.3 - 2　　　　　　　　　　渡　槽　位　移

荷载种类	预制梁自重	后浇混凝土自重	施工期预应力	运行期预应力作用增加	校核水深	工况①	工况②
箱梁中心点竖向位移/mm	−8.6 （−8.6）	−2.6 （−8.6）	14.5 （20.4）	−0.1 （−0.2）	−10.0 （−8.4）	5.9 （11.8）	−6.8 （−5.4）
挡水板跨中顶部位移/mm			$\Delta x = -0.1$ $\Delta y = -0.2$ $\Delta z = 0$	$\Delta x = -0.4$ $\Delta y = -8.3$ $\Delta z = 0$			$\Delta x = -0.5$ $\Delta y = -10.3$ $\Delta z = 0$
挡水板支座顶部位移/mm			$\Delta x = 0$ $\Delta y = 0$ $\Delta z = 0.1$	$\Delta x = -0.5$ $\Delta y = 0.1$ $\Delta z = 5.1$			$\Delta x = -0.5$ $\Delta y = 0.1$ $\Delta z = 5.2$

注　1. 位移符号与模型坐标一致为正。

　　2. （ ）中的数值为跨中箱梁外侧处位移。

　　3. 10cm 钢纤维混凝土重量和人行道面荷载加载在校核水深荷载种类。

8.3.3　主要研究结论

根据地形条件，中间渠道由明渠段和渡槽段组成，为满足通航建筑物运行要求，渡槽错船段有效宽度 48.2m，与升船机连接部位，有效宽度 12m，渡槽长 164.34m，设计水深 2.7m，校核水深 3m，水荷载大、水密性要求高，同时还应具备防撞、满足照明、消防、检修等功能性要求，经多方案研究分析，采用了框架式支墩、简支预应力变断面箱梁、挡水板及防渗层等组成的结构体系，解决了中间渠道结构布置和设计的技术难题。首次采用中间渠道渡槽变断面设计，通航渡槽自运行到现在，滴水不漏，创造了国内外通航渡槽水密性要求的奇迹，其结构设计和止水设计为类似工程的提供了新的思路和途径，对工程实践和理论发展具有重要意义。

8.4　边坡巨型断层处理关键技术

8.4.1　巨型断层规模

由于彭水坝址为典型的"V"形河谷，通航建筑位于左岸，左岸天然边坡坡比 40°，为喀斯特地貌，通航建筑物线路总长达 1188.6m，沿线均为高边坡开挖，最高开挖边坡高达 200m。由于地形陡峭，地质条件复杂，设计中难免会遇到各种地质缺陷，一般处理方法为：块体稳定计算，锚杆锚索加固，坡面封闭，设置排水等措施。但对于位于坝轴线下游 160m，通航中间渠道高边坡（综合坡比 1∶0.5）高达 130m，宽度达 35～40m 的巨大断层，前所未有，闻所未闻；断层内充填的风化溶蚀填泥软弱土层经过雨水浸泡后就会变成泥而垮塌，处理不好会延误彭水水电站发电工期，运行期也会危及通航建筑物和来往船只安全。由于工期紧，风化溶蚀填泥软弱土层多，施工风险大，不可能将巨大数量的泥土完全卸载运走。对于宽 40m 高 130m 风化溶蚀带 f_1 断层（含暴露的高度达 50m 以上的风化溶蚀填泥软弱土层），要求垂直开挖成人工边坡，其边坡设计难题，前所未有，无经验可循。

8.4.2　巨型断层处理措施

f_1 断层风化溶蚀带位于中间渠道高程 275～365m，桩号 0+160～0+195，边坡岩体地层岩性为 $\mathbb{C}_{3m}^1$～$\mathbb{C}_{3m}^2$ 灰岩、白云岩及风化溶蚀填泥软弱土层。软弱土体主要顺 f_1 断层带、与 f_5、f_{36} 断层交汇带以及断层两侧岩体风化、溶蚀剧烈形成，发育成溶洞，溶洞规模大。f_{36}、f_5 断层与 f_1 断层交汇带及溶洞充填物为黏土夹块石，并见灰华，为软塑状，交汇带顺 f_1 断层两侧溶蚀扩大，总宽度约 35～40m。

中间渠道 f_1 断层风化溶蚀破碎带工程处理见图 8.4-1。

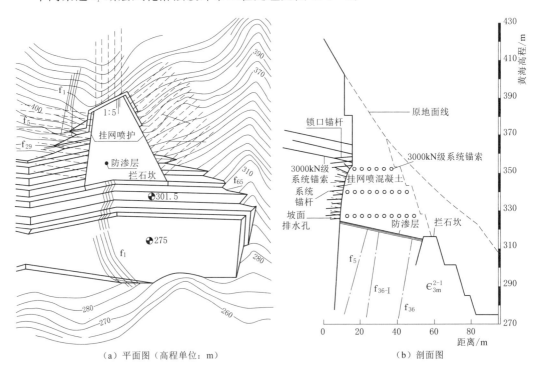

（a）平面图（高程单位：m）　　　　（b）剖面图

图 8.4-1　中间渠道 f_1 断层风化溶蚀破碎带工程处理图

1. 高程 365～420m 边坡处理

为岩质边坡，除进行系统锚杆挂网喷护处理外，对边坡在不同高程上布置不同深度的锚索加强支护。

2. 高程 315～365m 边坡处理

（1）正面边坡：正面边坡高程 340～365m 为直立边坡，主要是黏土颗粒夹碎块石。采取先素喷 8cm 混凝土，后系统锚杆挂网喷护 12cm 后，再进行钢管隔构梁支护，并布置了大量 6～12m 深排水孔。结点布置 12m 深锚桩加固处理。高程 315～340m 为斜坡，采取挂网喷护 12cm 混凝土后，再设置钢管隔构梁，并在交点增加小吨位锚索支护；同时在斜坡及周边布置排水孔和排水沟。

（2）上游侧面坡：高程 315～365m 为直立边坡，局部微倒坡，边坡岩体为溶蚀角砾岩，胶结稍好。采取系统锚杆挂网喷护 12cm 混凝土，在高程 327m、342m、357m 各处布置一排 300t 长 45m 锚索加固处理。

（3）下游侧面坡：为层面基岩边坡，局部顺 f_{36} 断层破碎带发育的溶洞、溶槽，清除一定深度后回填混凝土。整体边坡采取系统锚杆挂网喷护。并在高程 320m、327m 等各增加一排 300t 长 30m 锚索固处理。

3. 高程 275～315m 边坡处理

（1）"V"形槽处理：对高程 300～315m 边坡中"V"形槽内黏土夹块石清除向山内深 6.5m，顺坡向走向宽 5.5～8.5m。处理措施采在底板上布置 9 束 $3\phi32mm$ 长 12m 的锚桩，俯角 30°～35°，上下游边坡上布置锚杆（连接筋）9m，外露 2.5m，回填混凝土，再在混凝土面上高程 312.5m、307.5m 各布置 1500kN 长 20m 锚索 2 束加强支护措施。

（2）边坡处理：对高程 275～315m 边坡采取系统锚杆挂网喷护 8cm 混凝土后，再采取 4m×4m 混凝土格构梁支护，格构梁断面尺寸为 25cm×30cm（宽×高），交点处相间布置 23 束 2000kN 长 25m 的锚索和 53 根 $\phi32mm$ 长 12m 孔深 11m 的锚桩进行加固处理。

边坡岩体中揭露的潜在不稳定的块体，均采取了专门的处理措施，块体处理后基本稳定。边坡岩体中揭露的溶洞、溶槽、风化软弱带均进行了处理，处理后对边坡稳定不构成危害。边坡中设有多级马道，采用了锚杆、挂网喷混凝土等措施，并在每级边坡开口线以下 2～3m 处，布置了一排 30～45m 长 3000kN 锚索加固支护措施。

4. 设置排水洞

断层内充填的风化溶蚀填泥软弱土层干燥时强度较高，经过雨水浸泡后就会变成泥，现场观察雨后 f_1 断层部位山体来水较多，因此在"V"形槽底部中间渠道开挖平台 275m 处设置排水洞。f_1 断层排水洞与 270m 山体排水洞相接。

排水洞开挖施工过程中，临时支护应及时跟进，在围岩出现有害松弛变形前支护完毕，遇地质缺陷，应及时采用钢拱架支撑；施工过程要做到"短进尺、弱爆破、快封闭、强支护、早衬砌"。排水孔沿排水洞纵轴线一般均按 3m 间距布置，深排水孔和洞壁排水孔错开 1.5m，按梅花形布置；排水孔与锚杆位置有矛盾时排水孔适当调整。排水孔位于溶蚀、软弱夹层等地质缺陷部位的孔段应设孔内保护管，孔内保护管采用 MY5 型复合土工塑料滤水管，外裹 200g 无纺布和 150g 机织布各一层。

中间渠道 f_1 断层排水洞平面见图 8.4-2，剖面见图 8.4-3。

8.4.3 坡稳定性监测成果

边坡最大变形量小于 2.0mm，处于正常的变形范围。中间渠道 f_1 断层带段边坡开挖

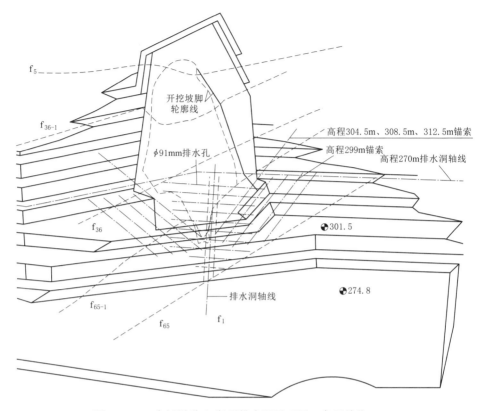

图 8.4 - 2 中间渠道 f_1 断层排水洞平面图（高程单位：m）

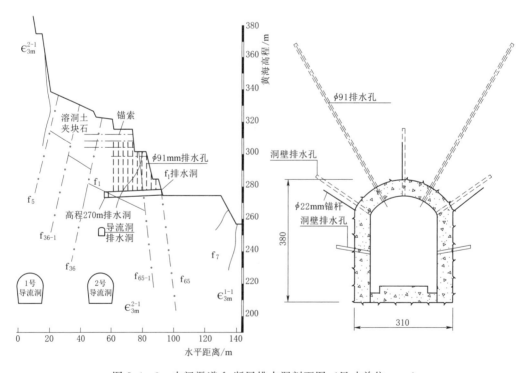

图 8.4 - 3 中间渠道 f_1 断层排水洞剖面图（尺寸单位：cm）

后，经过施工期专门处理后，边坡处于基本稳定状态。

8.5 升船机防洪关键技术

8.5.1 升船机防洪设计概述

船闸设备虽然相对升船机简单，但一旦闸面淹没，电器和金属结构设备损失较大，恢复正常运行较难，因山区河流洪水猛升猛降，所以，船闸不适合布置在山区河流下游。升船机设备一般都布置在较高的主机房层，由于升船机提升高度大，主机房不会被洪水淹没，升船机适合于布置在通航建筑物下游。彭水通航建筑物的布置型式为单级船闸＋钢丝绳卷扬全平衡式垂直升船机，该型式为国内外首次采用，成功在该领域取得了技术突破。

由于彭水坝址地形较陡峭，河势走向弯曲，在洪水期不通航期升船机主体结构刚好位于坝下 $480\sim570m$ 范围河流水面中间，承受着巨大泄洪水流的直接冲击，最大流速达 $10m/s$，河床泄洪断面狭窄，山洪陡升陡降，汛后升船机机淹没损失小，修复时间快，运行管理方便，是山区河流建设升船机的一个重要研究课题。

根据设计防洪标准，升船机机室地面高程235m，当下泄流量超过 $10200m^3/s$，船厢室允许被淹水。在下游洪水退至235m以下后，利用所设的排水泵对船厢室进行排水，抽水时间不超过48h；并清除淤积物，对被淹的船厢室设备等进行检修、维护。

彭水通航建筑物2011年年底建成并开始通航，2014年7月中旬，乌江上游连降暴雨，7月16日洪峰到达彭水水电站，入库流量达 $16800m^3/s$，超过了彭水水电站5年一遇洪水标准，（$P=20\%$，$15800m^3/s$），最大泄洪流量达到 $15000m^3/s$，库水位为 $286.8\sim288m$，尾水位最高水位达到243m。主要建筑物总体安全，经受了这次洪水考验，有部分附属结构被水损。升船机高程235m平台过洪图片见8.5-1。

为分析部分附属结构被水损原因，指导水损项目恢复工作，减小未来洪水的损失，经研究认为：①这次洪水升船机部位流态较差，需对升船机部位流速、流态进行分析研究；②提出合适的工程措施改善常规洪水时流态；③根据流速、流态对升船机部位土建结构进行修复、改造设计；④根据流速、流态对升船机部位建筑装修、电器设备等附属设施进行修复、改造设计。

按照淹没损失小，修复时间快，运行管理方便的原则，并对升船机常遇洪水位以下的建筑装修、机电设备等附属设施进行修复、改造设计。对于可能调整位置的电器设施（如通航信号灯、工业电视、广播等）尽量移置到常遇洪水位以上；对于不能设置在高处的设施按照便于洪水来临前尽快撤移进行改造，如设置移动栏杆等；对于不能移走的设施按照洪水过后易

图8.5-1　升船机高程235m平台过洪
（2014年7月19日）

于快速修复进行改造，如船厢室内平衡链局部损毁等，应采取结构措施，改善机室和筒体内流速流态，减少或避免水损。

8.5.2 升船机水损工程恢复设计研究

8.5.2.1 改善升船机部位流态工程措施研究

通过洪水水损原因分析，其原因之一是升船机部位流态较差，为此需对流速流态进行分析研究，提出改善常规洪水时流速流态工程措施。

8.5.2.1.1 水流条件分析

根据 1∶100 正态水工整体模型试验成果，对升船机部位水流条件进行分析。

1. 升船机附近波浪最大爬高

升船机波浪量测断面布置参见图 8.5-2。

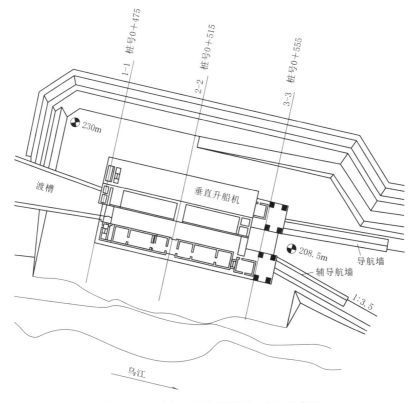

图 8.5-2 升船机波浪量测断面布置示意图

各级流量下测试的波浪爬高高程详见表 8.5-1。波浪最大爬高值是指波浪爬高高程的最大值。由表 8.5-1 知，升船机面板上的波浪最大爬高范围位于升船机头部，当下泄流量 33900m³/s、$H_下$＝262.81m 时，波浪最大爬高高程约为 272m；升船机附近的左岸边坡上的波浪爬高最大高程约 270m，发生在大坝下泄流量 33900m³/s、下游水位 262.81m 工况下。

在大坝下泄流量 19900m³/s、下游水位 246.88m 工况下，升船机附近的左岸边坡上的波浪爬高高程为 249.6m。波浪爬高为：249.6m－246.88m＝2.72m。

表 8.5－1　　　　　　　　　　　升船机附近波浪爬高高程表

流量/(m³/s)	19900		31118		33900		33900	
库水位/m	287.00		293.00		294.91		294.91	
下游水位/m	246.88		258.28		260.77		262.81	
断面编号	爬 高 高 程/m							
	左岸	右岸	左岸	右岸	左岸	右岸	左岸	右岸
1－1	249.6	250.4	262.4	261.9	266.9	263.6	269.7	267.8
1－1升船机右侧面	—	—	—	—	—	267.5	—	271.7
3－3（0＋555）	249.4	248.8	260.9	264.5	263.3	263.9	266.2	267.3

　2. 升船机附近流速

升船机附近流速值见表 8.5－2。

表 8.5－2　　　　　　　　　　　升船机附近流速值表

流量/(m³/s)		14400	17200	19900		31118		33900	
库水位/m		293.00	293.00	287.00		293.00		294.91	
下游水位/m		240.25	243.75	246.88		258.28		260.77	
测量部位		流　　　速/(m/s)							
		升船机机室内	升船机左侧	升船机左侧	升船机右侧	升船机左侧	升船机右侧	升船机左侧	升船机右侧
1－1升船机（0＋475）	表	3.39	3.79	4.32	3.89	5.74	5.89	5.33	3.60
	底	1.28	1.23	4.80	2.37	4.62	3.84	4.18	1.96
2－2升船机（0＋515）	表	1.56	1.67	—	—	—	—	—	—
	底	1.21	1.33	—	—	—	—	—	—
3－3升船机（0＋555）	表	1.33	1.65	1.88	7.60	1.73	9.88	1.17	9.13
	底	1.01	1.21	1.55	6.83	1.60	10.75	1.50	9.46

　　升船机的基础紧邻消能区及其下游，其抗冲防护问题直接关系到通航建筑物的运行安全。为此，在大坝设计洪水下泄流量 33900m³/s 及以下流量，进行了相关流速资料量测。另外，升船机内的流速也是金属结构设计上极为关注的，在下泄 17200m³/s 和 14400m³/s 两级流量下，进行了升船机内流速测试。

　　由试验成果知，在大坝下泄 19900～33900m³/s 流量范围内，升船机首端两侧的底部流速，左侧明显大于右侧，左侧最大底部流速 4.80m/s（大坝下泄 19900m³/s 流量工况），右侧最大底部流速为 3.84m/s（大坝下泄 31118m³/s 流量工况），左侧底部流速随大坝下泄流量的增加而略有减小，右侧底部流速随流量的变化而无一定的规律，主要是因边表孔低挑坎出流流态受下游水位影响造成；在升船机末端，左侧的表面流速与底部流速较接近，底部的最大流速仅有 1.5～1.6m/s，右侧的底部流速与表面流速也基本接近，但流速值均较大，在试验流量范围内，升船机右侧末端的底部流速约 7～11m/s。该范围正位于弧形坝泄洪中心线的下延线上，处于消能区后主流范围。

在大坝下泄 14400m³/s、17200m³/s 两级流量下，进行了升船机机室内的流速量测。结果表明，通道沿程的表面流速均略大于底部流速，在升船机进口首端的表面流速最大，其值约为 3.4~3.8m/s，其他部位的表面及底部流速均未超过 1.7m/s。

8.5.2.1.2 改善升船机部位流态工程措施研究

结合模型试验水流条件分析，为了改善升船机部位流速、流态，根据现场条件、升船机运行等要求，现拟定二个方案进行方案研究，方案一为升船机上游临江侧设置隔水墙，方案二为升船机机室上游端设置隔水墙。

根据《防洪标准》（GB 50201—94）和升船机建筑物级别，防洪标准按照 20 年一遇洪水。

郁江洪水呈明显的山区河流洪水特性，洪水过程急骤、洪峰尖瘦，洪水峰顶持续时间一般不足 1h，洪水历时一般不超过 1d。郁江年最大洪量与干流遭遇概率不大，一般在 30% 以内，洪峰遭遇的情况更是寥寥无几。

乌江 20 年一遇洪水大坝下泄 19900m³/s 流量，并考虑 10 年一遇郁江洪水 6000m³/s 流量的顶托作用，升船机部位水位为 249.9m。通过分析后认为，波浪爬高对升船机流速流态影响较小，综合分析后，隔水墙墙顶高程采用 250m。

作用于隔水墙上的水流力按《船闸水工建筑物设计规范》（JTJ 307—2001）中公式计算：

$$F = C_w \frac{\gamma V^2}{2g} A \tag{8.5-1}$$

式中　F——水流力（kN）；

　C_w——水流力阻力系数，与设计构件的断面形状等因素有关，参照现行行业标准《港口工程荷载规范》（JTJ 215）的有关规定，取 2.32；

　γ——水的重度（kN/m³）；

　V——计算流速（m/s），采用建筑物使用期间，在其所处范围内可能出现的最大平均流速。根据表 8.5-2 模型试验成果，取 5m/s；

　g——重力加速度，取 9.81m/s²；

　A——计算构件与流向垂直平面上的投影面积（m²）。

因此，隔水墙受到的单位面积水流力为

$F = 2.32 \times 9.81\text{kN/m}^3 \times (5\text{m/s})^2 / (2 \times 9.81\text{m/s}^2) \times 1\text{m}^2 / (1\text{m}^2) = 29\text{kN/m}^2$。

通过分析，浪压力作用与水流力相比，不是控制工况。

1. 升船机上游临江侧设置隔水墙方案（方案一）

（1）隔水墙结构布置。根据现场基础条件，结合地基情况，经过研究，隔水墙方案由二段重力式和一段板式组成。

上游段长 16.0m 左右为重力式，与上游边坡平顺连接，顶宽 2m，底宽 9~12.3m，顶高程 250m，底高程 237m，基础位于基岩开挖后支护的 2m 厚混凝土平台上；下游段长 2.2m 为重力式，横河向宽 7m，与升船机筒体连接，顶高程 250m，底高程 235m，基础位于升船机筏式基础顶面部分；中间段长 15.2m 采用板式结构，厚 2m，简支在两侧重力式混凝土墙墩上，顶高程 250m，底高程 235m，基础位于回填石碴料的混凝土护面上。

上游段重力式结构边坡间布置 Φ 32 锚杆，间距 1m×1m，单根长 6m，共 45 根；下游段重力式结构与升船机筒体间，由上至下布置 6 排 Φ 32 植筋，每排 6 根，长 1.5m。

隔水墙中部设置一个 3.2m×4.2m（宽×高）防水门到达升船机临河侧高程 235m 平台。混凝土采用 C25。

（2）其他布置。为了迫使常遇洪水从升船机筒体下游回流至机室和筒体内，以求改善机室和筒体内部的流态，除了建隔水墙外，还需要封堵如下机室右侧筒体孔洞或通道。

封堵右侧上下游筒体外侧共 2 个高程 236m 通风洞；封堵右侧上下游筒体之间高程 250m 以下 1 个 4.9m 宽通道，该通道用于平衡重安装检修，必要时考虑拆除封堵墙。

2. 升船机机室上游端设置隔水墙方案（方案二）

（1）隔水墙结构布置。在升船机机室上游侧布置一隔水墙，墙高 15m，墙厚 2m，竖向由升船机筏式基础顶面支撑，水平向跨过 18m 机室简支在机室两侧筒体上。

隔水墙顶高程为 250m。混凝土采用 C25。

（2）其他布置。为了迫使常遇洪水从升船机筒体下游回流至机室和筒体内，以求改善机室和筒体内部的流态，除了机室上游建隔水墙，还需要封堵如下机室两侧筒体上游、左右侧孔洞或通道。

1）封堵左右侧筒体外侧共 4 个 236m 高程通风洞。

2）封堵左右侧上下游筒体之间高程 250m 以下 2 个 4.9m 宽通道。该两侧通道用于平衡重安装检修，必要时考虑拆除封堵墙；高程 290m 主机房在左侧两筒体之间高程 235m 通道处设有吊物孔，该吊物孔用于主机房设备检修，封堵该通道不利于主机房设备检修。

3）封堵左右侧上游筒体上游面高程 242m、248m 共 4 个窗体。

4）左右侧上游筒体上游面高程 235m 处 2 个门需要改为防水门。为了固定防水门，需要对土建做相应的改建。

此外，升船机高程 235m 左侧边坡上游段长 53m、高程 250m 以下需要用 50cm 厚 C25 混凝土板加强护坡，左上角 16m×47m（横河向宽×顺河向长）范围高程 235m 平台护面和道路需要布置间距 2.5m×2.5m、共 120 根 $L=9m×3$ 的 Φ 32 加强砂浆锚杆加强支护防冲。

隔水墙上游封堵示意见图 8.5-3。

3. 方案比选

（1）经济比较。隔水墙两方案经济比较见表 8.5-3。

表 8.5-3　　　　　　　　　　隔水墙两方案投资估算表

方　案　项　目	升船机上游临江侧隔水墙（方案一）	机室上游端隔水墙（方案二）	备注
混凝土/m³	1848	1323	造价 424.27 元/m³
钢筋/t	91.9	78	造价 6350.32 元/t
植筋/m	54		造价 200 元/m
$L=9m×3$ Φ 32 加强砂浆锚杆/根		120	造价 5344.48 元/根

续表

方 案 项 目	升船机上游临江侧隔水墙 （方案一）	机室上游端隔水墙 （方案二）	备注
$L=6\mathrm{m}\ \phi\ 32$ 砂浆锚杆/根	45		造价 631.85 元/根
$L=6\mathrm{m}\ \phi\ 25$ 砂浆锚杆/根		159	造价 267.34 元/根
防水门	一个 3.2m×4.2m 防水门， 估算共计 12 万元	二个 1.2m×2.4m 防水门， 估算共计 10 万元	方案二含土建改造
投资估算/万元	152.69	184.05	

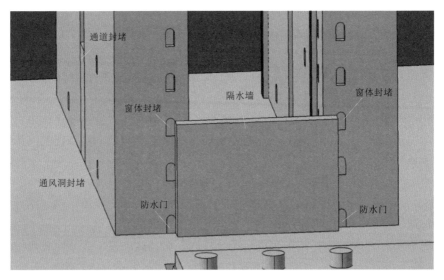

图 8.5-3 隔水墙上游封堵示意图

从表 8.5-3 可以看出，方案一比方案二工程直接费用少 31.36 万元。

（2）技术比较。方案一有效阻隔了升船机上游侧向水流的通道，避免了常遇洪水对升船机内侧通道的冲刷。通过在隔水墙上设置防水门，可以解决外侧平台交通问题。

方案二对升船机筒体周围的水流通道进行了封堵，可以避免常遇洪水对升船机机室的冲刷，但不能避免常遇洪水对升船机左侧边坡、左侧道路和左侧高程 235m 混凝土护面的冲刷，虽然该方案对冲刷部位加强了支护，但由于该部位水流紊乱，流速较大，仍然存在不确定的风险；方案二不封闭升船机上游通道到达升船机外侧平台交通畅通。

综合考虑，方案一费用较低，并对解决常遇洪水对升船机的影响更彻底，因此，推荐方案一。

8.5.2.1.3 推荐方案设计

1. 隔水墙设计

（1）荷载。混凝土比重：重力式结构取 2.45kN/m³，板式结构取 2.5kN/m³。隔水墙水流力面荷载为 29kN/m²。

通过分析，洪水未淹没隔水墙前内外水位差较小，浪压力（包括内外水位差）作用与洪水淹没隔水墙后水流力相比，不是控制工况。

（2）稳定计算及配筋。

1）抗滑稳定计算公式。按《船闸水工建筑物设计规范》（JTJ 307—2001）抗剪断强度验算公式计算：

$$K'_c = \frac{f' \sum V + C' A}{\sum H} \qquad (8.5-2)$$

式中　K'_c——抗剪断计算的抗滑稳定安全系数；

　　　f'——结构与地基接触面的抗剪断摩擦系数，本方案为新老混凝土结合面，取 1.10；

　　　C'——结构与地基接触面的抗剪断黏聚力，本方案为新老混凝土结合面，取 1100kPa；

　　　$\sum V$——作用于结构上全部荷载对滑动面法向投影的总和（kN）；

　　　$\sum H$——作用于结构上全部荷载对滑动面切向投影的总和（kN）；

　　　A——结构与地基的接触面积（m^2）。

2）抗倾稳定计算公式。按《船闸水工建筑物设计规范》（JTJ 307—2001）抗倾稳定安全系数公式计算：

$$K_o = \frac{M_R}{M_o} \qquad (8.5-3)$$

式中　K_o——抗倾稳定安全系数；

　　　M_R——对计算截面前趾的稳定力矩之和，其中包括浮托力产生的力矩（kN·m）；

　　　M_o——对计算截面前趾的倾覆力矩之和，其中包括渗透压力产生的力矩（kN·m）。

3）在自重、水荷载作用下，隔水墙稳定计算成果见表 8.5-4。

上游重力墙位于岩石上，地基容许承载力为 30MPa，下游重力墙位于 C25 混凝土上，抗压强度设计值为 11.9MPa。

表 8.5-4　　　　　　　　　　　　隔水墙稳定计算成果

部位	计算工况	抗滑 K'_c	抗倾 K_o	基底应力/MPa	
				外侧	内侧
上游重力墙	完建期（自重）	—	—	0.15	0.26
	正常运用（自重＋水流力）	19.01	1.51	−0.05	0.26
下游重力墙	完建期（自重）	—	—	0.37	0.37
	正常运用（自重＋水流力）	4.89	2.13	0.22	0.22

由表 8.5-4 可知，隔水墙稳定，基底应力满足要求（下游重力墙抗倾、基底应力计算中考虑了植筋的抗力作用）。

（3）中间板式结构。

1）计算模型及边界条件。根据中间板式结构的受力特点，用三维有限元进行计算分析。计算软件为 ANSYS。混凝土采用 SOLID185 单元离散。由于板结构不对称，模型取整个板结构进行计算分析。模型节点共计 4515 个，单元共计 3336 个。墙板结构计算模型见图 8.5-4，图中坐标轴：X 轴指向下游，Y 轴垂直向上，Z 轴指向右岸，原点在板左

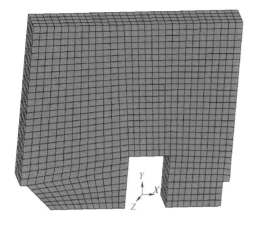

图 8.5-4 墙板结构计算模型

侧面 235m 高程门洞中心线上。板两端高程 237m 支撑平台为 Y 向约束，高程 237m 以上板下游面为 X 向约束，高程 237m 以上板右侧面两端头 50cm 范围为 Z 向约束。

2) 物理力学参数，混凝土弹性模量 28GPa、浮容重 15kN/m³、泊松比 0.167。

3) 计算成果及分析。

a. 变形计算成果

完建工况：墙顶跨中竖向向下位移 0.46mm，水平向左位移 0.05mm。变形量较小。整个墙三向最大变形位于门洞下游下角点，X 向为 0.58mm，Y 向 -0.54mm，Z 向 0.04mm，三向合成后为 0.80mm。变形量较小。

挡洪工况：墙顶跨中竖向向下位移 0.27mm，水平向左位移 1.33mm。变形量较小。整个墙三向最大变形位于门洞上游右侧下角点，X 向为 -0.40mm，Y 向 -0.41mm，Z 向 -2.27mm，三向合成后为 2.34mm，基本指向左岸。变形量较小。

b. 应力计算成果

支座反力 σ_y：完建期最大，钢垫板平面尺寸为 50cm×115cm，局部压应力为 9.74MPa，C25 混凝土可满足设计要求。

顺河向 σ_x：最大拉应力为 3.6MPa，出现在门洞顶部左侧靠上下游角点处，板跨中左侧拉应力一般为 1.8MPa 左右。板跨中右侧压应力一般为 1.59MPa 左右。

墙板竖向 σ_y：最大拉应力为 0.7MPa，出现在门洞顶部右侧上游角点处。

墙板 τ_{xy}：最大剪应力为 1.3MPa，出现在门洞顶部左侧上游角点处。

墙板 σ_{max}：最大应力为 3.6MPa，出现在门洞顶部左侧靠上游角点处，主要是 X 方向应力。

墙板 σ_{min}：最小应力为 -2.4MPa，出现在支座处和门洞顶部右侧上游角点处。

c. 结构主要配筋

根据计算，墙板结构主要配筋结果为：沿支撑高程 237m—地面高程 235m—门洞周边设置断面尺寸为 100cm×200cm（宽×高）的暗梁或暗柱，暗梁或暗柱周边配 $\underline{\Phi}$ 36@15，墙板其他部位水平和竖向均配 $\underline{\Phi}$ 28@20。

（4）防水门。防水门门洞尺寸为 3.2m×4.2m（宽×高）。防水门设计水流力面荷载为 44kN/m²，底槛高程 235m。门体最大外形尺寸为 4.340m×4.405m×0.43m（宽×高×厚）。闸门拟采用单扇横拉式平面钢闸门。面板及支承滑块均布置在左侧，闸门主梁、边柱为焊接"工"字形截面，闸门顶部及两侧布置连续支承滑块，兼作止水。闸门和埋件主要材质 Q235B。门体两侧各设置一滚轮，通过连接在电动葫芦上的钢丝绳牵引来实现闸门启闭，紧急时也可人力推动。为防止闸门发生倾覆，在孔口上方预埋一角钢，闸门正常工作时，角钢与门体不接触，受外力作用时，闸门可倚住角钢不致倾覆，同时，在闸门关门挡水时，通过穿过预埋角钢的螺栓顶住门体，以减少波浪引起的闸门振动。底部埋件设置一方钢轨头，滚轮的两边缘卡住轨头，保证闸门可靠移动。防水门门体示意见图 8.5-5。

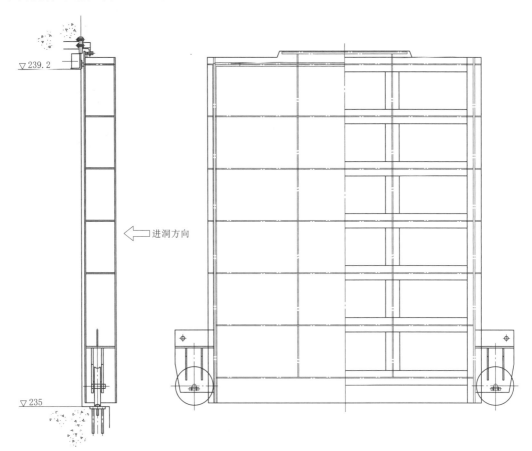

图 8.5-5　防水门门体示意图（单位：m）

（5）隔水墙立体效果见图 8.5-6 和图 8.5-7。

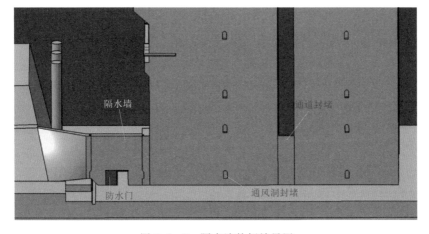

图 8.5-6　隔水墙外侧效果图

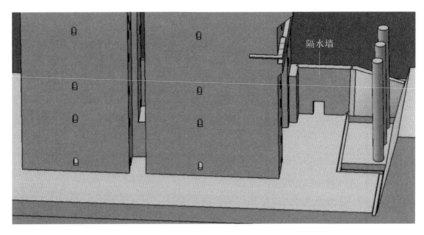

图 8.5－7　隔水墙内侧效果图

2. 封堵右侧筒体外侧 2 个 236m 高程通风洞

通风洞尺寸为 1.2m×2.4m（宽×高），洞顶为半圆拱形，墙厚 90cm。洞周边钢筋保护层 5cm。封堵前将洞周边外侧混凝土保护层凿除，内侧混凝土保护层不凿除，凿除后的门洞外大内小，并沿洞周边墙体中心线上植筋 Φ 20@100cm，钢筋长 $L=1$m，外露形成 0.5m。最后用与筒体同强度 C30 混凝土对通风洞进行封堵。具体见图 8.5－8。

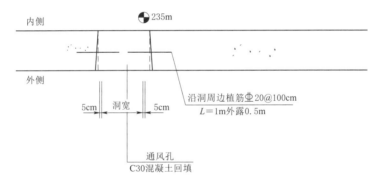

图 8.5－8　通风洞封堵平面示意图

3. 封堵右侧上下游筒体之间高程 250m 以下通道

通道宽 4.9m，通道周围墙体钢筋保护层 5cm。封堵墙厚 90cm，外面与筒体外侧面平齐。封堵前将通道上下游侧墙体和地面与封堵墙接触的外侧混凝土保护层凿除，内侧混凝土保护层不凿除，凿除后与封堵墙接触的老混凝土面为向外侧倾斜，并沿封堵墙两侧边和底边中心线上植筋 Φ 20@100cm，钢筋长 $L=1$m，外露形成 0.5m。封堵前混凝土采用 C30m，见图 8.5－9。

8.5.2.2　已损坏部位修复改造方案

1. 升船机 235m 平台及相关设施修复改造

由于隔水墙采用方案一，改善了升船机左侧常遇洪水流速流态，已损坏部分 235m 平台混凝土护面和左侧路面复建按原设计恢复。

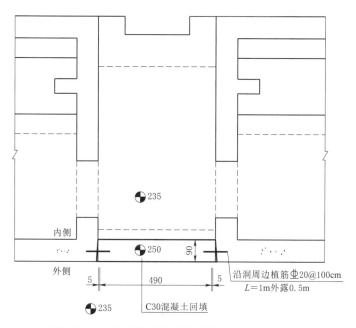

图 8.5-9　上下游筒体之间通道封堵平面示意图（高程单位：m；尺寸单位：cm）

235m 平台Ⅲ型排水沟取消盖板，排水沟内浇筑 C25 混凝土。混凝土分缝线同护面混凝土。回填混凝土顶面预留排水槽，确保不因排水沟的回填引起 235m 平台雨后积水。

235m 平台Ⅲ型排水沟改造标准断面见图 8.5-10。

为避免 235m 平台地面雨水流入机室或筒体内部，在雨水入口处设置 20cm×40cm（宽×高）C25 混凝土挡水坎。

235m 平台机室周边挡水坎见图 8.5-11 和 8.5-12。

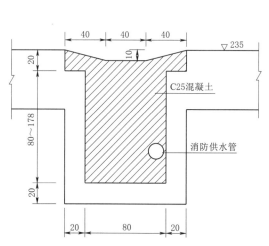

图 8.5-10　235m 平台Ⅲ型排水沟改
造标准断面图（高程单位：m；尺寸单位：cm）

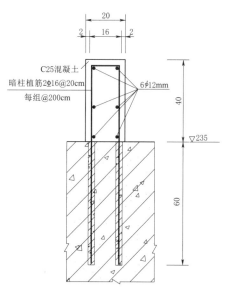

图 8.5-11　235m 平台机室周边挡水坎
断面图（高程单位：m；尺寸单位：cm）

图 8.5-12　235m 平台机室周边挡水坎

更换污水处理进人孔盖板，洪水期将井盖移走。

更换下闸首水位测井盖板，洪水期将井盖吊入门库中。

对喷混凝土脱落部位及周边进行清理（包括航道清理），布 Φ25@200cm×200cm，$L=1.5$m 挂网锚杆（孔径 56mm、孔深 1.5m、砂浆标号 M25，锚杆外露 5cm），最后挂钢筋网喷护 C25 混凝土（喷护混凝土厚度 15cm，钢筋网为 Φ8@20cm×20cm）。坡面布间距 300cm×300cm 排水孔，孔径 56mm，入岩 0.5m。

2. 升船机建筑装修修复改造

（1）门窗。对升船机内所有损坏的门窗进行更换。加强门窗安装的牢固性。汛期注意尽量使门窗内外处于平压状态。修建隔水墙和封堵过水通道，避免洪水直接冲刷门窗。

（2）墙体。升船机筒体内常遇洪水位 250m 以下 12cm 砖砌体墙换成 12cmC25 混凝土墙。拆除砖砌体墙时保留混凝土墙体伸出的连接筋，连接筋与新浇混凝土墙拉结见图 8.5-13。混凝土墙面清理干净打磨。

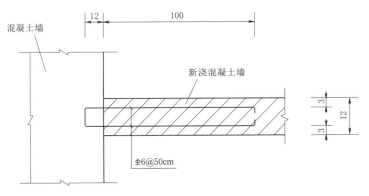

图 8.5-13　连接筋与新浇混凝土墙拉结图（单位：cm）

（3）栏杆。按照原设计恢复筒体内部栏杆和疏散通道外伸平台栏杆。

高程 235m 平台临江栏杆采用活动栏杆，汛前移走。栏杆摆放位置距平台外边沿至少 1m。栏杆标准段见图 8.5-14。

3. 升船机金结机电设备修复改造

（1）更换已损坏的平衡链块和电器、消防设备。

（2）高程 265m 以下的照明灯具在遇洪水淹没前，应拆除移走，在洪水消退后再根据检修运行安装，若现场无拆除移走灯具设备及检修分电箱，应更换已损坏的设备。

（3）已损坏的埋管应根据现场实际情况敷设。

（4）将升船机上游端 2 部电梯的基站由高程 235m 改到高程 290m；更换高程 235m

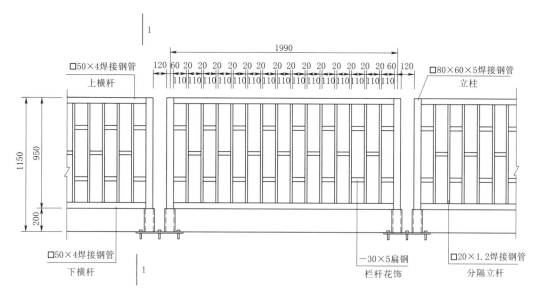

（a）插入式活动栏杆立面图

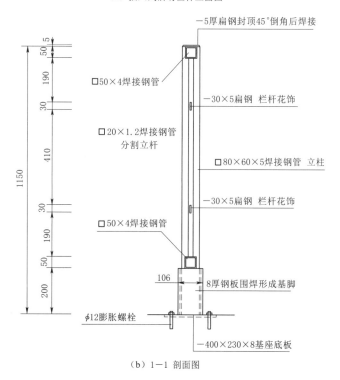

（b）1—1 剖面图

图 8.5－14　栏杆标准段详图（单位：mm）

注　栏杆标准段总重 73kg，其中活动部分重 57.7kg。

站点厅门和呼梯按钮，更换高程 241m 的安全门。

（5）升船机通航信号灯、喇叭、船舶探测装置的位置提高至常遇洪水高程以上，考虑波浪爬高，该位置最低高程为 253m。

8.5.3 升船机部位防洪运用技术要求

升船机机室地面高程为 235m，当下泄流量超过 10200m³/s，船厢室将淹水。

升船机部位防洪应采取以下相应防护措施：

（1）当下游水位超过 227m 时，升船机下闸首检修门下闸挡水，挡水最高高程 235m，升船机停航。

（2）升船机停航或下班期间，为避免船厢室进水后造成船厢上的机械、电气设备浸水，将船厢提升至高程 271.1m 船厢上锁定平台。

（3）当预报下游水位将超过 235m 时，需采取以下措施：

1）承船厢提至高程 271.1m 船厢上锁定平台。

2）下闸首工作大门下降至门槽底部（同时，工作大门和检修门之间的水体由工作大门顶面流至升船机机室内作为水垫），以避免大门受洪水冲击。

3）布置在船厢室、平衡重井底部的液压千斤顶及其液压泵站等机械、电气设备转移到安全位置。

4）下闸首检修门槽少放一节叠梁门，即检修门顶高程为 231.8m，水位上涨过程中水体通过下游航槽提前流入机室。

5）在下游洪水退至下闸首检修门挡水以后，利用所设的潜水排污泵对船厢室进行排水，抽水时间不超过 48h；并清除淤积物，对被淹的船厢室设备和下闸首工作大门等进行检修、维护。

6）汛前移走高程 235m 平台活动栏杆和钢盖板，汛后对移动栏杆和钢盖板进行复位。

7）汛前将两个下闸首水位测井混凝土盖板吊入门库中，汛后对水位测井盖板进行复位。

8）汛前关闭隔水墙防水门。

8.5.4 主要研究结论

2014 年 7 月的洪水是彭水水电站工程完建投运以来，发生的最大一次洪水，在运行管理单位科学调度下，通航建筑物安全监测测值正常，各种设备运行安全可靠，经受住了洪水考验。

（1）通过修建隔水墙工程措施，迫使洪水从升船机末端回流至机室和筒体内部，改善了升船机机室及筒体内部常遇洪水流速流态。

（2）升船机通航信号灯、喇叭、船舶探测装置的布置位置提高到高程 253.0m 以上。

（3）建议根据升船机部位防洪运用技术要求进一步完善通航建筑物运行管理手册及设备防洪应急预案。

8.6 通航建筑物监测资料分析

8.6.1 船闸

1. 上闸首水平位移

上闸首两侧墙内各布置 1 条倒垂线，自 2007 年 10 月开始观测，截至 2019 年 12 月，左侧倒垂线实测向下游累积位移 1.27mm，向右岸累积位移 1.25mm，右侧倒垂线观测的闸墩顶向下游累积位移 1.38mm，向左岸累积位移 1.70mm，整体呈年际周期性变化，无长期趋势性变形。上闸首倒垂线测值过程线见图 8.6-1。

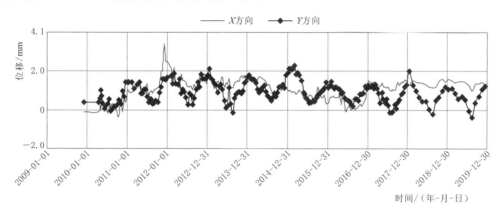

图 8.6-1　上闸首倒垂线测值过程线

2. 闸墙水平位移

左、右闸墙顶部各布置 6 个水平位移观测墩，于 2007 年 12 月开始观测，测值均表现为向外侧位移，受混凝土温度变化影响较大，呈年际周期性变化，无长期趋势性变形。最大值出现在夏季。2019 年左闸墙向外侧位移最大值为 8.19mm（TP11CZ），右闸墙向外侧累积位移最大值为 10.63mm（TP10CZ），年际变幅为 3.05～9.72mm。船闸闸墙水平位移测值过程线见图 8.6-2。

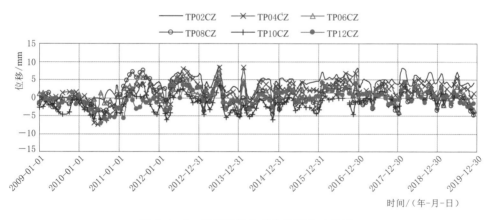

图 8.6-2　船闸闸墙水平位移测值过程线

3. 船闸沉降

船闸顶部共布置 16 个水准点，于 2007 年 10 月开始观测（部分测点 2008 年 1 月开始观测），2019 年船闸左侧累积沉降值为 2.52～7.52mm，右侧沉降值为 0.84～8.99mm，左右沉降最大年变幅分别为 4.83mm（BM05CZ）、5.62mm（BM08CZ），两侧沉降量基本一致。目前相对稳定，测值呈年际周期性变化，无长期趋势性变形。船闸表面沉降位移测值过程线见图 8.6-3。

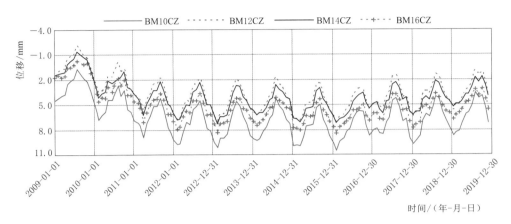

图 8.6 - 3　船闸表面沉降位移测值过程线

4. 上闸首结构应力应变

上闸首钢筋应力随温度呈周期性变化，截至 2019 年 12 月实测钢筋应力最大值为 −50.6∼89.4MPa；混凝土应变随温度呈周期性变化，无长期趋势性测值增长，2019 年最大测值为 319.6$\mu\varepsilon$（S06CZ），测值基本稳定。典型上闸首钢筋计测值过程线见图 8.6 - 4。

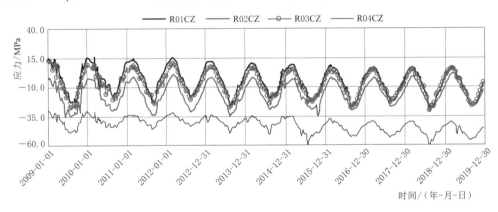

图 8.6 - 4　典型上闸首钢筋计测值过程线

8.6.2　中间渠道

1. 渠道挡水墙水平位移

中间渠道左侧挡墙顶部布置 4 个水平位移观测墩，右侧挡墙顶部布置 6 个观测墩，2009 年 12 月开始观测。两侧挡墙水平位移均表现为向渠道外侧和向下游位移，2010 年 10 月后测值趋于稳定。2019 年实测左侧挡墙向渠道外侧位移最大测值为 9.35mm（TP06MQ），向下游方向位移最大测值为 4.83mm（TP07MQ）；右侧挡墙向渠道外侧位移最大测值为 11.52mm（TP01DC），向下游方向位移最大测值为 5.54mm（TP01MQ）。布设在渡槽靠近升船机的水平位移测点（TP03DC）上下游方向年变幅相对较大，2019 年向上游最大位移 8.15mm，现场检查受温度影响引起的弹性变形（从渡槽护栏升缩缝可见）与布置在该部位的表面分缝测量结果吻合。中间渠道挡水墙水平位移测值过程线见图 8.6 - 5。

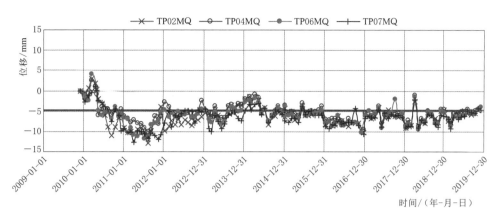

图 8.6-5　中间渠道挡水墙水平位移测值过程线

2. 渠道挡墙沉降

明渠段两侧挡水墙顶部布置了 13 个水准点，渡槽段两侧挡墙顶部布置了 10 个水准点，2009 年 12 月开始观测，自观测以来沉降值无明显变化，2019 年明渠段累积沉降为 -7.10～-0.23mm，渡槽累积沉降为 -8.46～6.17mm，明渠及渡槽沉降最大年变幅分别为 4.52mm（BM05MQ）、13.29mm（BM09DC），沉降测值受温度影响呈年际周期性变化，无长期趋势性变形，目前中间渠道沉降变化基本稳定。中间渠道挡水墙沉降位移测值过程线见图 8.6-6。

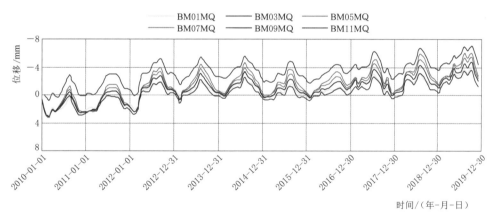

图 8.6-6　中间渠道挡水墙沉降位移测值过程线

8.6.3　升船机

1. 筏基沉降

截至 2019 年升船机左侧筏基沉降量最大值为 5.37mm（BM03SCJ），右侧筏基沉降量最大值为 6.56mm（BM04SCJ），两侧最大沉降差为 3.97mm（BM04SCJ），目前升船机筏基沉降基本稳定。升船机筏基水准点沉降位移测值过程线见图 8.6-7。

2. 宽槽一二期混凝土间结合面开度

升船机高程 235m 以下混凝土采用预留宽槽的方法分块施工，在顺流向第 2、3 条宽槽

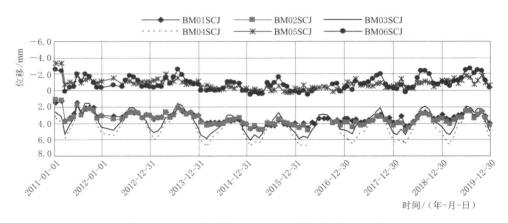

图 8.6 - 7　升船机筏基水准点沉降位移测值过程线

一二期混凝土结合面处共安装了 24 支测缝计，2019 年度实测最大累积开度为 0.93mm（J06SCJ），年变量在 -0.06mm 以内，各结合缝处于稳定状态。典型宽槽一二期混凝土测缝计测值过程线见图 8.6 - 8。

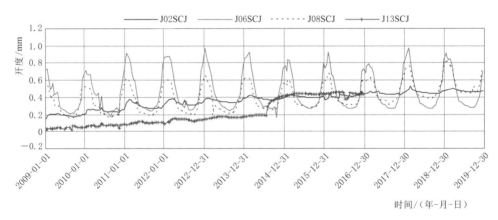

图 8.6 - 8　典型宽槽一二期混凝土测缝计测值过程线

3. 底板混凝土结构应力应变

2019 年钢筋计实测升船机底板最大钢筋应力为 -48.4～34.4MPa，底板混凝土内应变计最大微应变为（-320.7～-80.5)$\mu\varepsilon$，钢筋计、应变计测值均受温度影响呈年际周期性变化，无长期趋势性测值变化。典型钢筋计测值过程线见图 8.6 - 9。

综上所述，船闸和升船机结构变形符合一般规律，钢筋应力、混凝土应变合理，无长期趋势性变化，中间渠道挡墙变形呈周期性变化且无增大趋势，总体显示通航建筑物安全状况基本正常。

8.6.4　左岸边坡

2019 年左岸边坡上下游侧表面位移为 -12.55～12.11mm，向监控侧位移为 -18.83～8.37mm，测量结果呈现年际周期性变化，无长期趋势性变形；边坡多点位移

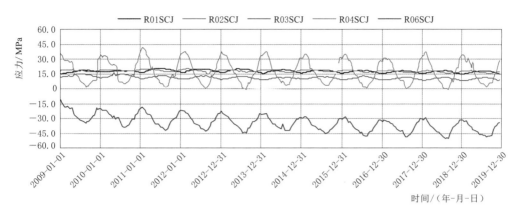

图 8.6-9 典型钢筋计测值过程线

计主要表现为压缩位移或无位移，位移主要是在开挖过程中产生的，边坡支护完成后位移变化很小，2019 年实测值为 -7.22～0.63mm，目前测值均比较稳定。各锚索安装预应力损失率为 -17.62%～14.70%，测值变化主要发生在安装初期，未发现有测值突变现象，长期观测成果主要受温度影响，呈现年际周期性变化。左岸边坡典型表面位移测点测值过程线见图 8.6-10。

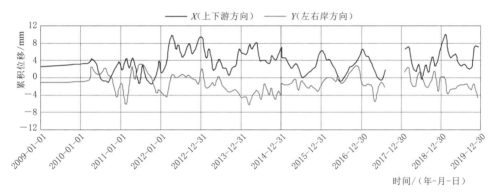

图 8.6-10 左岸边坡典型表面位移测点测值过程线

第9章

基 础 处 理

9.1 基岩固结与防渗设计

9.1.1 坝基开挖设计

坝基岩体主要为Ⅱ类（O_{1n}^{4+5}、O_{1n}^{3-1}、O_{1n}^{3-3}、O_{1n}^1、ϵ_{3m}^1、ϵ_{3m}^2），部分为Ⅰ类（O_{1n}^{3-2}）和Ⅲ类（O_{1n}^2）。坝基范围主要断层左岸有 f_7、f_9、f_{36} 及断层交汇带，其次有 f_{34}、f_{35}、f_{49} 等几条小断层；右岸坝基无较大规模断层。距左坝肩 100m 有 f_5 断层，距右坝肩 50m 有 f_3、f_8 断层。

坝基开挖至新鲜或微风化下部岩体。对断裂带和局部裂隙密集带，以及灰岩白云岩中的溶洞、断裂带和软弱夹层等地质缺陷部位，挖槽回填混凝土塞或打孔置换混凝土。根据坝基岩体质量及大坝结构设计要求，各部位开挖设计如下。

1. 溢流坝段

基岩面高程为 189～270m。坝基岩体从上游至下游依次为南津关组第四至第一层（O_{1n}^4～O_{1n}^1）、毛田组第二层（ϵ_{3m}^2），岩性为灰岩、白云岩、含灰质串珠体页岩（O_{1n}^{3-3} 层）及白云质页岩（O_{1n}^2 层）。坝基岩体质量以Ⅰ类、Ⅱ类为主，质量优良，少量为Ⅲ类。坝基下无性状差的夹层，断层规模小，岩溶不发育，因此，确定大坝建基面最低高程为 188m（8 号、9 号坝段），两岸开挖边坡坡比为 1∶0.6，为满足坝段侧向抗滑稳定要求，岸坡坝段平台宽度大于坝段宽度的一半以上，坝段基础高差不大于 13m。

坝体上游开挖边坡坡比为 1∶0.3，每 15m 高设一级 2m 宽马道，下游开挖边坡坡比为 1∶0.5，每 15m 高设一级 3m 宽马道。

2. 左岸非溢流坝段和船闸坝段

左岸非溢流坝段基岩面高程为 255～300m，地形坡度约 40°。坝基岩体从上游至下游依次为南津关组第三至第一层（O_{1n}^3～O_{1n}^1）、毛田组第二层（ϵ_{3m}^2），岩性主要为灰岩、白云岩。其中南津关第三层（O_{1n}^{3-3}、O_{1n}^{3-1}）含灰质串珠体页岩，南津关组第二层（O_{1n}^2）为白云质页岩。岩体坚硬完整，岩石强度高。根据结构布置和大坝侧向抗滑稳定要求，建基面高程为 236～269m，设 3 级平台，侧向开挖边坡坡比为 1∶0.3。坝基下游分布 f_{35}、f_7、f_9、f_{36}、f_{34} 等断层，断层岩体破碎，沿断层发育小溶洞，采取挖槽回填混凝土进行处理。

3. 右岸非溢流坝段

基岩面高程为 270～330m，地形坡度约 55°。坝基岩体从上游至下游依次为南津关组第五至第三层（O_{1n}^{5-2}、O_{1n}^{5-1}、O_{1n}^{4}、O_{1n}^{3-3}、O_{1n}^{3-2}），岩性为灰岩、白云岩含灰质串珠体页岩，坝基岩体质量多为 II、III 类，部分为 I 类岩体。岩体完整性同溢流坝段。根据结构布置和大坝侧向抗滑稳定要求，建基面高程为 255～301.2m，设 3 级平台，侧向开挖边坡坡比为 1：0.2。

9.1.2　坝基固结灌浆设计

彭水水电站坝基岩体主要为南津关组第 1～5 层（O_{1n}^{1-5}）和毛田组第 2 层（ϵ_{3m}^{2}）灰岩、白云岩、灰质页岩等。岩层走向 20°～30°，与河流方向交角 70°，陡倾上游偏右岸，倾角 60°～70°。河床部位坝基岩体完整，左岸坝基发育顺河向陡倾角断层及断层交汇带，右岸坝基发育风化溶蚀填泥软弱层带及深岩溶系统。

1. 固结灌浆设计原则

为了提高建基面岩体的整体性，弥补浅表层岩体的开挖爆破影响，并增强浅表层岩体的防渗性能，对建基岩体进行固结灌浆，设计原则如下：

（1）坝踵、坝趾应力相对较大，且直接与河水相通，防渗要求较高，因此，对坝踵及坝趾处各 1/4～1/3 坝基宽度范围内岩体进行固结灌浆。

（2）为加强浅层基岩的抗渗性能，在主帷幕上游布置一排孔深为 20m 的兼作辅助帷幕的固结灌浆孔。为减小与碾压混凝土施工上升的工期矛盾及提高灌浆效果，该排孔布置在基础灌浆廊道内施工，并要求于帷幕灌浆前完成施工。

（3）坝基 f_7、f_9、f_{36} 断层及其交汇带、性状较差的断裂构造带、裂隙密集带及岩体风化强烈等部位是固结灌浆的重点，基础开挖后，视开挖揭露的具体情况采取针对性固结灌浆加固措施。

（4）固结灌浆实行动态设计的原则，施工前根据灌浆试验及前期地质资料初步确定灌浆工艺及有关参数，在施工过程中，根据现场实际出露的地质条件和施工情况，对固结灌浆进行动态设计与优化。

2. 固结灌浆范围

由于岸坡坝段地质条件相对较差、开挖卸荷相对较强等原因，在大坝 1 号～4 号坝段及 13 号坝段坝踵及坝趾各 1/3 坝基宽度范围进行固结灌浆，对 14 号坝段坝基进行全面固结灌浆，对 5 号～12 号坝段则一般在坝踵及坝趾各 1/4 坝基宽度范围进行固结灌浆。

船闸位于左岸坝肩，毗邻 1 号坝段，对船闸上闸首、下闸首及边墙基础进行全面固结灌浆。地质缺陷部位根据现场情况采取加强灌浆处理。

同时，为增强坝基浅层防渗性能，在主帷幕前布置一排兼作辅助帷幕的固结灌浆孔。

3. 固结灌浆设计参数

（1）固结灌浆根据不同坝段及灌浆施工方式的不同采用矩形或梅花形布孔；孔排距一般采用 2.5m×2.5m；固结灌浆孔深一般为 5m（船闸基础部位灌浆孔深 6m）。陡坡部位若安排在坡顶钻斜孔施工，则其孔深 10～25m。

（2）地质缺陷或有特殊要求的部位，固结灌浆孔孔距为 2.0m×2.0m，基岩灌浆深度根据地质构造的性状确定，一般为 8～15m。

（3）主帷幕前一排兼作辅助帷幕的固结灌浆孔距为 2.0m，孔深一般为 20m。

4．固结灌浆材料和施工方法

灌浆材料为纯水泥浆。水泥采用强度等级不低于 32.5 的普通硅酸盐水泥。固结灌浆根据结构要求及工期安排，采用常规盖重混凝土或垫层混凝土薄盖重施工，陡坡段采用在坡顶钻深斜孔或引埋管施工。兼作辅助帷幕、深 20m 的固结灌浆孔在基础灌浆廊道内采用斜孔施工。灌浆采用"分序加密、自上而下、孔内循环"，一般分两序施工。

5．固结灌浆压力

（1）采用常规盖重固结灌浆施工方式，设计灌浆压力按下述规定执行：

1）全孔一次灌浆及分段灌浆固结灌浆孔的第一段灌浆压力。

位于基础廊道内的固结兼辅助帷幕灌浆孔，第Ⅰ序孔灌浆压力为 0.5MPa，第Ⅱ序孔灌浆压力为 0.7MPa。

一般固结灌浆孔及非基础廊道内的固结兼辅助帷幕灌浆孔，第Ⅰ序孔灌浆压力为 0.3MPa，第Ⅱ序孔灌浆压力为 0.5MPa。

2）分段灌浆的固结灌浆孔第 2 段及以下各段灌浆压力，按下式计算：

$$P = P_0 + \alpha h \tag{9.1-1}$$

式中　P——灌浆段的灌浆压力（MPa），当 $P > 1$MPa 时，采用 1MPa；

　　　P_0——第 1 段的设计灌浆压力（MPa）；

　　　h——阻塞器栓塞以上的基岩段长（m）；

　　　α——系数，根据基岩的破碎情况具体确定，一般部位取 0.05，断裂构造发育带、破碎带、强透水带等部位取 0.025。

（2）采用垫层混凝土薄盖重方式施工的固结灌浆孔，灌浆压力按下述规定执行：

1）全孔一次灌浆及分段灌浆固结灌浆孔的第一段灌浆压力：第Ⅰ序孔灌浆压力 0.3MPa，第Ⅱ序孔灌浆压力 0.4MPa。

2）分段灌浆固结灌浆孔第 2 段及以下各段灌浆压力为 0.5MPa。

6．固结灌浆现场设计变更

现场施工过程中，根据基础开挖所揭露的各建筑物实际地质条件，对基岩固结灌浆设计进行了动态设计变更。

（1）7 号、8 号坝段中部为白云岩、串珠体页岩，坝基下游存在 W_{84} 夹层、f_6 断层、082 和 084～085 泥化夹层，裂隙发育、性状差。对 7 号～9 号坝段固结灌浆做如下加强处理：

1）7 号～9 号坝段中部缓倾角较发育部位增加 6 排共 53 个固结灌浆孔，排距 2.5m，基岩孔深 5m。

2）原 7 号～9 号坝段下游坝段固结灌浆直孔改为斜孔。基岩孔深由 5m 加深到 15m，分两序施工。

3）7 号～9 号坝段下游坝基以外新增 3～5 排共 79 个固结灌浆孔，其布孔与 7 号～9 号坝段下游固结灌浆孔型式相同，孔深 15m。

4）7 号～9 号坝段下游固结灌浆及坝基以外新增固结灌浆均采用抗硫酸盐水泥。

（2）4 号坝段基岩发育有性状较差的软弱夹层、断层及强风化溶蚀带、高倾角裂隙带。因此对 4 号坝段坝基进行如下加强固结灌浆：

1）坝踵桩号 0+16～0+22 处，在原固结灌浆孔 5、6、7 排间加密增加 3 排固结灌浆孔，加密孔基岩段孔深为 6m。

2）坝基中部桩号 0+34～0+52 处，增加 10 排共 50 个固结灌浆孔，新增固结灌浆孔除边坡两排斜孔外，其他直孔基岩段孔深均为 6m，边坡部位两排斜固结灌浆孔顶角及孔深与原坝趾部位两排斜孔顶角及孔深相同，分别为 18m、20m。

3）坝趾的 8 排垂直固结灌浆孔基岩段孔深由原设计 6m 加深为 10m，斜孔孔深不变。

4）为防止 5 号坝段边坡地质缺陷部位斜孔灌浆施工过程中浆液沿裂隙渗入江中。在 4 号坝段中部及下部 1 号及 2 号斜孔之间新增 17 个固结灌浆斜孔，基岩孔深 20m。

（3）6 号坝段坝基高程 203m 及高程 198m 平台岩体中泥化强风化软弱夹层、裂隙发育，性状差；左岸高程 193m 灌浆平洞进口段围岩裂隙发育。因此对 6 号坝段坝基固结灌浆和左岸高程 193m 灌浆平洞进口段围岩固结灌浆进行加强。

1）对左岸高程 193m 灌浆平洞洞口至洞内 12m 洞段围岩原 3m、4m 深固灌孔均加深为 5m，环距由 3m 调整为 2m。

2）在坝基高程 198m 平台及上下游附近增加 10 排共 63 个固结灌浆孔，固结灌浆孔、排距 2.0～2.5m，基岩段孔深 5m；在坝趾附近增加固结灌浆孔，基岩段孔深 5m。

7. 固结灌浆质量标准

固结灌浆质量检查与评定以灌后压水检查基岩透水率 q 值为主，结合灌浆前、后声波检测资料等综合评定。压水检查孔数一般按固结灌浆孔数的 5％左右控制，检查合格标准为：灌后基岩透水率按 $q \leqslant 5Lu$ 控制，单元灌区内压水检查的合格率应达 85％以上，其余不合格试段的基岩透水率不大于规定值的 150％，且不集中。声波检测标准：灰岩、灰质白云岩、白云岩部位平均波速值不小于 4500m/s，O_{1n}^2 白云质页岩部位平均波速值不小于 4000m/s。

9.1.3　大坝防渗帷幕及排水设计

为控制坝基及近坝山体段渗漏并保持坝基渗透稳定、降低坝基扬压力，彭水水电站大坝采用灌浆防渗帷幕与幕后排水相结合的渗控方案。

9.1.3.1　防渗标准

根据《混凝土重力坝设计规范》（DL 5108—1999）规定，并参照同类工程经验，按照各部位建筑物防渗要求及防渗重要性的不同，防渗标准确定为：河床坝基及右岸地下厂房山体段 $q \leqslant 1Lu$，右岸地下厂房以远山体段和左岸山体段 $q \leqslant 3Lu$。

9.1.3.2　防渗线路布置

坝址为一横向谷，岩溶含水层与隔水层、相对隔水层相间分布，主要隔水层是 O_{1d} 层页岩，其次为 O_{1n}^2 层页岩，微弱岩溶相对隔水层有 O_{1f}、O_{1n}^{3-3}、O_{1n}^{3-1} 及 O_{1n}^1 层。主要的岩溶含水层有 O_{1h}、O_{1n}^{4+5}、$\in_{3m}$、$\in_{3g}$ 等岩层。

根据地质条件和建筑物布置特点，大坝防渗线路布置的关键是确定两岸山体段防渗线路及防渗终端。可行性研究阶段中，曾比选研究了两岸防渗终端分别接至 O_{1d}^{1-3} 隔水层或 O_{1n}^{1+2+3} 相对隔水层的多种方案，最终确定采用左岸山体段防渗帷幕接 O_{1n}^{1+2+3} 相对隔水层、右岸山体段帷幕接至 O_{1d}^{1-3} 页岩隔水层防渗线路方案。

防渗线路具体布置为：坝基帷幕布置于坝踵基础灌浆廊道上游侧；左岸帷幕出坝肩后，向上游山体转折，终端接至 O_{1n}^{1+2+3} 相对隔水岩层；右岸帷幕出右坝肩后，折向上游穿过右岸地下厂房 5 条引水隧洞上平段以垂直岩层走向接至 O_{1d}^{1-3} 隔水层封闭。防渗线路总长 850m，防渗面积 16 万 m^2，主帷幕灌浆总进尺约 18 万 m。

大坝防渗帷幕和排水推荐方案剖面展示见图 9.1－1。

9.1.3.3 防渗帷幕深度

综合考虑防渗标准、坝高、岩溶发育状况、岩体透水性等因素，防渗帷幕下限及深度具体如下：

（1）河床部位防渗底线高程为 100m，帷幕深度 93m。

（2）左岸近河床部位遇 f_7、f_9 断层交汇带，防渗底线局部由高程 100m 加深至 80m，帷幕深度为 221.5m；过断层带后，左岸山体防渗底线由高程 80m 抬升至 120m，帷幕深度为 182m。

（3）右岸山体防渗帷幕穿越Ⅲ类夹层带及 KW_{51} 大规模岩溶系统部位，地勘显示在高程 40m 左右仍发育有小型溶洞，为重点防渗部位，防渗底线由高程 80m 降至 35m；过该岩溶系统以后，防渗底线逐渐抬升至高程 180m 并延伸至终端，帷幕深度为 122～267m。

9.1.3.4 灌浆孔布置

（1）河床部位坝基布置两排帷幕灌浆孔，下游排灌浆孔深至设计帷幕底线，上游排灌浆孔为下游排孔深的 2/3，排距 0.8m，孔距 2.5m。

（2）右岸坝肩至右岸山体地下厂房段岩溶发育，为重点防渗部位，布置两排帷幕灌浆孔，两排灌浆孔均深入至设计防渗底线，排距 0.8m，孔距 2.5m。

（3）左岸坝肩遇 f_7、f_9 为断层交汇带加强防渗区，布置两排帷幕灌浆孔，两排灌浆孔均深入至设计防渗底线，排距 0.8m，孔距 2.5m。

（4）左岸山体段透水性较小，布置一排帷幕灌浆孔，孔距 2.0m。f_5 断层发育部位，局部布置两排帷幕灌浆孔。

（5）左、右岸下部两层灌浆平洞中设置衔接帷幕，与上层主帷幕灌浆孔交叉搭接。衔接帷幕布置于灌浆平洞的上游壁面，垂直洞轴线下倾 10°，孔距 2m，孔深 7m。

帷幕灌浆排数及孔距施工时根据揭露的实际地质条件进行了加密或优化调整。

9.1.3.5 灌浆平洞布置

防渗帷幕灌浆施工分别在大坝基础灌浆廊道和两岸山体灌浆平洞内进行。河床坝基沿坝轴线方向在坝体内设置基础廊道，断面尺寸为 3.0m×3.5m（宽×高），城门洞型。两岸山体内沿帷幕轴线方向布置三层灌浆平洞。左岸三层灌浆平洞底板高程分别为 301.5m、241m、193m；右岸三层灌浆平洞底板高程分别为 301.5m、238m、193m，灌浆

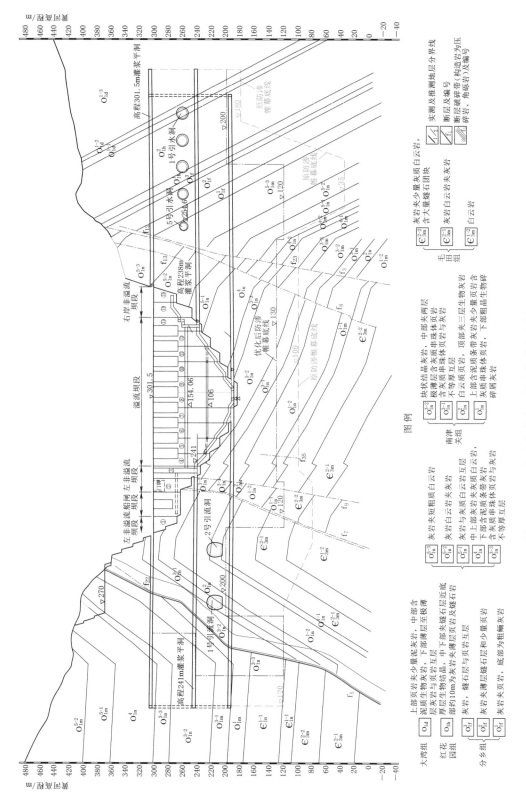

图 9.1-1　大坝防渗帷幕和排水推荐方案剖面展示图

平洞为城门洞型，净断面尺寸为 3.0m×3.5m（宽×高），灌浆平洞开挖后采用钢筋混凝土衬砌。为使衬砌与围岩联合受力，确保平洞在高压灌浆下的结构安全，对下部两层灌浆平洞围岩进行固结灌浆处理，并在各层灌浆平洞底板中部设一排 $\phi28$ 砂浆锚杆，锚杆深入基岩 2.0m，孔距为 1.0m。

9.1.3.6 帷幕灌浆施工方法与工艺

（1）帷幕灌浆孔采用"孔口封闭法"灌注，灌浆孔的第 1 段（接触段）采用常规"孔内阻塞灌浆法"灌注。衔接帷幕灌浆采用"孔内阻塞、孔内循环式"灌注。

（2）灌浆浆液以普通纯水泥浆液为主，浆液水灰比（重量比）采用 3∶1、2∶1、1∶1、0.5∶1 等 4 个比级，开灌水灰比采用 3∶1。

（3）灌浆孔各灌浆段灌浆压力按表 9.1-1 控制。

表 9.1-1　　　　　　灌浆孔各灌浆段灌浆压力　　　　　　单位：MPa

各 部 位 灌 浆 孔		第 1 段（接触段）	第 2 段	第 3 段	第 4 段及以下各段
地下电站引水隧洞底板压浆板帷幕灌浆孔		1.0	1.5	2.0	3.0
坝高小于 30m 的两岸岸坡坝段及两岸坝肩压浆板部位帷幕灌浆孔	第 1 排（先灌排）	0.8	1.0	2.0	3.5
	第 2 排（后灌排）	1.0	1.5	2.5	3.5
坝高不小于 30m 的坝段坝内基础灌浆廊道帷幕灌浆孔 主帷幕左、右岸各层灌浆平洞中帷幕灌浆孔	双排孔第 1 排（先灌排）	1.0	1.5	2.5	4.0
	双排孔第 2 排（后灌排）或单排孔	1.5	2.5	3.5	4.0
衔接帷幕孔		0.8	1.0	1.5	

（4）结束标准：在最大设计压力下，灌浆段注入率不大于 1L/min，继续灌注不少于 60min 后，可结束灌浆作业。

（5）质量检查合格标准为：第 1 段（接触段）及其下一段的合格率应为 100%；以下各段合格率应不小于 90%，当设计防渗标准为 $q\leqslant1Lu$ 时，不合格试段的透水率不超过设计规定的 200%；当设计防渗标准为 $q\leqslant3Lu$ 时，不合格试段的透水率不超过设计规定的 150%，且不合格试段的分布不集中，灌浆质量可评为合格。

9.1.3.7 基础排水布置

为降低坝基扬压力和右岸地下电站厂房洞室及引水隧洞外水压力，排除坝基幕后渗水和两岸山体来水，在坝基及两岸坝肩附近、右岸地下电站厂房山体段设置排水幕。

排水幕轴线位于防渗主帷幕轴线后约 1.0m 处，与帷幕轴线平行。排水幕为单排孔，坝基及两岸坝肩排水幕深度为帷幕深度的 2/3，右岸山体排水深度至高程 130m 左右。排水孔孔距 3.0m，孔径为 $\phi91mm$。

在灌浆平洞和灌浆廊道内设有排水沟，大坝基础底部设有集水井，下部两层灌浆平洞内排出的水流汇至坝基底部集水井内，集中抽排至下游乌江，顶层灌浆平洞排水自流排出。

9.1.4　主厂房外围防渗与排水设计

地下厂房洞室高程较低，且上游发育有 KW_{51} 号岩溶系统、下游发育有 W_{84} 号岩溶系统，为避免江水及山体地下水、地表降水通过各种渗漏通道向地下主厂房洞室汇集，在主厂房外围设置了封闭的排水系统和局部防渗帷幕，并对主厂房上、下游两个大的岩溶系统的来水进行截排处理。防渗帷幕位于排水幕的外侧，除主厂房上游设有的防渗主帷幕外，在沿江侧和山内侧渗（涌）水量较大的地段，专门布置了主厂房端部防渗帷幕，防渗标准均为灌后基岩透水率 $q \leqslant 1Lu$。

9.1.4.1　主厂房厂端部防渗帷幕

1. 沿江侧防渗帷幕

为防止江水沿岸边岩溶通道、溶隙、卸荷带、破碎夹层等构造带向主厂房渗漏，在主厂房沿江侧设置防渗帷幕。防渗帷幕上游与坝基防渗主帷幕相接，下游穿越 W_{84} 岩溶系统接至毛田组第二层（$\mathbb{C}_{3m}^2$）。帷幕顶高程根据下游江水位确定为 270m，帷幕下限为：上游端与坝基主帷幕相同，高程为 100m，下游穿越 W_{84} 岩溶系统段，据揭露的岩溶发育高程和岩体透水性确定为 120m。沿江侧防渗帷幕线路长约 150m，防渗帷幕深 150～180m。

沿江侧防渗帷幕灌浆在主厂房外沿江侧三层排水洞中进行，三层排水洞高程分别为270m、234m、187m，防渗帷幕采用分层搭接式，每层之间采用水平衔接帷幕相衔接。防渗帷幕布置两排灌浆孔，排距 0.8～1.0m，孔距 2.0～2.5m。对岩溶管道、夹层等地质缺陷部位，根据需要进行清挖回填或加强灌浆。

2. 靠山侧防渗帷幕

由于山体内地下水位较高，地下水主要顺岩层走向或岩溶管道向河床运动，主厂房平行岩层走向布置，主厂房洞室形成后，右岸山体地下水可能顺层直接向主厂房洞室汇集。为防止渗水量过大，厂外排水洞排水不及，在主厂房外围靠山侧设置一道防渗帷幕。

根据厂房布置，防渗帷幕设置范围为南津关组（$O_{1n}^{1-2} \sim O_{1n}^4$）。防渗帷幕顶高程为277m，防渗帷幕下限低于主厂房洞室底板，高程为 160m。防渗帷幕线路长约 110m，帷幕深约 120m。

防渗帷幕灌浆在厂外靠山侧三层排水洞中进行，三层排水洞高程分别为 277m、240m、200m，防渗帷幕采用分层搭接式，每层之间采用水平衔接帷幕相衔接。防渗帷幕布置一排灌浆孔，孔距为 2.0m。

9.1.4.2　主厂房外围排水设计

1. KW_{51} 岩溶系统截、排水设计

KW_{51} 岩溶系统主要顺南津关第四、五层（O_{1n}^{4+5}）地层发育，主要岩溶管道位于坝轴线处地下电站主厂房洞室上游，岩溶水主要由南津关第四、五层（O_{1n}^{4+5}）地层出露区降水补给，洪水期流量较大。岩溶系统出口位于大坝右坝肩上游，大坝防渗

帷幕截断了右岸 KW_{51} 岩溶系统的天然排泄通道，为防止该岩溶系统的大量来水涌向地下电站主厂房，在大坝帷幕后和地下电站主厂房四周排水幕之间，追索该岩溶系统的主要发育通道设截水洞，截水洞位于南津关第五层（O_{1n}^5）地层中，高程为 220m 左右，截水洞末端设集水井，洞内渗水汇至集水井，抽排入厂外顶层排水洞后，自流入江中。

2. W_{84} 岩溶系统截、排水设计

W_{84} 岩溶系统为深循环热水与浅层水混合岩溶系统，主要顺毛田组第二层（ϵ_{3m}^2）地层发育，主要岩溶管道位于地下电站主厂房洞室下游附近，洪水期流量较大。为防止该岩溶系统的热水渗向地下电站主厂房，并影响主厂房、尾水洞的施工和运行，在主厂房下游追索该岩溶系统的主要发育通道并设截水洞，截水洞位于毛田组第二层（ϵ_{3m}^2）地层中尾水洞顶部，高程为 206～237m，截水洞内渗水汇至集水井，抽排入厂外顶层排水洞中，自流入江中。

3. 主厂房周围封闭排水系统设计

根据水文地质资料，右岸地下电站所处山体地下水位较高，地面降水补给充足，为降低地下电站主厂房洞室结构所承受的水压力，并满足厂房内防潮、干燥的要求，在主厂房四周外围设置封闭排水系统，封闭排水系统由排水洞、在洞内布置的排水孔幕、竖井、集水井及抽排设施组成。

主厂房外围排水洞共设三层，顶层排水洞洞底高程为 270～278m，洞内汇水可自流入江。第二层排水洞洞底高程为 234～242m，第三层排水洞洞底高程为 187～203m。第二层和第三层排水洞内集水通过集水井汇集后抽排入江。

排水洞断面尺寸为 2.5m×3.0m（宽×高），城门洞型。根据排水洞所处的不同岩层及稳定条件，排水洞分别采用厚 30cm 钢筋混凝土衬砌或厚 10cm 喷混凝土锚杆支护，沿江侧和靠山侧兼做灌浆平洞的排水洞，适当增大断面并加强衬砌、增加围岩回填及固结灌浆。

在顶层排水洞的洞顶以上及 3 层排水洞之间设排水孔，3 层排水洞之间排水孔相互连接，形成厂外封闭排水幕，排水孔分直孔和斜孔两种，孔深为 25～45m，一般为 30m 左右。同时，洞顶外侧及第三层排水洞底板根据地质条件和洞室布置设置一些辅助排水孔，孔深较浅。排水孔孔径均为 $\phi 91mm$。

竖井起连通三层排水洞交通及通风的作用，同时满足施工材料和机电设备运输、布置排水管道要求，KW_{51} 岩溶系统及 W_{84} 岩溶系统截水洞亦通过竖井与厂外三层排水洞相互连通。竖井为矩形断面，断面尺寸分为 2.5m×2.5m（宽×高）和 2.5m×3.0m（宽×高）两种。厂外排水系统竖井总深约 400m，采用厚 30cm 钢筋混凝土衬砌或厚 10cm 喷混凝土支护。

在第二、三层沿江侧排水洞的下游端部设有集水井和抽水泵房，潜水泵布置在集水井中，将二、三层排水洞内汇水抽至顶层排水洞，然后自流入江。

主厂房外围封闭排水系统典型剖面见图 9.1-2。

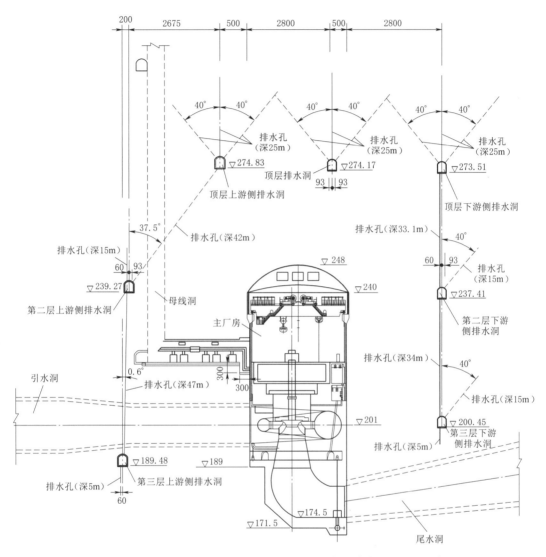

图 9.1-2　主厂房外围封闭排水系统典型剖面图（高程单位：m；尺寸单位：cm）

9.2　坝基无盖重固结灌浆技术研究

　　彭水水电站坝基固结灌浆施工与大坝碾压混凝土快速上升的矛盾突出。一方面，工程施工进度要求快，大坝碾压混凝土浇筑过程中没有安排坝基固结灌浆的直线工期；另一方面，由于碾压混凝土的允许间歇时间比常态混凝土短，在浇筑工程中一般不允许长间歇进行坝基有盖重固结灌浆，以免影响混凝土施工质量。

　　裸岩无盖重固结灌浆可缓解坝基固结灌浆与大坝混凝土浇筑的施工干扰和工期矛盾，但技术尚不成熟，灌浆质量能否满足工程要求，需要进一步研究、探索。为此，坝基固结灌浆施工前开展了现场裸岩无盖重固结灌浆试验，以研究裸岩无盖重固结灌浆的施工工艺特点，综合评价其灌浆效果和适宜性，并推荐适宜于本工程的固结灌浆施工方式和工艺参数。

9.2.1 现场无盖重固结灌浆试验方案

裸岩无盖重固结灌浆试验场地选在右岸坝趾下游高程270m开挖平台上。岩层为 O_{1n}^{4-2} 及 O_{1n}^{4-1} 灰岩、灰质白云岩，与坝基地质条件相似。固结灌浆试验孔位布置见图9.2-1。

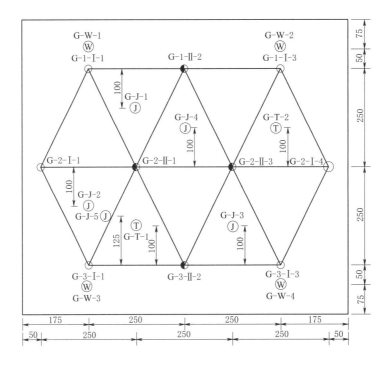

图9.2-1 固结灌浆试验孔位布置图（单位：cm）

试验区共布置10个固结灌浆孔，孔排距2.5m×2.5m。G-3-Ⅰ-1、G-3-Ⅰ-3号孔孔深8m，其余灌浆孔孔深6m。试验区布置2个抬动观测孔，4个物探测试孔，5个压水检查孔。

G-1-Ⅰ-1、G-1-Ⅰ-3、G-3-Ⅰ-1和G-3-Ⅰ-3号孔分2段自下而上进行灌浆，其中G-1-Ⅰ-1、G-1-Ⅰ-3号孔孔底段长4m，孔口段长2m；G-3-Ⅰ-1、G-3-Ⅰ-3号孔孔底段长6m，孔口段长2m。其余孔均采用全孔6m一次灌浆。自下而上分段灌浆时，孔底段灌浆压力0.8MPa，孔口段灌浆压力0.4MPa；全孔一次灌浆时，灌浆压力0.7MPa。

9.2.2 无盖重固结灌浆试验效果分析

1. 灌前压水和单位注入量成果分析

物探孔和灌浆孔灌前压水透水率及单位注入量统计见表9.2-1。

表 9.2－1　　　　　　　物探孔和灌浆孔灌前压水透水率及单位注入量统计表

孔序	孔数 /孔	压水 段数/段	透水率值段数区间						单位注入量 /(kg/m)
			<3Lu	3～5Lu	5～10Lu	10～50Lu	50～100Lu	>100Lu	
			段数/频率						
物探孔	4	4					2/50%	2/50%	
Ⅰ序孔	6	10	1/10%	1/10%	1/10%	1/10%	2/20%	4/40%	4.8
Ⅱ序孔	4	4			1/25%		3/75%		3.8

注　单位注入量数值为扣除大漏浆孔段后的统计值。

试验场地裸岩面凹凸不平，起伏差一般达 50cm 左右，卸荷、爆破裂隙发育，Ⅰ序孔灌前压水基本不起压，孔口及地表裂隙冒浆、漏浆严重，采用地面嵌缝堵漏、缓慢升压等措施进行灌注，但除去冒、漏浆，岩体吸浆量很小。Ⅱ序孔灌前压水能够起压，灌前透水率减小，但在灌前压水和灌浆时仍有表面冒水、冒浆现象，岩体基本不吸浆。

2. 灌浆效果分析

固结灌浆灌后检查孔压水试验成果见表 9.2－2。灌后检查孔总计压水 10 段，压水时外漏严重，仅 1 段小于 3Lu，其余孔段均大于 3Lu，不满足设计标准。

表 9.2－2　　　　　　　固结灌浆灌后检查孔压水试验成果表

孔号	第 1 段段长 /m	第 2 段段长 /m	第 1 段 透水率/Lu	第 2 段 透水率/Lu	备　注
G－J－1	1.7	4	0	15.5	
G－J－2	1.7	4	/	/	岩表裂隙冒水
G－J－3	1.5	4		12.2	岩表裂隙冒水
G－J－4	1.7	4	142.6	19.13	岩表裂隙冒水
G－J－5	1.7	4		15.19	岩表裂隙冒水

注　表中"/"表示压水试验时不起压，漏水量大。

灌前跨孔声波测试平均值均大于 5000m/s，反映岩体整体完整性较好。但是，岩体浅表层（平均深度 3.5m）存在卸荷回弹、开挖爆破卸荷带，灌前单孔声波平均值小于 4000m/s，灌后声波平均值提高到 4000m/s 以上，但仍不满足设计要求。3.5m 以下深部岩体灌前波速值一般大于 5000m/s，属较完整岩体，灌后波速值基本无提高。灌前基岩静弹模值小于 30GPa 的，灌后一般达到 30GPa 以上，灌前基岩静弹模值达 40GPa 及以上的，灌后一般无变化。

灌后检查孔芯样中少有完整的岩石与水泥胶结芯样，岩石与水泥胶结面分离，岩石裂隙中存在水泥结石充填不充分、密实性差或未充填现象。

综合灌浆、压水检查、物探测试及室内试验成果分析认为，裸岩无盖重固结灌浆效果较差，不能满足本工程要求。

9.2.3　裸岩固结灌浆工艺的适用性探讨

1. 彭水水电站基岩固结灌浆的地质特性

地质因素是影响灌浆效果和灌浆质量的重要因素，试验表明本工程基岩地质特性主要表现为以下几方面：

（1）基岩浅表层（平均深度 3.5m）裂隙较发育，透水性强，局部力学性能差，不能完全满足坝基要求，需进行固结灌浆加固处理；基岩下部岩体完整性好，力学性能好，仅局部透水率稍大，固结灌浆加固处理的必要性和作用已不大。

（2）基岩裂隙多细小且连通性差，可灌性差，试验孔普遍出现吸水不吸浆的现象，即使采用 0.8MPa 甚至峰值 1MPa 的固结灌浆压力，以 3：1 的浆液灌注，基岩仍基本不吸浆。分析认为，当灌浆压力小于岩体细小裂隙劈裂、张开的临界压力时（综合帷幕灌浆试验情况，判断临界压力在 2MPa 以上），加大固结灌浆压力对提高细小裂隙的灌浆效果作用不大，而仅对较宽大裂隙的灌注密实性有好处。

（3）虽然固结灌浆试验的压水、灌浆压力较大，但岩体变形值一般都在 $50\mu m$ 以下，没有发现岩体有抬动现象，分析原因为：①固结灌浆试验场地岩体坚硬、变形模量大，基岩层面及裂隙倾角陡，不易产生向上的抬动变形；②裸岩固结灌浆表面没有封闭，浅表层岩体裂隙发育，灌浆时压力通过裂隙很快释放，浆液扩散范围小，不易引起岩体浅表层抬动。

2. 裸岩固结灌浆适用性分析

裸岩固结灌浆可以解决坝基固结灌浆与坝体碾压混凝土浇筑间的矛盾问题，能节省混凝土段钻孔工程量，可避免灌浆施工可能对坝体混凝土造成的抬动变形、开裂等影响。

裸岩固结灌浆由于表面没有封闭，岩面起伏不平，浅表层较宽大裂隙易形成冒浆、漏浆通道，常规封堵材料和封堵措施对宽大裂隙的封堵效果差。而一旦表面冒浆、漏浆，灌浆压力释放，扩散范围小，浆液亦得不到充分的固结挤密，导致冒浆处裂隙充填密实度低，附近裂隙无浆液扩散充填，灌浆效果差，浅表层卸荷裂隙带灌浆后仍可能不满足工程要求。

另外，裸岩固结灌浆施工还存在下列弊病：①裸岩灌浆时，冒浆、漏浆严重，采用嵌缝、堵漏、缓慢升压、待凝等处理措施延长了单孔灌浆时间；②裸岩固结灌浆的阻塞位置对灌浆产生影响，特别在浅层阻塞不住时，下移灌浆塞常使浅层段形成漏灌；③灌后起伏不平的裸岩面被废水、废浆严重污染，二次清基困难。

彭水水电站基岩浅表层（平均深度为 3.5m）裂隙发育，透水性强，力学性能差，是固结灌浆加固处理的重点部位。裸岩固结灌浆存在的上述诸多弊病使之对浅表层岩体灌浆质量不利。因此，经试验验证及专家咨询、工程参建各方研究分析，本工程坝基固结灌浆不采用裸岩灌浆方式。

需要说明的是，裸岩固结灌浆具有解决坝基固结灌浆与坝体混凝土浇筑间矛盾的优势，仍值得进一步研究探索，重点是对建基岩体裂隙封闭材料的研究，裂隙封闭材料应具有凝结速度快、凝结强度高（特别是与岩石面的黏结强度和抗劈裂强度），且施工简便等特性，灌浆前对可能冒浆、漏浆的裂隙进行封闭，以保证灌浆过程中岩体正常升压灌注，进而保证裸岩固结灌浆质量。

9.2.4 推荐固结灌浆施工工艺

试验结果表明，裸岩无盖重灌浆不适于应用于彭水大坝基础固结灌浆工程。为此，对表面有封闭条件的无盖重固结灌浆施工方法进行研究。

1. 表面封闭式无盖重固结灌浆应用实例

为了克服裸岩无盖重固结灌浆的缺点，近些年一些水电工程采用的无盖重固结灌浆增设了不同的基岩面封闭形式，如薄混凝土盖板、垫层混凝土、浇找平混凝土或喷混凝土等。

相对于裸岩固结灌浆而言，表面有一定覆盖厚度的封闭混凝土条件下进行固结灌浆，最明显的好处在于防止岩石表面漏浆，不仅可以减小浆材的浪费，而且施工过程中一般不需进行嵌缝堵漏、间歇或待凝而中断灌浆，从而保证灌浆质量。

表9.2-3列举了一些在薄混凝土盖板和浇筑找平混凝土条件下进行表面封闭式无盖重灌浆较成功的实例。

表9.2-3　　　　　　　　　　　封闭式无盖重固结灌浆工程实例

工程名称	部　位	表面封闭形式	应用效果
三峡工程	混凝土重力坝基础	找平混凝土	好
高坝洲水电站	碾压混凝土重力坝基础	1.5m厚的垫层混凝土	好
小浪底工程	进水塔塔基	0.2～0.5m厚混凝土垫层	好
	副坝基础	0.2m厚混凝土盖板	较好
水布垭水电站	面板堆石坝趾板基础	0.6～0.8m厚薄混凝土盖板	好
寺坪水电站	面板堆石坝趾板基础	0.6～0.8m厚薄混凝土盖板	好

工程实践表明，虽然同属无盖重固结灌浆，但即使是很薄的混凝土盖重，抑或只是对基岩面采取找平式的封闭，也会对灌浆过程形成重要影响，产生完全不同于裸岩无盖重灌浆的效果。

2. 表面封闭式无盖重固结灌浆存在的技术问题

表面封闭式无盖重固结灌浆由于盖重很小，或仅仅对岩石表面进行了填塘、找平，为防止混凝土和浅层基岩抬动破坏，相对有盖重固结灌浆而言，一定程度上限制了较高压力的使用。表面封闭式无盖重固结灌浆时，必须有良好的施工控制措施。

首先，无盖重灌浆对地质条件相对要求较高，进行无盖重灌浆前必须充分了解施灌地层的特点，包括其岩性特征、岩层产状、地质结构发育规律等。

其次，无盖重灌浆必须根据特定的工程地质条件设置合理的灌浆压力，并对灌浆压力的提升进行有效控制，否则灌浆时压力过大容易引起薄盖板抬动或将盖板灌裂，既影响坝体混凝土质量，又耽误工期。

最后，无盖重灌浆中还要严格控制注入率和压力的变化，否则浆液积聚的巨大能量会使岩体内部或接触面产生抬动破坏。例如：小浪底副坝20cm厚压浆板上进行灌浆时，混凝土盖板上共发生大大小小宽度1～20mm不等的抬动裂缝266条。过大的注入率和过大的压力都可能造成抬动，当注入率很大时，即使很小的压力也能造成抬动破坏的发生。

3. 推荐采用的固结灌浆施工工艺

为克服裸岩固结灌浆的工艺缺点，形成基岩表面封闭的条件，保证灌浆质量，同时为解决坝基固结灌浆施工与坝体混凝土浇筑中存在的矛盾，经研究比较，彭水水电站碾压混凝土坝基固结灌浆施工推荐采用有盖重固结灌浆或找平混凝土表面封闭式无盖重固结灌浆。

找平混凝土表面封闭式无盖重固结灌浆时，应详细地制定灌浆压力的控制操作步骤，避免找平混凝土发生抬动变形，并使找平混凝土固结灌浆压力不低于常规有盖重固结灌浆的一般压力，保证灌浆质量。具体实施要点为：将坝体垫层常态混凝土的第一层浇筑厚度确定为 30cm，形成找平混凝土封闭条件，并可满足下灌浆阻塞器的要求；加强抬动变形监测，采用自动报警监测，有效控制压力，限制垫层混凝土抬动变形值；严格分级升压，且每级压力稳定一定时间；控制压力与注入率的关系，当注入率不小于 10L/min 时，灌浆压力采用低值。

另外，根据试验结果及地质条件，施工阶段将坝基固结灌浆一般部位孔深由原来的 6～8m 减为 5m，不仅节约了灌浆工程量，对于加快施工进度、减轻工期压力效果显著。

彭水水电站部分坝基采用薄层混凝土表面封闭式无盖重固结灌浆工法进行施工，薄层混凝土厚 30～50cm，施工过程良好，灌浆质量满足要求。

9.3 强岩溶地段防渗帷幕灌浆技术研究

彭水水电站帷幕灌浆工程量大，防渗帷幕沿线地质条件差，特别是右岸防渗线路上长 200m 的 O_{1n}^{4+5} 强岩溶地层中发育有风化溶蚀填泥软弱集中层带、岩溶洞穴、KW_{51} 大规模深岩溶系统等地质缺陷，防渗帷幕成幕难度大，防渗幕体的防渗效果、耐久性等能否满足水库长期运行的要求，需深入开展研究。此外，岩溶发育高程低，导致防渗帷幕底线低，单孔钻灌深度最大深度达 160m，深孔成幕施工难度大，如何采用合适的工艺流程保证深孔钻灌施工顺利实施并确保施工质量是另一亟待解决的技术难题。为此，在帷幕灌浆施工前，进行了现场帷幕灌浆试验。

9.3.1 现场帷幕灌浆试验方案设计

帷幕灌浆试验场地选在地下电站主厂房外沿江侧顶层灌浆排水洞中，场地高程约 271m。场地出露地层为 O_{1n}^{4-3}、O_{1n}^{4-2}、O_{1n}^{4-1} 灰岩、灰岩夹白云岩及 O_{1n}^{3-3} 灰岩与页岩互层，是防渗主帷幕穿越的主要岩层，地质条件相似。

试验区岩层产状：走向 23°，倾向 113°，倾角 66°。钻孔中发育较多溶蚀裂隙，局部充填黄泥，但规模均较小。此外，钻孔中揭示 5 处小溶洞，均发育于 O_{1n}^{3-3} 地层中，溶洞斜向（垂直方向上倾乌江 12°）长度 0.9～2.7m，充填或半充填，充填物为黄泥、粉土或砾石等。

帷幕灌浆试验孔位布置见图 9.3 - 1。

帷幕灌浆试验分 M1 试区和 M2 试区，共布置 18 个灌浆孔。M1 试区布置双排灌浆孔，孔距 2m，孔深一般为 36m，M1 - 1 - Ⅰ - 1 号孔孔深 150m；M2 试区布置双排孔，孔距 2.5m，孔深 30m。帷幕灌浆孔均为顶角 12° 的斜孔，钻孔向靠江侧偏斜，方位为垂直于顶层排水洞轴线。

试验区布置 3 个抬动观测孔，孔深均为 20m；布置 3 个声波测试孔，孔深均为 36m；

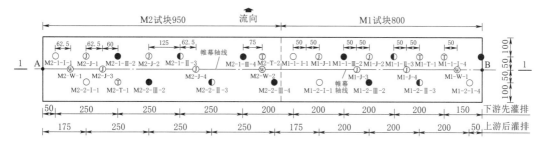

图 9.3-1　帷幕灌浆试验孔位布置图（单位：cm）

M1、M2 试区单排灌后、双排灌后各布置 2 个压水检查孔。

帷幕灌浆孔一般采用"孔口封闭法"施工，灌浆分段长度自上而下为：2m、1m、3m、第 4 段及以下各段长均为 6m。考虑到加快施工进度的要求，选取 M2 试区的 M2-2-Ⅲ-2 和 M2-2-Ⅲ-4 号孔采用"自下而上灌浆纯压式灌浆法"施工，灌浆分段长度均为 6m。

采用孔口封闭法施工时灌浆孔的灌浆压力要求见表 9.3-1。采用自下而上纯压式灌浆法施工时，孔口段灌浆压力采用 1.5MPa，其余各段灌浆压力按后灌排Ⅲ序孔压力执行。

表 9.3-1　　　　　　　　　采用孔口封闭法施工时灌浆孔的灌浆压力

段次（段长）	先灌排 /MPa	后灌排各序序孔/MPa		
		Ⅰ序孔	Ⅱ序孔	Ⅲ序孔
1（2m）	1.0	1.0	1.2	1.5
2（1m）	1.5	1.5	2.0	2.5
3（3m）	2.5	2.5	3.0	3.5
4（6m）	3.5	3.5	4.0	4.0
5（6m）	4.0	4.0	4.0	4.0
6（6m）	4.0	4.0	4.0	4.0
7（6m）	4.0	4.0	4.0	4.0
8（6m）	4.0	4.0	4.0	4.0

9.3.2　帷幕灌浆试验成果分析

帷幕灌浆试验区灌前压水、单位注入量、灌后压水检查成果见表 9.3-2～表 9.3-4。

（1）试验区先灌排和后灌排灌前透水率和单位注入量随着灌浆次序的加密，总体上呈现出逐渐降低的变化趋势，符合一般灌浆规律，灌浆效果明显。在溶蚀夹层、溶洞发育地段，若后序灌浆孔遇到溶洞或溶蚀夹层，其透水率和单位注入量会比前序大，符合灰岩岩溶地区灌浆的一般特点。

（2）试验区总体注入量不大。注入量大的孔段不多，一般发生于溶蚀夹层和溶洞发育部位，但其注入量之和在总注入量中占比较大。如单位注入量大于 500kg/m 的孔段累计长度占总量的 4.7%，而其注入量之和占总注入量的 42.1%。

表 9.3 - 2　　　　　　　帷幕灌浆试验区灌前压水透水率区间统计成果

排序	孔序	孔数	总段数	透水率频率/Lu					最大透水率值/Lu	最小透水率值/Lu
				<1	1~5	5~10	10~50	>50		
				段数/频率（%）						
先灌排	Ⅰ序孔和Ⅱ序孔	5	35	20/57.1	8/22.8	1/2.9	4/11.4	2/5.7	1431.3	0
	Ⅲ序孔	4	29	21/72.4	4/13.8	1/3.4	2/6.9	1/3.4	484.5	0
后灌排	Ⅰ序孔	3	21	18/85.7	1/4.8	0	2/6.9	0/0	22.53	0
	Ⅱ序孔	2	13	12/92.3	0/0	0/0	1/7.7	0/0	17.15	0
	Ⅲ序孔	4	25	25/100	0/0	0/0	0/0	0/0	0	0

表 9.3 - 3　　　　　　　帷幕灌浆试验区单位注入量区间统计成果

排序	孔序	孔数	总段数	单位注入量/(kg/m)	单位注入量/(kg/m)				
					<10	10~50	50~100	100~500	>500
					段数/频率（%）				
先灌排	Ⅰ+Ⅱ	5	35	244.1	15/42.9	2/5.7	4/11.4	11/31.4	3/8.6
	Ⅲ	4	29	96.9	20/69	4/13.8	2/6.9	1/3.4	2/6.9
后灌排	Ⅰ	3	21	87.0	15/71.4	1/4.8	0	5/23.8	0
	Ⅱ	2	13	1.8	13/100	0	0	0	0
	Ⅲ	4	25	3.0	24/96	0	1/4	0	0

表 9.3 - 4　　　　　　　灌 后 压 水 检 查 成 果

试区	孔号	孔深/m	压水段数	透 水 率/Lu			
				<1	1~3	3~5	>5
				段数/频率（%）			
M1 单排灌后	M1-J-1	16.82	5	5	0	0	0
	M1-J-2	30.86	8	8	0	0	0
	合计	47.68	13	13	0	0	0
M1 双排灌后	M1-J-3	16.86	5	5	0	0	0
	M1-J-4	30.8	8	8	0	0	0
	合计	47.66	13	13	0	0	0
M2 单排灌后	M2-J-1	36.88	9	9	0	0	0
	M2-J-2	36.8	9	6	1	0	2
	合计	73.68	18	15	1	0	2
M2 双排灌后	M2-J-3	36.92	9	9	0	0	0
	M2-J-4	36.82	9	9	0	0	0
	合计	73.74	18	18	0	0	0

（3）M1 试区灌浆孔孔距 2.0m，因无较大地质缺陷，单排灌后压水检查即可满足设计防渗标准 $q<1$Lu；M2 试区灌浆孔孔距 2.5m，局部溶蚀夹层或小型溶洞等发育，地质条件相对较差，单排灌后部分孔段压水检查超标，双排灌后压水检查满足设计防渗标准。

（4）双排灌后帷幕耐久性压水检查试验结果表明，在 1.5MPa（相当于坝前 1.5 倍最大水头）耐久性压水过程中，均没有出现注水量显著增大或漏水、冒水现象，至压水结束透水率均小于 1Lu，可见防渗帷幕耐久性满足要求。

（5）灌前试验区波速值一般为 5360~5800m/s，灌后为 5710~6150m/s，提高幅度为 2.5%~9.2%，灌浆效果总体较为明显。局部溶蚀夹层部位，灌后波速值无明显改善，灌后波速值仍约 3000m/s，但检查孔压水试验合格，说明溶蚀夹层力学性能差、致密不透水，灌浆处理效果差。主帷幕灌浆施工时，溶蚀夹层应作为重点处理部位，进一步研究其防渗性能或采取有效措施处理好。有条件时，可对溶蚀夹泥层进行全部挖除后置换混凝土。

9.3.3　帷幕灌浆快速施工技术试验研究

1. 帷幕灌浆快速施工工法研究

帷幕灌浆试验在灌浆工法上分别采用了孔口封闭灌浆法施工和自下而上纯压式灌浆法施工，两种灌浆工法的优缺点和适用性对比见表 9.3-5。

表 9.3-5　　　　　　　　　　两种灌浆工法对比

比较项目	孔口封闭灌浆法	自下而上纯压式灌浆法
优点	全部孔段均能自行复灌，施工工艺简单，免去了起、下塞工序和堵塞不严的麻烦；循环灌浆浆液不易堵塞管路、出现孔内沉淀；灌浆质量可靠	钻孔、灌浆两个工序各自连续施工，工序简化，无需待凝，节省时间，工效较高
缺点	需埋入孔口管，耗时耗材，全孔多次复灌，孔内占用水泥较多	无法使用很高的灌浆压力，灌浆塞常难塞堵严密，易发生绕塞、孔口冒浆事故；纯压式灌浆浆液易于出现孔内沉淀和堵塞管路事故；灌浆质量相对稍差
适用性	适用于各种地质条件及灌浆压力很高的帷幕灌浆工程	适用于地质条件较好、灌浆压力不是很高的基岩帷幕灌浆

由于地质条件良好，两种灌浆方法的灌浆过程基本正常、顺利，灌后压水检查均满足防渗要求，灌浆质量良好。因此，试验结果表明两种灌浆工法都是成功的。

对于 36m 深的灌浆孔，前者钻灌时间共需 10d，后者钻灌时间仅需 5d，有利于提高灌浆工效。但应该注意的是，试验区进行工法比较的两个孔均岩体完整性高、透水性弱，灌浆时基本不吃浆，阻塞也就容易，但如果遇到地质条件差的部位，自下而上纯压式灌浆工法在高压灌浆情况下可能阻塞困难或绕塞，要频繁提塞，变换阻塞位置，既浪费时间，又影响灌浆质量。

本工程基础帷幕灌浆施工时，在Ⅰ、Ⅱ序孔和地质条件差的Ⅲ序孔，应采用孔口封闭灌浆法；在地质条件好的Ⅲ序孔，可采用自下而上纯压式灌浆法，以加快施工进度。

2. 加大灌浆段长研究

灌浆段的长度根据岩石裂隙发育程度、破碎情况、渗透性以及设备能力等条件而定，灌浆段的长短对灌浆质量有一定的影响。在裂隙大小不均匀的岩体中灌浆，灌浆段过长，小裂隙不易灌好；在裂隙很发育、渗透性强的岩体中灌浆，灌浆段过长，常会发生供浆不足、升压困难等现象，对灌浆质量影响大。

帷幕灌浆施工段长一般采用5m，较少采用6m。但灌浆段长若能加长至6m，有利于加快施工进度，提高施工工效。本工程深孔帷幕地段，对施工进度的加快更加明显。同时，本工程地质条件一般较好，裂隙发育和分布情况在非岩溶地层中差别不大，具备加大灌浆段长的条件。现场帷幕灌浆试验段长均采用6m，试验结果证明灌浆过程正常，灌浆质量良好。

为加快灌浆施工进度，基础帷幕灌浆施工时，在地质条件较好的地段灌浆段长可采用6m，在构造带、岩溶发育地段，段长缩短至不大于5m。

9.3.4 强岩溶地段防渗帷幕灌浆技术试验研究

帷幕灌浆试验场地选在 O_{1n}^4 层（岩溶发育层），试验情况揭示了岩溶地区灌浆的特点：在非岩溶化地段，岩体一般坚硬完整，灌前简易压水透水率多小于1Lu，岩体基本不吸浆；而在岩溶（本工程表现为溶蚀夹层、溶洞两种形式）发育地段，出现掉钻、简易压水不起压、吸浆量很大等现象。试验中耗灰量大于500kg/m的孔段均为溶蚀夹层或溶洞孔段，其累计长度仅占试验总段长的4.7%，但注入量之和却占总注入量的42.1%。因此，溶蚀夹层、溶洞等岩溶化地段是本工程防渗灌浆封堵的重点地段。

1. 溶蚀夹层灌浆过程实例分析及灌浆技术研究

图9.3-2为帷幕灌浆试验时一溶蚀夹层段的灌浆压力与注入率过程曲线，大致可以分为6个阶段。阶段①：灌浆压力较低，一般不超过1.5MPa，注入率明显随压力变化，尤其当压力超过1.5MPa时，注入率迅速增大，此时采取限压措施，并逐级变浆，使注入率稳定在20L/min左右，注入的浆液持续充填到溶蚀夹层空穴中；阶段②：经过较长时间低压限流灌注，注入率迅速降低，直至不吸浆，压力快速上升至设计灌浆压力

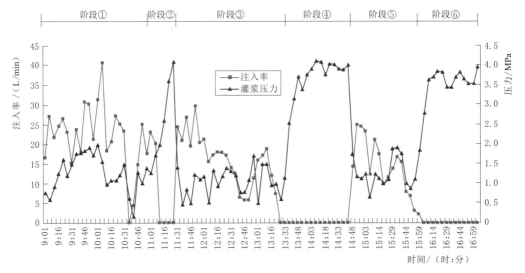

图9.3-2 溶蚀夹层典型孔段灌浆过程曲线

4.0MPa；阶段③：在短暂高压作用下，溶蚀夹层重新被击穿，注入率加大，灌浆压力降低，其控制过程与阶段①相同，仍采用低压、限流、浓浆等措施进行灌注；阶段④：通过复灌，渗漏通道逐渐封闭，注入率减小至 0，压力迅速上升至设计灌浆压力 4.0MPa，并持续较长时间，接近 1h；阶段⑤：在持续高压作用下，溶蚀通道再次被击穿，注入率加大，灌浆压力降低，第三次采用低压、限流、浓浆等措施进行灌注；阶段⑥：经过反复灌浆后，溶蚀通道被完全堵塞，注入率降至 0，灌浆压力上升至设计值 4.0MPa，延续灌注 1h，按正常结束标准结束。

从上述灌浆过程分阶段分析可以看出，溶蚀夹层灌浆是一个复杂的过程，该段 3 次复灌，呈现"低压充填→高压密实→击穿渗漏→低压充填→高压密实"的循环，灌浆历时近 8h。灌后溶蚀夹层地段常规压水检查和耐久性压水检查结果证明幕体的防渗性能（透水率小于 1Lu）和耐久性能（持续压水 72h，注入量稳定）均满足设计要求。

因此，本工程溶蚀夹层灌注施工拟采取如下控制技术：低压、限流、浓浆、控制注入率，多次不间歇循环复灌，合理变换灌浆压力，灌浆设计压力采用 4.0～5.0MPa，可取得良好的灌浆效果。

2. 溶洞灌浆过程实例分析及灌浆技术研究

图 9.3 - 3 为帷幕灌浆试验时一小型空洞孔段灌浆压力与注入率过程曲线，反映出一个小型空洞的典型灌注过程。灌浆过程中注入率始终维持在 30L/min 左右，灌浆压力不超过 2.0MPa，通过采用降压、变浓浆（本次试验也采用了灌砂浆）、间歇等措施，渗漏通道阻塞，注入率逐渐降至 0，压力提升至设计灌浆压力 4.0MPa，高压密实，并达到设计灌浆结束标准。灌后小溶洞地段常规压水检查和耐久性压水检查结果均合格。

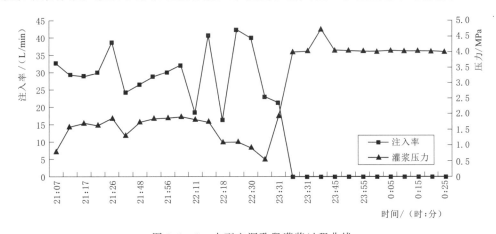

图 9.3 - 3　小型空洞孔段灌浆过程曲线

根据试验结果，并参照其他工程岩溶灌浆的经验，提出了本工程溶洞灌浆封堵的技术措施：①查明溶洞内充填物类型（本试验采用孔内摄像手段）、充填规模，选择相应的处理措施；②对于大空洞岩溶，可扩大灌浆孔孔径，泵入高流态混凝土（混凝土骨料最大粒径小于 20mm）或水泥砂浆、水泥粉煤灰浆（此时可向孔内投入粒径小于 40mm 的干净碎石），灌浆后待凝 3～7d，然后重新扫孔，再灌注水泥砂浆或水泥浆；③对于空洞较小的岩溶，可灌注水泥砂浆或其他混合浆液，待凝 3d 后，扫孔再灌注水泥浆。溶洞灌浆待凝后若仍不起压，需要反复灌注。有些工程大型溶洞采用每灌注 3～5t 水泥（混凝土）待凝一次的措施，经多次（有时多达十几次）灌注，方能起压，再灌注水泥浆至正常结束；④对于全部充填或大部分充填的溶洞，采用 5.0MPa 高压灌浆。若开始灌浆不起压或达不到规定压力时，应采用低压、浓浆、限流等措施循环复灌，灌浆过程不间歇，待注入率减小到一定程度后，再逐渐升压，直到达到结束标准，其灌注技术措施与溶蚀夹层相似。

9.3.5　超深帷幕孔控制技术及幕体连续性研究

为研究超深幕体（单层钻灌深度超过 150m 深）的连续性，帷幕灌浆试验进行了 150m 深孔钻孔试验。试验钻孔孔径为 $\phi 56$，钻孔采用 XY-2 型回转式地质钻机，金刚石钻头钻进，粗径钻具采用 2.7m 长，每一回次长度均控制在 2.5m 以内。孔位所处地质条件较好，钻孔过程中孔口始终有返水，未发生卡钻、掉钻现象，钻进正常。深孔实际终孔深度为 150.93m，钻孔历时 15d，测斜结果孔底偏差 2.3m。

1. 深孔钻孔试验结果

（1）150m 深孔钻孔平均日进尺为 10m，全孔偏斜率为 1.5%。

（2）深孔钻孔过程中，随着孔深的增加，每一回次取芯起钻的时间较长，特别是在钻孔深度超过 50m 后，钻孔效率较低。

（3）150m 深孔钻孔共用了 4 个金刚石钻头，在孔深超过 50m 后，平均每钻 30m 孔用一个金刚石钻头。

2. 幕体连续性分析

深孔钻孔过程正常，全孔偏斜率在允许范围内（一般深孔偏斜率要求不大于 2.5%），但由于孔深过深，孔底偏差绝对值为 2.3m，已超过帷幕设计孔距的 1/2，接近设计孔距（设计孔距为 2.5m）。在最不利情况下，单排孔孔底可能相交，影响孔底附近幕体的连续性；在设计排数为 2 排或多排，钻孔为垂直孔或近垂直孔时，钻孔向各个方向偏斜的概率均等，幕体的连续性能够保证。

因此，深孔段幕体应设 2 排或以上，以保证幕体的连续性。彭水水电站主帷幕深度超过 100m 深的地段灌浆孔排数均为 2 排，幕体连续性保证率较高。

3. 深孔孔斜控制技术

通过深孔钻孔试验，总结超深灌浆孔的钻灌工艺、孔斜控制技术如下：

（1）超深孔钻孔存在的困难为在钻孔深度达一定深度后（约为 50m），每一回次的取钻及下钻占用时间较长，对施工工效产生影响。在钻孔过程中，操作者操作熟练并配合默契，对施工工效的提高会起到非常重要的作用。

（2）冷却水的用量应控制好，并保证正常冷却，否则可能会引起烧钻、埋钻等孔内事故，为了保证孔口返水，在孔口处安装孔口管，并使孔口管高出底板 10cm。

（3）严格按设计角度开孔，并严格控制 20m 内的孔斜，在 20m 内每班均进行校核，发现偏差及时纠正。

（4）超深孔钻孔工艺采用 XY-2 型回转式地质钻机钻孔，根据岩石的硬度采用合适的金刚石钻头，操作工上岗前应培训，并力求使用熟练的操作工，以减少操作中的失误而产生的各类事故。钻进过程中应详细记录，以便在产生孔内事故后能准确判断事故类型和正确处理以将损失降到最低位置。

（5）为保证幕体的连续性，100m 以上超深幕体的灌浆排数应不少于 2 排，孔距应不大于 2.5m。

9.4 防渗帷幕优化设计

9.4.1 渗控工程优化必要性

1. 提高 O_{1n}^{4+5} 层深岩溶防渗工程的可靠性与安全度

原防渗方案中，右岸坝肩及右岸防渗线上 O_{1n}^{4+5} 层段发育有 KW_{51} 号倒虹吸式深岩溶系统，浅层及深层岩溶强烈发育，地质勘探揭示，在高程 42m 左右仍有溶洞发育，高程 40m 以下受钻探设备能力限制，未进行地质勘查。因此，原设计方案方案中，虽然防渗下限高程深达 35m，底层灌浆平洞内帷幕最大钻灌深度达 160m，帷幕的形式还是"悬挂式"，同时，在强岩溶地层中进行深达 160m 的帷幕灌浆，施工难度巨大，在强大的工期压力下，灌浆质量难以保证。库水通过该地层中的 KW_{51} 岩溶渗漏通道从帷幕底部绕渗的可能性较大，对右岸地下厂房安全稳定形成直接威胁。

此外，O_{1n}^{4+5} 地层的深岩溶通道在坝前水库岸边出露，出露边界距离防渗帷幕体只有 200m 左右，如果不封堵岸边的深岩溶渗漏通道入口，则此段的防渗帷幕体将可能直接承受库水压力，防渗帷幕体的耐久性及长期运行的安全性面临严峻的考验。为了提高大坝防渗工程的可靠性与长期运行的安全性，有效地补充封堵坝前出露的 O_{1n}^{4+5} 层深岩溶渗漏通道入口是必要的。

2. 节省渗控工程投资

根据施工期间揭露的地质条件，以及补充地质勘察工作，在可能的条件下，调整大坝防渗主帷幕的端点，提高防渗底线，取消局部防渗帷幕等，可以减少工程量，在加快渗控工程施工进度的同时，还可以节省工程投资。

9.4.2 渗控工程优化基本构想

根据地质勘探工作的研究成果，特别依据各个建筑物基础开挖和灌浆平洞开挖揭露的实际工程地质条件，结合彭水水电站工程建设的特点与实际要求，渗控工程优化设计工作重点从防渗边界优化和深岩溶系统防渗措施优化等两方面着手进行研究。

1. 防渗边界优化

防渗边界优化主要指对存在优化余地的防渗区域进行论证，主要包括对防渗轴线端点与底线进行优化，达到减小防渗面积与灌浆进尺、缩短施工工期和节省工程投资的目的。

根据所掌握的地质情况，防渗面积与灌浆进尺的优化着眼点主要有：左岸防渗帷幕端点缩短；左岸防渗帷幕底线提高；大坝河床防渗帷幕底线提高；右岸坝肩段和帷幕右端点段底线提高；地下电站主厂房靠山侧局部防渗帷幕优化取消等。

2. 深岩溶系统防渗措施优化

深岩溶系统防渗措施优化的着眼点是：采取表面封堵措施，将右岸坝前库水位高程以下出露的 O_{1n}^{4+5} 层岩溶渗漏通道进行封闭，防止库水从 O_{1n}^{4+5} 层地表岩溶经浅层、深层岩溶通道向下游产生管道性大流量渗漏，将岩溶通道式大流量渗漏转变为裂隙性渗漏，减小防渗帷幕体的工作压力，减小坝基及地下厂房排水系统的负担。

9.4.3 大坝防渗主帷幕边界优化

1. 坝址区岩溶系统相互独立性分析

彭水坝址两岸以 O_{1n}^{1+2+3} 相对隔水层为界，以上为 O_{1n}^{4+5} 岩溶含水层（上岩溶含水层），以下为 Є_{3m} 岩溶含水层（下岩溶含水层）。左岸 O_{1n}^{4+5} 层中发育 KW_{17} 岩溶系统，Є_{3m} 层中发育 W_{10} 温泉系统及 KW_{65} 岩溶系统；右岸 O_{1n}^{4+5} 层发育 KW_{51} 岩溶系统，Є_{3m} 层中发育 KW_{84} 温泉及 KW_{54} 岩溶系统。

大坝除右坝肩 O_{1n}^{4+5} 层岩溶强烈发育以外，大部分坐落在 O_{1n}^{1+2+3} 层相对隔水层上，岩层倾角陡，坝基及两岸 O_{1n}^{1+2+3} 层完整性与隔水性较好，岩溶发育微弱，形成一道天然的防渗屏障，因此，各个岩溶系统之间是相互独立的。在自然状态下或水库蓄水以后，左岸不存在自上游 KW_{17} 岩溶系统向下游 KW_{65} 岩溶系统及 W_{10} 温泉的通道性渗漏；右岸不存在自上游 KW_{51} 岩溶系统向下游 KW_{84} 岩溶系统通道性渗漏。右岸 KW_{84} 岩溶温泉系统溶洞顺层发育在 Є_{3m}^{2-2} 层近底部灰岩层中，通道相对孤立，不存在通过温泉系统向下游渗漏的问题。

大坝防渗主帷幕两岸帷幕端点、帷幕深部大部分地段岩溶不发育，透水性微弱，因此对大坝防渗主帷幕边界进行优化是可行的。

2. 左岸防渗主帷幕端点优化

大坝防渗主帷幕的左端点由 f_5 断层的性状所控制。根据左岸勘探钻孔及灌浆平洞开挖揭露，f_5 断层带在 O_{1n}^{1+2+3} 层中胶结良好，局部有溶蚀现象；在坝肩地层断距约 42m，上下盘相对隔水层搭接段的长度仍达 20m 左右；钻孔中 f_5 断层带上下盘均为 O_{1n}^{1+2+3} 层岩体，透水性小。

由于在 f_5 断层上、下盘均为 O_{1n}^{1+2+3} 层相对隔水层，岩溶发育微弱、透水性小，因此左岸帷幕端点可以适当缩短。考虑 f_5 断层破碎带有夹泥等渗水现象，以距 f_5 断层最近距离不小于 20m 进行控制，第一层（顶层）灌浆平洞内帷幕端点可以缩短 80m 左右，第二层灌浆平洞帷幕端点可以缩短 60m 左右。

3. 左岸防渗主帷幕底线优化

左岸防渗帷幕不存在封堵深岩溶的问题，但因有 f_5、f_7、f_9 等断层切错，水库蓄水后，在高水头作用下，沿上述断层发生裂隙性连通渗流的可能性较大，所以左岸防渗帷幕的作用就是防止发生沿断层的裂隙性渗漏，防渗底线的确定相应由断层带的地质性状来控制。

左岸开挖完成的灌浆平洞及坝基开挖揭露的地质情况，证实了左岸相对隔水岩层 O_{1n}^{1+2+3} 岩溶不发育，仅在 f_7、f_9 等断层带附近发现有轻微溶蚀现象，高程 241m 灌浆平洞揭露出来的溶洞规模小，岩体透水性总体较弱，高程193m灌浆平洞揭露出来的f_7、f_9等断层带胶结较好，因此，左岸防渗帷幕底界具备优化抬高的条件，经研究确定优化后的底线如下：

（1）f_5断层带附近维持原防渗底线高程120m不变。

（2）f_5与f_7断层之间的岩体防渗底线由原120m高程提高至200m高程。

（3）f_7、f_9断层带附近的防渗帷幕底线可由原高程80m提高至高程120m。

4．大坝河床防渗主帷幕底线优化

大坝河床坝基岩体为O_{1n}^{1+2+3}相对隔水层，岩溶不发育、透水性小，铅直厚约117～160m。大坝开挖揭示河床7号～11号坝段基岩岩溶不发育，岩体完整性好。因此大坝河床防渗帷幕底线具备优化提高的条件，将原设计防渗帷幕底线由高程100m提高至高程130m。

5．右岸坝肩和右端点段主帷幕底线优化

右岸防渗帷幕线路原则上可分成右坝肩段、深岩溶段和右端点段等三部分。

右坝肩段防渗帷幕所在岩体仍为O_{1n}^{1+2+3}层，与大坝河床段一样，原设计防渗帷幕底线100m高程可提高至130m高程。

深岩溶段防渗帷幕所在岩体为O_{1n}^{4+5}层，原设计设置三排孔到底线，要求防渗帷幕全部达到透水率$q \leqslant 1Lu$的设计标准。坝前库水位以下出露的O_{1n}^{4+5}岩溶地层进行地表封堵以后，将可能的岩溶管道性大流量渗漏转变为裂隙性渗漏。深岩溶段的防渗帷幕优化设计方案为：将原设计设置的三排灌浆孔改为双排灌浆孔，设计底线高程由35m抬高至120m，具体见9.4.5节。

O_{1n}^{4+5}深岩溶段地层以右为右岸端点段防渗帷幕，此段帷幕所在地层为O_{1f}、O_{1h}、O_{1d}等，经过右岸三层灌浆平洞开挖验证，这些地层岩体完整，透水性弱，防渗底线具备优化抬高的条件，帷幕底线从原高程160m以下提高至高程200m。

右岸防渗帷幕端点仍以O_{1d}^{1-3}层页岩作为终端依托。

大坝防渗主帷幕边界优化前后的边界线对比详见图9.4-1。

9.4.4　主厂房局部防渗帷幕优化

由于右岸山体内地下水位较高，地下水主要顺岩层走向或岩溶管道向河床运动。可行性研究阶段，考虑到主厂房洞室形成后，右岸山体地下水可能顺层直接向主厂房洞室汇集，导致厂外排水洞渗水量过大，在主厂房外围靠山侧设置了1～2排防渗帷幕。根据厂房布置，防渗帷幕设置范围为O_{1n}^{1-2}～O_{1n}^4。防渗帷幕顶高程为277m，下限低于主厂房洞室底板，高程为160m。防渗帷幕线路长约110m，帷幕最大深度约120m，灌浆进尺约1.7万m。

根据靠山侧灌浆及排水廊道开挖揭露的地质条件，厂外靠山侧三层廊道内岩体完整，岩溶不发育，透水性较弱，未发现管道式大流量渗流，常规排水系统能够满足地下厂房的防渗要求。

因此，取消地下主厂房靠山侧防渗帷幕。

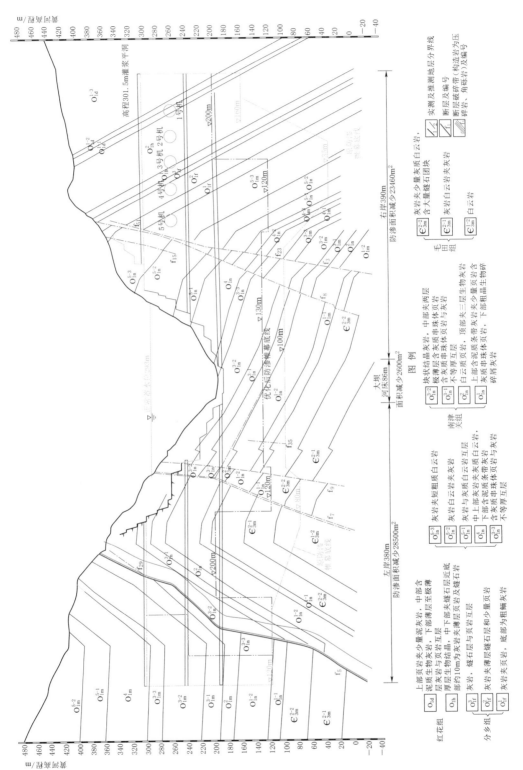

图 9.4-1 大坝防渗主帷幕边界优化设计图

9.4.5　右岸 O_{1n}^{4+5} 地层深岩溶地段渗控方案优化调整

9.4.5.1　深岩溶地段渗漏封堵方案调整的总体思路

针对右岸 O_{1n}^{4+5} 地层深岩溶地段防渗帷幕的施工难度、工期压力、防渗帷幕的可靠性及安全性等问题，渗漏封堵方案设计优化调整的总体思路是：封堵库岸渗漏源头，简化防渗帷幕灌浆。

（1）为了提高对 O_{1n}^{4+5} 地层段 KW_{51} 深岩溶系统防渗封堵的可靠性与长期运行的安全性，防止库水在 O_{1n}^{4+5} 地层段发生管道性大流量集中渗漏，减小防渗幕体的浸透比降，对右坝前库岸出露的 O_{1n}^{4+5} 层深岩溶渗漏通道的入口进行封堵是十分必要的。即采取"封堵库岸渗漏源头"的方式，防止库水从 O_{1n}^{4+5} 层地表岩溶经浅层、深层岩溶通道（即 KW_{51} 岩溶系统主通道）向下游产生管道性大流量渗漏，可以将岩溶管道式大流量渗漏转变为裂隙性渗漏，减小防渗帷幕体的渗透比降，减小坝基及地下厂房排水的负担，不仅有利于提高对深岩溶渗漏控制的可靠性及防渗帷幕的耐久性，而且地表封堵工程的施工难度与工程量不大，地表封堵工程可以与防渗帷幕灌浆工程同步施工，不占直线工期。

（2）在做好库岸渗漏源头封堵工程的基础上，由于从源头上截断了库水与深岩溶渗漏的水力联系，可以排除产生通道式大流量渗漏的可能性，即使存在裂隙性渗漏，其渗漏量也不会大于原防渗帷幕方案。因此，有条件简化 O_{1n}^{4+5} 地层 KW_{51} 深岩溶封堵的超深帷幕灌浆孔的布置及要求，将防渗灌浆施工难度控制在常规施工所能承受的范围，同时适当减小底层灌浆平洞的帷幕灌浆工程量，以便加快施工进度，缩短工期。

9.4.5.2　封堵库岸 O_{1n}^{4+5} 层深岩溶渗漏通道入口的可行性

右岸 O_{1n}^{4+5} 层是发育 KW_{51} 岩溶系统的所在层位，岩溶发育深度大，在近岸地带主通道为倒虹吸管状，主通道方向与岩层走向基本一致，并在右岸坝前江边出露，见图9.4-2。

图9.4-2　右岸坝前岩溶出露

一方面，根据地质研究论证结果，O_{1n}^{4+5} 层岩溶系统上游为 O_{1f} 层灰岩夹页岩，透水性微弱、地下水位高，是可靠的相对隔水岩体；O_{1n}^{4+5} 层岩溶系统下游为 O_{1n}^{1+2+3} 相对隔水层，岩体完整性好，透水性微弱，是可靠的防渗体；其间的 O_{1n}^{4+5} 层 KW_{51} 岩溶系统的发育及地下水的活动局限在这两个隔水层体系之间，O_{1n}^{4+5} 层 KW_{51} 岩溶系统具备地表封堵的上下游边界地质条件，亦即库岸封堵 O_{1n}^{4+5} 层有可靠的边界依托。

另一方面，坝前库岸 O_{1n}^{4+5} 层总出露宽度不大，约 120m，且岩溶均发育在右岸岸坡，河床部位除表层局部有溶蚀性裂隙发育外，岩体新鲜完整，透水性微弱，采用工程措施封堵库岸蓄水位以下的 O_{1n}^{4+5} 层岩溶渗漏通道，工程难度与工程量都不大，地表封堵工程与防渗帷幕灌浆同步施工，不占直线工期。

因此，从地质边界条件、工程技术难度、工程量及施工工期等各方面考虑，封堵库岸渗漏是可行的。

9.4.5.3 深岩溶段防渗帷幕优化设计

原设计方案在 KW_{51} 深岩溶部位采取了重点防渗灌浆，大部分设置双排帷幕灌浆孔达到底线，在 O_{1n}^{4+5} 地层深岩溶发育段必要时设置 3 排孔到底线，要求防渗帷幕全部达到透水率 $q \leqslant 1Lu$ 的设计标准。

坝前库水位以下出露的 O_{1n}^{4+5} 岩溶地层补充进行地表封堵以后，将可能的岩溶管道性大流量渗漏转变为裂隙性渗漏，分析认为可以排除产生管道式大渗漏的可能性。

深岩溶段的防渗帷幕优化设计方案为：将原设计 2~3 排灌浆孔改为设置双排灌浆孔，设计底线高程由 35m 抬高至 120m，同时预留一定数量的先导孔（不少于 10 个孔）达至原底线高程 35m，通过先导孔的钻孔、压水或孔内摄像等，进一步揭露确认地质条件，最终确定帷幕悬挂底线高程。防渗灌浆帷幕的设计防渗标准仍要求达到透水率 $q \leqslant 1Lu$。

右岸深岩溶部位是彭水工程基础防渗最敏感部位，优化设计将防渗灌浆帷幕下限高程由原设计高程 35m 上抬至高程 120m，大坝蓄水运行以后，应密切关注该部位深部（特别是防渗帷幕下限高程以下的强岩溶地层）的渗流场、渗流量的变化情况。为此，在该部位帷幕上、下游增加布置一定数量的深层渗流、渗压监测点，以监测深部岩溶地下水的渗流量及渗压的变化情况。

9.4.5.4 右岸坝前 O_{1n}^{4+5} 层渗漏通道封堵结构设计

1. 库岸封堵结构设计方案

库岸封堵的范围界定为 O_{1n}^{4+5} 岩层，封堵范围总面积约 $12000m^2$。封堵方案设计及其结构布置见图 9.4-3 和图 9.4-4。

先对右岸坝前库岸岩溶入渗区进行岩溶探测、清理、回填混凝土处理，并采用喷混凝土封闭，然后对表层岩体进行防渗封堵灌浆处理，通过防渗封堵灌浆将地表岩体变成有一定厚度（按 6m 设计）的相对隔水幕墙。坝前库岸地表岩体防渗封堵灌浆设计防渗标准为 $q \leqslant 5Lu$。

同时，在河床高程 206~215m 以下设置子帷幕垂直防渗，对河床以下无法进行表面开挖及封堵的岩体溶蚀及风化卸荷的强渗透区进行防渗灌浆处理。子帷幕轴线的上游端点接至 O_{1f}^{1}，下游端点与大坝防渗主帷幕相接。子帷幕的防渗设计标准按 $q < 1Lu$，防渗底线按伸入岩体透水率 $q < 1Lu$ 以下 5m 控制。

由此表面喷混凝土、表层岩体封闭灌浆、河床以下子帷幕等共同形成的完整、坚实的防渗幕墙，其防渗性能可靠，可以满足将岩溶通道式大流量渗漏转变为裂隙性渗流的要求。

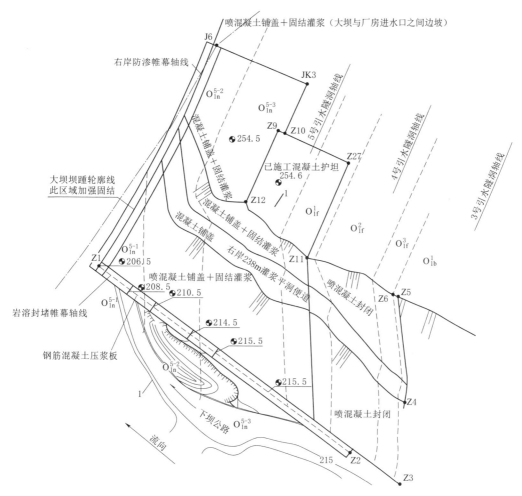

图 9.4-3　右岸坝前岩溶封堵平面布置图（单位：m）

2. 库岸封堵方案结构设计

（1）地表开挖及岩溶洞穴探测清理。坝前地表封堵工程开挖及岩溶探测清理的要求基本上参照大坝建基面地质缺陷开挖清理的要求进行。

厂房进水口（高程 254.6m）及其以下边坡需进行地表开挖，清除覆盖层，对溶洞、落水洞、溶槽、溶缝等进行追索扩挖，清除溶洞、溶隙中的充填物及全风化物至一定深度，清挖深度原则上不小于洞径或缝宽的 3 倍，且不小于 1m。对断层破碎带、泥化夹层等进行抽槽掏挖处理，抽槽宽度应大于破碎带或夹层的宽度，深度为其宽度的 3 倍为宜。

厂房进水口（高程 254.6m）以上的边坡，大多数已经喷锚支护，余下少部分未处理的边坡，按上述要求对可能的渗漏通道进行掏挖清理。

（2）回填混凝土与喷混凝土封闭。地表开挖及岩溶清理完成后，对地质缺陷部位追索扩挖、抽槽掏挖的部位采用 C15 混凝土回填；对马道平面采用现浇混凝土封闭；然后对所有岩体坡面采用喷混凝土封闭。混凝土内均设置防裂钢筋网，钢筋网采用 Φ12@20cm×20cm。现浇混凝土厚度 20cm；喷混凝土厚度 12cm。现浇混凝土和喷混凝土铺盖

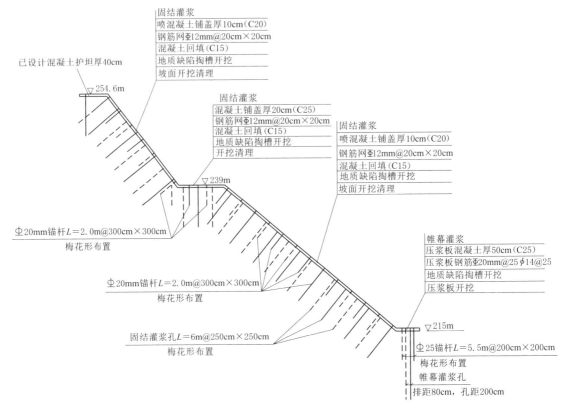

图 9.4-4 右岸坝前岩溶封堵剖面图

按照 800cm×800cm 左右设一道结构缝，缝内设 2cm 厚沥青杉木板，面层 5cm 采用沥青填缝。对大坝与厂房进水口之间的高边坡（高程 254.5～300m）采用挂网喷混凝土封闭，喷混凝土厚度 12cm。

（3）表层岩体防渗封堵灌浆。在表面混凝土铺盖已经封闭的基础上，对坝前（包括厂房进水口高程 254.6m 以上的边坡）O_{1n}^{4+5} 层范围的岩体坡面及平面区进行防渗封堵灌浆。封堵灌浆孔垂直于岩体面布置，孔排距一般 2.5m×2.5m，地质缺陷部位加密加强布置。灌浆孔按梅花形布置，钻灌深度 6m，分两序施工。灌浆压力定为 0.3～0.5MPa。

另外，考虑到喷混凝土铺盖与大坝坝体衔接部位的结构缝易拉裂张开形成入渗通道，因此在该部位大坝前缘布置 3 排封堵灌浆孔，以控制库水入渗，其布孔形式、孔深及要求等同上。

（4）岸边河床子帷幕灌浆封堵。河床以下子帷幕垂直防渗的设计标准按 $q<1Lu$，防渗底线按伸入岩体透水率 $q<1Lu$ 以下 5m 控制。

子帷幕平面布置在高程 206～215m 平台的压浆趾板上，帷幕轴线上游端点接至 O_{1f}^1，下游端点与大坝防渗主帷幕相接。

河床以下防渗子帷幕灌浆工程主要包括以下内容：

1）压浆趾板开挖：开挖清理标准较坡面清理标准高，原则上要求开挖至弱风化（弱卸荷）岩体。

2) 锚杆：为提高浅层灌浆压力，布置 2 排锚杆，长度 5.5m，孔距 2m。

3) 混凝土浇筑：压浆趾板宽度 4m，混凝土标号 C20，厚度 0.5m，并布设单层双向钢筋网。

4) 子帷幕灌浆：子帷幕按双排布置，孔距 2m，灌浆深度 20～30m，最大灌浆压力为 1.5MPa。

9.4.6　优化效益

（1）经过对防渗主帷幕的左端点、左岸及河床段底线、右岸坝肩和右端点段底线等边界进行优化布置，共减小防渗面积 54560m^2，减少灌浆进尺 59481m，减少排水孔钻孔进尺 1600m，按可研审定概算价格计算，节省工程投资 4040 万元。

（2）地下主厂房靠山侧局部防渗帷幕优化取消后，减少灌浆进尺 16876m，按可行性研究阶段审定概算价格计算，主厂房靠山侧局部防渗帷幕优化取消后节省工程投资 1162 万元。

（3）由于各种原因，左岸防渗灌浆平洞工程的施工进度远远滞后于实际工期要求，已经成为影响 2007 年蓄水发电的制约点，且因重大地质缺陷的阻碍、丰富的地下水作用，以及强势的工期压力等因素的交织作用，导致施工质量与安全的隐患很大。为了化解矛盾，对左岸主帷幕灌浆平洞、竖井及施工支洞的布置进行了优化调整。左岸第三层（底层）灌浆平洞节省洞长约 290m，减小竖井深度 48m，取消施工支洞不少于 343m，按可行性研究阶段审定概算价格计算，节省工程投资 382 万元（不包括工期提前效益）。

（4）工期效益：通过对帷幕灌浆工程量和灌浆平洞、竖井及施工支洞的布置进行优化减少，尤其对右岸深岩溶渗漏处理通过"封堵库岸渗漏源头，简化防渗帷幕灌浆"的优化调整，且库岸封堵与帷幕灌浆并行施工，可大幅度缩短渗控工程的施工工期，压缩工期 8 个月左右。

（5）社会效益：针对右岸深岩溶渗漏处理提出的"封堵库岸渗漏源头，简化防渗帷幕灌浆"优化设计思路，一方面将隐蔽型的防渗帷幕超深孔高难度灌浆施工化解为简明的地表开敞型常规封堵施工，有利于提高工程质量；另一方面拉大了防渗封堵幕墙结构与排水孔幕之间的距离，有利于改善排水孔幕附近和下游的渗流场分布状况，使渗控工程效果更好、更安全、更可靠。这一设计理念不仅在彭水工程切实可行，同时也为其他渗控工程设计提供了新思路。

9.5　地质缺陷及岩溶系统处理

9.5.1　左岸 f_7、f_9 断层部位

左岸坝基高程 250m 以下发育 f_9、f_7 等较大规模断层，风化溶蚀至高程 120m 左右。左岸高程 241m 灌浆平洞内 $0+0～0+60$ 洞段第 1 排部分灌浆孔段掉钻、吸浆量很大，为在该地质缺陷部位形成可靠的防渗帷幕，在左岸高程 241m 灌浆平洞 $0+0～0+60$ 洞段增加一排帷幕灌浆孔。增加的帷幕灌浆孔轴线位于原设计第 1 排、第 2 排帷幕灌浆孔的中间，距

原第 1 排、第 2 排帷幕灌浆孔轴线均为 40cm，孔距 3.0m，灌浆孔孔底高程均为 110m。

9.5.2 右岸软弱层带及 KW_{51} 岩溶系统

右岸 O_{1n}^{4+5} 地层中集中发育 C2、C4、C5 风化溶蚀填泥软弱层带，并由此形成右岸规模巨大的 KW_{51} 集中渗漏通道，为工程重点防渗部位。右岸岸坡及帷幕灌浆平洞内出露的岩溶绝大部分沿上述夹层发育。为确保坝基渗透稳定和防渗主帷幕安全可靠，在坝基及山体灌浆平洞开挖时，要求对右岸岸坡及山体内发育的 KW_{51} 岩溶系统进行清挖和混凝土置换处理。具体措施如下：

(1) 贯穿防渗帷幕线的溶洞，追踪清挖回填混凝土范围（长度）一般在帷幕线上游水平投影距离不小于 15m，下游不小于 10m，垂直深度原则上与右岸防渗帷幕深度一致。

(2) 为方便灌浆平洞内岩溶系统的清挖，在三层平洞之间布置了 2 个清挖防渗斜井，其中 1 号防渗斜井的顶部沿 C5 夹层布置，重点追踪 C4 和 C5 夹层及其顺层发育的岩溶；2 号防渗斜井的顶部沿 504 夹层布置，重点追踪 C2 和 504 夹层及其顺层发育的岩溶。1 号、2 号防渗斜井分别连通右岸三层主帷幕灌浆平洞，分层进行自上而下开挖、追踪，再自下而上回填混凝土。防渗斜井开挖断面尺寸一般为 3m×4m，垂直夹层走向方向宽 3m，沿夹层走向方向长 4m。防渗斜井开挖原则上以人工掏挖为主，辅以必要的控制爆破。

(3) 岩溶系统内所有黏土、碎石、砂子及其他松散物、杂物应全部清理或挖除。为清理与追踪岩溶洞穴的需要，可对溶洞进行适当扩挖或整修，但其扩挖或整修后溶洞内的松软物及岩块应全部清理。溶洞追踪清理回填深度及范围要求如下。

1) 对直径或宽度小于 1m 的岩溶洞穴或溶缝，清挖深度不小于溶洞直径或溶缝宽度的 3 倍，且不小于 2m。

2) 对洞径或溶缝宽度大于 1m 的岩溶洞穴或溶缝，以及贯穿上下游的溶缝、溶槽应追踪开挖，其追踪处理范围原则上按向上游不小于 10m、下游不小于 5m 控制。

(4) 岩溶追踪、清理、清挖或掏挖结束后，应冲洗干净，并进行地质素描，绘制岩溶形态图，测量清挖后的溶洞体积，经验收合格后进行混凝土回填。

防渗斜井混凝土分层回填，每层回填高度不大于 3m，回填混凝土应振捣密实，确保混凝土回填质量。回填混凝土采用 C15，但在建基面附近 5m 范围回填 C20；溶洞顶部回填混凝土后，还应进行回填灌浆。

9.5.3 KW_{51} 岩溶系统部位帷幕灌浆

右岸高程 238m 及高程 193m 灌浆平洞内 KW_{51} 深岩溶发育地带相应增加一排帷幕灌浆孔，并制订如下专门工艺措施：

(1) 采用间歇灌浆，并适当加大单次灌浆量，灌浆注入率限制为 20～30L/min，每灌注 10t 水泥间歇 30min，灌注 100t 水泥后待凝 12h。

(2) 若无返浆，可在水泥浆中掺加适量细砂与水玻璃，以控制浆液扩散范围，水泥（砂）浆的配比和外加剂通过试验确定。

第 10 章

机　　电

10.1　水轮发电机组选择研究

10.1.1　单机容量

1997 年 5 月，中国江河水利水电咨询中心受长江水利委员会委托和邀请，会同水利水电规划设计总院在彭水县召开了"乌江彭水水利枢纽工程初步设计技术讨论会"。会议对彭水水利枢纽的初步设计中间成果进行了咨询；就长江水利委员会推荐的将电站装机容量由 108 万 kW 提高到 140 万 kW 的论证，及推荐电站装机五台的咨询意见是："可研审查意见认为：原则同意电站装机容量为 1080MW，初步设计中需进一步论证扩大装机或预留机组的必要性和经济合理性"。为此汇报提纲对扩大装机进行了五个方案的比较，最终推荐为 1400MW。分析其主要原因是：电站能量指标有所增加，建设时间推迟，设计水平年由 2010 年推迟到 2015 年，四川电网的设计最大负荷由可研阶段的 19607MW（2010 年）扩大到 38000MW（2015 年），翻了一番。讨论认为：彭水水电站处于乌江下游，随着上游具有多年调节的洪家渡和构皮滩两梯级的投入，其保证出力增加是必然的，远景下游大溪口梯级投入后可以解除其预留的航运基荷，加之彭水是重庆电网内规模最大的，具有一定的调节能力，建成后将成为电网内的主力调峰调频电站，其最终规模扩大到 1400MW 左右是合适的。"

长江水利委员会设计院于 2003 年 7 月提出了《重庆乌江彭水水电站单机容量论证专题研究报告》和《重庆乌江彭水水电站扩大装机容量论证专题研究报告》。两份报告均通过了水电水利规划设计总院的审查，审查意见对报告结论予以认可。

《重庆乌江彭水水电站单机容量论证专题研究报告》是在电站总装机 1400MW 的前提下，对装设 4 台 350MW 和 5 台 280MW 机组两个方案进行了技术经济比较，推荐 4 台 350MW 机组方案。

《重庆乌江彭水水电站扩大装机容量论证专题研究报告》对将电站装机容量从 1400MW 提高到 1750MW 进行了论证，认为电站装机 1750MW 是合适的。

根据以上研究成果，就电站总装机 1750MW，分别装 4 台 437.5MW、5 台 350MW、6 台 291.7MW 三个方案进行技术经济比较，以选择合理的机组容量。

10.1.2 各方案机组主要技术参数

经模拟计算，各单机容量方案机组的主要技术参数见表 10.1-1。

表 10.1-1　　　　　　　　各单机容量方案机组的主要技术参数

方　案		方案Ⅰ	方案Ⅱ	方案Ⅲ
电站装机容量/MW		1750	1750	1750
单机容量/MW		437.5	350	291.7
装机台数/台		4	5	6
水轮机主要参数	额定出力/MW	444.2	355.4	292
	最大水头/m	81.6（毛）	81.6（毛）	81.6（毛）
	最小水头/m	53.6（毛）	53.6（毛）	53.6（毛）
	额定水头/m	67	67	67
	加权平均水头/m	71.8	71.8	71.8
	转轮名义直径/m	8.7	7.8	7.1
	额定转速/(r/min)	75	85.7	93.8
	模型最优单位转速/(r/min)	79	79	79
	额定流量/(m³/s)	723.1	577.7	483.2
	额定点效率/%	94.1	93.7	93.9
	比转速/(m·kW)	261.4	266.5	267.0
	比转速系数	2140	2181	2185
	飞逸转速/(r/min)	153.2	171	187.7
	转轮重量/t	350	260	210
	单台水轮机重量/t	2100	1650	1300
发电机主要参数	额定容量/MVA	481	388.89	324.1
	额定功率/MW	437.5	350	291.7
	额定频率/Hz	50	50	50
	额定功率因数	0.9	0.9	0.9
	额定效率/%	98.5	98.5	98.5
	额定转速/(r/min)	75	85.7	93.8
	发电机冷却方式	全空冷	全空冷	全空冷
	转子重量/t	1470	1165	970
	单台发电机重量/t	2960	2330	1945

10.1.3 各方案技术比较

1. 水轮机参数水平

由表 10.1-1 知，三个方案的比转速分别为 261.4m·kW、266.5m·kW 和 267.0m·kW，相应的比转速系数分别为 2140、2181 和 2185，水轮机参数水平相近。

2. 机组制造难度

水轮机的制造难度与运行水头和转轮直径密切相关，运行水头越高，转轮直径越大，水轮机的制造难度也越大。通常用 $D_1^2 \cdot H_{\max}$ 表征水轮机的制造难度系数，其中 D_1 为转轮名义直径（m），$H_{\max}$ 为水轮机运行的最大净水头（m）。发电机的制造难度通常用 $P_N \cdot n_r$ 表征，其中 P_N 为发电机最大容量（kVA），n_r 为机组飞逸转速（r/min）。彭水水电站各方案机组制造难度系数见表 10.1-2。

表 10.1-2　　　　　　　　　彭水水电站各方案机组制造难度系数

方　　案	方案Ⅰ	方案Ⅱ	方案Ⅲ
单机容量/MW	437.5	350	291.7
水轮机制造难度系数	6176.3	4964.5	4113.5
发电机制造难度系数	7.447×10^7	6.65×10^7	6.08×10^7

目前国内工厂已生产许多大型电站的发电机，其难度系数均大于彭水水电站。如二滩水电站水轮机制造难度系数 7501，发电机制造难度系数 16.83×10^7；三峡水电站水轮机制造难度系数 10852，发电机制造难度系数 12.6×10^7。彭水水电站 4 台机方案的难度系数略大，但均在国内外制造厂的制造能力范围以内。与其他特大型电站相比，彭水水电站水轮机的制造难度系数较小。从目前二滩、三峡水电站等一批国内外合作生产的特大型水轮机的相继投产，以及国内外厂商的制造能力和经验看，三个方案的机组设计和制造均有足够的能力和经验，因此三个方案机组的设计、制造均是可行的，机组制造安装质量应可得到保证。同时，也应看到，由于机组的转速低、容量大、尺寸大，给机组的设计、制造、加工工艺控制会带来一定难度。

3. 运输

在运输方面，采用铁路运输方式时，受铁路运输条件的限制，三个方案的水轮机转轮均要分瓣，到工地再进行组焊及热处理。采用水陆联运时，4 台机方案转轮重 350t，5 台机方案转轮重 260t，6 台机方案转轮重 210t，根据彭水水电站至乌江河口的航道现有状态，4—9 月部分时段可通过 500t 级船只，5 台机、6 台机两个方案的水轮机转轮采用整体转轮，水陆联运方式均是可行的，而 4 台机方案采用整体转轮水陆联运困难。

4. 最小航运流量下机组运行

彭水水电站在电力系统中主要承担峰荷，但考虑到电力系统内各电站负荷以及下游航运要求，电站还要承担一定的基荷。根据水库运用方式，供水期库水位基本上保持在正常蓄水位工作。即在供水期绝大部分时间里，水轮机将在高水头区域运行。

枢纽最小通航流量为 280m³/s。经初步计算分析，在供水期水轮机引用流量为 280m³/s 单机运行时，6 台机方案单机出力约为额定出力的 60%，5 台机方案单机出力约为额定出力的 50%，4 台机方案单机出力约为额定出力的 40%。在此特定条件下带航运基荷运行，机组容量小的方案有利。

5. 枢纽布置

根据单机容量为 437.5MW 机组的参数计算，地下厂房布置 4 台 437.5MW 的机组，在初步布置方案下确定的流道长度及隧洞轴线参数，经机组调保计算分析后，1 号、2 号引水隧洞的流道平均洞径要求达到 17.5m。

主厂房洞室方案，由于引水隧洞流道内径达 17.5m，加上开挖时的支护及钢筋混凝土衬砌结构要求，引水隧洞的开挖洞径将达 20.3m [17.5＋2×1.2(衬砌混凝土)＋2×0.2(喷钢纤维混凝土)]；考虑到引水隧洞穿越的围岩有部分为Ⅳ、Ⅴ类围岩，为保证围岩的开挖稳定要求，引水隧洞的岩柱厚度至少应满足 1.2 倍开挖洞径，则 1 号、2 号引水隧洞间的洞轴线间距将达 46m，相应机组段长度达 46m，主机段长度（为 184m）将比 5 台 350MW 的 175m 增加 9m。此外，考虑到因机组尺寸增加造成的主厂房开挖跨度增加，主厂房洞室的开挖支护及结构混凝土工程量将增加。同时由于各主要建筑物的开挖断面尺寸的增加，在现有地质条件下，工程的施工难度及施工风险将大大增加。因此，与 5×350MW 机组方案相比，无论在工程造价还是在工期上，4×437.5MW 机组方案将明显不利。

在进水口方面，由于引水隧洞流道直径增加到 17.5m，相应的进水口的闸门宽度及高度均应增加，其中，进水口工作闸门宽度需增加到 12.5m、闸门高度约 19.5m。受闸门制造水平限制，工作门需设双门、进水塔塔体高度需升高 5m 才能满足闸门工作的要求。

在引水隧洞开挖及支护方面，由于引水隧洞的开挖直径增大、且部分围岩为Ⅳ、Ⅴ类岩石，必须加强施工期的初期支护强度，支护锚固的深度、锚杆直径均需加大；同时由于开挖洞径太大，钢支撑刚度必须加强、截面增加，较常规条件的材料用量增大，相应地还将增加初期支护的结构厚度和开挖断面。

在引水隧洞衬砌结构方面，引水隧洞上平段的 PD 值达 787.5t/m 以上，普通钢筋混凝土衬砌结构已难以满足结构及限裂、防渗要求，加上洞径巨大，需采用预应力混凝土衬砌或钢板衬砌才能满足防渗要求；在下平段，由内水压产生的 PD 值已达 2196.25t/m，必须采用钢板钢筋混凝土衬砌。此外，钢衬直径巨大达 17.5m，使钢衬抵御引水隧洞放空检修时的外水压力十分困难，制造、运输及安装难度太大，同时国际、国内缺少相应的工程实例。

就枢纽布置而言，土建方面认为采用 4×437.5MW 单机容量方案难度大，采用 5×350MW 或 6×291.7MW 单机容量方案可行。

10.1.4　经济比较

由于三种单机容量方案枢纽布置相同，大坝、通航等建筑物等主要单项工程的尺寸、工程量和投资相近，因此对与机组容量和台数有关的电站工程的投资变化进行比较，比较结果见表 10.1 - 3。

表 10.1 - 3　　　　　　　不同单机容量方案投资对比表　　　　　　单位：万元

序号	工程项目	6×291.7MW	5×350MW
一	地下厂房及引水工程（土建）	142116	132076
二	机电设备及安装工程	168302	163137
（一）	发电设备及安装工程	135032	132675

续表

序号	工程项目	6×291.7MW	5×350MW
1	水轮机设备及安装	55376	54220
2	发电机设备及安装	64705	64231
3	起重设备及安装	2101	2326
4	水力机械辅助设备及安装	3236	3201
5	电气设备及安装	9614	8697
(二)	升压变电设备及安装工程	24111	21662
1	主变压器设备及安装	6380	6000
2	高压设备及安装	17706	15637
3	一次拉线	25	25
(三)	其他设备及安装工程	9160	8800
三	金属结构设备及安装工程	26987	25713
	合计	337405	320926

根据表 10.1-3 综合比较可知，电站装机 6×291.7MW 方案投资为 337405 万元，电站装机 5×350MW 方案投资为 320926 万元。5×350MW 方案经济上较优。

10.1.5　最终方案选定

通过上述技术经济比较，可得出如下结论：三种方案在机组参数水平、机电设备布置等方面均是可行的，且在制造难度、发电量等方面差别较小。土建方面认为采用 4×437.5MW 单机容量方案难度大，采用 5×350MW 或 6×291.7MW 单机容量方案可行。经济比较则是 5×350MW 方案较优。

综合比较，彭水水电站装设 5 台水轮发电机组，技术上切实可行，经济上较优，最终选定装设 5 台机，单机容量 350MW 方案。

该方案的水轮发电机组控制尺寸如下：

(1) 蜗壳：蜗壳（含延伸段）外壁最大宽度，应小于或等于 28.8m。从水轮机 X 轴（横轴）线至上游侧蜗壳外壁的尺寸小于或等于 10.1m。从水轮机 X 轴（横轴）线至下游侧蜗壳外壁的尺寸小于或等于 14.6m。蜗壳进口应延伸至上游距水轮机中心线（横轴）12.0m 处，该处钢管内径为 10.5m，该处管中心至水轮机纵轴的距离为 10.3m。

(2) 尾水管：尾水管高度（导叶中心线至尾水管最低点距离）应为 25m。从水轮机中心线至尾水管出口的长度为 73.3m（对应于尾水门槽中心）。尾水管肘管及扩散段净宽度应小于或等于 14m，尾水管扩散段出口处宽度为 12.6m。

10.1.6　机组稳定性专题研究

随着大型水轮发电机组投入运行和在电力系统中的重要作用，水轮机的稳定性能受到普遍关注。机组的稳定性受水力、机械和电磁等因素的控制，在保证机组制造质量的条件下，提高水轮机的水力稳定性尤为重要。

彭水水电站运行水头变幅不是太大，但由于下泄流量对水位的影响较大，因而，下游水位变幅较大，特别是尾水隧洞较长，为满足机组调节保证的需要，装机高程较低，导致水轮机在整个运行区域内，吸出高度 Hs 均小于-10.4m，汛期水库泄洪时，尾水位增高，吸出高度 Hs 绝对值更大。虽然水轮机转轮的淹没深度大，有利于减小水轮机的压力脉动值，但若出现较大的压力脉动时，自然补气困难，故水轮机在设计时，应要求不补气就能安全稳定运行。

根据国内外大型水轮机的实际运行情况，结合彭水水电站的运行特点，经初步分析认为，对水轮机的稳定性应有如下要求：

（1）要求彭水水电站水轮机模型和真机在尾水管测压孔测得的压力脉动双振幅值在 80%～100% 机组预想出力时不大于 4.5%（混频），在 60%～80% 机组预想出力时不大于 6.7%（混频），在 20%～60% 机组预想出力时不大于 9%（混频），在 20% 机组预想出力以下时不大于 8.2%（混频）。

（2）应在规定的正常运行范围内，不产生过大的叶道涡流，在转轮进口不产生正压面和负压面的空化。

（3）在高水头高部分负荷区不产生特殊压力脉动现象。

10.1.7　水轮机主要结构

1. 转轮

水轮机转轮为铸焊结构，叶片数为 13。转轮材料为抗空蚀、抗磨损并具有良好焊接性能的不锈钢 $ZG_0Cr_{13}Ni_4Mo$ 制造，上冠为铸造结构；叶片为 VOD 精炼铸件，五轴数控车床精加工制成；上冠、叶片和下环组焊成整体转轮后，运往工地。

转轮泄水锥用螺栓连接在转轮的上冠底并分段焊接牢固作为引导水流的延伸部分。转轮与主轴采用摩擦传递力矩的联轴螺杆连接方式。

2. 主轴

水轮机轴为中空结构，采用 20Mn 低合金钢整体锻造而成。水轮机轴与发电机轴采用外法兰连接，与转轮的连接采用摩擦传递力矩的联轴螺杆连接方式，联轴螺杆的把合由卖方提供的液压拉伸器预紧。

3. 主轴密封

主轴密封设有工作密封及检修密封。水轮机主轴工作密封为水压自平衡端面密封结构形式，主要由密封座、密封盖、密封块、抗磨板等组成，密封块采用进口的 Cestidur 材料，具有良好密封性和耐磨性。密封水压力为 0.3～0.5MPa。主轴密封中的检修密封为充气式围带密封，空气围带装于顶盖上，停机充气后其内环面与主轴法兰外围面压紧，起封水作用，其供气压力为 0.6～0.8MPa。

4. 水导轴承

水轮机导轴承采用油浸式外循环稀油润滑分块瓦结构，轴瓦共 10 块。每块瓦上装有一只测温电阻，供报警和测温用。油箱中装有测油温的测温电阻。水导轴承采用外循环，冷却器和润滑油泵等置于顶盖上。

5. 顶盖、底环、导水机构

顶盖、底环均为钢板焊接结构,顶盖和底环均分为 4 瓣运至工地。顶盖和底环在现场用螺栓把合成整体。顶盖上积水通过座环上的空心固定导叶和排水管自流排出。在顶盖上设 4 根平衡管以平衡顶盖的水压力和向下的水推力。顶盖上还预留有强迫补气孔。

顶盖和底环上均装有用于导叶轴的自润滑轴承和密封,设有导叶轴承孔。底环上的导叶轴承孔与顶盖上的导叶轴承孔同轴镗孔。

导叶为不锈钢铸焊中空结构,共 24 个。每个导叶设有 3 个自润滑轴承,1 个坐落在底环中,另 2 个在顶盖中。导叶为非对称型,在工作范围内,导叶具有自关闭趋势的水力矩特性。导叶上、下轴头采用抗空蚀、抗磨损、耐腐蚀,并具有良好焊接性能的 $ZG_0Cr_{13}Ni_4Mo$ 制造。导叶体采用不锈钢板 $0Cr_{13}Ni_5Mo$。导叶体立面采用金属直接接触的密封方式,设有导叶端面、间隙调整装置。

导叶由 2 个直缸接力器操作,接力器布置在机坑里衬的接力器坑内。接力器设有锁锭装置。

每个导叶均设置导叶限位块(固定在顶盖上),在导叶保护装置(保护装置为剪断销装置)动作的情况下,防止松动的导叶对相邻导叶或部件运动的干扰。

当两个或多个导叶在关闭过程中被异物卡住时,导叶保护装置能保护其他导叶完全关闭。

控制环为环状钢板焊接结构,分 2 瓣用螺栓把合。传动机构由导叶臂、连接板、连板、连杆销等组成。接力器上设有手动及液压锁锭装置,当机组正常停机及检修时同时锁住接力器。

6. 接力器

每台水轮机装设 2 个额定操作油压 6.3MPa 的接力器。接力器布置在水轮机坑内的接力器坑衬内,支承在经过加工的支座板上,支座板与机坑里衬形成整体。操作接力器的压力油由调速系统的油压装置供给,接力器设有可调的慢关闭装置,用以减慢从空载位置至全关闭速度,以减小导叶体互相接触时导叶操作机构中的冲击负荷。接力器设有全关位置的液压锁锭装置。

7. 座环和基础环

基础环、座环采用钢板焊接结构。座环采用平板式带导流环无蝶形边结构。座环的上、下环采用抗层状撕裂钢板制造。座环的设计能排除水轮机机坑内的渗漏水。基础环设有转轮支承平面,应能够支承水轮机与发电机脱开时转轮和主轴的重量。

8. 蜗壳

蜗壳为钢板焊接结构,蜗壳材料选用可焊性良好的高强度钢板。蜗壳延伸段上游侧与压力钢管相连,蜗壳的上半部外表面设置弹性层,蜗壳的设计满足在不考虑与混凝土联合受力条件下单独承受最大内压(含水击压力),蜗壳的全部焊缝均进行无损探伤检查。

蜗壳进人门直径为 700mm,装有向外开门的铰链。蜗壳延伸段上设有液压操作盘形排水阀,机组检修时蜗壳内积水由排水管排至尾水锥管。

9. 尾水管及尾水管里衬

尾水管采用不带中墩的"窄高型"尾水管。窄高型尾水管内采用金属尾水管里衬，里衬上部有 2m 的不锈钢段，其余材料为 Q235A，厚度 20mm，分 3 瓣。肘管金属里衬延伸至尾水管扩散段进口断面。

尾水管锥管段设有 1 个直径为 800mm 的进人门，在锥管段进人门正下方设有检修平台，用于维修转轮。

尾水管配有 2 个 ϕ800mm 的液压操作的盘形排水阀。

10. 机坑里衬及接力器基础板

机坑里衬为钢板焊接结构，材料 Q235A，厚度 16mm，该里衬从座环延伸到发电机下风洞盖板下面，分 4 瓣，在现场焊接成整体并与座环焊接成一体。在机坑上游侧，设有专用的接力器坑衬。为便于机坑内部件的安装和检修，在机坑顶部设有起重量为 5t 的环行单轨吊车。机坑里衬设有 1 个进人门。

10.1.8　水轮发电机主要结构

水轮发电机为立轴半伞式密闭自循环空气冷却三相同步发电机，型号为 SF350-70/15850。机组主轴为二根轴结构，推力轴承支撑在下机架上。水轮发电机由上下机架、定子、转子、制动器管路、空气冷却器、灭火系统及测量系统等组成。

发电机结构设计水轮机的可拆卸部件在安装和检修时能够通过定子铁芯内径吊出，并允许在不吊出转子和不拆除上机架的情况下更换定子绕组线棒和转子磁极，检查线圈端部。

1. 定子

发电机定子主要由机座、铁芯和绕组三部分组成。定子机座由钢板焊接而成，分 7 瓣运输，现场组装成圆。

定子机座采用斜元件结构，有足够的强度和刚度，为了使定子机座能适应发电机运行期间产生的热膨胀和收缩，定子机座与基础板及上机架的连接结构设计成允许机座作径向运动的浮动式机座。

铁芯采用低损耗、无时效、优质冷轧硅钢片现场叠装成整圆，铁芯叠片之间所有连接均为搭接，形成一个连续铁芯，铁芯轴向均匀设有通风沟，通风槽采用非磁性材料制成。所有铁芯压指、固定定子绕组的端箍等均采用非磁性材料制造。铁芯压紧螺杆和穿芯螺杆将采用高屈服强度的材料制成，上端设弹性储能装置，保持恒定压缩量，以维持机组运行冷热交替时铁芯膨胀和收缩对铁芯必需的压紧力。

定子绕组由条式线棒组成，5 支路并联，"Y"形连接。定子铁芯有 630 个线槽，定子绕组为双层条式波绕组，定子线棒采用退火铜作为导体材料，采用一次成型的防晕结构。所有槽垫片都用良好的半导体材料制作，线棒在整个定子铁芯长度上采用罗贝尔 360°方法进行换位，以减小股线在槽部漏磁场中不同位置产生循环电流而引起的附加损耗和股线间电势差及温差。定子线圈接头采用银合金焊接，线圈采用 F 级绝缘。在上、下层线圈之间和线圈与铁芯之间埋置铂电阻测温元件。

2. 转子

转子采用无轴结构，由转子支架、磁轭、磁极等部件构成。转子支架（包括转子中心体）为斜元件圆盘式结构，在工地进行组圆焊接。中心体为整体。磁轭采用优质高强度钢板叠压而成，磁轭沿轴向高度均匀设有径向通风沟。磁极铁芯用优质高强度薄钢板冲片叠压而成，磁极鸽尾用楔形键固定在磁轭上，磁极数为 35 对，磁极线圈采用 F 级绝缘。磁极上装有交、直阻尼绕组，阻尼条与阻尼环的连接采用银焊。

制动环装在转子下端面，制动环的摩擦面选用优质、耐热、耐磨材料，表面加工光滑，更换制动环时转子无须重新叠片。

集电环布置在转子上部的金属罩内，并留有足够的空间。集电环和电刷由抗磨材料制成，绝缘等级为"F"级。

转子支架中心体上端与上端轴相连；下端与发电机轴相连，靠联结螺栓把紧，并通过键传递扭矩。

3. 上机架、下支架及下风罩

上机架采用斜支臂结构，由整体的中心体与 14 个斜支臂在现场焊接而成，14 个斜支臂径向与机坑基础板连接，轴向与定子机座刚性连接。上机架分布外径为 19600mm，重约 65t。

下机架采用焊接结构，由整体的中心体与 16 个钢板支臂在现场焊接而成，下机架最大分布外径为 12660mm（不包括径向顶丝），重约 250t。在下机架中心体上部布置推力轴承，下导轴承布置在下机架中心体内下机架底部。推力轴承冷却器采用油槽外循环方式布置在下机架支臂之间，通过外加油泵使油循环；上、下导油槽油冷却器为内置式，布置在油槽的底部油底盘上。

下风罩采用钢密封隔板，为推力轴承的维护提供足够的空间和方便的通道（含钢楼梯），在隔板的适当位置上有 2 个带有铰链的孔洞，可供人员出入。

4. 机坑

发电机装于钢筋混凝土坑内，在坑顶设钢盖板将坑封盖。机坑盖板上有可拆卸板，以便用厂房内起重机吊出空气冷却器。

5. 主轴及上端轴

主轴采用分段结构，由发电机轴和水轮机轴组成。发电机的转动部分通过转子支架中心体和与其上下端把合的上端轴和发电机主轴构成。

主轴采用优质钢 20SiMn 锻制而成，主轴中空，用于安装控制油管。上端轴用于设置上导轴承、安装发电机励磁集电环和水轮机补气装置及机械转速信号装置。上端轴与转子中心体之间设置轴绝缘，防止轴电流。

6. 轴承

推力轴承为单层轴承瓦加球面支撑结构，瓦面材料为钨金，共 16 块推力瓦，推力轴承总负荷能力为 2520t。

下导轴承布置在下机架中心体内部，轴瓦瓦面材料为钨金，共 16 块；下导瓦径向支撑于下机架中心体筋板上，装配时导瓦与轴颈间隙通过在导瓦与筋板支撑间加调整垫片来调整，采用可调、偏心自润滑结构。

上导轴承瓦共 14 块，结构形式同下导轴承，同下导瓦一样可调、偏心自循环润滑。

7. 冷却系统

发电机采用全密闭自循环无风扇空气冷却系统，14 个冷却器对称地布置在定子机座周围。冷却器的最高进水温度为 27℃。在一台冷却器退出运行时，不影响发电机按额定数值运行，各部分的温升不超过规定值。每个冷却器进口和出口处，各设有一个压力表计和一个阀门，本电站冷却水压为 0.2～0.55MPa，在该水压范围内均能保证空气冷却器性能的正常发挥，而不影响机组的正常运行。

轴承油槽冷却系统将设置油-水冷却器，推力轴承采用镜板泵外循环冷却方式。推力轴承、下导轴承及上导轴承冷却水由厂房技术供水系统供给。

8. 制动和顶起装置

每台发电机装设一套机械制动装置，采用气压复位结构。正常情况下当发电机转速下降到 20％ 额定转速时，投入机械制动装置，制动气压 0.7MPa，全部制动停机时间为 2min。

14 个制动器兼作液压顶起装置，顶起转子油压 16MPa，制动瓦采用无石棉的压制材料。14 个制动器分 14 组布置，其下方设有吸尘装置，吸尘装置在制动时自动投入，停机后自动切除。制动器能用作液压千斤顶来顶起机组整个转动部件，以便检查、拆卸和调整推力轴承。

9. 灭火装置

发电机采用水喷雾灭火方式，灭火喷头布置在发电机内，供水上、下环形管和连接装置为不锈钢管。

10. 测量元件

发电机定子绕组及铁芯槽底、轴瓦、油槽、空气冷却器、集电环等处设有铂电阻测温元件（Resistance Temperature Detecter，RTD），轴瓦、油槽、空气冷却器设有报警温度计，油槽设有带开关的油位计、油位传感器和油混水检测器，冷却水管设有冷却水流量指示传感器和示流信号器，制动回路设有压力表和压力开关。

每台水轮发电机组提供一套用于检测轴的摆度、上下机架和定子机座振动的摆度、振动监测的装置。每台机配置若干块仪表盘。每台水轮发电机设置轴电流、转子蠕动装置各 1 台。电站 5 台发电机共用 1 套局部放电分析仪（Partial Discharge Analyzer，PDA）和气隙测量装置（Air Gap Measurer，AGM）。

11. 水轮发电机中性点设备

中性点接地装置型号为 GGE - 80/18，包括隔离开关、变压器、电阻、柜体、相关附件、所有必需的内部连接（如铜母线与隔离开关和电阻的连接）和接头等。接地变压器接在发电机中性点和地之间，变压器一次侧将接一组隔离开关，变压器二次侧将接一组电阻。

接地变压器为单相、50Hz、自冷、户内、干式、接地变压器型号为 DKDC80/18，80kVA、18/1kV、4.4/80A、防潮型配电变压器，带 H 级绝缘环氧浇注铜绕组。电阻器为干式层叠框架结构，型号为 GR - 10。

接地变压器、电阻安装在中性点金属封闭柜内，发电机中性点设备柜布置于主厂房发电机夹层发电机中性点引出端处。

10.2 电站过渡过程分析研究

10.2.1 研究背景

彭水水电站厂房系地下式厂房，其输水系统管线较长，水流惯性时间也较大，如采用常规尾水洞，则须设置调压室。由于彭水水电站单机流量大，而水头相对偏小，且下游水位变幅较大，使得调压室尺寸大，布置十分困难。

为了克服修建大型尾水调压室的困难，保证机组运行稳定性的要求，结合坝址工程地质条件，彭水水电站地下厂房采用了中部布置方案，不设置尾水调压室，尾水隧洞采用变顶高型式。

变顶高尾水洞的工作原理是采用特殊的尾水洞型式来适应下游水位的变化，以满足电站调节保证和稳定运行的要求。当下游水位较低时，尾水洞有压满流段较短，无压明流段较长，尾水管进口处负压以及机组运行稳定性容易满足规范的要求；随着下游水位的升高，尽管有压满流段的长度逐渐增长，无压明流段的长度逐渐减短，直至尾水洞全部呈有压流状态，但尾水洞内有压段平均流速是逐渐减小的，水流惯性时间增量较小，而且机组的淹没深度逐渐加大，使得尾水管进口处的负压也能控制在规范允许的范围内，保证机组运行稳定，从而起到取代尾水调压室的作用。

10.2.2 理论基础

彭水地下电站采用变顶高尾水洞布置方案，涉及的过渡过程理论主要是：有压管道流的连续方程、运动方程及有压管道流的特征线解法，明渠非恒流的连续方程、运动方程及普里斯曼隐格式法，调压室方程、水轮机方程、调速器方程及上下游边界条件等。

10.2.3 计算结果分析

针对一机一洞的布置方式，对彭水水电站机组的水力过渡过程进行了较详细的计算分析，为合理确定输水流道布置型式提供依据，并且确定合理的导叶接力器关闭规律。计算结果分析如下：

(1) 采用分段关闭规律，第一段关闭时间 4.5s，第二段关闭时间 5.5s，拐点相对开度为 47% 时，机组最大转速上升值 $\beta = 54.3\%$，蜗壳最大压力升高率 $\xi = 48\%$，尾水管真空度为 $2.97\text{mH}_2\text{O}$，均能满足规范要求。

(2) 当电站分段关闭规律发生故障时，机组将按 8.5s 直线关闭规律关闭机组，此时蜗壳最大压力升高率 $\xi = 64\%$，最大转速上升相对值 $\beta = 54.1\%$，尾水管真空度为 $7.3\text{mH}_2\text{O}$。除 ξ 值偏大外，其他参数均满足规范要求。

(3) 尾水管真空度由下游低尾水位的工况控制，蜗壳最大动水压力值由上游正常蓄水位甩负荷工况控制，机组转速上升最大值则由额定水头下，下游较高尾水位甩负荷的工况控制。

（4）尾水管进口真空度主要取决于尾水隧洞的设计方案、水流惯性时间及下游水位。随着下游水位的上升，尾水管进口处的真空度将越来越小，直至整个尾水洞呈满流时，尾水管进口真空度最小。尾水管进口处真空度与上游引水隧洞的布置形式关系不是很大，但是上游引水隧洞尺寸的变化，对蜗壳末端最大压力值将产生较大影响。

（5）蜗壳压力上升值和机组转速上升值与尾水隧洞设计方案关系不很大。压力升高率主要取决于关闭速率，转速上升率除与关闭速率有关外还与机组转动惯量 GD^2 有关，GD^2 的取值宜不小于 154000t·m^2。

（6）变顶高尾水洞水流特性主要取决于下游水位的高低。低尾水位时呈典型的明渠非恒定流，中尾水位时呈明满流交替的混合非恒定流，而高水位时则为典型的有压非恒定流。变顶高尾水洞在中低水位时，明流段较长，其洞内水流波动为重力波，类似于调压室的质量波，调速器对这种低频的重力波不具有很好的调节作用，因此对小波动稳定性不利。对于下游高水位时，洞内的水流波动为高频的弹性波（水击波），此时调速器具有较好的调节作用。

（7）机组调节的动态品质主要取决于调速器参数。当调速器主要参数在正常整定范围内时，机组转速变化过程、导叶开度变化过程及蜗壳、尾水管进口的压力波动过程均随时间衰减、收敛，最终稳定在新的恒定状态。通过计算表明，小波动过程满足要求。

（8）本计算设定
$$\xi_{max}(\%)=\frac{\Delta H_{max}}{H_{st}}(\%) \qquad (10.2-1)$$

式中　ΔH_{max}——蜗壳末端断面中心最大水击压力值；

　　　H_{st}——计算工况电站静水头。

ξ_{max} 值的大小主要取决于导叶接力器的关闭速率，关闭速率越快，ξ_{max} 值越大。另外，ξ_{max} 还与水轮机导叶接力器行程与导叶开度曲线以及水轮机综合特性曲线有一定关系。过渡过程计算关心 ξ_{max} 值，从本质上应更关心 H_{max}（蜗壳最大动水压力值），因为 H_{max} 即为设计工作压力值，直接影响到水轮机和压力钢管的强度和钢板厚度要求。从校核水轮机强度的角度来看，应取绝对值。按规范的要求，蜗壳最大动水压力应在额定水头和最大水头甩负荷条件下进行计算，取其较大值。

（9）由于我国已建的水电站中还从未使用过变顶高尾水洞输水系统，缺少工程设计经验。另外在进行计算的过程中还做了一些简化假定，这些可能使计算结果与真机值存在一定误差。

10.2.4　技术经济比较

在机组转动惯量 GD^2 既定的情况下，为了解决蜗壳末端最大压力升高率偏大的问题，从减少引水隧洞长度、增设引水隧洞调压室、加大引水隧洞洞径和引水隧洞交叉布置等对 5 个方案进行了比较分析和研究。各方案内容如下：

方案 1（设计方案）：1 号、2 号机引水隧洞洞径为 14m，3 号机为 12.5m。

方案 2（进水口下移方案）：1 号、2 号、3 号机引水隧洞洞径为 14m，进水口向下游移 35m。

方案 3（在方案 2 基础上增设 1 号、2 号上游引水隧洞调压室方案）：1 号、2 号机引水隧洞洞径 14m，上游阻抗式调压室直径分别为 26m、24m。

方案 4（在方案 1 基础上加大引水隧洞直径方案）：1 号、2 号机引水隧洞洞径为 17.5m，3 号机为 14m。

方案 5（引水隧洞交叉布置方案）：进水口和厂房的位置与方案 2 相同，引水隧洞交叉布置，即 1 号机与最下游的进水口连接，5 号机与最上游的进水口连接，引水洞洞径均为 14m。

方案 1 采用分段关闭规律时，各机组最大转速上升率、尾水管进口真空度、蜗壳末端最大压力升高率均能满足规范要求。当假设机组甩负荷分段关闭失效，导叶直线关闭时，各机组最大转速上升率，尾水管真空度，4 号、5 号机蜗壳末端最大压力升高率仍满足规范要求，仅 1 号、2 号、3 号机蜗壳末端最大压力升高率偏大。为此与减少引水隧洞长度（方案 2）、增设引水隧洞调压室（方案 3）、加大引水隧洞洞径（方案 4）和引水隧洞交叉布置（方案 5）等方案进行分析比较。根据 5 个方案的技术经济比较分析得到以下几点结论：

（1）加大引水洞径方案（方案 4）虽然能使导叶直线关闭时 1 号、2 号、3 号机蜗壳压力升高率减小，但由于其开挖洞径达 20m，机组间距加大，厂房长度加长，流道更长，对调节保证更为不利。另外钢衬尺寸较大，使得制造、运输及安装难度太大，因此不采纳加大引水洞径方案。

（2）引水隧洞交叉布置方案（方案 5）使导叶直线关闭时 1 号、2 号、3 号机蜗壳压力升高率减小。但该方案引水隧洞上平段几乎与岩层走向平行，不利于洞间岩体的稳定，且引水隧洞下平段即高压段洞长大大增加，加之 3 号、4 号、5 号机洞径加大，比方案 1 增加投资 3273 万元，比方案 2 增加投资 3901 万元，明显不经济。

（3）增设引水隧洞调压室（方案 3）也使得导叶直线关闭时 1 号、2 号、3 号机蜗壳压力升高率得以较大改善，满足规范要求。但是由于调压室尺寸大，所处地质条件较差，有较大的施工难度，存在不可预见的风险。同时，增加了对主厂房母线出线系统及上游墙的防渗和防潮的工程难度。增设调压室对机组小波动运行稳定性不利。且较方案 3 增加投资 813 万元，较方案 1 增加投资 4086 万元，较方案 2 增加投资 4714 万元，相对而言技术经济均不可取。

（4）原招标设计方案（方案 1）和优化方案（方案 2）在机组直线关闭条件下，机组转速上升率和尾水管真空度在规范要求范围内，部分机组蜗壳最大压力升高率偏大。但钢衬强度设计受外水压力控制，蜗壳最大压力升高率偏大对其设计水头和工程量尚未构成影响。

方案 2，在额定水头下，蜗壳最大动水压力 129.15m 时 $\xi_{max}=60\%$；最大水头下，蜗壳最大动水压力 134.63m 时 $\xi_{max}=54\%$，ξ_{max} 虽较大，但其最大动水压力值仅比规范要求值大 4m，对引水隧洞的设计不会产生很大的影响。而钢管壁厚由原来的 40mm 增加到 42mm，使能承受的最大动水压力值提高了 10%，有更大的裕度。

方案 2 与方案 1 相比，导叶直线关闭时，3 号机蜗壳压力升高率达到规范要求，1 号、2 号机蜗壳压力升高率略偏大，经济上节省 628 万元。同时，由于进水口下移，减少了 1 号、2 号引水隧洞在不利岩层中的长度，有利于降低施工风险。因此方案 2 更优。

（5）对 5 个布置方案从技术经济各方面综合比较后，推荐采用方案 2。

10.3　电气主接线

10.3.1　电站接入电力系统方式

电站接入系统方式是根据电力系统的负荷水平、电源情况和网架结构等因素综合考虑的。彭水水电站 1750MW 装机容量采用 500kV 一级电压接入电力系统，500kV 出线 2回，2 回出线的最终落点均为彭水张家坝 500kV 变电所（开关站），每回线路长度 20km。

10.3.2　电气主接线

1. 发电机与主变压器的组合方式

由于彭水水电站装机 5 台，单机容量 350MW，出线回路数为 2 回，考虑电气设备投资、大件运输和布置，以及运行灵活、维护方便、接线清晰和供电可靠性，彭水水电站电气主接线中发电机和变压器的组合方式采用单元接线。设计中对单元接线、联合单元接线和扩大单元接线形式进行了比选。

扩大单元接线中，主变压器采用普通双卷式，发电机断路器只能采用额定短路开断电流大于 214kA 的进口压缩空气式，此种断路器价格昂贵，因而，与联合单元相比，不仅技术性能较差，而且投资也增加很多。根据有关厂家询价资料进行比较，因一台额定短路开断电流大于 214kA 的进口压缩空气式发电机断路器价格达 3400 万元，一个扩大单元接线的设备投资比一个联合单元接线约多 5880 万元，方案总投资将增加 11760 万元；主变压器采用低压分裂绕组可减小短路电流值，但因主变投资增加而使方案总投资增加约 2000 多万元。扩大单元接线使方案总投资增加，且设备制造难度增加、低压大电流母线连接较复杂，因而，不采用扩大单元接线。

联合单元接线与单元接线相比，在技术经济上存在以下缺点：其一，当变压器高压侧断路器回路故障，将多引起一台或两台机组停机；其二，当主变压器故障，引起另一台或两台机短时停机，经切换可恢复；其三，由于机组并非总是处于运转状态，按电站年利用小时 3646h 估计，全年约 3000h 将处在停运状态，相对于单元接线不装发电机断路器方案，因联合单元接线机端一定装发电机断路器，机组切除时主变压器仍将空载运行，初步估算，若不采取运行措施，单台主变年空载电能损耗约 45 万 kW·h；若采取开关切换措施，主变空载电能损耗将降低，但将增加开关切换操作次数，使运行相对复杂。然而，联合单元接线由于少一台高压断路器，对于本电站配电装置拟采用 GIS，两台发电机断路器价格低于一台 GIS 高压断路器，联合单元接线设备投资较单元接线节省，同时联合单元接线装设了发电机断路器，对厂用电源较有利，也较适合机组调峰运行。综合考虑，是采用单元接线还是联合单元接线，还需结合 500kV 侧接线从技术和经济上进行综合比较，在与 500kV 侧接线方案比较中，发电机与主变压器的组合方式除考虑单元接线方案，还考虑了联合单元接线方案，就设备投资、可靠性、损耗等方面进行计算比较，最后推荐方案为发电机与主变压器的组合方式，并采用单元接线。

2. 500kV 侧接线方案比较

按照前述的发电机与变压器组合方式和电站现行的设计情况及电力系统对电站电气主接线的要求，同时结合 500kV 配电装置选型及布置位置选择，本电站 500kV 配电装置采用 GIS，主变压器和 GIS 均布置在地面，500kV 侧接线拟订了 4 个可行的方案进行技术经济比较。

方案一：双母线单元接线。

方案二：一倍半断路器单元接线。

方案三：双母线联合单元接线。

方案四：四角形联合单元接线（1 回进线 2 联合单元，另 1 回进线 3 联合单元）。

4 个方案的接线见图 10.3－1～图 10.3－4。

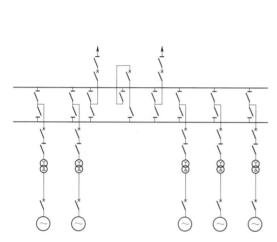

图 10.3－1　方案一：双母线单元接线

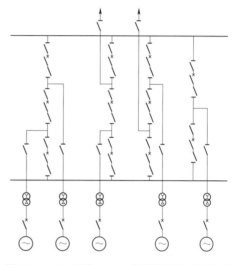

图 10.3－2　方案二：一倍半断路器单元接线

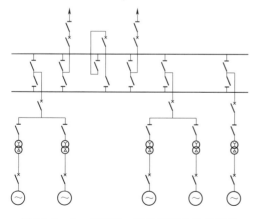

图 10.3－3　方案三：双母线联合单元接线

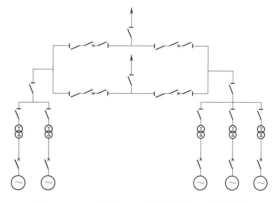

图 10.3－4　方案四：四角形联合单元接线

4 个方案的可靠性电能损耗计算采用国家"七五"三峡工程重大装备科技攻关项目《三峡电站电气主接线方案可靠性计算及综合评价》开发的电气主接线可靠性计算程序进

行。主接线可靠性计算程序计算模型采用统一的 $n+2$ 马尔柯夫状态模型，计算时最大考虑到除发电机以外的元件发生双重故障，发电机发生 4 重故障，同时结合电站实际运行情况，考虑故障后进行优化操作序列分析，即元件故障后考虑 2h 处理时间，然后对元件进行操作使故障回路尽快恢复送电，减少停电损失，达到模拟电站实际运行的效果。

经过计算得到 4 个电气主接线方案的可靠性计算指标，见表 10.3-1。另外，每个方案的设备投资及设有发电机断路器方案的主变空载损耗也列于表 10.3-1 中。4 个电气主接线方案技术性能比较见表 10.3-2。

表 10.3-1　　　　　　　　电气主接线方案可靠性计算与设备投资比较表

方　　案	方案一 双母线单元	方案二 一倍半单元	方案三 双母线联合单元	方案四 四角形联合单元
高压断路器数	8	11	6	4
发电机断路器数	0	5	4	5
设备投资/万元	18903	23834	17779	15770
一台机受阻频率/(次/a)	7.20476	8.29362	6.85617	6.83512
二台机受阻频率/(次/a)	0.92934	0.93260	1.45499	1.18998
三台机受阻频率/(次/a)	0.03284	0.03436	0.05146	0.46020
四台机受阻频率/(次/a)	0.00063	0.00123	0.00087	0.00136
五台机受阻频率/(次/a)	0.02571	0.00023	0.02531	0.00315
总受阻频率/(次/a)	8.19325	9.26201	8.38869	8.48979
一回线失电源频率/(次/a)	0.58600	0.21233	0.60325	0.38671
二回线失电源频率/(次/a)	0.06818	0.000003	0.06703	0.00804
停电损失/(亿 kW·h/a)	2.1971	2.2088	2.2025	2.1112
可能的主变空载损耗/(亿 kW·h/a)	0	0.0225	0.0180	0.0225
设备投资差价/万元	+3133	+8064	+2009	0

由表 10.3-1 和表 10.3-2 可知，4 种方案的可靠性指标基本相当，可靠性指标都较高，其停电损失加主变空载损耗相对差别较小，4 种方案的经济和技术性能有较大差别。

一倍半单元接线（方案二）断路器数最多，设备投资最贵，且比投资排第二的方案一贵约 5000 万元。因本电站的进出线为 5 进 2 出，故一倍半单元接线可靠性计算结果中一台机受阻频率和停电损失指标相对其他方案比较高，但其全厂五台机受阻频率和一回线、二回线失电源频率指标相对最低，且比其他方案低出较多。因彭水水电站建成投产时，其所在重庆市电网已通过 500kV 线路与四川省和华中电网形成了最大发电负荷约 50000MW 的联合电力系统，总装机容量 1750MW 的彭水水电站在事故情况下全部停机，电网是允许的，此外，事故情况下全部停机对下游航运船舶安全的影响在采取泄水闸联动放水等措施后影响较小，此工况不作为设计控制条件，因此，全厂五台机受阻频率和一回线、二回线失电源频率指标相对最低的优势不明显。同时，此方案断路器数最多，停电损失也相对最大，因此，不推荐采用一倍半单元接线（方案二）。

表 10.3-2　　　　　　　　电气主接线方案技术性能比较表

方案一	方案二	方案三	方案四
双母线单元	一倍半单元	双母线联合单元	四角形联合单元
（1）接线最简单、清晰； （2）继电保护简单； （3）切除进、出线时，仅操作一台断路器，断路器无并联开断要求； （4）一组母线故障，短时影响本组母线供电，经切换可恢复供电；断路器检修，影响本回路供电；母联断路器故障，短时全部停电，经切换可恢复供电； （5）发电机端不装设断路器，装设隔离开关，本单元设备故障不影响其他单元，运行最灵活，但对厂用电有一定影响； （6）高压断路器为8台，投资适中	（1）接线比双母线复杂； （2）继电保护复杂； （3）切除进、出线时需操作两台断路器，断路器需满足并联开断的要求； （4）一组母线故障，不影响供电；与母线相连的断路器故障，短时影响一回线路供电，经切换可恢复供电；中间断路器故障，短时影响本串回路供电，经切换可恢复供电；断路器检修，不影响供电； （5）发电机端装设断路器，本单元设备故障不影响其他单元，运行最灵活。对厂用电较为有利； （6）高压断路器为11台，投资最贵	（1）接线略显复杂； （2）继电保护较简单； （3）切除进、出线时，仅操作一台断路器，断路器无并联开断要求； （4）一组母线故障，短时影响本组母线供电，经切换可恢复供电；断路器检修，影响本回路供电；母联断路器故障，短时全部停电，经切换可恢复供电； （5）4台发电机端装设断路器，主变及母线故障，短时影响另一台机组的运行。对厂用电较为有利； （6）高压断路器为8台，投资较少	（1）接线比双母线复杂； （2）继电保护复杂； （3）切除进、出线时需操作两台断路器，断路器需满足并联开断的要求； （4）断路器检修或开断，都成开环运行，降低供电可靠性。断路器故障，短时影响二回线路运行，经切换可恢复供电，但开环运行； （5）发电机端装设断路器，主变及母线故障，短时影响另一台或二台机组的运行。对厂用电较为有利； （6）高压断路器为4台，投资最少

　　双母线单元接线（方案一）和双母线联合单元接线（方案三），各项可靠性指标均比较接近，除一台机的受阻频率外，其他台机的受阻频率、总受阻频率、一回线失电源频率、停电损失及可能的主变空载损耗指标，双母线单元接线更好一些。设备投资上，双母线联合单元接线比双母线单元接线绝对值低约1000万元，相对值仅差约6%，两方案投资基本相当。同时，由于彭水水电站为5台机，双母线联合单元接线采用二组联合单元和一组单元接线，而双母线单元接线则为五组单元接线，二者相比较，双母线单元接线更简单、清晰，运行操作方便。因此，这两种接线相比较，选择双母线单元接线（方案一）。

　　最后，在双母线单元接线（方案一）和四角形联合单元接线（方案四）之间比选，双母线单元接线的总受阻频率相比较低，而四角形联合单元接线的失电源频率、停电损失相对较低，但四角形联合单元接线3台机的受阻频率为0.4602次/a，是双母线单元接线0.032825次/a的14倍，停电损失加主变空载运行损耗后，四角形联合单元接线每年为2.1337亿kW·h，比双母线单元接线的年停电损失2.1971亿kW·h仅低约3%，两方案各项可靠性指标相比，双母线单元接线的指标相对也比较好。设备投资上，四角形联合单元接线比双母线单元接线绝对值低约3100万元，相对值低16%左右，四角形联合单元接线投资稍低。电站运行操作方面，四角形联合单元接线相对复杂；继电保护操作比较麻烦；切除进、出线时需操作两台断路器，断路器需满足并联开断的要求；任一断路器检修或开断，都成开环运行，影响安全运行。而双母线单元接线则简单、清晰，运行操作方便，可靠性指标中5台机组受阻的频率约40年一遇，二回线失电源的频率约14年一遇，满足水电站所在电网安全运行和下游航运船舶安全的要求。因此，从投资适中、综合可靠性指标较好、运行操作方便综合考虑，彭水水电站推荐双母线单元接线（方案一）。

10.4　高压电气设备选择及布置

10.4.1　500kV 主变压器选型及布置位置选择

1. 主变压器选型

彭水水电站单机容量 350MW，500kV 主变压器容量选择 390MVA 与之匹配。根据电站的地理位置和交通情况，主变压器的选型需要考虑运输条件，390MVA 的三相双卷变压器运输重量约为 219t，运输尺寸约为 8.6m×3.3m×4.1m（长×宽×高），运输可采用水陆联运方式，经长江运入，然后转乌江，根据大件运输专题，长江乌江口至彭水电站的航道，中水期可通过 500t 级船只，219t 的三相主变压器运输是可行的，故选择三相式主变压器。

主变压器冷却方式的选择，需考虑主变压器的布置位置。若主变压器布置在地下洞室中，因通风、散热条件差，冷却方式采用强迫油循环水冷。若主变压器布置在地面，因通风、散热条件比较好，同时地面高程为 380m，而电站正常蓄水位为 293m，导致取水较困难，冷却方式采用强迫油循环风冷。根据 10.4.1.2 节主变压器布置位置论述，因主变压器布置于地面高程 380m 处，故主变压器采用强迫油循环风冷。

2. 主变压器布置位置

为了减少运行损耗，便于主变压器运输和运行集中管理，国内外多数地下电站将主变压器布置在与发电机层同高程的专用主变洞室内。彭水水电站主厂房发电机层高程 220m，上游布置主变洞室受 51 号岩溶系统 C4、C5 夹层不良地质条件的限制，下游布置主变洞室受到此高程地下温泉带（泉水温度 39℃）及周围溶洞地质条件的影响限制，因此，在彭水水电站主厂房发电机层上、下游布置主变洞室存在较大困难。

彭水水电站地下洞室中，在主厂房下游高程 270m 设有尾水闸室，室内起吊尾水闸门的桥机为 300t，主变压器若布置地下，可考虑将主变压器和 GIS 配电装置室与尾水闸门室合二为一共用一个洞室，这样主变压器运输、卸车都无须另设通道、设施。同时，按照枢纽地形情况，彭水水电站在主厂房顶偏上游侧地面有一与主厂房长度方向相同的狭长山洼地带，高程约 380m，可以布置主变压器和 GIS 配电装置，主变压器的运输问题，结合施工总体布置中的施工缆车及其运输道路需要，在运输主变压器时无须开设专用运输通道。

根据以上情况，主变压器的布置位置拟定如下两个方案进行技术经济比较。

方案 A（地下方案）：主变压器和 GIS 配电装置室与尾水闸门室共用一个洞室，布置于主厂房下游高程 270m 地下，发电机离相封闭母线从主厂房下游出线，经过高程 220m 水平母线廊道后，沿母线竖井至高程 270m，此方案每台机封闭母线长 119 三相米。GIS 高压出线则采用 SF$_6$ 管道母线垂直引至地面接架空出线设备。

方案 B（地面方案）：主变压器和高压配电装置布置在主厂房顶偏上游侧高程 380m 地面。为缩短发电机离相封闭母线长度，与方案 A 不同，离相封闭母线从上游出线，经过高程 220m 水平母线廊道后，沿母线竖井垂直上升至高程 380m 地面，此方案每台机封闭母线长 206 三相米。

两方案离相封闭母线长度相差较多，年电能损耗差异较大，电气设备和土建费用也不一样，各方案的经济比较结果〔上网电价按 0.3 元/（kW·h）计算〕见表 10.4-1。

表 10.4-1　　　　　　　　主变压器布置方案经济比较表　　　　　　　　单位：万元

项　　目	方案 A	方案 B	备　　注
	主变压器布置在高程 270m 地下	主变压器布置在高程 380m 地面	
一、总投资	21318.7	19873.8	方案 A 与方案 B 差价为 +1444.9
1. 电气设备	14625.5	13992.0	
2. 土建	6693.2	5881.8	
二、年电能损耗费	166.5	216.2	方案 A 与方案 B 差价为 −49.7
1. 母线损耗及母线洞通风降温损失	114.6	198.2	
2. 主变冷却损失及主变洞室通风损耗	51.9	18.0	
三、年损耗费用现值	1776.7	2307.0	贴现率 8%，期限 25 年
四、投资与损耗费用现值的总和	23095.4	22180.8	
五、投资与损耗费用现值的总差价	+914.5	0	

由表 10.4-1 可知，主变压器布置于地下方案与地面方案相比，每年可节省运行费 49.7 万元，但设备和土建投资费用多 1444.9 万元，计算设备土建投资和电能损耗费用现值（贴现率 8%，期限 25 年）的总差价，地下方案比地面方案多 914.5 万元，因此，主变压器两种布置方案，在经济上，地下方案稍贵；在技术上，主变压器地下方案中，因主变和 GIS 配电装置室与尾水闸门室共用一个洞室，此洞室净宽达 23.5m，洞室位置经比较选择，在地质上避开南津关第二层后，又与 93 号夹层及 84 号岩溶系统不良地质条件交汇，工程处理未知因素较多，短时间难以提出较完善的处理方案，所以，主变压器布置于高程 270m 地下方案不作为推荐方案，主变压器布置推荐采用高程 380m 地面方案。

10.4.2　大电流母线型式及布置方式选择

1. 大电流母线选型

根据《水力发电厂机电设计技术规程》（DL/T 5186—2004）的规定，200MW 及以上发电机组应选用大电流离相封闭母线。彭水水电站单机容量 350MW，功率因数 0.9，发电机回路出线额定电压为 18kV，额定电流为 13.2kA，发电机机端短路电流为 79.9kA，推荐发电机至变压器间的连接采用全连式离相封闭母线，与三相主母线连接的分支回路亦相应地选用全连式离相封闭母线。全连式离相封闭母线具有安全可靠、外壳屏蔽效果好、母线载流量大、占据空间小、便于安装维护等优点。

全连式离相封闭母线依据冷却方式有风冷和自冷两种。技术方面，风冷和自冷母线各有利弊，风冷母线尺寸小，可节省材料，便于布置和现场安装，但运行时电能损耗大，需增加风冷设备及运行维护工作量，当风冷设备故障时，发电机出力受阻；自冷母线设计制造简单，运行维护工作量小，但体积大，用材较多。根据对国内外封闭母线制造厂的了解，一般 22kA 以下采用自冷，22～25kA 采用自冷或风冷，25kA 以上采用风冷。彭水水电站额定电流为 13.2kA，其每台机组封闭母线平均长度尽管达到 200m 以上，但由于额定电流远小于 22kA，同时自冷母线在国内有较成熟的运行经验，且有输送容量不受其他设备的限制，运行维护工作量小等优点，因此推荐离相封闭母线采用自冷。

2. 大电流母线布置方式选择

彭水水电站主变压器布置推荐高程 380m 地面方案，18kV 离相封闭母线由地下厂房引至地面 500kV 变电所将穿越 160m 的垂直母线竖井，封闭母线在 160m 垂直母线竖井中的布置方式有两种方案。

方案一（一机一洞方案）：一台机组封闭母线布置在一条垂直母线竖井中，主变压器间距与主厂房间距一样为 35m，此种方案离相封闭母线最短，共设 5 条断面尺寸为 5m×6m 的相同垂直母线竖井。

方案二（两机一洞方案）：1 号、2 号机组封闭母线共同布置在一条垂直母线竖井中，3 号机组封闭母线单独布置在一条垂直母线竖井中，4 号、5 号封闭母线又共同布置在一条垂直母线竖井中，主变压器间距缩短为 17.5m，此种方案离相封闭母线较长，共设 3 条垂直母线竖井，其中 2 条断面尺寸为 6m×8m（长×宽）、1 条断面尺寸为 5m×6m（长×宽）。

两种方案离相封闭母线长度不一样，年电能损耗不一样，SF_6 管道母线也有差异，同时土建费用也不相同，两方案的经济比较结果见 10.4-2。

表 10.4-2　　　　　　　　离相封闭母线布置方案经济比较表　　　　　　　　单位：万元

项　目	方案 1 一机一洞方案，设 5 条相同垂直竖井	方案 2 两机一洞方案，设 3 条垂直竖井	备注
一、电气设备及电能损耗			
18kV 封闭母线投资差	0	165	长度差 110 三相米
母线及其降温电能损耗费用现值差	0	226	电价 0.30 元/(kW·h)
500kV SF_6 管道母线投资差	264	0	
二、土建工程			
垂直母线竖井投资差	51	0	
500kV 变电所平面开挖投资差	272	0	
三、投资差价汇总	587	391	
四、总投资差价	196	0	

由表 10.4-2 可知，离相封闭母线一机一洞方案，电气设备及电能损耗费用（损耗费现值计算贴现率 8%，期限 25 年）较低，两机一洞方案，因 500kV 变电所平面长度方向缩减 21m 及母线竖井方量稍小，土建工程费用较少，综合考虑电气设备、电能损耗和土建费用，一机一洞方案贵约 196 万元，但一机一洞方案有如下优点：

（1）离相母线距离最短、弯头少，安装、维护相对简单，一台机组母线安装、检修对另一台机组母线无干扰。

（2）离相母线垂直竖井只有一种规格，设计、施工、运行、维护相对简单。

（3）500kV变电所面积相对较大，设备布置及建成后的运行管理场地开阔。

由于一机一洞方案的上述优点，再从敏感性分析，考虑电价可能上涨，两机一洞方案电能损耗费用将增加，一机一洞方案与两机一洞方案投资差将减小，因此，推荐离相封闭母线一机一洞布置方案（方案一）。

18kV离相封闭母线由地下厂房引至地面500kV变电所一机一洞的布置方式，封闭母线将穿越160m的垂直母线竖井，对封闭母线的发热、防凝露、安装问题也进行了初步研究。据有关资料介绍，瑞典尤克塔、日本喜撰山抽水蓄能电站就是采用这种布置方式，前者封闭母线额定电压20kV，额定电流11000A，母线竖井高达270m；后者封闭母线额定电压24kV，额定电流9500A，母线竖井高达265m；两者均比彭水水电站160m母线竖井高得多。由此可见，采用这种布置方式技术上是可以解决的。国内水布垭水电站也准备采用这种布置方式，其封闭母线额定电压20kV，额定电流15500A，母线竖井高118m，封闭母线最长约240m。针对长垂直母线布置方式，设计、制造厂、大专院校等单位联合进行了专题研究，研究结果表明，选用适当尺寸的母线导体及外壳后，长垂直段离相封闭母线的发热、防凝露、安装方面采取以下措施可得到较好的解决。

1）通过热平衡和温度分布研究，高垂直段封闭母线的温度不会因高度的增加而增加，或增加的幅度也是有限的。母线的最高温度点很可能是出现在母线垂直段的中部偏上的部位。在自然对流情况下，导体温度在75～83℃范围内，比最高允许温度低7～15℃；外壳温度在58～65℃范围内，比最高允许温度低5～12℃。而且在采用了强制通风等有效措施后，母线及外壳的温度会进一步下降。运行时可根据实测温度，利用良好的自动控制系统，调节冷风机的开启台数或循环风量，以达到既满足运行要求，又节约能源的目的。

2）通过计算分析，母线的防凝露措施可采用微正压方案，即封闭母线外壳内充微正压干燥空气，此种方案具有实用、简便、管径小、便于管理等特点。主要设备只需配备二台空气压缩机、储气罐和相配套的冷干机及钢管、减压阀等，配合相应的监测和控制系统，可完成母线的防凝露任务。另外由于采用微正压运行，因而对母线的结构和密封要求较高，漏气量应控制在国家标准规定的每小时6%以内。

3）为了能顺利安全地将封闭母线安装就位，母线结构设计上应便于现场运输就位、转弯方便，并且焊接工作量少。封闭母线在现场安装就位应采用专用的运输小车以及专用吊耳结构，以满足换位需要。为防止安装过程中对导体或外壳，特别是垂直段绝缘子的冲撞破坏，必要时应设置封闭母线端封及紧固结构，如设置专用盖板、设置导体与外壳限位设施等。为了保证装配段的正确安装位置，每个装配段必须按机组号、按相、按顺序依次编号，并标注接口，如前、后、上、下等。

10.4.3　500kV配电装置选型及布置位置选择

1. 现场条件

彭水水电站坝址处于高山峡谷地区，厂房所在右岸山坡下陡上缓，高程350m以下坡度60°，以上坡度40°。厂房顶部的山体地形条件则是山里侧高、江边侧低，地形分布高程为 440～380m，厂房偏下游侧更是地势陡峻，不适合布置地面开关站，偏上游侧是重丘和谷地鸭公溪，结合周边地形条件，在 2～3km 范围内找不到开挖方量小的场地布置地面开关站，因此，鉴于主变压器布置在主厂房顶偏上游侧地面高程 380m，500kV 开关站考虑布置在主厂房顶上游侧鸭公溪谷底开挖形成的高程 380m 平台较为合适，变压器场和开关站合二为一形成 500kV 升压变电站。

2. 配电装置及布置方案比较

彭水水电站主变压器布置在主厂房顶偏上游侧高程 380m 地面，500kV 配电装置也布置在该地带。当采用 GIS 配电装置时，该地带场地开挖面积较小，GIS 既可布置在主变压器上部的 GIS 室中，也可与主变压器均布置在高程 380m 地面。当采用开敞式配电装置时，该地带受地形条件限制，场地开挖面积很大。综合考虑，500kV 配电装置及布置位置考虑了三个比较方案。

方案 1：GIS 配电装置，布置在主变压器正上方，简称"GIS 立体布置"。

500kV 升压变电站内主变压器、GIS 配电装置和出线场从下至上分层布置，主变压器布置在高程 380m 地面层，GIS 配电装置布置在高程 392m 第二层，GIS 室顶高程 405m 布置高压架空出线设备，500kV 升压变电站占地面积 177.0m×26.5m（长×宽），位于主厂房上游约 15m。采用 5 个 5m×4m（长×宽）的母线竖井将离相封闭母线引至地面与主变压器连接。

方案 2：GIS 配电装置，与主变压器布置在地面同高程处，简称"GIS 平层布置"。

500kV 升压变电站主变压器布置在高程 380m 户外，GIS 配电装置布置在主变压器场上游侧高程 380m 地面单层建筑物中，GIS 室顶高程 393m 布置高压架空出线设备，500kV 升压变电站占地面积 177m×45m（长×宽），位于主厂房上游约 15m。主变压器和母线竖井的位置同方案 1。

方案 3：开敞式配电装置，与主变压器位置相邻，简称"开敞式布置"。

开敞式配电装置及主变压器均布置在高程 380m 户外，配电装置布置在主变压器场上游侧地面，500kV 升压变电站占地面积 195m×226m（长×宽），主变压器和母线洞的位置同方案 1。为提高开敞式配电装置的可靠性、减少停电损失，在与采用 GIS 配电装置方案比较中，此方案的电气主接线采用一倍半断路器单元接线。

上述三个方案中，由于配电装置选型及布置位置不同，在技术性能上有很大差别，具体如下：

（1）三个方案中，方案 1 和方案 2 均采用 GIS 配电装置，所不同的是 GIS 布置位置，采用 GIS 配电装置可靠性高，使用寿命长，占地面积小。方案 3 采用开敞式配电装置，其可靠性相对较低，占地面积很大。三个方案主变压器和母线洞的位置一样，均与机组一一对应，可最大限度控制离相封闭母线长度、减少母线的电能损耗并简化母线的布置。

（2）采用敞开式配电装置，开关站占地面积大，运行人员巡视范围较大，增加了运行人员的劳动强度，且由于受气候变化的影响，运行巡视人员的劳动环境也较差，而 GIS 设备布置在户内，布置场地较小，GIS 几乎免于维护设备，运行人员巡视环境较好，劳动强度较低。因此，从运行方面考虑，GIS 方案要比敞开式配电装置好。

（3）敞开式配电装置位于户外，SF_6 断路器长期受日晒雨淋，特别是彭水水电站山区白天晴天下温度较高、晚上温度较低，日温差较大，设备运行环境较差，虽然制造厂保证断路器检修周期为 15 年，但根据国内运行时间较长的葛洲坝大江开关站（6 串 3/2 设备）的情况来看，一般在 12 年左右断路器的问题开始较多，由于密封圈老化、断路器漏气、操作机构漏油等较频繁，一般需逐步送工厂大修。而 GIS 设备除引线套管在户外，其他设备全部在户内，设备运行环境较好，不易受气候的影响，设备容易达到 20 年大修的周期，现已有厂家保证 25 年检修周期。因此其检修费用大大低于敞开式配电装置。另外，彭水水电站区域的气象记录表明，此区域有冰雹发生，敞开式配电装置受到冰雹袭击受损的概率远大于 GIS 配电装置方案（GIS 只有出线设备如线路避雷器、电容式电压互感器、出线门构等在户外），敞开式设备大部分为瓷套管，容易受冰雹袭击而损坏。

综上可知，采用 GIS 配电装置的可靠性、运行维护、检修等技术性能均远优于敞开式配电装置。为了进行经济比较，对三个方案的土建工程和电气设备投资进行了计算。

对于采用 GIS 配电装置的两种布置方案（方案 1 和方案 2），电气设备投资相当；土建工程量及投资，GIS 平层布置方案（方案 2）比立体布置方案（方案 1）稍大；设备与土建总投资 GIS 平层布置方案比立体布置方案贵约 408 万元，相差的部分仅占总投资比例约 2%；但 GIS 平层布置方案对机电设备及中控室布置较为有利：①主变压器发生火灾或爆炸不会影响 GIS 设备和中控室；②发生消防安全事故有利于人员疏散，运行管理场地开阔；③离相母线竖井地面出口处上方无大型建筑物，竖井出口处土建基础处理较容易。两方案经比选，推荐 GIS 平层布置方案（方案 2）。

GIS 平层布置方案（方案 2）与开敞式配电装置（方案 3）相比，因开敞式配电装置占地面积大，土建的开挖方量比采用 GIS 配电装置大许多，虽然开敞式配电装置电气设备投资便宜约 5000 万元，但电气设备和土建工程的总投资比较，GIS 平层布置方案比开敞式配电装置方案还便宜 1290 万元，同时，GIS 配电装置的可靠性、运行维护、检修等技术性能均远优于敞开式配电装置。

综上所述，彭水水电站推荐 GIS 平层布置方案（方案 2）。

10.4.4　500kV 变电所电气设备布置

500kV 变电所布置在主厂房顶偏上游侧，与主厂房一样呈长方形布置，地面高程为 380m，占地面积 178m×45m（长×宽），下游侧边线距主厂房中心线 29.1m。变电所内布置了 5 台 500kV 主变压器、500kV GIS 配电装置、出线场，还有 10kV 厂用变压器和 0.4kV 开关柜。另外，中央控制室、继电保护室和通信室等也布置在变电所内。

变电所内的主变压器、GIS 配电装置均布置在地面，出线场布置在 GIS 室顶，GIS 室占地面积 73.1m×15.5m（长×宽）。变电所下游侧布置主变压器运输通道，两端和上游侧布置巡视人行通道。

在高程 380m 地面，与机组位置对应成"一"字形布置 1 号~5 号主变压器。在主变压器上游侧与 2 号、3 号主变对应位置，布置 GIS 配电装置室。GIS 配电装置室净高 12m，500kV 断路器采用平行水流方向卧式布置，主母线和分支母线均为分相式结构，双母线为上、下层水平布置，间隔距离为 5m，GIS 室上下游侧设检修巡视通道，上游侧为主通道，下游侧为辅助通道。在 GIS 室两端设安装场，靠山坡一侧为主安装场，此端设

GIS 检修间和备品备件间，室内设检修桥式吊车一部。GIS 配电装置经 SF_6 管道母线分别连接到屋顶的 500kV 出线设备和下游侧主变高压套管。在主变压器上游侧与 1 号主变对应位置，设有三层楼结构的中控楼，楼内布置中央控制室、继电保护室、蓄电池室、通信室、试验室、办公室和会议室等。10kV 厂用电变压器和 0.4kV 开关柜布置在中控楼一层，继电保护室、蓄电池室、试验室也布置在中控楼一层；中央控制室、通信室布置在中控楼二层；办公室、会议室布置在中控楼三层。此中控楼转直角至 1 号主变靠山坡一侧设有 1 部电梯及楼梯，连通高程 301.5m 上坝交通廊道及高程 220m 地下厂房发电机层，结合楼梯设有电缆竖井，以便敷设地下厂房与高程 380m 地面 500kV 变电所及大坝之间的电缆。在主变压器上游侧与 4 号~5 号主变对应位置，布置进变电所的主变运输通道。

在 GIS 室顶高程 393m 布置 500kV 开敞式出线设备，包括电容式电压互感器、避雷器和出线套管。在 GIS 室上游侧高程 395.2m 马道上设出线门构，2 回 500kV 出线线路均采用架空方式向下游侧引出。

10.5 计算机监控系统

10.5.1 系统功能

彭水水电站采用全计算机监控系统对电站的主要电气设备进行监视和控制。计算机监控系统设备由南京南瑞集团公司自动控制分公司提供。

电站计算机监控系统的主要监控对象有水轮发电机组及其辅助设备、主变压器、机组进水口闸门、500kV GIS 设备、全厂公用设备、泄水闸等。

电站计算机监控系统的功能主要包括：

（1）准确、及时地对整个电站设备运行信息进行采集及处理。

（2）对电站机组及主要机电设备进行实时监控，保证电站安全运行并实现电站运行与管理自动化。

（3）根据上级调度和电站运行要求，进行电站最佳控制和调节。

（4）按照电网要求对系统稳定性进行监控，保证系统安全运行。

（5）完成系统对外通信，并能与厂内录波系统、直流系统、通风系统、消防系统、机组局放气隙系统、信息管理系统等系统实现通信。

10.5.2 系统结构及配置

电站控制网采用传输速率为 100Mbps 的工业以太网，传输介质采用光纤。该层网络为双冗余热备。在控制层上配置了 2 台工业以太网交换机，分别与每个现地 LCU 控制柜的 2 台工业以太网模块化交换机通过光纤接口连接，形成冗余连接方式，当主用链路出现断点时，在 500ms 之内切换到备用链路。厂站层的信息网采用交换式以太网，传输速率大于或等于 100Mbps，传输速率应为自适应式，采用 TCP/IP 协议，遵循 IEEE802.3 标准，该层网络为双冗余热备。传输介质为光纤及双绞线。在信息层上配置了 2 台工业以太网交换机与控制层 2 台工业以太网交换机通过中间的操作员站或服务器实行硬件隔离，保证信息层网络与控制层网络的通信安全。电站生产信息查询网为单网，电站生产信息查询网与电站信息网之间通过物理隔离装置隔离，所有外部节点对监控系统电站信息网的访问均被禁止。

整个系统分成主控级和现地控制级两层，全厂实时数据库和历史数据库分别分布在主控级计算机中，各现地控制单元具有独自的实时数据库，监控系统各功能分布在系统的各个节点上，每个节点严格执行指定的任务，并通过网络与其他节点进行通信。

系统主控级配置有 2 台信息管理工作站（光纤磁盘阵列）、2 台操作员工作站、1 台工程师站、1 台培训仿真工作站、1 台电话语音报警工作站、2 台调度通信服务器、1 台通信工作站、1 套模拟屏及模拟屏驱动器、1 套冗余热备 GPS 时钟同步装置、外设服务器及打印设备、网络设备以及 1 套远动 RTU 装置等。

布置在地面中控室的监控系统厂站层设备采用两套互为热备工作的 UPS 电源（包括电池）供电。任何一套 UPS 电源故障，均应无扰动地切换到另一套 UPS 电源，以保证计算机监控系统的正常工作。每套 UPS 电源容量设计为 30kVA，供电电压为 380VAC/220VAC。

现地控制级按电站设备分布设置，整个电站设置 5 套机组现地控制单元（LCU1～LCU5）、1 套公用现地控制单元（LCU6）和 1 套开关站现地控制单元（LCU7）。现地控制单元采用南京南瑞集团公司的 MB80 系列可编程，主控制器采用型号为 MB80 CPU612 的双 CPU 模块、冗余以太网通信模块、现场总线模块及电源模块。本地 I/O 及远程 I/O 通过双以太网或现场 CAN 总线连接。现地控制单元主要配置有可编程设备，每个现地控制单元均配置有彩色触摸屏。

机组 LCU1～LCU5 由 3 块本地柜、1 块机组测温远程 I/O 柜、1 块机组远程 I/O 柜及 1 块进水口远程 I/O 柜组成。机组 LCU1～LCU5 本地柜除设置有可编程设备外，还设置有电气测量装置、手动同期装置、自动同期装置。

在每台机组旁还分别设置有 1 个紧急停机按钮和 1 个紧急关进水口闸门按钮，该按钮是独立于计算机监控系统控制逻辑的常规控制设备，用于紧急情况下直接动作紧急停机电磁阀和关进水口闸门的控制。

公用 LCU6 由 2 块本地柜和 1 块检修/渗漏排水远程 I/O 柜、1 块机组直流系统远程 I/O 柜、1 块公用直流系统远程 I/O 柜、2 块电站 10kV 厂用电远程 I/O 柜、11 块 400V 厂用电远程 I/O 柜、2 块大坝远程 I/O 柜组成。

开关站 LCU7 由 3 块本地柜、2 块 500kV GIS 远程 I/O 柜组成。LCU7 与暖通控制设备通过 RS485 连接。

各现地控制单元（包括远程 I/O 盘）均采用两路交流 220V，一路直流 220V 并列供电的冗余结构电源系统。220VAC 取自厂用交流系统，220VDC 取自电站机组或公用直流系统。

10.5.3　系统主要特点和参数

（1）整个系统采用全计算机监控结构。中控室取消常规的集中控制设备，采用计算机作为唯一的监控设备；现地控制单元取消常规布线逻辑回路，由具有冗余设计的计算机设备执行监控。

尽可能采用现场总线及远程测控单元；加强现地层控制功能，提高现地层可靠性；尽可能地少用或不用变送器，以提高测量的精确度。

（2）数据采集周期。

开关量：<1s。

电气模拟量：<1s。

非电气模拟量（不包括温度量）：<2s。

温度量：1～5s。

事件顺序记录分辨率：≤1ms。

实时数据库刷新周期：<2s。

10.5.4 控制设备布置

中控室布置在高程 380m 地面管理楼内。彭水水电站计算机监控系统主控级设备、网络设备、公用设备现地控制单元布置在中控室及计算机室内；机组现地控制单元盘布置在地下厂房各机组发电机层下游侧。

10.5.5 运行情况总结分析

计算机监控系统功能设计、设备配置符合设计规范要求，经设备调试和运行后，监控系统功能齐全和性能指标满足合同要求，控制方式合理、设备运行可靠，计算机监控系统总体运行正常，满足工程设计和运行要求。

10.6 继电保护

彭水水电站装机容量 5×350MW，每台机经发电机机端断路器接至主变压器。发电机和变压器组合的方式为单元接线，变压器高、低压两侧均装设断路器，各自的主变压器接至 500kV 双母线，共有 2 回 500kV 出线。除 5 号机不含厂用变外，每台机组需要保护的电气设备有发电机、主变压器、厂用变压器和励磁变压器。

每一发变组单元的机组保护盘布置在主厂房发电机层（高程 220m）对应机组段的下游侧。500kV 母线保护及断路器保护布置在地面控制楼的保护盘室。

发变组保护装置采用南京南瑞继保工程技术有限公司产品。每台发变组（含高压厂用变压器和励磁变压器）按双重化原则配置保护，每台发电机（含励磁变压器）和每台变压器（含高压厂用变压器）各共设 2 块保护盘。每块盘配置完整的主保护及后备保护，能反映被保护设备的各种故障及异常状态，并能动作于跳闸或发信号。

10.6.1 配置和功能

每台机组保护系统包含发电机 A 屏：RCS-985GW 发电机保护（含励磁变保护），RCS-985U 定子接地外加低频电源。

（1）发电机纵差保护（87G-1）：采集发电机机端和中性点侧每相电流，它能反映发电机定子绕组各种相间（包括机端相间）短路故障。该保护动作后作用于解列、停机、跳灭磁开关并启动消防控制系统。

（2）发电机不完全纵差保护（87GSP-1）：保护采集发电机端全电流和发电机中性点侧第3分支电流，反映发电机内部匝间短路、相间短路及分支断线故障。该保护动作后作用于解列、停机、跳灭磁开关并启动消防控制系统。

（3）不完全裂相横差保护（87GUP-1）：保护采集发电机中性点侧每相二组即1、2分支和4、5分支的电流，能反映发电机定子间短路故障、定子匝间短路故障及分支断线故障。该保护动作后作用于解列、停机、跳灭磁开关并启动消防控制系统。

（4）定子一点接地保护（64G-1）：保护采用外部注入低频交流电源原理，可以探测包括发电机中性点在内的定子绕组的全部接地故障。本保护功能所采用的测量原理完全不受发电机运行工况的影响，即使在发电机停机时依然有效。该保护动作后作用于解列、停机、跳灭磁开关。

（5）定子过电压保护（59G-1）：保护反应定子绕组的异常过电压，动作后延时作用于解列、灭磁。

（6）定子过负荷保护（51G-1）：整个特性应由信号段、反时限段、速断段等三部分组成，它们应能分别整定。信号段带时限动作于发信号；反时限段、速断段动作于解列。

（7）负序电流保护（46G-1）：保护引入中性点侧CT三相电流，检测由于发电机不对称负荷、非全相运行及外部不对称短路产生的负序电流，保护由定时限和反时限两部分组成。

（8）失磁保护（40G-1）：采用定子、转子双重判据。定子判据由定子阻抗（静稳阻抗或异步阻抗）判据与机端低电压或系统低电压组成；转子判据为转子低电压。本保护动作后延时解列。

（9）失步保护（78G-1）：在短路故障、系统稳定振荡等情况下，保护不应误动。当振荡中心在发变组内部、失步运行时间超过整定值或电流振荡次数超过规定值时，保护动作于解列。当电流过大影响断路器跳闸安全时应闭锁出口。

（10）发电机后备保护（11G-1）：采用带电流记忆的低压过流保护作为发电机外部相间短路故障和发电机主保护的后备。本保护分两段，第一段短时限动作于跳主变压器高压侧断路器，第一段长时限动作于跳发电机出口断路器；第二段带时限动作于停机。本保护对应的两段定值应能分别整定。

（11）发电机过激磁保护（24G-1）：作为反应电压升高和频率降低引起发电机过激磁故障的保护，包括定时限和反时限两部分。定时限分两段，第一段大定值以较短时限动作于解列、跳灭磁开关，第二段小定值以较长时限动作于降低励磁电流。

（12）励磁绕组一点接地保护（64E-1）：保护采用外部注入低频方波信号原理，通过高阻值电阻对称耦合到励磁回路，同时通过低阻值测量串联电阻连接到接地电刷，测量转子回路的接地电流，应能有效测量接地电阻的大小。本保护要求采用低频率方波信号，以有效地消除转子对地电容的影响。保护动作后延时发信号。

（13）励磁绕组过负荷保护（51E-1）：保护由定时限和反时限两部分组成。定时限分两段，第一段大定值以较短时限动作于解列、跳灭磁开关，第二段小定值以较长时限动作于降低励磁电流。

（14）轴电流保护（38/51-1）：保护应能检测推力轴承绝缘击穿，当轴电流超过允许值时，保护作用于解列、停机及跳灭磁开关。

（15）逆功率保护（32-1）：当导叶误关闭而机端断路器未跳闸时，发电机将变为电动机运行，从系统中吸收有功功率，会引起机组异常振动而损坏，故设此保护。保护按吸收系统有功定值整定，设两段时限，第一段作用于信号，第二段作用于解列。

（16）机组误上电保护（97-1）：为防止发电机在停机、盘车或启动升速但磁场开关未合闸时，发生机端断路器误合闸而使同步发电机处于异步启动工况，造成转子过热而损坏，故设此保护。本保护在发电机并网后自动退出运行，解列后自动投入运行。保护动作于解列。

（17）励磁变压器保护。

1）速断（50ET-1）：保护测量励磁变高压侧电流，瞬时动作于解列、停机、跳灭磁开关，并启动消防控制系统。

2）过流保护（51ET-1）：作为励磁变电流速断保护的后备，延时动作于解列、停机、跳灭磁开关。

3）过负荷保护（51ETL-1）：延时动作于发信号。

发电机 B 屏：RCS-985GW 发电机保护（含励磁变保护)+打印机。

变压器 A 屏：RCS-985TW 变压器保护+CZX-12R 分相操作箱。

变压器 B 屏：RCS-985TW 变压器保护+RCS-974AG 非电量保护（含断路器充电保护)+打印机。

开关站 500kV 双母线保护按双重化配置。在两条母线各自独立运行时，每套母线保护分别为两条母线提供保护。每套母线保护装置都应配有母线差动保护、母联充电保护、母联过流保护，以及复合电压闭锁功能。此外，第一套母线保护还具有断路器失灵保护功能。两套母线保护装置均采用南京南瑞继保公司的 PRC15AB-415A 产品。

电站 500kV 开关站母联断路器的失灵保护启动箱、三相不一致保护、过流保护、母联断路器操作箱等装于一块母联断路器保护盘内。母联断路器保护装置采用南京南瑞继保公司的 PRC23A-20 产品。

电站 500kV 开关站共有 2 回出线，每回出线配置一块断路器保护盘。断路器失灵保护启动箱、三相不一致保护、充电保护、综合重合闸装置、出线断路器操作箱等装于该保护盘内。线路断路器保护采用南京南瑞继保公司的 PRC23B-10 产品。

每回 500kV 线路配置两套分相电流差动保护作主保护。保护通道一套采用专用光纤芯，一套复用另一根 OPGW 中的光纤通道，采用 2M 通信接口。

10.6.2　保护设备布置

500kV GIS 现地控制单元布置在继电保护盘室内；机组保护盘布置在地下厂房各机组段发电机层下游侧。

10.6.3　运行情况总结

继电保护系统功能设计、设备配置符合设计规范要求。经调试和运行中在相关电气设备故障后正确动作。发电机保护（含励磁变保护）、主变压器保护（含高压厂用变保护）、500kV 系统保护、故障录波装置等配置符合继电保护有关规范要求，系统设备运行基本正常，满足电厂生产需要。

10.7　通风采暖系统

10.7.1　系统组成

（1）长期有人值班且布置有精密仪表的部位，按精密仪表对环境的要求或人体舒适性要求，采用全年空调的方案。

（2）地下厂房采用串联式降温、除湿的通风除湿方案。厂外新风经通风洞内的组合式空调机组降温处理后，依次送入主厂房发电机层、发电机夹层、水轮机层、地下母线洞等部位，从低温部位流向高温部位，多层串联带走余热、余湿后由母线竖井排出厂外。

（3）有些部位含有易燃易爆或有害的气体，不宜与其他部位共用通风系统，如 GIS 室、油罐室、油处理室、蓄电池室等部位，分别设置单独的排风系统。

（4）地下母线洞采用冷风机就地对洞内空气进行循环冷却。

（5）采用机械制冷作为空调冷源。地下厂房采用风冷式冷水机组；地面变电所、中控室等房间采用分体式风冷热泵空调机。

（6）整个枢纽设有地下厂房串联式降温、除湿通风空调系统、高程 380m 地面开关站中央空调系统、中控室空调系统、单独排风系统、防排烟系统以及厂内除湿系统。

10.7.2　通风除湿设备布置

（1）地下厂房空调系统的冷冻水系统是一个闭式系统，制冷机布置在高程 270m 的露天平台上，在该处布置 3 台风冷模块式冷水机组（单台冷量 1265kW，总冷量 3795kW；每台产出冷冻水量 225m³/h，共产出冷冻水量 675m³/h）、4 台冷冻水循环水泵（3 用 1 备）、4 台电子水除垢过滤器、膨胀水箱和控制设备等。

（2）在副厂房左侧高程 240.5m 的通风洞中布置 2 组 ZK160 组合式空气处理机组，每组由初效过滤段、中效过滤段、表冷段、风机段、消声段和送风段共 6 个功能段组成。每组风量 160000m³/h，总送风量 320000m³/h；在高程 220m 的 5 条母线洞中各布置 3 台 G-4X2DF6Ⅱ柜式风机盘管机组，单台冷量 61kW，共 15 台。

（3）在副厂房高程 240.5m 左端设有直通厂外高程 270m 的进风洞，该洞断面尺寸 5m×4.5m（宽×高）。在主厂房拱顶内设有纵贯全厂的空调送风管，并在拱顶上设有送风口，向主厂房发电机层送风。

（4）在发电机夹层下游侧各安装 2 台 T35-11No5.6 轴流风机，共 10 台，单机风量 9465m³/h；在水轮机层下游侧地面对应每个水车室布置 1 台 T35-11No5.6 轴流风机，共 5 台，单机风量 9465m³/h；在高程 192m 交通廊道各布置 1 台 T35-11No3.55 轴流风机，共 5 台，单台风量 6542m³/h。

（5）在安装场下部发电机夹层布置 1 台 T35-11No7.1 轴流风机，风量 14500m³/h，通过风管排出空压机室、0.4kV 开关柜室的空气。在安装场下部水轮机层副厂房布置 4 台 T35 - 11No2.8 轴流风机，排出 10kV 开关柜室的空气。

（6）在油库内设排风管道连接到厂房顶部排烟管；在左端副厂房布置排风管也连接到厂房顶部排烟管，并通过布置在通风内的轴流风机（T35 - 11No7.1，风量 14500m³/h）将上述两处的有害气体通过排烟管排出厂外。透平油库进风从水轮机层就地吸取，在进风口处设置防火风口，发生火灾时，能自动关闭，切断火源。

（7）转轮检修排风系统布置：在每台机组上游蜗壳进人孔处预留地脚螺栓，检修时临时装设 1 台 T35 - 11No10 轴流风机，风量 34500m³/h，向转轮室鼓风，使烟气和热湿空气流向上游，经进水口工作门后的通气孔排出。

10.7.3 地下厂房事故防、排烟系统

1. 主厂房事故排烟系统

主厂房吊顶上设置板式排烟口和排烟风管，并布置 1 台 HTF - Ⅱ No15 轴流排烟风机，风量为 80000m³/h。当厂内任何一个部位发生火灾时，由烟感器给出信号，远程自动开启（也可现地手动开启）所有的板式排烟口，排烟轴流风机启动，排除火灾时聚集在厂房上部的烟气，通过排烟风管沿厂房左端的 240.5m 通风洞排出厂外。火灾发生时厂房空调系统自动断电停机。

2. 地下厂房交通竖井防烟系统

在地下厂房发电机层上游侧交通竖井和 5 号机组段的交通竖井顶部各布置 1 台 T35 - 11No10 防烟轴流风机，风量为 34500m³/h；在防烟竖井上对应每一个前室或间隔 2 个楼梯休息平台的高程各设 1 个板式排烟口（当送风口用）。当地下厂房内任何一个部位发生火灾时，由该部位的烟感器给出信号，所有的板式排烟口开启，防烟轴流风机启动，从室外抽风并通过防烟竖井、板式排烟口送入前室和封闭楼梯间，使整个前室和楼梯间形成正压，防止外面烟气侵入，便于人员逃生。

3. 大坝交通竖井防烟系统

在大坝 3 号坝段交通竖井顶部布置 1 台 T35 - 11No10 防烟轴流风机，风量为 34500m³/h；另在防烟竖井上对应每一个前室或间隔 2 个楼梯休息平台的高程各设 1 个板式排烟口（当送风口用）。当地下厂房内任何一个部位发生火灾时，由该部位的烟感器给出信号，所有的板式排烟口开启，防烟轴流风机启动，从室外抽风并通过防烟竖井、板式排烟口送入前室和封闭楼梯间，使整个前室和楼梯间形成正压，防止外面烟气侵入，便于人员逃生。

10.8 500kV 变电所通风空调系统

1. 母线竖井排风系统

在高程 380m 的各母线竖井口设排风机房 1 间（共 5 间），每个排风机房内布置 1 台 4 - 79No2 - 10E 离心式通风机（单台风量 56800m³/h，总排风量 284000m³/h），将母线洞及母线竖井中的热、湿空气排出厂外。

2. 500kV 变电所综合控制楼空调系统

在 500kV 变电所综合控制楼的一层、三层各布置一套 KDSA2025R 单元式热泵空调机组；二层布置一套 NK100 - 315 多联式中央空调机组，对上述房间进行集中空调。

3. 综合控制楼电源室排风系统

在控制楼污水处理间、UPS 室、电源盘室、公用设备直流盘室、继电保护盘室各设 T35 - 11No2.8 轴流风机 1 台，每台风量 1900m^3/h。

4. GIS 室排风系统

GIS 室上游侧墙体上部布置 9 台 T35 - 11No5.6 轴流风机，单台风量 9465m^3/h，用来排出 GIS 室的余热；在 GIS 室的背面墙体下部布置 1 条排风管，且间隔 3m 设 1 个吸风口，并布置 1 台 T35 - 11No10 轴流通风机，风量 38000m^3/h，排出室内泄漏的 SF$_6$ 气体。

上述轴流风机均安装在土建预留墙洞内。每台轴流风机的出风口及排风机房的出风口处均安装 1 个单层铝合金防雨百叶窗。

5. 绝缘油处理室通风系统

绝缘油库为露天布置。绝缘油处理室坐落在 500kV 变电所内主变压器附近的单独平房内，建筑面积为 26m×5m（长×宽），布置 5 台 BT35 - 11No3.55 防爆型轴流风机，每台风量 2200m^3/h，对油处理室进行通风换气。在风机对面的墙体下部布置若干个进风口且加装防火阀，风机的出风口处安装单层铝合金防雨百叶窗。

第11章

金 属 结 构

11.1 主要建筑物金属结构设计

彭水水电站由大坝及泄洪建筑物、电站、通航建筑物等组成。金属结构由分布于上述建筑物的闸门（拦污栅）及埋件、压力钢管和启闭机械等组成。

11.1.1 泄洪建筑物金属结构

主河床共布置 9 个表孔，设于河床中部。坝顶高程为 301.5m，堰顶高程为 268.5m，按正常蓄水位 293m 设计，孔口尺寸为 14.0m×24.5m（长×高，下同），分别布置 9 扇弧形工作闸门和 2 扇平板定轮事故闸门。

表孔工作门孔口尺寸为 14.0m×24.5m，由于表孔有控制下泄流量的要求，闸门需局部开启，工作闸门采用弧形闸门。堰顶高程为 268.5m，支铰高程为 281.73m，闸门共 9 套，由液压启闭机操作，双吊点吊耳设在闸门下部。启闭机容量为 2×3500kN。

表孔平板事故检修门设在弧形工作门上游侧，孔口尺寸为 14.0m×24.5m。9 孔共用 2 扇事故检修闸门。闸门分为 2 个吊装单元，双吊点。动水闭门，节间充水平压启门。闸门由坝顶门机借助液压自动挂脱梁操作。

泄洪表孔在事故检修门槽设有部分临时挡水叠梁用于临时挡水发电。孔口尺寸为 14.0m×24.5m。闸门由坝顶门机借助液压自动挂脱梁操作。挡水叠梁门数量根据施工进度的情况确定。

坝顶设有一台 2×2500kN/350kN 双向门式启闭机，门机轨距为 15m，主起升为双吊点，总扬程为 50m（坝上扬程为 23m）；并在下游侧设回转吊，起升额定载荷为 350kN，回转半径为 18m，回转角度为 180°，总扬程为 50m（坝上扬程为 16m）。门机采用液压自动挂脱梁操作表孔事故检修门。回转吊用于闸门及液压启闭机的检修和零星物品的吊运。

每扇表孔弧形工作门设一台（套）2×3500kN 摆动式液压启闭机。共布置 9 台（套），每台（套）配有一套液压泵站，泵站布置在坝面闸墩下，油缸支铰高程为 293.63m，油缸活塞行程为 12.5m。

11.1.1.1 泄洪表孔事故检修门

1. 主要参数

泄洪表孔事故检修门主要设计参数见表 11.1-1。

表 11.1-1 　　　　　　　　　　泄洪表孔事故检修门主要设计参数

序号	名称	参　数	序号	名称	参　数
1	孔口尺寸	14.0m×24.5m	6	设计水头	25.006m
2	闸门型式	平面定轮闸门	7	总水压力	45370kN
3	底坎高程	267.994m	8	支承型式	定轮 φ800mm
4	设计水位	293m	9	支承跨度	15m
5	操作水位	293m	10	操作条件	动闭静启

2. 闸门及埋件设计

泄洪表孔事故检修门为平面定轮闸门，分 8 个制造运输单元，事故门总高 25.48m，双吊点，在现场焊成上下两大节安装。门叶为焊接结构，采用"工"型实腹式主横梁，两主梁之间布置一根小横梁，纵向连接系及边柱均为实腹"T"型梁，面板布置在下游面，闸门主材为 Q345B。正向支承为定轮，整扇闸门布置支承定轮 22 个，最大定轮轮压 3060kN（计入不均匀系数 1.1），定轮直径为 φ800mm，材质为 35CrMo，整体调质，硬度 HB=250～300；轴承采用调心滚子轴承。反向支承为钢滑块，侧导向为滚轮。水封布置在下游面，系 P 型橡皮，材质 LD-19，水封座面须加工。

事故门槽采用 Ⅱ 型优化门槽，埋件为二期安装，主轨采用"工"型断面，材质 ZG35CrMo，热处理后其表面硬度应达到 HB=300～360，要求工作面精加工。付轨及反轨、底坎、侧坎为工字钢组合件，其工作面机加工；节间用螺栓连接。止水板材质 1Cr18Ni9Ti，须机加工。

闸门启闭力、门叶结构及埋件按有关设计规范进行设计，强度设计满足规范应力要求，主梁最大弯应力为 189.8MPa，最大剪应力为 55.1MPa，挠度为 1/720。闸门能自重闭门，持住力为 4800kN，启闭机容量按相应的启闭力进行配置。

11.1.1.2　泄洪表孔弧形工作门

1. 主要参数

泄洪表孔弧形工作门主要设计参数见表 11.1-2。

表 11.1-2 　　　　　　　　　　泄洪表孔弧形工作门主要设计参数

序号	名称	参　数	序号	名称	参　数
1	孔口尺寸	14.0m×24.5m	6	设计水头	24.5m
2	闸门型式	弧形闸门	7	总水压力	43640kN
3	底坎高程	268.255m	8	支承型式	自润滑球铰
4	设计水位	293m	9	支承跨度	281.70m
5	操作水位	293m	10	操作条件	动水启闭、局部开启

2. 闸门及埋件设计

闸门门叶共有 7 个制造单元。7 个制造单元在现场焊接成整体主横梁为焊接"工"型梁。支臂为三支臂结构。支铰为球铰并采用自润滑球面滑动轴承。侧导向为侧轮，直径 φ300mm，材质 ZG270-500，轴瓦为自润滑材料。侧水封为聚四氟乙烯 P 型橡塑水封，材质 LD-19，底止水系平板橡皮防 100 号。

埋件为焊接构件。止水座板采用不锈钢，止水工作面机加工。

闸门启闭力、门叶结构及埋件按有关设计规范进行设计，强度设计满足规范许用应力要求，主梁最大弯应力为 173MPa，最大剪应力为 76MPa，支臂最大弯应力为 161MPa（弯矩作用平面内）、147MPa（弯矩作用平面外）。启闭机容量按相应的启闭力矩进行配置。

11.1.1.3　泄洪表孔临时挡水叠梁门

1. 主要参数

泄洪表孔临时挡水叠梁门主要设计参数见表 11.1-3。

表 11.1-3　　　　　　　泄洪表孔临时挡水叠梁门主要设计参数

序号	名称	参　数	序号	名称	参　数
1	孔口尺寸	14.0m×24.5m	6	设计水头	24.5m
2	闸门型式	平板叠梁门	7	总水压力	45370kN
3	底坎高程	267.994m	8	支承型式	钢滑块
4	设计水位	293m	9	支承跨度	15m
5	操作水位	293m	10	操作条件	静水启闭

2. 闸门及埋件设计

闸门总高 25.5m，分 8 节，每节门高 3.2m。每节门布置 3 根实腹主梁，纵向连接系及边柱均为实腹"T"型梁，面板、止水布置在下游面，材质为 Q345。闸门正向支承为钢滑块，材质 ZG270-500。侧、反向支承为钢滑块。止水均布置在下游面，侧止水均为 P 型橡皮，底止水为刀型橡皮，橡胶材质为防 100 号，其接头热胶合。主梁最大弯应力为 191.7MPa，最大剪应力为 51.3MPa，挠度为 1/704。

埋件为焊接构件。止水座板采用不锈钢，止水工作面机加工。

11.1.1.4　坝顶 2×2500kN/350kN（双向）门式起重机

2×2500kN/350kN（双向）门式起重机共 1 台，安装在泄洪坝顶 301.5m 高程。门机主要用于操作表孔事故检修门和发电初期的临时挡水叠梁。回转吊用于闸门及启闭机的安装、检修和零星物品的吊运。门机沿圆弧轨道运行，其中，上游侧轨道半径 $R=458.90$m，下游侧轨道半径 $R=450.00$m。

1. 主要参数

坝顶 2×2500kN/350kN（双向）门机主要设计参数见表 11.1-4。

表 11.1-4　　　　坝顶 2×2500kN/350kN（双向）门机主要设计参数

序号	名　称	参　数
一		设计条件
1	门机轨顶高程	301.5m
2	计算风压	工作状态计算风压：250N/m²
		非工作状态计算风压：800N/m²

序号	名　称	参　数
3	地震烈度	设计地震烈度：6 度
		设防地震烈度：7 度
4	门机工作寿命	30 年
5	门机整机工作级别	A5
6		
二	小车起升机构	
1	额定起重量	2×2500kN（包括液压自动挂钩梁）
2	扬程	总扬程 50m
3	轨顶以上扬程	23m（包含液压自动挂钩梁高度）
4	起升速度	2.5/5m/min（满载/空载）
5	起升机构满载调速范围	1：10
6	总调速范围	1：20（交流变频调速）
三	回转吊	
1	额定起重量	350kN
2	扬程	总扬程 50m
3	轨顶以上扬程	16m
4	起升速度	7m/min
四	主小车运行机构	
1	运行荷载（包括自动挂钩梁）	3500kN
2	运行速度	3m/min
3	运行距离	11m
五	大车运行机构	
1	运行起重量（包括自动挂钩梁）	3500kN
2	运行速度	20m/min
3	运行距离	230m（换接电缆插头）
4	轨距	15m

2. 门机设计

（1）主小车起升机构。全封闭齿轮传动，变频无级调速，满载调速范围 1：10，总调速范围 1：20。减速器齿面硬度为中硬或硬齿面。在卷筒一端设置盘式制动器作为安全制动器使用。起重量电子称量系统，自动报警，过载自动保护。

（2）回转吊。回转机构设置摩擦力矩限制器。

（3）大车运行机构。分别驱动。全封闭齿轮传动。变频无级调速，满载调速范围 1：10，各主动车轮组电气同步。减速器采用中硬齿面或硬齿面减速器，立式安装。

（4）交流变频调速，电气同步，满载调速范围 1：10。供电方式：电缆卷筒供电，AC380V，50Hz。

11.1.1.5　泄洪表孔工作门 2×3500kN 液压启闭机

泄洪表孔共设置 9 套液压启闭机，用于启闭表孔弧形工作闸门。启闭机基本型式为双吊点、双作用、尾部悬挂两端铰接支承液压启闭机，"一泵一机"单独控制驱动。其中，油缸尾部支铰高程为 293.63m。启闭机为双吊点、双作用液压启闭机

1. 设计参数

2×3500kN 液压启闭机主要设计参数见表 11.1-5。

表 11.1-5　　　　　　　　　2×3500kN 液压启闭机主要设计参数

序号	名称	参　数	序号	名称	参　数
1	额定启门力	2×3500kN	4	闭门速度	0.5m/min
2	工作行程	12500mm	5	操作方式	动水启闭
3	启门速度	0.8m/min			

2. 液压启闭机设计

(1) 正常工作时全程或局部开启闸门。

(2) 安装调试及检修时能在现场手动操作启闭闸门。

(3) 闸门正常工作时由于油缸或系统泄漏等原因引起闸门下滑，在 48h 内不得大于 200mm，当下滑量达到或超过 200mm 时，启闭机应能自动启动提升闸门至上极限位置。同时，向中央控制室发出声光报警信号。

(4) 启闭机运行采用现地控制或集中控制，运行过程中的各种控制信号应能传送到控制室。

11.1.2　引水发电金属结构

电站进水口依次布置有拦污栅、检修门和快速门。拦污栅布置在进水口最前沿，为贯通式平面活动拦污栅。每机 6 孔（1、5 号机 5 孔），5 台机组共设 28 套拦污栅。栅孔底坎高程为 255.6m，栅孔尺寸为 4.4m×28.5m（宽×高）。拦污栅由设在塔顶的双向门机的回转吊起吊，容量为 600kN。机组运行时拦污栅通过吊杆锁定于塔顶。进水口拦污栅槽后设一道检修门槽，共 5 孔，孔口尺寸为 10.0m×15.69m，底坎高程为 255.6m，设计水位为 293m，5 台机组共设 1 扇检修闸门，闸门结构型式为平板滑动闸门，检修门平时存放于进水塔顶门库内，检修时由进水塔顶双向门机主钩配以自动抓梁操作，容量为 2×2000kN。进水口快速门设在进水口检修门槽下游侧，孔口尺寸为 10.0m×14.17m，底坎高程为 255.6m，设计水位为 293m，由 3000kN/6000kN 液压启闭机操作，采用一门一机布置，快速闭门时间为 3min，开门时间约 15min。

电站尾水共有 5 条尾水隧洞，分别设有机组检修门和尾水隧洞出口检修门。考虑机组初期发电挡水要求，5 台机组共设五扇机组检修门，机组检修门孔口尺寸为 12.0m×16.22m（宽×高），为平面滑道闸门，闸门静水闭门，平压开启，由尾水廊道内容量为 3200kN 桥机借助自动抓梁操作。尾水隧洞出口段 10 孔共设 2 扇尾水隧洞出口检修门，闸门孔口尺寸为 6.3m×27.5m（宽×高），为叠梁门，闸门由汽车吊借助自动抓梁操作。在尾水隧洞出口检修门槽处还设有 6 套临时挡沙门，挡沙门由汽车吊借助自动抓梁操作。

11.1.2.1　电站进水口拦污栅

1. 主要参数

电站进水口拦污栅主要设计参数见表 11.1-6。

表 11.1-6　　　　　　　　　　电站进水口拦污栅主要设计参数

序号	名称	参数	序号	名称	参数
1	孔口尺寸（宽×高）	4.4m×28.5m	5	总水压力	4902kN
2	闸门型式	平面直立式	6	支承型式	尼龙滑块
3	底坎高程	255.6m	7	支承跨度	4.46m
4	设计水头	4m	8	操作条件	静水启

2. 栅体及埋件设计

栅体为板梁式结构，每小节布置 3 根主横梁，主横梁为焊接工字钢，梁高为 460mm，栅条为圆头扁钢 100mm×12mm，栅条间用横向连接杆连接；边梁为"工"型焊接结构；栅体结构的材质均为 Q345B。正向支承为铸型油尼龙滑块；反向支承、侧导向为常用的钢滑块；吊杆共 5 根，与栅体吊耳连接为转向短吊杆，长 2m，其余各节每节长 3.89m，吊杆断面系"工"型焊接件，材质为 Q345B，销轴 φ140mm，材质为 35 号锻钢，表面镀铬。每节拦污栅上设锁锭，左右两侧各一套，翻转式，箱形结构，要求铰轴转动灵活，轴承采用自润滑材料，吊杆锁锭采用简支梁式并带行走轮的锁锭梁。

闸门启闭力、栅体、栅条结构及埋件按有关设计规范进行设计，强度设计满足规范应力要求，主梁最大弯应力为 97.1MPa，最大剪应力为 29.5MPa，挠度为 1/1036。启闭机容量按相应的启闭力进行配置。

11.1.2.2　电站进水口检修门

1. 主要参数

电站进水口检修门主要设计参数见表 11.1-7。

表 11.1-7　　　　　　　　　　电站进水口检修门主要设计参数

序号	名称	参数	序号	名称	参数
1	孔口尺寸（宽×高）	10.0m×15.69m	6	设计水头	37.4m
2	闸门型式	平面滑动闸门	7	总水压力	47050kN
3	底坎高程	255.6m	8	支承型式	钢滑块
4	设计水位	293m	9	支承跨度	10.6m
5	操作水位	293m	10	操作条件	静水启闭

2. 闸门及埋件设计

检修门总高 17m，分两大节。上、下两节门各布置 6 根主梁，两主梁之间布置 1 根小横梁采用焊接"工"字钢，纵向连接系及边柱均为实腹"T"型梁，面板布置在上游面，材质 Q345。正向支承为钢滑块，材质 ZG270-500；反向支承为钢滑块；侧向导轮轴承为自润滑滑动轴承。止水均布置在上游面，顶、侧止水均为 P 型橡皮，底止水为刀型橡皮，橡胶材质为防 100 号，其接头热胶。

　　埋件主轨为厚钢板为主的焊接构件，材质 Q345B。反轨为工字钢及钢板焊接成组合件。胸墙为钢板焊接构件，止水底板采用不锈钢板，止水工作面机加工。底坎及侧坎为工字钢上焊盖板。

　　闸门启闭力、门叶结构及埋件按有关设计规范进行设计，强度设计满足规范应力要求，主梁最大弯应力为 196.4MPa，最大剪应力为 56MPa，挠度为 1/815。闸门启门力为 3470kN（考虑 2m 水位差），启闭机容量按相应的启闭力进行配置。

11.1.2.3　电站进水口快速门

1. 主要参数

电站进水口快速门主要设计参数见表 11.1-8。

表 11.1-8　　　　　　　　　　电站进水口快速门主要设计参数

序号	名　称	参　　数	序号	名　称	参　　数
1	孔口尺寸	10.0m×14.17m	6	设计水头	37.4m
2	闸门型式	平板滑动闸门	7	总水压力	44330kN
3	底坎高程	255.6m	8	支承型式	铜基镶嵌自润滑滑道
4	设计水位	293m	9	支承跨度	10.6m
5	操作水位	293m	10	操作条件	动水闭门、静水启门

2. 闸门及埋件设计

　　闸门总高 16.1m（含吊耳），分两个启吊单元，共有 6 个制造单元。6 个制造单元在现场焊接成两个启吊单元，两大节长短轴连接。主横梁为焊接"工"型梁。正向支承为铜基镶嵌自润滑滑道。反向支承为钢滑块。侧导向为侧轮，直径 ϕ300mm，材质 ZG270-500，轴瓦为自润滑材料。顶、侧水封布置在下游面，系夹三层帆布 P 型橡塑水封，材质 LD-19，整根装箱运往工地，其拐角接头处在工地热胶合，必须保证聚四氟乙烯包层的光滑平整，底止水系平板橡皮防 100 号，布置在门叶底缘的中部。

　　埋件主轨为厚钢板为主的焊接构件，材质 Q345B。轨头为 1Cr18Ni9Ti 的不锈钢。止水座板采用不锈钢板，止水工作面机加工。反轨为工字钢及钢板焊接成组合件。胸墙为钢板焊接构件，止水座板采用不锈钢板，止水工作面机加工。底坎及侧坎为工字钢上焊盖板。

　　闸门启闭力、门叶结构及埋件按有关设计规范进行设计，强度设计满足规范应力要求，主梁最大弯应力为 191.3MPa，最大剪应力为 59.2MPa，挠度为 1/883。闸门启门力为 2732kN（考虑 4m 水位差），最大持住力为 5868kN，启闭机容量（3000/6000kN）按相应的启闭力进行配置。

11.1.2.4　电站机组检修门

1. 主要参数

电站机组检修门主要设计参数见表 11.1-9。

2. 闸门及埋件设计

　　检修门总高 17.5m，分两大节，上节门高 8.6m，下节门高 9.3m。上节门布置 7 根实腹主梁，下节门布置 8 根主梁，纵向连接系及边柱均为实腹"T"型梁，面板布置在上游

表 11.1-9 电站机组检修门主要设计参数

序号	名称	参　数	序号	名称	参　数
1	孔口尺寸	12.6m×16.2m	6	设计水头	81.12m
2	闸门型式	平面闸门	7	总水压力	152340kN
3	底坎高程	180.56m	8	支承型式	钢滑块
4	设计水位	261.68m	9	支承跨度	13.4m
5	操作水位	261.68m	10	操作条件	静水启闭

面，材质 Q345B。正向支承为钢滑块，材质 ZG35CrMo，滑道最大线压强为 67kN/cm。侧、反向支承为钢滑块。止水均布置在上游面，顶、侧止水均为 P 型橡皮，橡胶材质为 LD-19，并夹 3 层帆布，底止水为刀型橡皮，橡胶材质为 LD-19，其接头热胶合。

埋件主轨为铸钢件，材质 ZG35CrMo，止水座板为不锈钢，主轨工作面、止水座板要求机加工，要求严格控制主轨工作面与止水板相互间关系尺寸。底坎、侧坎、反轨、轻轨为钢板焊接的工字钢，要求单根调直，工作面平整。胸墙为钢板焊接结构，钢板上焊不锈钢止水座板，止水座板要求机加工。

闸门启闭力、门叶结构及埋件按有关设计规范进行设计，强度设计满足规范应力要求，主梁最大弯应力为 202.8MPa，最大剪应力为 76.7MPa，挠度为 1/979。闸门启门力为 2772kN（考虑 1m 水位差），启闭机容量按相应的启闭力进行配置。

11.1.2.5　尾水洞检修门

1. 主要参数

尾水洞检修门主要设计参数见表 11.1-10。

表 11.1-10 尾水洞检修门主要设计参数

序号	名称	参　数	序号	名称	参　数
1	孔口尺寸	12.6m×27.5m	6	设计水头	218.82m
2	闸门型式	平板叠梁门	7	总水压力	20.32m
3	底坎高程	198.5m	8	支承型式	26400kN
4	设计水位	13.2m	9	支承跨度	钢滑块
5	操作水位	218.82m	10	操作条件	静水启闭

2. 闸门及埋件设计

闸门总高 21.6m，分 6 节，每节门高 3.6m。每节门布置 3 根实腹主梁，纵向连接系及边柱均为实腹"T"型梁，面板、止水布置在下游面，材质为 Q345B。正向支承为钢滑块，材质 ZG270-500，滑块最大线压强为 19.4kN/cm。侧、反向支承为钢滑块。面板及止水均布置在下游面，侧止水均为 P 型橡皮，底止水为刀型橡皮，橡胶材质为防 100 号，其接头热胶合。

埋件主轨为工字形焊接件，材质 Q345B，止水座板为不锈钢，主轨工作面、止水座板要求机加工。底坎、侧坎、反轨、轻轨为钢板焊接的工字钢，要求单根调直，工作面平整。

闸门启闭力、门叶结构及埋件按有关设计规范进行设计，强度设计满足应力要求，主梁最大弯应力为 177MPa，最大剪应力为 85.3Ma，挠度为 1/741。启闭机容量按相应的启闭力进行配置。

11.1.2.6　电站进水塔 2×2000/650/650kN（双向）门式启闭机

1. 设计参数

进水塔 2×2000/650/650kN（双向）门式启闭机主要设计参数见表 11.1-11。

表 11.1-11　进水塔 2×2000/650/650kN（双向）门式启闭机主要设计参数

序号	名　称	参　数	备　注
一	主小车主要技术参数		
1	额定启门力	2×2000kN	包括自动挂钩梁
2	起升高度		包括自动挂钩梁
3	总起升高度	65m	
4	坝面以上起升高度	20m	
5	起升速度	2.5m/min	
6	电动机防护等级	TH 处理，IP54	
二	运行机构		
1	运行荷载	2×1500kN	包括自动挂钩梁
2	运行速度	3m/min	
3	运行距离	10m	
4	电动机防护等级	TH 处理，IP54	
三	回转吊主要技术参数		
1	额定提升力	650kN	左右侧相同
2	起升高度		
3	总起升高度	65m	
4	坝面以上起升高度	13m	
5	起升速度	5m/min	
6	电动机防护等级	TH 处理，IP54	
7	回转机构		
8	回转荷载	650kN	
9	回转幅度	11m	
10	回转速度	0.4r/min	
11	回转角度	180°~200°	以不与结构相碰为限
12	电动机防护等级	TH 处理，IP54	
四	大车运行机构主要技术参数		
1	运行荷载	2×1500kN	包括自动挂钩梁
2	运行速度	20m/min	
3	运行距离	142m	换接电缆接头

序号	名　称	参　数	备　注
4	电动机防护等级	TH 处理，IP54	
5	调速及同步方式	交流变频调速，满载调速范围 1∶10，电气同步	
6	轨距	15m	

2．门机设计

电站进水塔 2×2000/650/650kN（双向）门式启闭机（1 台），安装高程 306m。门机设有独立运行的主小车，并在上游左侧和右侧各设 1 台 650kN 回转吊。主小车用于电厂进口检修门的启闭和吊运，快速门及其液压启闭机的安装检修吊运。回转吊用于拦污栅的操作和坝面零星物品的吊运。门机轨道总长约 159.1m。电缆卷筒供电，电源电压为 AC380V，50Hz。

11.1.2.7　电站进水口快速门 3000/6000kN 液压启闭机

电站快速门 3000/6000kN 液压启闭机共 5 台，安装在高程 302.8m 机房内，液压泵站安装在坝顶专用机房内。

1．液压启闭机主要技术参数

液压启闭机主要技术参数见表 11.1-12。

表 11.1-12　　　　　　　　　液压启闭机主要技术参数

序号	名　称	参　数	备　注
1	额定启门力	3000kN	
2	额定持住力	6000kN	快速闭门
3	工作行程	15.1m	
4	最大行程	15.3m	油缸内富裕行程由卖方根据结构需要自行考虑
5	启门时间	20min	可调
6	快速闭门时间	3min	不包含平压阀关闭时间
7	操作条件	静水启门，动水闭门。平压阀充水平压	
8	启闭机型式	尾部球面（或锥面）支承，双作用液压启闭机	

2．启闭机设计

（1）每一套液压泵站设 2 台手动变量油泵-电动机组，同时工作，相互备用。

（2）闸门动水关闭，静水开启。平压阀充水平压。

（3）液压启闭机工作方式：全程启闭。

（4）液压启闭机电控方式：远方控制、现地单机控制、现地检修调试单步手动控制。3 种控制方式相互联锁。

11.1.2.8　机组检修门 3200kN（单向）桥式启闭机

1．主要技术参数

桥机主要技术参数见表 11.1-13。

表 11.1 - 13 <center>桥 机 主 要 技 术 参 数</center>

序号	名 称	参 数	备 注
一	起升机构主要技术参数		
1	额定启门力	3200kN	包括自动挂钩梁
2	起升高度		包括自动挂钩梁
3	总起升高度	100m	
4	廊道平台以上起升高度	14m	
5	起升速度	2.5m/min	
6	电动机防护等级	TH 处理，IP54	
二	大车运行机构主要技术参数		
1	运行荷载	2500kN	包括自动挂钩梁
2	运行速度	20m/min	
3	运行距离	155m	
4	电动机防护等级	TH 处理，IP54	
5	调速及同步方式	交流变频调速，满载调速范围1：10	
6	轨距	7m	

2. 桥机设计

尾水廊道机组检修门 3200kN（单向）桥式启闭机（1台），安装在电站尾水廊道内，轨顶高程 288m，用于机组检修门的启闭和吊运。

桥机轨道总长约 168.7m。安全滑触线供电，电源电压 AC380V，50Hz。

11.1.2.9 引水隧洞压力钢管

1. 压力钢管布置

电站引水隧洞采用一洞一机布置方式，五条引水隧洞平行布置，隧洞中心间距 35m。引水隧洞由上平段、上弯段、竖直段、下弯段、下平段组成。下平段为压力钢管，1 号～3 号机压力钢管直径为 14.0～9.74m，4 号机压力钢管直径为 12.5～9.74m，5 号机压力钢管直径为 10.5～9.74m。压力钢管锥管段（含锥管段）以前按埋管设计，与蜗壳相连的水平段按明管设计。钢管最大设计水头 140m。在钢管首端设有 3 道阻水环，穿过主厂房上游墙的钢管设置软垫层。

钢管采用 600N/mm^2 级钢材制作。管壁厚度为 40～45mm。在压力钢管外设置有加劲环，加劲环的间距为 1.1～1.2m，断面形状为矩形。

2. 压力钢管设计

压力钢管内径 $D=14$m，正常蓄水位 293m，水轮机安装高程 201m，经过调节保证计算，压力钢管的设计压力（包括水锤升压值）为 1.4MPa（设计水头 H 为 140m），最大设计外水压力为 0.7MPa。压力钢管 HD 值为 1960m^2，属于大型压力钢管。

在内水压力作用下，按钢管、回填混凝土、围岩三者联合受力，考虑钢管与混凝土、混凝土与围岩之间存在着一定的缝隙进行结构计算，并按外水压力作用下校核其抗外压的稳定。经计算，钢管最大应力为 193.24MPa，满足规范要求。在压力钢管外设置加劲环，抗外压稳定安全系数取为 1.8，加劲环的间距约 1.2m，经计算压力钢管管壁及加劲环自身稳定满足规范抗外压稳定要求。钢管外须进行固结灌浆、回填灌浆和接触灌浆。

11.1.3　通航船闸

船闸上游与库区航道连接，下游经由中间渠道和渡槽与垂直升船机相连。船闸闸室有效尺寸为 62.0m×12.0m×3.0m（长×宽×最小槛上水深），最大工作水头为 15m。上闸首主要设备有事故检修兼防洪挡水闸门及桥机、人字工作门及其启闭机械。闸室设有浮式系船柱。下闸首设人字工作门及其启闭机械。充泄水系统进水口布置在上闸首前沿两侧，前沿设拦污栅，其后依次为检修门、充水阀门及其启闭机械，下闸首设泄水阀门及其启闭机械和检修门。

11.1.3.1　上闸首事故检修叠梁门

1. 主要参数

上闸首事故检修门主要设计参数见表 11.1－14。

表 11.1－14　　　　　　　　上闸首事故检修门主要设计参数

序号	名　称	参　数	备　注
1	孔口尺寸	12.6m×27.5m	
2	闸门型式	平板叠梁门	
3	底坎高程	275m	
4	设计水位	298.85m	
5	支承型式	滑动支承	
6	支承跨度	12.8m	
7	操作条件	动闭静启	

2. 闸门及埋件设计

上游事故检修兼作挡洪水闸门，由 7 节叠梁门和其上的平板门组成。叠梁门用于适应水位变幅和检修闸室时挡水，检修水位 293m。平板门用于事故关闭。洪水期叠梁门、平板门共同用于挡水。

闸门采用"工"型实腹式主梁结构，门叶分为上下两节，上、下两节门高均为 3.1m，节间由吊板铰接。每节门布置两根主梁，面板布置在上游侧，小横梁为工字钢，纵向腹板及端柱为单腹板截面。吊耳设在纵向隔板处，吊点间距 8.4m。上节门吊耳与桥机自动挂钩梁相连。闸门材质为 Q345，闸门总重约 31t。

正向支承为滑动支承，滑块材料为双金属镶嵌自润滑复合材料。

反向支承为钢滑块。侧向支承为导轮装置，采用滑动轴承，轮子材料为 ZG310－570，轴材质均为 35 号钢。

止水布置在上游侧，侧止水为 P 型橡胶水封，底止水和节间止水为平板橡胶水封。

检修叠梁门共有叠梁 7 节，每节高 2.6m，外形尺寸均为 13.2m×2.6m×1.6m（宽×高×厚），支承跨度 12.8m，侧止水间距 12.2m。7 节叠梁按能承受的水头分为 2 组设计。各组叠梁的结构型式、外型尺寸、吊点间距均一致。

检修叠梁门采用"工"型实腹式主梁结构，面板布置在上游面，每节叠梁布置 2 根主梁。小横梁为工字钢，纵向隔板及端柱为单腹板截面。吊耳设在纵向隔板处，吊点间距 8.4m，吊耳结构适应与桥机自动挂钩梁脱、挂钩。叠梁材质为 Q345B。

正向支承为滑动支承，滑块材料为 MBJ 尼龙，滑道最大线压强为 22.6kN/cm。反向支承为钢滑块。侧向支承为导轮装置，采用滑动轴承。轮子材质为 ZG310-570，轴材质为 35 号钢。

止水布置在上游面，侧止水为 P 型橡胶水封，底止水为平板橡胶水封。每节叠梁顶部次梁作为上节叠梁底止水座板。

3. 平板事故门及检修叠梁门的设计计算

平板事故门和检修叠梁门许用应力的折减系数均为 1.0，设计采用允许应力法计算。

主要计算结果如下：检修叠梁门主梁最大弯应力为 149MPa，最大剪应力为 49MPa，挠度为 1/831。

平板事故门主梁最大弯应力为 140MPa，最大剪应力为 50MPa，挠度为 1/883。

门槽埋件采用二期埋设。

闸门启闭力、门叶结构及埋件按有关设计规范进行设计，强度设计满足规范许用应力要求。

11.1.3.2　桥机轨道梁

船闸上闸首 2×250kN 双向桥机布置在两条沿垂直于船闸轴线方向平行设置的轨道上，轨顶高程 313.7m，用于操作上闸首事故检修门和检修叠梁门，桥机轨道梁设计为两线，垂直于船闸轴线方向平行布置在上闸首前端闸顶钢筋混凝土排架上，每一线桥机轨道梁分两跨设计，跨度分别为 26.8m 和 19.8m，两线轨道梁的间距为 8.0m。

1. 主要参数

桥机轨道梁主要设计参数见表 11.1-15。

表 11.1-15　　　　　　　　　　桥机轨道梁主要设计参数

序号	名　称	参　数	备　注
1	跨度	两跨跨度分别为 26.8m、19.8m	
2	型式	焊接钢结构箱形简支梁	
3	梁高	2.2m	
4	腹板间距	1.1m	
5	主要材料	Q345B	

2. 桥机轨道梁设计

桥机轨道梁的强度计算采用允许应力法，按运行最不利工况进行计算，刚度按桥机非行走时启闭闸门的荷载计算，轨道梁的计算荷载由夹江水工厂提供（最大轮压 180kN，最小轮压 50kN），计算时轮压按 180kN 考虑。

桥机轨道梁的主要材料采用 Q345B，许用应力 $[\sigma]=205MPa$，$[\tau]=120MPa$，轨道梁的计算应力、挠度变形及稳定性均控制在允许范围内。

11.1.3.3　2×250kN 双向桥式启闭机

1. 主要参数

主小车主要技术参数见表 11.1－16。

表 11.1－16　　　　　　主小车主要技术参数表

序号	名　　称	参　　数	备　　注
一	起升机构	双吊点	
1	额定启门力	2×2500kN	包括液压自动挂钩梁重量
2	总起升高度	38m	
3	坝顶以上起升高度	12m	
4	吊点间距	8.4m	自动挂钩梁上吊点间距
5	起升速度	2.4m/min	满载/空钩带挂钩梁
6	主钩上极限位距 大车轨顶以下距离	≤1000mm	
7	电机防护处理	TH 处理	
8	小车运行机构		
9	运行荷载	2×200kN	包括液压自动挂钩梁重量
10	运行速度	2.84m/min	
11	最大运行距离	11m	
12	电机防护处理	TH 处理	
二	大车运行机构主要技术参数		
1	运行荷载	2×200kN	包括自动挂钩梁重量
2	跨度	8m	
3	基距	11m	
4	大车轨道	P43	
5	运行速度	15.3m/min	
6	最大连续运行距离	150m	
7	电机防护处理	TH 处理	
8	供电方式	380V，50Hz	滑触线供电
三	机工作级别和主要技术参数		
1	桥机整机工作级别	A5	
2	结构工作级别	A5	
3	小车起升机构工作级别	M4	
4	大车运行机构工作级别	M4	
5	小车运行机构工作级别	M3	

2. 桥机设计

2×250kN 双向桥机主要通过自动挂钩梁用于操作叠梁门。

为确保桥机运行安全可靠，起升机构采用双吊点同步轴同步。

为保证防风抗滑，桥机大小车均设有防风夹轨器。桥机启闭闸门的动作均可由桥机上的各个显示装置显示，司机可以在司机室内操纵各个机构正常作业，所设的电气联锁装置可保证桥机在各种工况下不出现误动作。桥机主要由主小车、桥架结构、大车运行机构等组成，并配置有风速仪、避雷器、高度指示器、负荷显示器、负荷限制器、自动挂钩梁穿销、退销和就位以及挂钩梁水平状态检测装置等。

11.1.3.4 上、下闸首人字闸门

1. 主要参数

上、下闸首人字闸门主要参数见表 11.1 - 17。

表 11.1 - 17 上、下闸首人字闸门主要参数表

名称	上闸首人字闸门	下闸首人字闸门	名称	上闸首人字闸门	下闸首人字闸门
底坎高程/m	275	275	门高/m	19.0	19.0
上游最高通航水位/m	293	293	门宽/m	7.4	7.4
上游最低通航水位/m	278	278	门厚/m	1.1	1.1
下游最高通航水位/m	293	278	顶枢轴直径/mm	160	160
下游最低通航水位/m	278	278	底枢蘑菇头半径/mm	340	340
最大工作水头/m	15	15	主横梁间距/m	1.2~1.8	1.2~1.8
最大淹没水深/m	18	3			

2. 人字门布置

船闸上闸首工作门采用人字闸门，底坎高程 275m，上游最高通航水位 293m，下游最低通航水位 278m，最大工作水头 15m，最大淹没水深 18m。

下闸首工作门亦采用人字闸门，底坎高程 275m，上游最高通航水位 293m，下游通航水位 278m，最大工作水头 15m，最大淹没水深 3m。

上、下闸首人字闸门外形尺寸相同，均为 7.4m×19.0m×1.1m（宽×高×厚），人字闸门位于关门位置时，其门轴线与船闸横轴线的夹角为 22.5°。

在关门状态下，人字门门轴柱、斜接柱处的支垫块与闸墙上的枕垫块相互支承，形成三铰拱，同时兼作闸门的侧向刚性止水，闸门的底止水为竖向布置的 P 型橡皮止水。

3. 人字门结构设计

人字闸门采用平面多主横梁结构，大致上按等荷载原则布置主横梁的间距，主横梁间距为 1.2~1.8m，主横梁梁高为 1.1m。

人字闸门主要材料采用 Q345C，许用应力 $[\sigma]=205$MPa，$[\tau]=120$MPa，人字闸门主横梁按平面三铰拱计算，属于偏心压弯构件，主梁最大线荷载为 184.15N/mm，最大弯曲应力为 97.0MPa，最大挠度为 6.1mm，其与计算跨度的比值为 1/1210。

人字闸门主横梁之间布置有水平次梁，以减小面板区格，降低面板厚度，水平次梁按等跨连续梁设计计算，次梁最大线荷载为 93.8N/mm，最大弯曲应力为 74.0MPa。

人字门门轴柱、斜接柱处的支垫块采用连续支承，兼作侧止水；材料为 0Cr19Ni9N。

顶枢轴瓦采用自润滑轴瓦，计算压应力为 20.3MPa，顶枢拉杆选用花篮螺母，计算拉应力为 83.0MPa。

底枢球瓦采用自润滑球瓦，计算压应力为 18.0MPa。

主、副背拉杆施加的预应力应控制在 50.0～120.0MPa 范围内，根据门叶现场调试情况确定。

联门轴安装在顶部两根主横梁处，材料采用锻 40Cr，调质处理，最大弯曲应力为 180.0MPa。

闸门启闭力、门叶结构及埋件按有关设计规范进行设计，强度设计满足规范许用应力要求。

11.1.3.5　上、下闸首人字闸门启闭机

1. 主要参数

人字门启闭机主要技术参数见表 11.1-18。

表 11.1-18　　　　　　　　人字门启闭机主要技术参数表

名　　称	参　　数	备　　注
启闭机型式	卧式摆动双作用液压启闭机	
人字门运行最大淹没水深	上闸首 17.5m，下闸首 3m	
额定启门力	630kN	
额定闭门力	630kN	
启闭机工作行程	2820mm	
人字门启门/闭门时间	3min/3min	
数量	4 套	
闸门全开位锁定钩锁锭力	300kN	
活塞杆上最大受压荷载	1000kN	

2. 启闭机布置

人字门液压启闭机共 4 套，主要用于操作各闸室人字闸门的启闭。人字门启闭机布置在各闸首启闭机房内，由液压油缸总成，双向摆动机架，上、下机架，行程检测装置和限位装置，启闭机二期埋件，液压泵站及机房内外管道系统，电力拖动和控制设备所组成。

人字门启闭机型式为中部支承卧缸直推式。油缸安装在由滚动轴承支承的双向摆动机架上，以适应启闭门时，油缸摆动和安装偏差。活塞杆端与人字门拉门点采用球面滑动轴承铰接。在闸首设有人字门机械锁定装置，可防止闸门检修全开时风浪、波浪对闸门和启闭机造成的不利影响。

3. 启闭机设计

（1）各闸首每扇人字门及相邻输水阀门启闭机由同一泵站中的功能独立的阀组控制操作。

（2）在同一闸首任意一侧机房可同时控制双侧或另一侧启闭机（包括输水阀门的单边充泄水）。

（3）启闭机可实现现地控制和中央控制室集中控制（现地与集控联锁）。

（4）各级闸首两台人字门启闭机经电气位置同步控制，可按不大于 10mm 误差实现

同步运行至等待位，以确保人字门能顺利进入导卡，并在充泄水形成的水头差作用下合拢。

（5）上、下闸首人字门在全开到位设检修锁锭。

（6）液压系统中采用的双向负载平衡回路、油缸负载多级平衡阀块，可防止人字门运行过程中由于风浪可能对启闭机造成的负向载荷而造成的失速，液启闭机能迅速平稳地调整过渡。可适应在闸室出现超灌反向水头时，启闭机以持住方式退让运行而避免设备受到过大荷载。

（7）液压系统的设计具备有利用闸室超灌超泄所产生的人字门反向水头，配合精密水位计与系统联动操作实现人字门的初始开启。

（8）启闭机缸旁设置了安全保护阀块，在闸室充泄水初始阶段可防止人字闸门的"漂移"。

（9）人字门启闭机液压泵站系统主要元器件采用进口件组装，并配备有液压管道循环冲洗装置、油水分离器、精滤洼油库，以及进口 PQT 压力流量温度检测仪。

11.1.3.6　浮式系船柱

1. 主要参数

浮式系船柱主要技术参数见表 11.1-19。

表 11.1-19　　　　　　　　　浮式系船柱主要技术参数表

名　称	参　数	名　称	参　数
系缆力	纵向 80kN、横向 50kN	浮筒直径	1000mm
		系缆桩离水面高	1.1m

2. 浮式系船柱设计

浮式系船柱禁止用作进闸船舶的制动，设有用于船舶制动的固定系缆桩。浮式系船柱仅用于闸室充泄水时稳定闸室的停靠船舶。

浮式系船柱滑槽埋件采用一期安装，浮式系船柱入槽后须上下滑动三次无卡阻。

11.1.3.7　下闸首检修门

1. 主要参数

下闸首检修门主要技术参数见表 11.1-20。

表 11.1-20　　　　　　　　　下闸首检修门主要技术参数表

名　称	参　数	名　称	参　数
孔口尺寸	12.0m×3.2m	支承型式	钢滑块
闸门型式	平板门	支承跨度	12.8m
闸门数量	1 扇	操作条件	静水操作
底坎高程	275.3m	反向支承	钢滑块
设计水头	3m	侧向支承	滚轮
总水压力	1947kN		

2. 闸门及埋件设计

下闸首检修门采用钢滑块支承的平面滑动闸门。门体内主横梁、边柱、面板等组成整体焊接结构。面板、止水均设在下游侧。侧止水选用 P 型止水橡皮，底止水为刀型止水橡皮。门体结构材料为 Q345B。正支承钢滑块材料为 ZG230-450。

门槽埋件主要由主轨、反轨、侧轨和底坎等组成。埋件材料均采用 Q345B。

门体结构按平面体系方法计算，并按容许应力方法设计。门体主要结构计算结果如下：主梁最大弯应力为 49.5MPa，最大剪应力为 26.6MPa。

根据计算的启闭力，选用 200kN 的临时启闭设备。

闸门启闭力、门叶结构及埋件按有关设计规范进行设计，强度设计满足规范许用应力要求。

11.1.3.8　拦污栅

1. 主要参数

船闸廊道进水孔前缘拦污栅主要参数见表 11.1-21。

表 11.1-21　　　　　　船闸廊道进水孔前缘拦污栅主要参数表

名　称	参　数	名　称	参　数
孔口尺寸（宽×高）	2.1m×2.6m	支承跨度	1.8m
设计水头	4m	栅条间距	200mm

2. 栅体结构及埋件设计

为防止污物进入充泄水廊道和闸室，影响船闸正常运行，在充泄水廊道进水孔前缘布置拦污栅。船闸上游前方左、右闸墙段充泄水廊道的进水口各布置 2 个尺寸相同的拦污栅。

采用平面式流线型。由"工"横梁、端柱、小次梁及扁钢栅条的焊接结构组成，钢滑块支承。栅体结构钢材为 Q345B。

埋件支承及底板分别由钢板和角钢等焊接组成。材料的型号：板材为 Q345B，型钢为 Q235B。埋件采用一期混凝土埋设。

栅体结构按平面体系方法计算，并按容许应力法设计。

栅条跨中最大弯应力 $\sigma=54.2MPa<[\sigma]=230MPa$。

栅条计算整体稳定安全系数 $k>2$。

主梁的最大弯曲压应力 $\sigma=91.2MPa<[\sigma]=230MPa$。

11.1.3.9　工作阀门

1. 主要参数

工作阀门主要技术参数见表 11.1-22。

表 11.1-22　　　　　　　　工作阀门主要技术参数表

名　称	参　数	名　称	参　数
孔口尺寸（宽×高）	2.0m×1.6m	总水压力	535.5kN
闸门型式	平面定轮门	支承型式	定轮（滚动轴承）支承
闸门数量	4 扇		
底坎高程	271m（271.65m）	支承跨度	2.04m
设计水头	15m	操作条件	动闭动启

2. 闸门及埋件设计

廊道工作阀门为悬臂式定轮支承的平面钢闸门。门体内主横梁、边柱、面板等组成整体焊接结构。面板、止水均设在上游侧。顶、侧止水选用 P 型止水橡皮，底止水为刀型止水橡皮。闸门每侧布置 2 个定轮支承，单个定轮最大轮压 187kN。定轮直径 ϕ580mm，材料为 ZG310 - 570。轮轴材料 40Cr，调质处理。门体结构、吊杆材料为 Q345B。

门槽埋件主要由主轨、反轨、侧轨、底坎和门楣等组成。埋件材料均采用 Q345B。

门体结构按平面体系方法计算，并按容许应力方法设计。由于该阀门为重要工作阀门，故容许应力应考虑 0.9 的调整系数。门体主要结构计算结果如下：主梁最大弯应力为 20.1MPa，最大剪应力为 28.6MPa。

闸门动闭静启，但在事故的情况下还应考虑闸门事故下门，故设计时最大启闭力工况为：启门时 22m 水头，闭门时 15m 水头。

根据上述的计算工况并根据规范的要求，廊道工作阀门的启闭力计算结果如下：启门力为 138.8kN，持住力为 68.4kN，闭门力为 0.6kN（可自重闭门）。根据计算的启闭力，选用 200kN 的液压启闭机。

11.1.3.10 输水阀门启闭机

1. 主要参数

输水阀门启闭机主要技术参数见表 11.1 - 23。

表 11.1 - 23 输水阀门启闭机主要技术参数表

名　称	参　数	名　称	参　数
启闭机型式	竖缸式液压启闭机	最大行程	2700mm
额定启门力	200kN	阀门开启时间	3min
工作行程	2500mm	阀门关闭时间	3min

2. 启闭机设计

船闸共 4 套输水阀门启闭机，主要用于操作输水廊道阀门的启闭。输水廊道启闭机布置在阀门井顶部，其竖式油缸采用中部耳轴支承，通过吊杆操作动水开门，静水关门或低水头动水关门。

阀门启闭机主要由油缸总成、机架及埋件、行程开度检测装置、管道系统及埋件组成。

输水阀门启闭机与人字门启闭机共用液压泵站系统和电控设备。输水阀门启闭机运行原则如下：

（1）阀门启闭机可实现现地控制和中央集中控制室控制（现地与集控联锁）。

（2）当单边阀门或启闭机出现故障时，阀门启闭机可实现单边充泄水。

（3）与人字门启闭机共用的系统泵站特点与人字门启闭机泵站系统相同。

11.1.3.11 输水廊道检修门

1. 主要参数

检修门主要技术参数见表 11.1 - 24。

　　　　　　　　　　　检修门主要技术参数表

名　称	参　数		备　注
	充水廊道	泄水廊道	
孔口尺寸（宽×高）	2.6m×1.6m	2.0m×1.6m	
闸门型式	平面滑动门	平面滑动门	
闸门数量	2 扇	2 扇	
底坎高程	272.05m	271.65m	
设计水头	26.8m	21.35m	
总水压力	1168.2kN	724.7kN	
支承型式	滑块支承	滑块支承	
支承跨度	1.9m	1.9m	
操作条件	静水启闭	静水启闭	

2. 闸门及埋件设计

廊道检修门采用钢滑块支承的平面滑动闸门。门体内主横梁、边柱、面板等组成整体焊接结构。面板、止水均设在下游侧。顶、侧止水选用 P 型止水橡皮，底止水为刀型止水橡皮。闸门门顶设有平压阀，平压管直径为 120mm，平压阀行程为 100mm。门体结构、吊杆材料为 Q345B。正支承钢滑块材料为 ZG230－450。

门槽埋件主要由主轨、反轨、侧轨、底坎和门楣等组成。埋件材料均采用 Q345B。

门体结构按平面体系方法计算，并按容许应力方法设计。门体主要结构计算结果如下：主梁最大弯应力为 32.1MPa，最大剪应力为 37.46MPa。

根据计算的启闭力，选用 200kN 的临时启闭设备。

11.1.4　升船机金属结构

升船机布置在下游，最大提升水头 66.6m，通过中间渠道与上游的船闸连接，船闸最大通航水头 15m，二者联合运转，可克服枢纽 81.6m 的最大通航水头。升船机建筑物从上游至下游依次布置有：上闸首、垂直升船机主体、下闸首、下游引航道、下游靠船墩等建筑物。

升船机采用钢丝绳卷扬全平衡垂直提升型式。船舶过坝时，通过上、下闸首驶入装有水的钢质承船厢内。承船厢由多根钢丝绳悬吊，通过设于承重塔柱顶部机房内的主提升机驱动，使之沿承重塔柱导轨垂直升降运行，运送船只过坝。

11.1.4.1　上闸首设备

上闸首是升船机的上游挡水建筑物，位于升船机上游端与中间渠道的连接处，主要设备布置在升船机上游端两个组合筒体之间的土建结构上。上闸首设置事故检修闸门和工作闸门各 1 扇。中间渠道保持 278m 恒定水位，航槽净宽 12m，底高程 275.3m，闸顶高程 280m。事故检修闸门与工作闸门均为露顶式平板门，各由 1 台 2×125kN 固定卷扬机启闭，启闭机布置在塔柱顶部的主机房内。

为确保闸门关闭时顺利入槽，在两门槽的上方装设有钢结构导向架。在主机房的地面平台上设置有闸门锁锭装置，用于将开启后的闸门锁锭。工作闸门锁锭装置采用挂、脱自如式，事故检修闸门锁锭装置采用钢梁式。

在上闸首混凝土连接横梁的下游侧，埋设了焊有不锈钢止水座板的钢结构 U 形密封框架，用于船厢密封框与上闸首的对接密封。

11.1.4.2 升船机主体设备

升船机主体设备由主提升机、承船厢、平衡重系统及其他辅助设备组成。

提升主机布置在塔柱顶部的主机房内，机房地面高程 290m。提升主机主要包括 4 套卷扬提升机构、8 套平衡滑轮组、1 套安全制动系统、1 套机械同步轴系统、4 套干油润滑系统及相应的电力拖动、控制、检测等设备。

每套提升机构各由 1 台 200kW 的交流电机驱动，4 套提升机构间通过机械同步轴连接，形成封闭的同步轴系统。每个卷筒上绕有 7 根 ϕ64mm 的钢丝绳，其中 4 根提升绳通过液压均衡油缸与船厢连接，另 3 根反向缠绕的转矩平衡绳与转矩平衡重相连。每套提升机构的上、下游分别布置 1 组平衡滑轮组，每个滑轮组有 6 片滑轮，绕过滑轮的重力平衡绳两端分别与船厢和重力平衡重相连。

卷筒、滑轮的名义直径均为 3.85m。提升主机的额定提升力为 2400kN，最大提升高度为 66.6m。

主机房内设有 1 台 1000kN/2×150kN 的双向检修桥机，供主机安装、检修使用。

升船机提升主机有 4 个驱动单元，每个驱动单元的 1 台交流电动机分别配置 1 套交流变频传动装置。

承船厢为钢质槽形结构，由 80 根钢丝绳悬吊，并通过提升主机驱动，在船厢室内沿塔柱上下运行。船厢有效水域尺寸为 59.0m×11.7m×2.5m（长×宽×水深），外形尺寸为 71.0m×16.0m×8.2m（长×宽×厢头高），船厢结构、设备加厢内水体总重约 3250t。

为满足船厢运行和与闸首对接的需要，船厢上设置了具有相应功能的设备。在船厢头两端设有船厢门、厢门启闭机及防撞设备；在船厢门及防撞装置的内侧设有检修门；在船厢两端及其下部的机舱内设有 U 形活动密封框机构、可逆水泵系统和液压油泵站；在船厢中部两侧设有顶紧机构；在距船厢横向中心线 30.5m 处，对称布置有 4 套夹紧机构和导向装置；船厢上游端外侧设有疏散爬梯。此外，船厢上还设置了消防、照明、通信、供电、电气控制等设备。

在塔柱上部和船厢室底部，分别设置了用于船厢安装、检修的上、下锁锭装置。

承船厢的总重量由相同重量的平衡重全部平衡。平衡重包括重力平衡重和转矩平衡重，其中重力平衡重共 2100t，分为 8 组，分别布置在塔柱的 8 个重力平衡重井内；转矩平衡重共 1150t，分为 4 组，分别布置在 4 个转矩平衡重井内。平衡重组在井内沿导轨上、下运行。平衡重井在高程 277.4m 和高程 203m，分别设有平衡重上、下锁锭平台，并配置有锁锭设备，用于升船机安装、检修时将平衡重组锁锭。

11.1.4.3 下闸首设备

下闸首是升船机下游的挡水建筑物，位于升船机下游端与下游引航道的连接处。航槽净宽为 12m，底高程为 208.4m，闸顶高程为 235m，可适应下游最低通航水位 211.4m 至最高通航水位 227m 的水位变化。下闸首布置有 1 扇工作大门和 1 套检修门。工作大门由

1 台布置在下闸首机房内的 2×4000kN 固定卷扬式启闭机操作,检修门由 1 台布置在混凝土排架上的 2×320kN 单向桥机操作。

工作大门为带卧倒小门的下沉式双扉平板门,当下游水位变化在 1.95m 以内时,由卧倒小门适应水位变化。卧倒小门由 2×500kN 液压启闭机操作。当下游水位变化超过 1.95m 时,利用 2×4000kN 固定卷扬式启闭机操作大门,调整门位,以适应变化后的水位。调整后,工作大门由锁定机构锁定在门槽埋件上。下闸首机房地面高程 265.6m,可满足工作大门提出门槽检修的要求。启闭机房内设有 1 台 500/50kN 双向桥机,用于下闸首机房内机、电设备的安装检修。

检修门由 5 节叠梁和 1 扇平板门组成,总高度 26.6m,可承挡高程 235m 的下游洪水位,每节叠梁高为 3.2m,平板门高为 10.6m。检修门由 2×320kN 单向桥机通过液压自动挂脱梁起吊。桥机跨度为 7.0m,轨顶高程为 258m。闸门启闭力、门叶结构及埋件按有关设计规范进行设计,强度设计满足规范许用应力要求,

11.2　金属结构关键技术

11.2.1　泄洪表孔临时挡水关键技术

根据施工进度安排,在表孔弧门尚未完全安装完毕具备挡水条件的情况下,为满足提前蓄水发电的要求,泄洪表孔在事故检修门槽设有部分临时挡水叠梁用于临时挡水发电,孔口尺寸为 14.0m×24.5m(宽×高)。闸门由坝顶门机借助液压自动挂脱梁操作。挡水叠梁门数量根据施工进度的情况确定。

11.2.2　电站建筑物金属结构关键技术

1. 电站快速门

电站快速门主要进行了闸门支承型式比较研究。电站快速门支承型式一般有 2 种:①采用定轮(球面滑动轴承)支承,埋件采用铸钢轨道。其优点在于摩擦系数小而稳定,闭门力和启门力小。其缺点在于轮子和轨道均为铸锻件,制造难度大,造价高;后期维护工作量较大;②采用滑块支承,埋件为厚钢板焊接结构。其优点在于滑块和埋件制造简单、造价低,后期维护工作量小。其缺点在于摩擦系数偏大且不太稳定,闭门力和启门力大。经过综合技术经济比较,电站快速门选用滑块支承。

2. 压力钢管

招标设计方案中,上弯段进口上游 10m 为钢管起点。钢管上平段、上弯段、竖直段上部分采用 16MnR 钢材,管壁厚度为 26~36mm,钢管下弯段、下平段采用 600N/mm^2 级钢材,管壁厚度为 30~42mm。在压力钢管外设置有加劲环,加劲环的间距为 1.7~2.0m,断面形状为矩形。5 条钢管重约 11000t(不包括运输、安装钢管、附件所需的内外支撑及埋件的重量)。

施工阶段优化设计方案,下弯段出口为钢管起点,即取消了上平段、上弯段、竖直段、下弯段的钢衬,下平段布置不变。5 条钢管重约 4230t(不包括运输、安装钢管、附

件所需的内外支撑及埋件的重量），较招标设计方案节约了 6670t 钢材。

11.2.3　通航建筑物金属结构关键技术

1. 升船机主提升机减速器研究及优化设计

彭水升船机主提升机减速器共 4 台，单台额定输入功率为 200kW，额定输出扭矩为 2×750kN·m，高速轴转速 739r/min，低速轴转速 0.99r/min，总传动比 745，水平中心矩 3800mm，属于典型的低速、重载减速器。受主提升机纵向布置尺寸条件的限制，对减速器的外形宽度有比较严苛的要求（每台减速器的外形宽度不得大于 2200mm），因此该设备制造的可实施性、性能可靠性以及外形尺寸等，对升船机主提升机的布置和总体设计方案有直接影响。

针对升船机主提升机低速重载减速器制造的可实施性和运行的可靠性，与大型减速器专业制造厂家密切协作，对减速器技术方案进行了深入研究设计，确定了满足工程布置条件和运行要求的减速器技术方案。

根据主提升机减速器大扭矩、大传动比、外形尺寸要求严格等特点，通过对减速器各级传动比的合理配置、低速轴与卷筒轴连接结构的优化设计、关键零部件制造的可行性、大型硬齿面齿轮制造加工工艺、大型箱体的变形和受力的有限元分析等关键技术的研究，使减速器以最优化的设计方案，合理可行的机加工、热处理、装配工艺，试验与调试技术方案，满足了彭水升船机主提升机的总体布置和运行要求。

2. 承船厢结构研究及优化设计

升船机承船厢外形尺寸为 71.0m×16.0m×8.2m（长×宽×厢头高），中间断面高为 6.5m，有效水域尺寸为 59.0m×11.7m×2.5m（长×宽×水深），干弦高 0.7m。承船厢由于尺寸较大、设计工况较多、受力复杂，用常规计算方法难以精确计算。为保证升船机船厢结构与设备运行安全，在承船厢设计时进行了三维有限元分析计算。

承船厢预拱度的确定是船厢结构的制造难点之一。为保证承船厢上的设备能安全可靠运行，需在拼装过程中对承船厢主纵梁进行预拱，以消除装水后承船厢结构变形对设备的影响。为确定承船厢合理的预拱值，通过三维有限元分析，最终确定承船厢主纵梁最大预拱值采用 40mm，预拱后承船厢纵向刚度小于 1/2000。

根据三维有限元分析计算结果，对船厢结构进行了深入的优化设计，最终使承船厢结构设计合理，强度、刚度满足运行要求。

3. 机械锁紧式均衡油缸设计

承船厢由 48 根重力平衡钢丝绳和 32 根卷扬提升钢丝绳悬吊，重量由平衡重块全部平衡。重力平衡绳分成 8 组，一端与船厢直接相连，另一端绕过平衡滑轮后与平衡重块连接；提升钢丝绳分成 8 组，一端经液压均衡油缸与船厢连接，另一端缠绕并固定在 8 只卷筒上。船厢升降过程中水平状态的保持和每组提升钢丝绳的张力均衡由均衡油缸实施。

均衡油缸的工作特性，以及其他已建钢丝绳卷扬提升式全平衡垂直升船机种对均衡油缸的内、外泄漏有严格的规定，既加大了设备制造难度，又难以保证设备运行的安全可靠性。国内其他已建升船机上，就曾发生了因均衡油缸泄漏而造成船厢倾斜的实例。

为提高均衡油缸运行的安全可靠性，在彭水升船机的设计中，创造性地研发了一种带机械锁紧式的均衡油缸方案，即在每只均衡油缸上加设 4 套机械锁紧装置，均衡油缸调整时将该装置的机械锁紧功能卸除，使油缸具有调平船厢和均衡各组提升钢丝绳张力的功能，完成调整后通过机械锁紧装置将油缸的活塞杆锁紧，使油缸与船厢之间形成刚性连接，油缸在升船机运行期间的内、外泄漏不致影响船厢的水平状态。

通过升船机调试和试运行的考验，证明该装置的功能完全满足设计要求，进一步提高了升船机设备运行的可靠性。

第 12 章

施 工 导 流

12.1 施工导流方案

彭水水电站坝址河谷为"V"形，枯水期谷宽 $70\sim80m$，水深约 $20m$，河床覆盖层厚约 $7m$，坝基岩石主要为灰岩、白云岩，存在着软弱夹层、断层和岩溶等不良地质现象。坝址处实测最大流量 $20100m^3/s$，实测最小流量 $198m^3/s$，所在河流属典型的山区性河流。彭水水电站流采用枯水期隧洞导流，汛期围堰过水的导流方式，施工导流平面布置图见图 12.1-1。

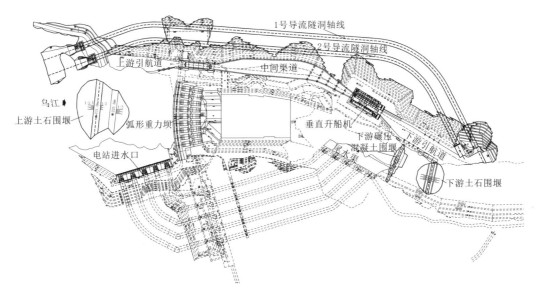

图 12.1-1 施工导流平面布置图

乌江彭水水电站属Ⅰ等工程，施工导流采用河床一次断流，隧洞加过水围堰的导流方式。导流主要建筑物有 2 条导流洞、上游半保护土石过水围堰、下游碾压混凝土围堰＋小土石围堰和升船机下游引航道混凝土围堰等。各导流建筑物级别为：导流洞、上游过水围堰、下游碾压混凝土围堰和升船机下游引航道混凝土围堰为 4 级临时建筑物，下游小土石围堰为 5 级临时建筑物。

截流时段选定为 11 月上旬。截流采用单戗堤、立堵、双向进占的方式，各导流建筑物设计洪水标准及特征水位见表 12.1-1。

表 12.1－1 各导流建筑物设计洪水标准及特征水位表

项　目		挡水时段	频率/%	流量/(m³/s)	泄流条件	下泄流量/(m³/s)	下游水位/m	计算上游水位/m
截流		11月上旬	10%月平均	1330	导流洞	1330	215.53	220.91
截流戗堤		10月中下旬	20%最大日平均	3110	导流洞＋戗堤缺口	3110	221.05	223.32
下游围堰	挡水	11月至次年4月	20%最大瞬时	5000	导流洞	5000	226.54	—
	过水	全年	10%最大瞬时	17200	导流洞＋堰面	17200	244.84	247.90
下游小土石围堰		11月	20%最大瞬时	3020	导流洞	3020	221.29	—
上游围堰	挡水	11月至次年4月	20%最大瞬时	5000	导流洞	5000	—	242.27
	过水	全年	10%最大瞬时	17200	导流洞＋堰面	17200	247.90	251.84
导流洞施工围堰		11月至次年4月	20%最大瞬时	5000	原河床	5000	227.60	227.55
导流洞	过流期	全年	10%最大瞬时	17200	导流洞＋表孔	16612	242.93	279.41
	封堵期	11月至次年4月	10%最大瞬时	6870	大坝溢流表孔	—	—	293.50
导流洞过流期坝体度汛标准		第3年	10%最大瞬时	17200	导流洞＋堰体	17200	244.84	247.90
		第4年	1%最大瞬时	25900	导流洞＋坝体缺口	24048	252.27	283.88
导流洞闸门安装平台		10—11月	5%10月月平均	2550	导流洞	2550	219.50	226.68
导流洞下闸		11月底	10%月平均	1330	导流洞	1330	215.53	220.22
导流洞闸门挡水		11月至次年4月	10%最大瞬时	6110	大坝溢流表孔	—	—	293.50
永久堵头	设计	全年	0.2%最大瞬时	33630				294.30
	校核		0.02%最大瞬时	41870				298.36
蓄水标准		11月	85%月平均	457	蓄水			

注 表中水位均考虑了郁江水位顶托，顶托流量为 2000m³/s。

12.2 导流建筑物布置

12.2.1 隧洞布置

导流隧洞为 4 级临时建筑物，枯水期单独泄流流量为 5000m³/s，汛期与大坝缺口联合下泄 17200m³/s。

导流洞的布置比较了长洞和短洞方案，长洞方案将大坝、通航建筑物和地下厂房尾水建筑物基本包在基坑内；短洞方案是将导流洞出口布置在大坝基坑与升船机之间，地下厂房尾水和升船机下游引航道另设围堰。经过技术经济比较，短洞方案经济上较优，但由于河床狭窄，水深大，厂房尾水和下航道围堰布置困难，导致其部分工程需进行水下施工，施工难度较大，故采用长洞方案。

导流隧洞共 2 条，布置在河床左岸，进出口底板高程均为 208m，洞长分别为 1474m 和 1392m。

12.2.2　大坝围堰布置

针对本工程上游围堰仅跨一个汛期使用、下游围堰跨两个汛期使用的特性，分别对上、下游围堰研究比较了三个方案，即：全保护土石过水围堰方案、半保护土石过水围堰方案和碾压混凝土过水围堰方案。各方案主要优缺点如下：

（1）碾压混凝土过水围堰需在低土石围堰保护下修建，具有运行安全可靠、施工程序简单等优点，但不利于基坑施工道路的布置。

（2）全保护土石过水围堰可较大幅度地利用弃渣，但运行安全性差。围堰设计过水单宽流量为 $19.86 \sim 76.86 \text{m}^2/\text{s}$，堰坡面最大流速为 $15.53 \sim 17.33 \text{m/s}$，围堰过水设计水头差为 $10.82 \sim 17.00 \text{m}$，以上指标均较大，相应工程的风险也大。

（3）半保护土石过水围堰保护高程为 231m，保护高程以下最大高度为 40m，围堰过水设计最大水头差为 2.21m，过堰最大水流流速为 5.69m/s，可采用混凝土板防冲。围堰上部子堰为挡水子堰，汛前拆除，汛后恢复子堰抽干基坑即可干地施工。

以上三种围堰型式的造价相差不是很大，半保护土石过水围堰的造价最低，同时为了确保安全，专家建议下游围堰采用碾压混凝土围堰，故设计推荐上游采用半保护土石过水围堰、下游采用碾压混凝土过水围堰型式。

12.3　导流建筑物设计

12.3.1　上游围堰

上游围堰为半保护土石过水围堰（图 12.3-1），堰顶高程为 244.3m，顶宽为 8m，基岩顶高程最低为 191m，基岩透水性微弱。围堰最大高度为 53.3m，过流保护高程为围堰戗堤顶高程 231m，保护高度为 40m。顶部采用混凝土板保护，下游斜坡采用钢筋笼保护。

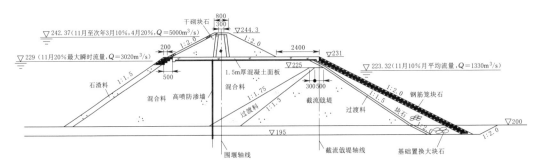

图 12.3-1　上游围堰断面图（水位、高程单位：m；尺寸单位：cm）

上下游围堰和导流洞联合度汛时，围堰需进行度汛保护，由于度汛时上下游围堰高差仅 3.6m，上游围堰控制流量为设计流量 17200m³/s，下游围堰控制流量为 10000m³/s。围堰堰面流量及流速见表 12.3-1。

表 12.3-1 围堰堰面流量及流速表

项　　目	上游围堰	下游围堰	项　　目	上游围堰	下游围堰
流量/(m³/s)	17200	10000	斜坡最大流速/(m/s)	7.48	—
堰顶最大流速/(m/s)	7.52	8.11			

上游围堰下游坡面采用 3.2m×3.2m×1.5m（长×宽×高）的钢筋笼进行防冲保护，模型试验表明，钢筋笼串联后，在各级流量下，坡面安全稳定。

12.3.2　下游围堰

下游围堰采用碾压混凝土围堰（图 12.3-2），堰顶高程为 227.6m，顶宽为 8m，为重力式过水围堰，下部高程 200m 处设宽 10.5m 平台。围堰基岩顶高程为 190m，基础岩石为白云岩，透水性较小。

保护碾压混凝土围堰施工的小土石围堰按挡 11 月至次年 3 月 20% 频率最大瞬时流量 3020m³/s 设计，堰顶高程为 222.3m，顶宽为 8m。

12.3.3　实施情况

彭水水电站于 2004 年 12 月 22 日完成河床截流。由于堰基大块石架空较严重等多种原因，上下游土石围堰均未能按计划于 2005 年 1 月底闭气，故下游碾压混

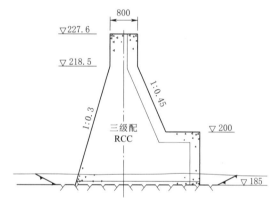

图 12.3-2　下游碾压混凝土围堰断面图（高程单位：m；尺寸单位：cm）

凝土围堰无法施工。为满足 2005 年工程度汛要求，业主决定将下游碾压混凝土围堰改为土石过水围堰。下游围堰型式修改后，为满足下游土石围堰的度汛保护要求，其堰顶高程从 227.6m 降低到 225m，相应上游围堰的过流水力学条件变差，围堰各特征部位最大底部流速见表 12.3-2。

表 12.3-2 围堰各特征部位最大底部流速表

位　　置		流速/(m/s)	过流落差/m
上游围堰 （堰顶高程 231m）	堰顶平台前	—	5.30
	堰顶平台尾端	13.90	
	堰后斜坡段（跃前）	13.78	
	挑流平台尾端	8.84	

续表

位　　置		流速/(m/s)	过流落差/m
下游围堰 （堰顶高程 225m）	堰顶平台前	7.58	3.88
	堰顶平台尾端	8.61	
	挑流平台尾端	3.90	

　　上下游围堰高差加大以后，围堰表面流速加大很多，故上下游土石围堰断面结构均进行了调整，调整后的上下游围堰断面见图 12.3-3 和图 12.3-4。

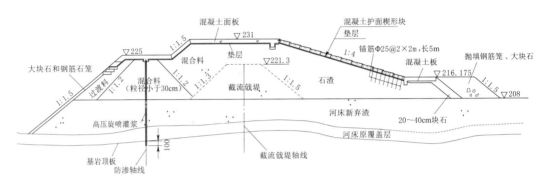

图 12.3-3　上游围堰断面图（实施方案）（高程单位：m；尺寸单位：cm）

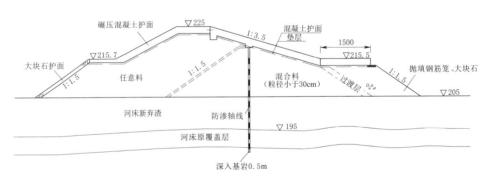

图 12.3-4　下游围堰断面图（实施方案）（高程单位：m；尺寸单位：cm）

12.4　工程度汛

　　工程采用枯水期围堰挡水施工，汛期导流洞和过水围堰联合泄流度汛的方案。

　　2005 年 4 月底坝体浇筑至高程 205m，5 月初拆除上游围堰的子堰，5—10 月基坑过水，围堰过水标准为 10% 全年洪水，流量 $Q=17200\text{m}^3/\text{s}$，汛后恢复子堰。

　　2006 年 4 月底坝体浇筑至高程 270m，表孔溢流堰面形成。溢流表孔高程 268.5m 相应挡水流量为 7203m³/s，汛期遭遇大于 7203m³/s 洪水时，洪水由导流隧洞＋坝体溢流表孔宣泄。9 月底坝体浇筑至坝顶高程，11 月上旬完成金属结构安装。11 月下旬导流隧洞下闸封堵。12 月 31 日第一台机组发电。

12.5　导流洞出口防冲保护关键技术研究

根据水工模型试验，导流洞出口最大流速达到 20.33m/s 左右，出口冲刷坑最大深度达到 16m。而隧洞出口边坡高达 172m，导流洞出口明渠长度仅 40～50m，扣除岩埂的位置，可以采取的混凝土板防护的长度：1 号导流洞为 18m、2 号导流洞为 38m，无法设计完整的消力池进行消能，导流洞出口防冲保护难度大。导流洞出口轴线纵剖面见图 12.5－1。

12.5.1　出口明渠结构

隧洞出口明渠位于白云岩地层，山体高达 300m，结合岩层走向情况，确定出口明渠开挖边坡：逆向坡为 1∶0.2，横向、顺向坡为 1∶0.3，洞脸高程 240m 以下按垂直坡开挖，高程 240～360m 每隔 20m 设一宽 2m 的马道。

导流隧洞出口明渠分为翼墙段（长 20m）、护坦段（长 10～30m）和尾渠段三部分。两条导流洞之间为中隔墩。翼墙段及护坦段开挖底高程 206m，采用钢筋混凝土护坡、护底。钢筋混凝土厚 2m，设 6m 长 Φ25 锚筋加固，锚杆与混凝土配筋相连接。

尾渠段（岩埂占压段）与河床相通，无任何保护措施。开挖底高程为 208m，为利于水流扩散，1 号洞左侧边墙边坡为 1∶0.5，其余均为 1∶0.3，且设 4.0～6.0m 长的锚杆、10cm 厚的喷混凝土保护。

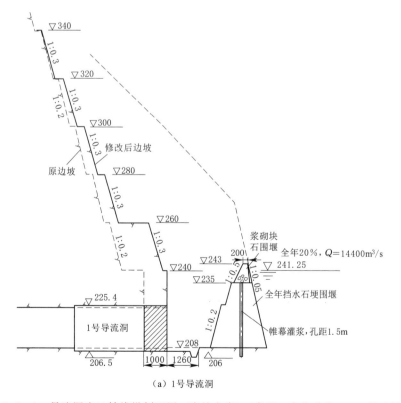

（a）1 号导流洞

图 12.5－1（一）　导流洞出口轴线纵剖面图（实施方案）（高程、水位单位：m；尺寸单位：cm）

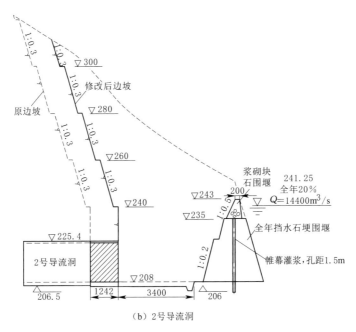

（b）2 号导流洞

图 12.5 - 1（二） 导流洞出口轴线纵剖面图（实施方案）（高程、水位单位：m；尺寸单位：cm）

12.5.2 隧洞出口消能防冲计算

导流隧洞出口消能防冲按导流洞最大单独下泄流量 7203m³/s 设计，同时还考虑了低于 7203m³/s 流量标准时的流量级。

彭水水电站坝址处常水位水深为 10～20m，表 12.5 - 1 中计算成果表明：流量小于 5000m³/s 时，均可发生临界水跃；当流量大于 5700m³/s 后，跃后水深淹没度达 1.2 以上，消能效果变差，无法进行消力池消能。

表 12.5 - 1 隧洞出口消能计算

总流量 Q /(m³/s)	出口明渠单宽流量 q/(m³/s)	平底水跃一次计算参数 θ	收缩水深 h_c'/m	收缩断面流速 v_c'/(m/s)	收缩断面弗劳德数 Fr	跃后水深 h_c''/m	下游水深 h_t/m	消力池计算长度 Lb/m
8000	156.7	0.316	6.96	22.52	2.73	23.58	23.28	91.3
6000	66.1	0.272	3.67	18.03	3.01	13.87	19.73	55.9
5700	66.3	0.283	3.74	17.73	2.93	13.73	19.20	54.8
5000	96.2	0.218	4.30	22.39	3.45	18.93	17.96	80.0
4000	76.4	0.589	5.84	13.09	1.73	11.67	12.52	32.4
3000	57.4	0.482	4.34	13.22	2.03	10.47	12.52	33.9
2000	38.3	0.507	3.40	11.26	1.95	7.83	9.80	24.6

如果设计完整的消力池，导流隧洞出口明渠长度必须加长，相应出口明渠开挖工程量大量增加，故采用强支护方案进行防冲保护设计，即通过模型试验测量现有结构的过流流速，然后确定防护措施。

12.5.3 隧洞出口消能防冲措施

根据导流隧洞模型试验成果，在 6000～21000m³/s 流量范围内，流量为 8000m³/s 时，导流洞出口底部流速最大，1 号洞出口达 19.98m/s，2 号洞出口达 20.33m/s，详见表 12.5-2。

表 12.5-2 隧洞出口（中心线）断面底部流速表 单位：m/s

流量 Q /(m³/s)	1 号隧洞		2 号隧洞	
	距出口 20m	距出口 25m	距出口 20m	距出口 60m
6000	15.01	13.21	15.74	13.60
8000	19.98	18.33	20.33	18.10
10000	19.84	17.96	20.04	17.97
13000	18.46	17.66	18.52	17.70
17100	17.96	17.38	18.33	17.44
21000	16.41	16.28	16.74	16.62

鉴于导流洞出口流速大，且水深淹没度大的特点，采取以下措施。

（1）导流洞出口混凝土板末端设 9m 长的锚筋桩，以防出口冲刷坑扩大后影响到导流洞的稳定。

（2）导流洞出口左侧高程 240～260m 边坡设置两排 2000kN 级的锚索，锚索长 30～40m，间排距 6m×8m（水平间距×垂直间距），以防边坡基础局部淘刷后影响边坡的稳定。

工程实践表明，导流隧洞运行期间，出口明渠仅边坡出现 1 根锚索失效、1 根锚索应力松弛的现象（采取了在相应部位增设 3 根锚索的处理措施），导流隧洞出口防冲保护措施安全可靠。

12.6 导流洞堵头监测资料分析

1. 混凝土与围岩结合面开度

1 号、2 号导流洞堵头混凝土与围岩结合面上共布置了 16 支测缝计，目前尚完好的共 6 支，堵头于 2008 年 11 月完成浇筑，结合缝开度变形主要发生在堵头混凝土降温阶段，2009 年 7 月混凝土温度稳定后测缝计测值基本无变化，结合面回填灌浆后没有张开现象。截至 2019 年 12 月，1 号堵头最大开度为 0.50mm（J04DT1），年变幅为 0.01～0.05mm；2 号堵头最大开度为 0.73mm，年变幅为 0.01～0.04mm。

2. 堵头混凝土与围岩结合面处渗压

1 号、2 号导流洞堵头混凝土与围岩结合面上共布置了 16 支渗压计，完好的共 10 支。2009 年 7 月后至 2019 年测值变化平稳，无增大迹象；2019 年实测 1 号、2 号导流洞堵头混凝土与围岩结合面处最大水头分别为 61.99m（P04DT1）、63.28m（P03DT2）。

第 13 章

混凝土施工方案及温控

13.1 主要建筑物混凝土施工方案

13.1.1 概述

彭水水电站主要由挡水大坝、电站厂房、通航建筑物等组成。主体工程混凝土总量为 289.56 万 m^3。

1. 挡水大坝

挡水大坝为弧形混凝土重力坝，位于 "V" 形对称峡谷中，坝顶高程为 301.5m，河床最低开挖高程为 188m。最大坝高为 113.5m，最大底宽为 90.26m。大坝从左至右分别布置有船闸坝段、左岸非溢流坝段（含电梯井）、河床溢流坝段、右岸非溢流坝段。

2. 电站厂房

地下电站厂房位于右岸，主要建筑物包括：岸塔式进水口、引水隧洞及压力钢管、主厂房、副厂房、安装场、出线井、母线洞、尾水洞、尾水建筑物、交通洞、变电所等，混凝土量为 77.74 万 m^3。

引水隧洞共 5 条，内径为 10.5～14m，引水洞后接 5 条压力钢管。

主厂房内安装 5 台单机容量为 35 万 kW 的水轮发电机组，采用一机一洞的单管引水及出水方式。主厂房埋深约 180m，总长为 252m，机组间距为 28m，主机室净宽为 28.6m。

尾水隧洞共 5 条，为变顶高城门洞型，单条洞长为 339.6～463.6m，采用钢筋混凝土衬砌，衬砌厚度为 0.6～1m。

3. 通航建筑物

通航建筑物位于左岸，由上游引航道、船闸、中间渠道、渡槽、垂直升船机、下游引航道组成。船闸宽为 32m，闸室净宽为 12m，底部高程为 275m，上闸首平台高程为 301.5m。垂直升船机建基面高程为 196.5m（最低高程为 187.5m），基础底宽为 52.4m，上部结构宽为 38m，机室净宽为 18m，底部高程为 203m，机房平台高程为 290m。

13.1.2 主要施工方案

1. 大坝

（1）混凝土施工方案概述。根据地形地质条件和碾压混凝土 RCC（Roller Compacted

Concrete）施工特点，大坝混凝土施工方案为：RCC 采用自卸汽车直接入仓或配真空溜槽入仓，上部常态混凝土采用缆机浇筑。大坝混凝土浇筑分四个施工阶段：第一阶段自卸汽车沿基坑出渣道路，经临时修筑的入仓便道直接进入仓内铺（取）料点（高程 188～189.5m 的 1.5m 厚基础常态混凝土应采用履带吊或汽车吊配吊罐的方式入仓，严禁汽车直接入仓浇筑。）由基础高程 188m 开始浇筑，入仓道路坡度按不大于 15% 考虑，可上升至高程 205m，完成基础垫层混凝土及碾压混凝土约 10 万 m³；第二阶段，由于自卸汽车难以直接入仓浇筑，大坝在高程 205～250m 段采用自卸汽车配负压真空溜槽进行浇筑。高差 45m，完成碾压混凝土约 45 万 m³；第三阶段，在高程 250～257.5m 段，自卸汽车沿 1 号公路（高程为 255m）将混凝土直接运入仓内铺料点，大坝由高程 250m 上升至高程 264m，高差 14m，完成碾压混凝土约 9 万 m³；第四阶段，高程 264m 以上及高程 245～264m 的常态混凝土浇筑，采用缆索式起重机浇筑，选用 6m³ 无轨侧卸料罐车运送混凝土。缆机吊罐采用不摘钩立罐以提高缆机生产效率。

大坝工程金属结构主要为 9 孔溢流表孔的事故闸门、弧形工作门、启闭机及其埋件。坝顶双向门机在右岸非溢流坝段到顶后设置 1 台 100t 汽车吊辅以缆机安装，表孔事故平板门分节由平板车运至坝顶用双向门机拼装起吊试槽调试。溢流表孔弧形工作门门槽轨道及启闭机埋件主要由缆机结合坝顶设置的汽车吊安装。弧形工作门由 100t 汽车吊在坝顶分件吊至溢流面拼装平台后进行安装。启闭机由 100t 汽车吊安装。部分闸孔需采用事故门和临时挡水叠梁门（3～5 套）挡水。

（2）碾压混凝土施工方案。溢流坝段高程 189.5m 以下为填塘混凝土及基础垫层混凝土，高程 189.5～257.5m 为碾压混凝土。大坝碾压混凝土施工方案为采用自卸汽车直接入仓或配真空溜槽入仓，碾压混凝土浇筑分 3 个施工阶段。

第一阶段自卸汽车沿基坑出渣道路，经临时修筑的入仓便道直接进入仓内铺料点。由高程 189.5m 开始浇筑，入仓道路坡度按不大于 15% 考虑，可上升至高程 210.5m。

第二阶段，由于自卸汽车难以直接入仓浇筑，大坝在高程 210.5～245m 段采用自卸汽车配负压真空溜槽进行浇筑。高差 34.5m，完成碾压混凝土约 40.5 万 m³。真空溜槽布置在左岸 4 号溢流坝段及右岸 13 号溢流坝段上游侧高程为 245～250m，共 4 条，左右岸各 2 条。

第三阶段，在高程 245～257.5m 段，采用自卸汽车直接混凝土运入仓内浇筑。左右岸各设一个入仓口，左岸经上游围堰，沿 2 号公路（高程为 250m）入仓，右岸沿 1 号公路（高程为 255～250m）入仓。大坝由高程 249.5m 上升至高程 257.5m。

（3）碾压混凝土仓面施工。碾压混凝土施工，一般视仓面大小，考虑铺料方式，小仓面通常采用平层摊铺法，如仓面面积过大无法满足混凝土覆盖时间的要求，可考虑采用斜层摊铺法。通过研究分析，由于彭水大坝施工工期紧，如采用斜层摊铺法无法连续上升，浇筑时层面大小不均匀难以大强度快速施工，为加快施工进度，尽量采用平铺法。此外，根据温控要求大坝需埋设冷却水管，平层摊铺法便于埋设冷却水管。

根据碾压混凝土施工经验，每层碾压混凝土摊铺压实厚度 30cm，混凝土覆盖时间一般要求在 8h 以内，温度较低的 12 月及 1 月可根据试验情况放宽至 10h 以内。

大坝碾压混凝土施工仓面宽度较大，高程 245m 以下宽度均大于 69m，可布置足够的平仓、碾压机械，混凝土浇筑强度主要受拌和楼控制，一般情况下使用 2 座拌和楼，强度不超过 450m³/h。根据施工进度安排，碾压混凝土施工时段在 1—5 月和 10—12 月。在 2—5 月及 10—11 月施工的碾压混凝土覆盖时间按不超过 7h 控制，12 月和 1 月浇筑的碾压混凝土覆盖时间不超过 9h。经计算，12 月和 1 月可平层浇筑的碾压混凝土仓面面积不大于 13500m²，在 2—4 月及 11 月施工的可平层浇筑的碾压混凝土仓面面积不大于 11000m²。根据施工进度安排及仓面面积，大坝碾压混凝土均可采用平层。每层碾压混凝土施工覆盖时间及浇筑强度见表 13.1-1。

表 13.1-1　　　　　　　　　　　　碾压混凝土分层浇筑信息

序号	高程/m	仓面面积/m²	混凝土量/万 m³	入仓方法	覆盖时间/h	平均强度/(m³/h)	浇筑历时/d
1	189.5～192.5	3377	1.01	自卸汽车、平层	6.0	169	3.0
2	192.5～195.5	3993	1.20	自卸汽车、平层	6.0	200	3.0
3	195.5～198.5	5360	1.61	自卸汽车、平层	6.0	268	3.0
4	198.5～201.5	5870	1.76	自卸汽车、平层	6.0	294	3.0
5	201.5～204.5	6380	1.91	自卸汽车、平层	6.0	319	3.0
6	204.5～207.5	7280	2.18	真空溜槽、平层	6.0	364	3.0
7	207.5～210.5	7627	2.29	真空溜槽、平层	6.0	381	3.0
8	210.5～213.5	8460	2.54	真空溜槽、平层	7.0	363	3.5
9	213.5～216.5	9060	2.72	真空溜槽、平层	7.0	388	3.5
10	216.5～219.5	9660	2.90	真空溜槽、平层	7.0	414	3.5
11	219.5～222.5	10643	3.19	真空溜槽、平层	7.5	425	3.8
12	222.5～225.5	10920	3.28	真空溜槽、平层	7.7	425	3.9
13	225.5～228.5	11320	3.40	真空溜槽、平层	8.0	425	4.0
14	228.5～231.5	11510	3.45	真空溜槽、平层	8.1	425	4.1
15	231.5～234.5	11700	3.51	真空溜槽、平层	8.3	425	4.1
16	234.5～237.5	12183	3.66	真空溜槽、平层	8.6	425	4.3
17	237.5～240.5	12330	3.70	真空溜槽、平层	8.7	425	4.4
18	240.5～243.5	12580	3.77	真空溜槽、平层	8.9	425	4.4
19	243.5～246.5	9110	2.73	真空溜槽、平层	8.0	342	4.0
20	246.5～249.5	5640	1.69	自卸汽车、平层	7.0	242	3.5
21	249.5～252.5	3973	1.19	自卸汽车、平层	7.0	170	3.5
22	252.5～255.5	3243	0.97	自卸汽车、平层	7.0	139	3.5
23	255.5～257.5	2835	0.57	自卸汽车、平层	7.0	122	2.3

2. 电站建筑物

进水口建筑物选用 1 台 MQ900 高架门机浇筑混凝土，门机布置在进口上游高程约 254.6m 上，沿进水口轴线方向布置，门机轴线距进水口上游侧约 25m。电站进水口闸门及门机采用 100t 汽车吊安装，配合施工用门机安装。

引水洞、尾水洞、交通洞均采用混凝土泵浇筑。每条引水洞、尾水洞均分段衬砌，分段长 12m 左右，由 $6m^3$ 混凝土搅拌车供料。电站引水压力钢管采用钢管专用运输车分节从引水洞进口运入，洞内采用卷扬机牵引就位。

主厂房、主变室、尾水闸门室均为地下工程，且断面尺寸各异，衬砌混凝土主要采用混凝土泵入仓浇筑，$6m^3$ 混凝土搅拌车供料。主厂房蜗壳层以上开挖完成后，先浇筑桥机梁安装施工桥机（或机组检修桥机），利用施工桥机（或机组检修桥机）进行混凝土、模板、钢筋等吊运。出口尾水渠混凝土采用履带吊浇筑。金属结构采用汽车吊安装及检修桥机安装。

3. 通航建筑物

上下游引航道、中间渠道主要为岸坡及渠底混凝土衬砌和侧墙混凝土，选用履带式起重机浇筑。

船闸下闸首高度为 27.5m、宽度为 32m，选用一台履带式起重机浇筑。船闸上闸首在缆机覆盖范围内采用缆机浇筑，闸室底板采用履带吊浇筑。船闸金属结构安装采用汽车吊、缆机和检修桥机。

中间渡槽混凝土浇筑采用履带吊或混凝土泵浇筑。承台、墩柱及墩帽混凝土浇筑由混凝土搅拌车运输，混凝土泵浇筑，8t 汽车吊进行辅助作业。主梁采用混凝土预制厢梁，预制场安排在靠近渡槽的中间渠道中，待墩帽混凝土达到一定龄期后即进行主梁的安装。采用导梁配合龙门架的联合架桥机法安装主梁。槽身混凝土待主梁安装完成后，采用混凝土搅拌车运输，混凝土泵浇筑，8t 汽车吊进行辅助作业。

垂直升船机，高程 230m 以下采用履带吊浇筑，高程 230m 以上部结构采用 2 台附壁式建筑塔机浇筑。塔机布置在升船机右侧高程 230m 平台，起重量为 3～5t，起吊幅度为 50～60m，最大起吊高度为 90～100m。

通航建筑物金属结构主要采用汽车吊和混凝土浇筑设备安装，有检修桥机的设备可先安装检修桥机，再利用桥机安装闸门等设备。升船机主提升设备及检修桥机安装时通过中间渠道及渡槽运输及安装。承船厢、平衡重等设备可由下游航道分件运入，在升船机室内现场拼装。

4. 混凝土拌和系统

混凝土拌和共设 2 个系统，一个布置在左岸下村，位于左岸坝肩上游 260m 高程台地上，设 $3×1.5m^3$ 的拌和楼 1 座，生产能力为 $90m^3/h$，主要承担导流洞、船闸、上游引航道和部分中间渠道等的混凝土生产。一个布置在右岸坝肩上游厂房进口右上侧，高低布置，高系统布置 $4×3m^3$ 拌和楼 2 座，低系统布置 $2×6m^3$ 拌和楼 1 座，生产能力为 $840m^3/h$，主要承担大坝、电站厂房、升船机等主体工程的混凝土生产。

13.1.3　主要施工进度

1. 大坝

（1）2004 年 11 月初截流，2005 年 11 月初开始大坝混凝土浇筑。

（2）2006 年 4 月底 6 号～11 号坝段浇筑至 214m 左右，两岸 2 号～5 号坝段、12 号～14 号坝段浇筑至高程 233～236m。

（3）2006 年汛期两岸 2 号～5 号坝段、12 号～14 号坝段全部采用常态混凝土继续浇筑，至 2007 年 2—3 月中 2 号～3 号坝段、12 号～14 号坝段浇筑至坝顶，4 月 4 号、5 号坝段浇筑至坝顶。

（4）2006 年汛后恢复河床部位的 6 号～11 号坝段施工，2007 年 4 月中浇筑至高程 270m 以上。

（5）2007 年 7—8 月中 6 号～11 号坝段分 2 批浇筑至坝顶。

（6）2007 年 4—7 月在先浇筑至坝顶的 12 号～14 号坝段安装坝顶门机及轨道梁，8—9 月安装表孔事故门及临时挡水门。

（7）2007 年 10 月初表孔事故门及临时挡水门安装并下闸挡水，导流底孔也下闸封堵。

（8）2007 年 10 月至 2008 年 4 月底在表孔事故门及临时挡水门挡水的情况下，完成表孔工作门及启闭机安装。

2．电站

（1）地下厂房土建施工时段为 2006 年 4 月至 2008 年 10 月底；其中第一台机组施工时间为 2006 年 4 月初至 2007 年 10 月底，2007 年 10 月底第一台机组机电安装调试完成。

（2）主变室、母线洞和出线井待开挖完成后即进行衬砌混凝土施工，施工时段为 2005 年 10 月至 2006 年 8 月。

3．进水口建筑物及引水隧洞

（1）2005 年 4 月开始进行进水塔底板混凝土浇筑，2006 年 10 月完成进水口土建施工，2007 年 3 月底完成进水口金属结构安装。引水洞混凝土衬砌在 2005 年 6 月开始进行施工，2006 年 12 月前完成。

（2）尾水洞出口闸门井施工安排在 2005 年 11 月至 2007 年 2 月进行，2007 年 4 月底完成尾水管闸门安装。

（3）尾水隧洞 2006 年 2 月开始混凝土衬砌，2007 年 11 月完成。

（4）尾水塔 2006 年 11 月开始混凝土浇筑，2007 年 7 月完成，2007 年 9 月底完成尾水洞闸门安装。

4．通航建筑

（1）上游引航道底板高程 275.5m，主要混凝土建筑物为导航墙和靠船墩，在 2007 年汛前不受汛期过水影响，混凝土浇筑时段可安排在 2005 年 10 月至 2006 年 4 月。

（2）船闸须在 2007 年汛期大坝挡水前完成土建及金属结构安装，在此之前施工不受汛期影响。2005 年 10 月开始底板混凝土浇筑，2006 年 8—9 月完成闸墩混凝土浇筑，2007 年 4 月前完成金属结构安装调试，具备挡水条件。

（3）中间渠道利用船闸挡水可全年施工，渡槽支墩利用枯水期浇筑，施工时间安排在 2005 年 10 月至 2007 年 6 月。

（4）升船机下部结构需在枯水期施工，上部可全年施工。2006 年 2—4 月及 2006 年 11 月至 2007 年 2 月浇筑至高程 235m。高程 235m 以上部位在 2007 年 3—12 月浇筑，2007 年 12 月基本完成土建施工。

（5）下游引航道混凝土浇筑在 2006 年 2 月至 2007 年 7 月进行。

13.2　混凝土温控防裂设计

13.2.1　基本设计资料

1. 气温

多年平均气温为17.5℃，多年平均气温统计资料见表13.2-1，彭水站气温骤降资料见表13.2-2。

表13.2-1　　　　　　　　　　多年平均气温统计值　　　　　　　　　　单位：℃

月份	1	2	3	4	5	6	7	8	9	10	11	12
上旬	7.1	7.3	10.6	16.0	20.5	23.9	26.9	28.3	25.9	19.8	15.3	9.8
中旬	6.6	8.6	12.8	17.6	21.1	24.4	27.5	27.5	23.1	18.3	13.2	8.7
下旬	7.5	7.4	15.1	19.4	24.7	25.4	31.0	29.7	21.9	18.2	11.5	8.5
月	6.8	8.2	12.3	17.6	21.5	24.4	27.4	27.5	23.5	18.2	13.2	8.7

表13.2-2　　　　　　　　　　彭水站气温骤降资料　　　　　　　　　　单位：℃

月　份	1	2	3	4	10	11	12	42年
2~3d降温6℃以上总次数	9.2	21	39	34	17	26	12	158.2
其中：降温6~8℃次数	2.2	9	21	17	7	18	7	81.2
降温8.1~10℃次数	5	8	10	11	5	6	4	49
降温大于10.1℃次数	2	4	8	6	5	2	1	28
2~3d降温最大值	11.2	10.8	13.6	14.6	11.4	15.7	10.0	15.7
一次降温最大值	11.2	10.8	13.6	14.6	11.4	15.7	10.0	15.7

注　据彭水站1951—1994年实测气温资料，极端最高44.1℃，极端最低-3.8℃；4—9月日最高气温大于35℃平均每年32.4d；5—9月气温骤降较少，未统计。

2. 水温

多年平均水温为18.0℃，多年平均水温统计资料见表13.2-3。

表13.2-3　　　　　　　　　　多年平均水温统计值　　　　　　　　　　单位：℃

月份	1	2	3	4	5	6	7	8	9	10	11	12
上旬	11.9	10.9	11.8	15.2	18.5	21.8	22.6	24.7	24.3	21.0	18.1	14.7
中旬	11.3	11.5	13.2	16.2	19.4	22.0	23.8	24.8	23.6	19.8	16.7	14.0
下旬	10.8	11.4	13.8	17.8	20.7	22.0	24.2	24.5	22.7	18.6	16.3	12.8
月	11.6	11.3	13.0	16.3	19.5	21.5	23.0	24.4	23.3	19.9	17.0	13.8

3. 风向、风速

1951—2000年彭水坝址处极大风速为33.0m/s，风向NE，出现时间为1982年8月6日，多年平均风速统计资料见表13.2-4。

表 13.2 - 4 　　　　　　　　　　多年平均风速统计值 　　　　　　　　单位：m/s

月份	1	2	3	4	5	6	7	8	9	10	11	12	全年
平均风速	0.6	0.7	0.8	0.7	0.7	0.6	0.8	0.9	0.7	0.5	0.5	0.5	0.7

4. 混凝土绝热温升

根据水化热试验资料，并参考三峡等已建和在建工程同种水泥的绝热温升资料，绝热温升采用的表达式如下：

$C_{90}15RCC$：　　　　　　　　　$T=19.4\tau/(3.39+\tau)$ 　　　　　　　（13.2 - 1）

$C_{90}20RCC$：　　　　　　　　　$T=24.0\tau/(2.74+\tau)$ 　　　　　　　（13.2 - 2）

$C_{28}20$ 常态：　　　　　　　　　$T=24.0\tau/(2.27+\tau)$ 　　　　　　　（13.2 - 3）

式中　T——绝热温升值；

　　　τ——混凝土龄期。

表 13.2 - 5 为彭水水电站中心试验室最近提供的室内试验混凝土绝热温升试验结果，其回归曲线见图 13.2 - 1。从图 13.2 - 1 中可看出计算采用的绝热温升计算值略大于试验值，鉴于室内试验结果一般偏小，考虑一定的安全系数，计算所采用的绝热温升表达式是合适的。

表 13.2 - 5 　　　　　　　　　　　混 凝 土 绝 热 温 升

混凝土种类	强度等级	绝热温升/℃													
		1d	2d	3d	4d	5d	6d	7d	8d	9d	10d	11d	12d	13d	14d
碾压混凝土	$C_{90}15$	2.7	7.2	9.3	11.0	12.1	12.8	13.3	13.7	13.9	14.1	14.3	14.4	14.5	14.6
	$C_{90}20$	3.4	9.2	12.3	14.3	15.9	16.9	17.7	18.2	18.5	18.7	18.8	19.0	19.0	19.1
常态混凝土	$C_{28}20$	4.2	9.9	12.5	14.2	15.4	16.5	17.3	18.0	18.6	19.1	19.6	19.9	20.1	20.2
混凝土种类	强度等级	绝热温升/℃													
		15d	16d	17d	18d	19d	20d	21d	22d	23d	24d	25d	26d	27d	28d
碾压混凝土	$C_{90}15$	14.7	14.7	14.7	14.8	14.8	14.9	14.9	14.9	14.9	15.0	15.0	15.0	15.0	15.0
	$C_{90}20$	19.1	19.2	19.2	19.3	19.3	19.3	19.3	19.4	19.4	19.4	19.5	19.5	19.5	19.5
常态混凝土	$C_{28}20$	20.3	20.4	20.4	20.5	20.5	20.6	20.6	20.6	20.6	20.7	20.7	20.7	20.7	20.7

拟合表达式：

$C_{90}15RCC$：　　　　　　　　　$T=16.48\tau/(2.15+\tau)$ 　　　　　　（13.2 - 4）

$C_{90}20RCC$：　　　　　　　　　$T=21.32\tau/(2.02+\tau)$ 　　　　　　（13.2 - 5）

$C_{28}20$ 常态：　　　　　　　　　$T=22.97\tau/(2.40+\tau)$ 　　　　　　（13.2 - 6）

公式中符号含意同前。

$C_{90}15RCC$ 绝热温升曲线见图 13.2 - 1。

5. 混凝土热学性能

混凝土热学性能见表 13.2 - 6。

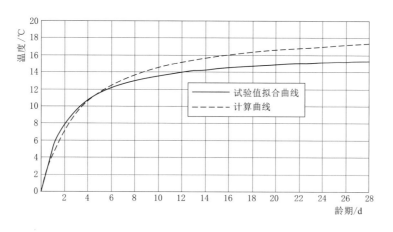

图 13.2-1　$C_{90}15RCC$ 绝热温升曲线

表 13.2-6　　　　　　　　　　混凝土热学性能

混凝土类别	导温系数/(m²/h)	导热系数/[W/(m·℃)]	比热/[J/(kg·℃)]	线胀系数/(×10⁻⁵/℃)
碾压	0.0031	2.37	1004.8	0.55
常态	0.0032	2.34	1046	0.65

6. 混凝土力学性能

混凝土力学性能见 13.3 节,混凝土抗压弹模计算公式如下:

$C_{90}15$ 三级配 RCC:　　$E(\tau) = 33.46(1 - e^{-0.385\tau^{0.350}})$ GPa　　　　(13.2-7)

$C_{90}20$ 三级配 RCC:　　$E(\tau) = 40.2(1 - e^{-0.415\tau^{0.350}})$ GPa　　　　(13.2-8)

$C_{28}20$ 三级配:　　　　$E(\tau) = 41.5(1 - e^{-0.440\tau^{0.345}})$ Gpa　　　　(13.2-9)

式中　E——绝热温升值;

　　　τ——混凝土龄期。

7. 混凝土自生体积变形、徐变

混凝土自生体积变形见表 13.2-7,混凝土抗压徐变度见表 13.2-8。

表 13.2-7　　　　　　　　　　混凝土自生体积变形　　　　　　　　　×10⁻⁶

龄期	1d	2d	3d	4d	5d	6d	7d	10d	14d	24d	35d
$C_{90}15RCC$	0	−0.7	1.2	0.1	1.3	1.2	0.8	−1.0	−2.7	−3.2	−5.5
$C_{90}20RCC$	0	−0.1	1.4	0.9	2.4	1.8	0.8	−0.8	−2.2	−3.3	−6.3
$C_{28}20$	0	2.5	4.9	4.8	6.5	6.3	6.1	5.1	4.5	3.9	1.1
$C_{28}30$	0	2.6	4.4	3.4	4.7	4.8	4.4	3.0	1.8	−1.0	−5.6

表 13.2 - 8　　　　　　　　　　RCC（C₉₀15）抗压徐变度　　　　　　　×10⁻⁶/MPa

加荷龄期	不同持荷时间的徐变度														
	1d	3d	5d	7d	10d	14d	21d	28d	45d	60d	75d	90d	120d	150d	180d	210d
7d	27.2	37.3	44.9	48.6	57.1	61.4	67.4	71.3	73	75.2	74.5	75.2	76.6	76.6	77.3	77.3
28d	8.5	10.6	12.1	13.2	15.7	16.5	17.6	19.0	20.2	21.0	21.6	22.0	22.8	23.0	23.6	24.3
90d	5.5	6.8	7.2	7.6	8.3	9.0	9.83	10.2	11.2	11.9	12.0	12.1	12.6	13.0		
180d	4.7	5.4	5.8	6.0	6.3	6.6	6.8	7.0								

徐变与持荷时间的关系式：

$$C(t,\tau)=A(\tau)+B(\tau)\ln(t-\tau) \qquad t-\tau \geqslant 1 \qquad (13.2-10)$$

式中　$A(\tau)$、$B(\tau)$——加荷龄期 τ 的函数，取值见表 13.2-9；

　　　　t——持荷时间（d）；

　　　　τ——加荷龄期（d）。

表 13.2 - 9　　　　　　　　　　$A(\tau)$ 及 $B(\tau)$ 的取值

7d		28d		90d		180d	
$A(\tau)$	$B(\tau)$	$A(\tau)$	$B(\tau)$	$A(\tau)$	$B(\tau)$	$A(\tau)$	$B(\tau)$
31.6	9.73	7.94	3.11	4.93	1.60	4.67	0.70

注　以上试验成果资料除混凝土徐变值为长江科学院 2004 年室内试验成果外，其余均为彭水水电站中心试验室 2005 年试验成果。

8．基岩物理力学性能

彭水长溪坝址基岩物理力学性能指标采用值见表 13.2 - 10。

表 13.2 - 10　　　　　　　　　　基岩物理力学性能指标采用值

岩石名称	容重 /(kN/m³)	泊松比	变形模量 /GPa	弹性模量 /GPa	抗压强度 /MPa	导温系数 /(m²/h)	备 注
灰岩、白云岩	26.8	0.25	20～25	25～30	60～80	0.0032	完整岩体
寒武系白云岩	26.7	0.25	20～25	25～30	60～80	0.0032	完整岩体

13.2.2　大坝温控设计

13.2.2.1　稳定温度场

坝体稳定温度场主要与上游水温、下游水温、气温等因素有关，水库水温垂直分布规律的分析及取值，对坝体稳定温度场影响很大。

1．库表水温

影响库表水温的主要因素有：气温、河水温度、径流量、总库容、坝址纬度、日照辐射等。彭水坝址地处北纬 28°，年平均气温为 17.5℃，年平均水温为 18℃，径流量为 410 亿 m³，彭水水库总库容为 14.44 亿 m³。针对以上因素进行了多种分析计算，并结合已建水库的资料进行类比分析后，库表水温年平均值取 18℃。

2. 库底水温

经分析，彭水水库 α 值为 28.88，属于典型的混合型水库。现针对各种影响因素并考虑已有的工程资料采用类比分析，取库底年平均水温值为 14℃。

3. 下游水温

由于下游水流扰动大，底部水温比上游水温高，取 15℃；又由于下游水深较小，相对蓄热能力较差并受上游排水水温制约（多为低温水），因此下游水面温度应较上游库表水温低，取为 17℃。下游水面取水库正常蓄水后，5 台机组发电时的下游水位为 218.9m。

4. 其他条件

从偏安全考虑，彭水水库年均水温垂直分布采用折线变化，即水面高程 293m 为 18℃，直线变化至高程 223m 的 14℃，高程 223m 以下为 14℃。水库为混合性水库，在库水位一定深度以下的库水温存在年变化，其年变幅初步分析取为 3~6℃。溢流面是间断性过水，近似取为年平均气温与上游相应范围水温的平均值，溢流面水温为 17.4℃。其他暴露面的外界温度为年平均气温加上日照辐射影响，下游面年均温度取为 18.5℃。

5. 计算模型及成果

鉴于坝体沿轴线方向较长，坝体稳定温度场可简化为平面问题求解。在典型的泄洪坝段取一个横剖面，解得平面稳定温度场。根据计算成果整理得出大坝基础强约束平均温度为 15.5℃，大坝基础弱约束平均温度为 16℃。

13.2.2.2 分缝分块

根据建筑物的结构特点和要求、混凝土的浇筑能力和温控条件，大坝分缝方案如下。

1. 泄洪坝段

泄洪坝段共分 10 个坝段，5 号～12 号坝段宽为 20.42m，4 号坝段宽为 16.42m，13 号坝段宽为 18.00m，河床最低开挖高程为 188m。顺流向最大长度为 90.26m，不分纵缝通仓浇筑。碾压混凝土均不分缝通仓浇筑。

2. 两岸非溢流坝段

左岸 3 个非溢流坝段宽分别为 21.75m、18m 和 16m，顺流向最大长度为 45.15m；2 个右岸非溢流坝段宽均为 20m。不分纵缝通仓浇筑。

13.2.2.3 温控标准

根据坝体运用条件、结构要求和基岩特性，参照国内外有关规范规定和工程经验，经计算分析拟定彭水工程混凝土温度控制标准如下。

1. 基础允许温差标准

根据国内外有关规范要求及设计成果，为防止发生贯穿裂缝，大坝浇筑推荐采用的基础允许温差见表 13.2-11。

表 13.2-11　　　　　　　　　　基础允许温差标准　　　　　　　　　　单位:℃

常态混凝土	控制高度	长边尺寸 L			
		<21m	21~30m	30~40m	>40m
	(0~0.2)L	24	22	19	16
	(0.2~0.4)L	26	25	22	19

续表

碾压混凝土	控制高度	长边尺寸		
		<30m	30～70m	>70m
	(0～0.2)L	18	15	12
	(0.2～0.4)L	19	17	15

填塘、陡坡部位基础允许温差应根据所在部位结构要求和陡坡、填塘特征尺寸等参照约束区温差标准区别对待。混凝土浇平相邻基岩面，应停歇冷却至相邻基岩温度后，再继续上升。

国内已建的碾压混凝土坝基础允许温差标准统计见表 13.2-12。

表 13.2-12　　　　国内已建的碾压混凝土坝基础允许温差标准统计表

序号	坝　名	坝高/m	底宽/m	平均气温/℃	基础允许温差/℃	
					(0～0.2)L	(0.2～0.4)L
1	铜街子	82	83	16.8	16	19
2	岩滩	111	75	25.4	14	16
3	石板水	83	62.5	17.4	18	20
4	桃林口	82	62	9.6	16	19
5	汾河二库	87	72	9.6	13～14	18
6	江垭	128	105	16.7	14	17
7	棉花滩	111	90	20.1	17	

2. 坝体最高温度控制标准

参照部分已建工程经验，并兼顾内外温差要求、实际施工条件，对均匀上升的浇筑块，其各季节坝体最高温度按表 13.2-13 控制。

表 13.2-13　　　　坝体最高温度控制标准　　　　单位:℃

部　　位			12月至次年2月	3月、11月	4月、10月	5月、9月	6—8月
碾压混凝土	基础强约束区		25	27	28	—	—
	基础弱约束区		25	27	30	—	—
	脱离基础约束区		25	27	31	—	—
常态混凝土	溢流坝段	基础约束区	26	28	31	32	32
		脱离基础约束区	26	28	32	35	39
	非溢流坝段	基础强约束区	26	28	32	34	34
		基础弱约束区	26	28	32	35	37
		脱离基础约束区	26	28	32	35	39

3. 新老混凝土上下层温差标准

在龄期 28d 以上的老混凝土上连续浇筑新混凝土，在新浇筑混凝土连续上升的条件下，新老混凝土在各自 0.2L 高度范围内的上下层温差为 16～18℃。当新浇凝土不能连续上升时，该标准应适当加严。

4. 混凝土内外温差标准

为降低混凝土温度梯度，防止产生表面裂缝，内外温差控制在 18～20℃，常态混凝土取上限，碾压混凝土取下限。

5. 混凝土表面保护标准

大坝上下游面浇完 7d 后应进行施工期永久保护。保温后的混凝土表面等效放热系数上游面 $\beta \leqslant 2.0 \mathrm{W}/(\mathrm{m}^2 \cdot ℃)$，下游面 $\beta \leqslant 3.0 \mathrm{W}/(\mathrm{m}^2 \cdot ℃)$。

日平均气温在 2～3d 内连续下降 6℃ 以上时，28d 龄期内混凝土表面（顶、侧面）必须进行表面保护，$\beta \leqslant 3.0 \mathrm{W}/(\mathrm{m}^2 \cdot ℃)$。

中、后期混凝土遇年变化气温和气温骤降，视不同部位和混凝土浇筑季节，结合中、后期通水情况，采取必要的表面保护。

13.2.2.4 温控防裂措施

1. 优化混凝土配合比，提高混凝土抗裂能力

混凝土配合比设计和混凝土施工应保证混凝土设计所必需的极限拉伸值（或抗拉强度）、施工匀质性指标和强度保证率，RCC 还应具有良好的可碾性。施工中应加强施工管理，改进施工工艺，改善混凝土性能，提高混凝土抗裂能力。

2. 合理安排混凝土施工程序和施工进度

合理安排混凝土施工程序和施工进度是防止基础贯穿裂缝、减少表面裂缝的主要措施之一。施工程序和施工进度安排应满足：基础约束区混凝土在设计规定间歇时间内连续均匀上升，不得出现薄层长间歇；其余部位基本做到短间歇均匀上升，尤其是固结灌浆压混凝土，应尽量缩短固结灌浆时间，在规定的间歇期内上升 RCC；基础约束区混凝土应安排在 10 月至次年 4 月气温较低季节浇筑，尽量避开 6—8 月高温季节。地下建筑物混凝土也宜避开 6—8 月高温季节浇筑，无法避开时应利用晚间浇筑。

3. 控制混凝土浇筑温度、减少水化热温升

采取必要温控措施，使坝体实际出现的最高温度不超过坝体设计允许最高温度。控制坝体实际最高温度的有效措施是降低混凝土浇筑温度和减少水化热温升。

降低混凝土浇筑温度可从降低混凝土出机口温度和减少运输途中及仓面的温度回升两方面考虑。为减少预冷混凝土的温度回升，应严格控制混凝土运输时间和仓面浇筑坯覆盖前的暴露时间，并研究途中和仓面的保温措施，使预冷混凝土的温度回升率不大于 0.25。降低水化热温升主要靠采用发热量低的水泥及控制胶凝材料用量；选择较优骨料级配和粉煤灰、外加剂，以减少水泥用量和延缓水化热散发速率。

4. 合理分缝分块及设置诱导缝

为适应 RCC 快速施工，大坝采用通仓浇筑。为确保坝体不产生危害性裂缝，施工时，坝体除设置永久横缝外（间距 40m），在永久横缝中间应设置诱导缝，以削减内外温差及气温骤降产生的温度应力。

5. 合理控制层厚及间歇期

混凝土层厚可根据温控、浇筑、结构和立模等条件选定。对于大坝常态混凝土基础约束区层厚采用 1.5m 左右，脱离基础约束区可适当加厚，RCC 采用 3m 层厚或连续上升。

层间间歇期应从散热、防裂及施工作业各方面综合考虑，分析论证合理的层间间歇，不能过短或过长。对于有严格温控防裂要求的基础约束区和重要结构部位常态混凝土应控制层间间歇期为 3～5d。

6. 通水冷却

初期通水是削减浇筑层水化热温升的措施之一。大体积混凝土应埋设蛇形水管进行通水冷却。初期通 10℃制冷水或河水。计算表明：初期通制冷水 10～15d 可以使最高温度减小约 4℃。为削减坝体内外温差，中期也应进行通水冷却，使坝体温度降至 20℃左右越冬。

7. 加强表面保护

混凝土表面保护是防止表面裂缝的重要措施之一。应根据设计表面保护标准确定不同部位、不同条件的表面保温要求，尤其应重视基础约束区，上游坝面及其他重要结构部位的表面保护。

8. 养护

在混凝土浇筑完毕后 12～18h 及时采取洒水或喷雾等措施，使混凝土表面经常保持湿润状态。对于新浇混凝土表面，在混凝土能抵御水的破坏之后，立即覆盖保水材料或其他有效方法使表面保持湿润状态。混凝土所有侧面也应采取类似方法进行养护。混凝土连续养护时间不短于 28d。

9. 其他

较高温季节（3 月、4—10 月、11 月）浇筑 RCC 时，除应采取以上措施外，还应采取以下措施。

（1）采用预冷混凝土，出机口温度为 12～14℃，并尽可能降低。

（2）加强混凝土表面保湿保温，在仓面设置喷雾设施，以降低仓面小环境的温度，白天高温时段仓面应采用覆盖彩条布内夹保温材料等措施隔热保湿。

13.2.3　通航建筑物温控设计

13.2.3.1　稳定温度场

根据结构尺寸等特征值，船闸和升船机基本不存在稳定温度场，简化为半无限平板和无限平板两种类型的准稳定温度，其最低平均温度见表 13.2-14。

表 13.2-14　　　　　　　　各部位最低平均温度

部　位		厚　度/m	最低平均温度/℃
船闸	填塘（高程 269m 以下）	5	12
	底板（高程 269～275.5m）	5～6.5	12～13
	侧墙（高程 275.5～301.5m）	5～6.5	11.6～12.7
升船机	填塘（高程 195.5m 以下）	10	14.7
	底板（高程 195.5～208.5m）	6～13	13～17
	侧墙（高程 208.5～230m）	12.2～16.2	15.3～15.9

13.2.3.2 分缝分块

船闸顺流向全长为 105.2m，闸室宽为 12m，船闸的底板和边墙为整体结构。船闸底板中部顺流向设为 1.2m 宽槽，后期回填。

上闸首顺流向长 28.2m，不设纵缝。

闸室段设 3 条垂直流向缝，4 块顺流向长均为 14.5m。

下闸首顺流向长为 17.0m，不设纵缝。

升船机顺水流方向总长为 103.3m，垂直流向总宽度为 50.4m（下闸首 42.4m），其中，中间航槽宽为 18m，航槽两侧边墩宽为 11.2m。整个升船机建筑物采用 3 条横向宽槽和 1 条纵向宽槽将其分为 4 段共 8 块，底板 1～4 段分块尺寸分别为 23.0m×25.2m、22.3m×25.2m、26.1m×25.2m 和 26.1m×25.2m；两侧边墩顺流向分块尺寸与底板相同。宽槽宽度均为 1.5m，高程为 186～230m。

13.2.3.3 温控标准

1. 设计允许最高温度

船闸、升船机设计允许最高温度见表 13.2-15。

表 13.2-15　　　　　　　　　船闸、升船机设计允许最高温度　　　　　　　　单位:℃

部　位		月　份				
		12月至次年2月	3月、11月	4月、10月	5月、9月	6—8月
船闸闸室、下闸首底板		26	28	32	35	35
升船机、船闸上闸首底板		26	28	32	33	33
侧墙	强约束区	26	28	32	34	34
	弱约束区	26	28	32	35	37
	脱离基础约束区	26	28	32	35	39
左非1号坝段	强约束区	26	28	32	34	34
	弱约束区	26	28	32	35	37
	脱离基础约束区	26	28	32	35	39

注　基础强约束区为建基面～0.2L，基础弱约束区为（0.2～0.4）L，L 为浇筑块长边尺寸。

浇筑块内建基面岩体高差大于 5m 或监理人指定的其他部位，均应按填塘混凝土处理。填塘、陡坡混凝土温控原则上按基础约束区允许最高温度执行，但夏季加严 1～2℃，填塘、陡坡混凝土应埋设冷却水管，待混凝土浇至相邻基岩面高程附近并冷却至与基岩温度相近方能浇筑上部混凝土。

2. 上下层温差标准

当下层混凝土龄期超过 28d 成为老混凝土时，其上层混凝土应控制上、下层温差。对连续上升块体且高度大于 0.5L（L 为浇筑块长边尺寸）时，允许老混凝土面上下各 $L/4$ 范围内上层最高平均温度与新混凝土开始浇筑下层实际平均温度之差为 17℃；浇筑块侧面长期暴露时，或上层混凝土高度小于 0.5L，或非连续上升时，应加严上下层温差控制。

3. 表面保护标准

初期气温骤降，新浇混凝土遇日平均气温在 2～3d 内连续下降 6～8℃时，基础强约束区和特殊部位龄期 2～3d 以上，一般部位龄期 3～4d 以上必须进行表面保护。

在施工期间内，应视不同浇筑季节和不同部位，结合考虑后期通水情况，进行中期通水冷却，并采取必要的表面保护措施。

13.2.3.4　温控防裂措施

1. 提高混凝土抗裂能力

混凝土配合比设计和混凝土施工应保证设计要求的耐久性、抗渗性、强度和抗裂性等各项指标。混凝土施工质量评定指标应满足《水工混凝土施工规范》（DL/T 5144—2001）的要求。

2. 控制混凝土最高温度

采取必要的温度控制措施，使坝块实际出现的最高温度不超过设计允许最高温度。其有效措施为降低混凝土浇筑温度、减少胶凝材料用量、合理的层厚及间歇期、通水冷却等。

高温季节浇筑混凝土，除采取预冷骨料等措施降低出机口温度外，尽量缩短运距，减少运输环节，加快入仓及覆盖速度，尽可能减少预冷混凝土拌和物的温度回升，控制混凝土的浇筑温度相对机口温度的回升率不大于 0.25。

夏季浇筑尽量安排在夜间进行，对已浇混凝土采取必要的覆盖隔热措施。加强仓面温控措施，可采用表面流水、仓面喷雾等手段减少水化热温升及对太阳辐射热的吸收，尽量避免新浇混凝土面直接受日光曝晒。

3. 合理层厚及间歇时间

基础约束区浇筑层厚度一般为 1.5～2.0m，脱离基础约束区浇筑层厚度一般为 1.5～2.5m。填塘混凝土高度小于 3m 的部位，一般不分层，高度大于 3m 的部位分层浇筑，分层厚度为 1～1.5m。层间允许间歇期见表 13.2-16 和表 13.2-17，不得过短或过长。最长间歇期不宜超过 15d。严禁基础约束区薄层长间歇。一般部位如超过允许间歇期应采取有效防裂措施，超过 28d 龄期混凝土应视为老混凝土，其上新浇混凝土应按上下层温差标准控制。

表 13.2-16　　　　　　　　　　大体积混凝土层间允许间歇期　　　　　　　　　　单位：d

层　厚 /m	月　份		
	12 月至次年 2 月	3—5 月、9—11 月	6—8 月
1.5	3～7	4～8	5～9
2.0	5～9	6～10	7～10

表 13.2-17　　　　　　　　　　墩、墙混凝土层间允许间歇期

部　位	层厚/m	层间间歇时间/d
厚度小于 2.5m	3～4	4～9
厚度大于 2.5m	2～3	6～10

4. 通水冷却

（1）水管一般按 1.5m×2.0m（浇筑层厚×水管间距）或相反布置，基础混凝土第一

层也应埋设冷却水管。埋设时要求水管距块体边线面 2.0～2.5m。对于墩、墙等结构尺寸大于 6m 的部位也应按设计要求埋设水管。

（2）初期通水。高温季节对采用预冷混凝土浇筑的块体，最高温度仍可能超过设计允许最高温度时，应采取初期通水冷却。对于基础约束区，高温季节采用预冷混凝土浇筑的块体，混凝土最高温度未超过设计允许最高温度者，也宜进行初期通水，确保最高温度在允许范围内。初期通水应采用水温 6～8℃ 的制冷水，通水时间为 10～15d，在浇筑收仓后 12h 内开始通水，通水流量不小于 18L/min。

对于脱离约束区部位，也应采用初期通水的方式来降低块体最高温度，通水采用江水，通水时间为 7～10d，通水流量不小于 18L/min。

（3）中期通水。每年 9 月初对当年 5—8 月浇筑的大体积混凝土、10 月初对当年 4 月及 9 月浇筑的大体积混凝土、11 月初对当年 10 月浇筑的大体积混凝土开始进行中期通水冷却，削减混凝土内外温差。中期通水一般采用江水进行，每年 10 月底前当江水温度较高时，也可采用通制冷水，通水时间为 1.5～2.5 个月，以块体温度达到 20～22℃ 为准，水管通水流量应达到 20～25L/min。

（4）后期通水。需进行宽槽回填及岸坡接触部位灌浆，在灌浆前，必须进行通水冷却，通水冷却要求如下：

1）通水时间以块体达到准稳定温度为准。

2）应根据进度和块体温度计算确定各部位通水类别（制冷水或江水）；为保证施工进度，对于需宽槽回填的部位应通制冷水。制冷水水温为 8～10℃。

3）应保证通水连续，混凝土与冷却水之间的温差不宜超过 20～25℃，控制块体降温速度不大于 1℃/d。通制冷水时不小于 18L/min，通江水时应达到 20～25L/min。

4）块体通水冷却后的温度应达到设计规定的宽槽回填温度。控制回填温度与设计回填温度的差值在 −2～+1℃ 范围内，应避免较大的超温和超冷。

5）对于填塘及陡坡部位混凝土，在浇筑收仓 1～2d 后通水冷却，通水类别根据季节及进度要求采用制冷水或江水，4—10 月一般通 8～10℃ 制冷水，其余季节通江水，通水时间以混凝土块体达到或接近基岩温度为准。

5. 表面保护

应选择保温效果好且易于施工的材料。可选择聚苯乙烯泡沫塑料或高压聚乙烯泡沫塑料等。保温材料的 β 值等参数应满足要求。

在气温骤降期间，28d 龄期内混凝土表面（顶、侧面）必须进行表面保温。顶面保温至上层混凝土浇筑时为止，揭开保温材料至浇筑上层混凝土的暴露时间不应超过 6～12h。

一般应避免在夜间、气温骤降期间或寒冷气温条件下拆模，如必须拆模则应立即对其表面进行保温。

保温材料必须贴紧混凝土表面，保温材料间应搭接严密、良好、不存空隙。

6. 养护

养护一般应在混凝土浇筑完毕后 12～18h 及时采取洒水或喷雾等措施，使混凝土表面经常保持湿润状态。对于新浇混凝土表面，在混凝土能抵御水的破坏之后，立即覆盖保水材料或其他有效方法使表面保持湿润状态。混凝土所有侧面也应采取类似方法进行养护。

混凝土连续养护时间不短于 28d。

13.2.3.5 宽槽回填温控技术要求

彭水通航建筑物包括船闸和升船机。船闸顺流向全长为 105.2m，底板和边墙为整体结构，船闸底板中部顺流向设一条 1.2m 宽的宽槽。升船机顺流向总长为 103.3m，垂直流向总宽度为 50.4m，采用 3 条横向宽槽和 1 条纵向宽槽将其分为 4 段共 8 块，宽槽宽度均为 1.2m。

1. 宽槽回填季节及母体混凝土温度要求

宽槽混凝土回填须安排在低温季节（12 月至次年 3 月）施工，同时要求两侧母体混凝土应有足够的自缩龄期（至少 6 个月），且母体混凝土降至准稳定温度后方开始回填。升船机纵向宽槽回填时，除满足上述要求外，还应满足侧墙浇筑至高程 220m 以上的要求。通航建筑物宽槽回填各部位准稳定温度见表 13.2-18。

表 13.2-18　　　　　　　　通航建筑物宽槽回填各部位准稳定温度

部　　　位		厚度/m	准稳定温度/℃
船闸	底板（高程 269～275.3m）	4.5～5.25	12
升船机	底板（高程 196.5～203m）	6.5	13
	侧墙及上闸首边墙　高程 203～216m	7.5～6	14
	高程 216～235m	6～3.5	13

2. 宽槽回填混凝土强度等级与级配

宽槽回填混凝土为 C30F150W10。宽槽回填混凝土采用强度等级为 42.5 的中热水泥，粉煤灰掺量 10%～15%，尽可能采用三级配混凝土，钢筋密集区采用二级配。

3. 层厚及间歇期

宽槽回填一般按 2～3m 一层上升，层间间歇期 5～7d。

4. 养护与保温

为防止因气温骤降及早期干缩等原因引起混凝土裂缝，每层混凝土收仓后要及时养护，养护至龄期 28d 以上。

对于大坝上下游面，5～7d 拆模后立即设施工期永久保温层；其余永久暴露面，10 月至次年 4 月浇筑的混凝土，拆模后立即设施工期永久保温层；5～9 月浇筑的混凝土，10 月初设施工期永久保温层。施工期永久保温指保温至工程运行前。每年入秋（9 月底）应对建筑物内孔洞的进出口封闭。日平均气温在 2～3d 内连续下降超过 6℃，应对 28d 龄期内混凝土表面进行早期表面保温。混凝土保温后等效放热系数：基础约束区、迎水面等重要部位保温后等效放热系数不大于 1.5～2W/(m²·℃)，一般部位保温后等效放热系数不大于 2～3W/(m²·℃)。保温材料应选择保温效果好且便于施工的材料，大坝上游面建议采用聚苯乙烯泡沫板材。

13.2.4 堵头温控设计

1. 堵头稳定温度场

堵头混凝土上游面处在库水环境下，四周受基岩温度影响，在运行期将逐步形成稳定温度场，通过计算分析表明，堵头混凝土平均稳定温度约为 16℃。

2. 设计最高允许温度

堵头段混凝土受四周岩体及洞身衬砌老混凝土约束，可按基础强约束区混凝土考虑，堵头混凝土长为 40m，拟按通仓浇筑，考虑结构重要性及产生裂缝的危害性，基础温差按 16℃控制。

根据堵头混凝土所处环境，内外温差变化很小，主要受基础温差控制，最终确定堵头混凝土设计允许最高温度为 32℃。

3. 混凝土浇筑层厚及间歇期

堵头混凝土浇筑层厚为 2.0～3.0m，混凝土层间间歇时间控制在 6～10d。

13.3　大坝混凝土配比设计

13.3.1　原材料

1. 水泥

大坝混凝土配比设计根据主体工程混凝土设计性能要求，选用重庆腾辉地维水泥有限公司生产的 42.5 中热硅酸盐水泥和华新水泥厂生产的 42.5 中热硅酸盐水泥。为改善混凝土性能，大体积内部及基础混凝土可掺入 20%～60%质量良好的粉煤灰。

2. 骨料

主体工程混凝土骨料为位于右岸距右坝肩约 1km 的柑子林一带开采的灰岩，经加工制成人工砂和人工碎石，其品质和储量满足工程需要。

粗骨料按粒径分为以下几种级配：当最大粒径为 40mm 时，分成 5～20mm 和 20～40mm 两级；当最大粒径为 80mm 时，分成 5～20mm、20～40mm 和 40～80mm 三级，并使用连续级配。最优配合比应能满足混凝土的各项性能指标。

3. 粉煤灰

选用重庆珞璜电厂生产的Ⅰ级粉煤灰。粉煤灰品质应满足标准《用于水泥和混凝土中的粉煤灰》（GB 1596—91）中"用于水泥和混凝土中的粉煤灰"的要求，重庆珞璜电厂生产的Ⅰ、Ⅱ级粉煤灰和《用于水泥和混凝土中的粉煤灰》（GB 1596—91）中标准粉煤灰指标见表 13.3－1。

表 13.3－1　　　　　　　　粉煤灰主要品质要求

等　级	细度（0.045mm 方孔筛余量）/%	需水量比 /%	烧失量 /%	含水量 /%	三氧化硫 /%
珞璜Ⅰ级	≤9.6	≤93	≤3.8	≤0.13	≤0.91
珞璜Ⅱ级	≤14.2	≤97	≤3.7	≤0.13	≤1.15
GB 1596—91 Ⅰ级	≤12	≤95	≤5	≤1	≤3
GB 1596—91 Ⅱ级	≤20	≤105	≤8	≤1	≤3

4. 外加剂

为节约水泥、改善混凝土和易性，提高混凝土的耐久性和抗裂性，延缓水化热发散速率和夏季混凝土初凝时间，应采用具有掺气、缓凝、减水等复合型外加剂。

13.3.2 混凝土设计强度等级及主要技术指标

混凝土设计强度等级及主要设计指标见表 13.3-2。

以抗压强度为控制指标的结构部位混凝土，设计龄期为 90d；以抗拉、抗弯强度为控制指标的结构部位，以及抗冲耐磨混凝土的设计龄期为 28d。

表 13.3-2　　　　　　混凝土设计强度等级及主要设计指标

部　　位	龄期/d	强度等级	限制最大水灰比	极限拉伸值 (90d)/×10⁻⁴	抗冻等级	抗渗等级
坝体内部（RCC）	90	C15	0.55	≥0.7	F50	W4
迎水面防渗层（RCC）	90	C20	0.50	≥0.75	F150	W10
变态混凝土（RCC）	90	C20	0.50	≥0.80	F150	W10
基础及垫层	28	C20	0.50	≥0.85	F150	W10
坝体内部	90	C15	0.55	≥0.75	F50	W4
迎水面防渗层	90	C20	0.50	≥0.80	F150	W10
结构混凝土	90	C30	0.45		F150	
弧门牛腿	28	C35	0.42		F150	
抗冲磨部位	28	C40	0.42		F150	W10
预应力门机梁	28	C50	0.40			
坝顶预制混凝土	28	C30	0.45			

13.3.3 混凝土配合比设计成果

根据混凝土设计控制指标及要求，利用上述原材料对混凝土进行有关室内试验，混凝土配合比见表 13.3-3，混凝土物理力学性能试验成果见表 13.3-4。

表 13.3-3　　　　　　　混　凝　土　配　合　比

编号	混凝土种类	设计指标	水泥品种	级配	水胶比	砂率/%	粉煤灰/%	胶材用量	外加剂 JG3/%	外加剂 DH9/万	每方混凝土材料用量/kg 水	水泥	粉煤灰	砂	石	容重/(kg/m³)
1	碾压	$C_{90}15$		三	0.55	33	60	160	0.4	3	88	64	96	716	1465	2414
2	碾压	$C_{90}20$		二	0.50	36	60	202	0.6	3	101	81	121	745	1370	2418
3	常态	$C_{28}20$	地维 42.5 中热	三	0.50	21.0	30	204	0.6	0.75	102	143	61	665	1430	2401
4	常态	$C_{90}20$		三	0.55	33.0	20	187	0.6	0.7	103	150	37	692	1420	2402
5	常态	$C_{90}30$		三	0.42	30.5	20	245	0.6	0.7	103	196	49	624	1437	2409
6	常态	$C_{28}25$		二	0.40	38.0	0	334	0.7	0.4	134	334	0	739	1228	2435
7	常态	$C_{28}35$		二	0.40	39	0	338	0.7		135	338	0	759	1200	2432

表 13.3 - 4　　　　　　　　混凝土物理力学性能试验成果

编号	抗压强度/MPa			劈拉强度/MPa			轴拉强度/MPa			极限拉伸值/×10^{-6}			抗压弹模/GPa		
	7d	28d	90d	7d	28d	90d	7d	28d	90d	7d	28d	90d	7d	28d	90d
1	7.8	14.3	22.8	0.5	1.3	2.1	0.6	1.3	2.1	45	63	70	16.8	24.7	29.7
2	7.8	18.5	26.9	0.7	1.7	2.4	0.8	1.9	2.7	53	65	82	22.8	28.9	35.2
3	15.6	26.7	34.2	1.4	2.5	3.3	1.8	2.9	3.6	65	78	95	24.1	30.9	36.5
4	13.5	21.2	26.1	1.1	1.9	2.5	1.4	2.1	2.7	61	73	91	22.5	28.7	33.6
5	24.7	32.8	39.6	2.3	3.0	3.7	2.5	3.3	3.9	78	91	101	26.9	35.3	38.1
6	34.4	43.7	—	3.3	3.9	—	3.5	4.0	—	82	96	—	40.6	43.4	—
7	41.3	52.5	—	3.8	4.2	—	3.9	4.3	—	89	105	—	44.3	47.1	—

13.4　碾压混凝土试验研究

13.4.1　碾压试验目的及内容

1. 试验目的

通过现场工艺试验确定碾压混凝土拌和工艺参数、碾压施工参数（包括运输、平仓方式、摊铺厚度、碾压遍数和振动行进速度等）、骨料分离控制措施、层面处理技术措施、成缝工艺、变态混凝土施工工艺；同时验证室内选定配合比的可碾性、碾压混凝土质量控制标准和措施，确定各分区混凝土施工配合比。

2. 试验要求

为尽可能模拟坝体施工工况，工艺试验混凝土采用右岸混凝土生产系统强制式拌和楼和自落式拌和楼生产，混凝土拌和原材料采用与坝体混凝土施工相同的材料（鸭公溪人工砂石料、水泥、煤灰和外加剂）；采用自卸汽车运输，仓内施工（摊铺、喷浆、碾压、振捣、成缝）设备与用于大坝碾压混凝土仓面施工的计划设备相同。

3. 工艺试验主要内容

（1）碾压混凝土拌和工艺参数试验。

（2）碾压混凝土运输入仓试验。

（3）碾压遍数与压实容重关系试验。

（4）碾压混凝土连续升层允许间歇时间试验。

（5）层面处理试验。

（6）变态混凝土加浆配合比及施工工艺。

（7）成缝方式及施工工艺。

13.4.2　试验场地布置和规划

碾压混凝土现场工艺试验场地布置在替溪沟渣场，平面上呈长方形。

大坝碾压混凝于 2005 年 12 月中旬开始施工，结合施工阶段的配合比 28d 的龄期成果，本次试验在 2005 年 9 月中旬进行，试验场地大小为 32m×16m，现场试验前先全面浇筑 C15 找平混凝土，然后再浇筑 $C_{90}15$（三级配）、$C_{90}20$（二级配）碾压混凝土，碾压混凝土施工的同时施工同强度等级的变态混凝土。

根据 BW202AD 轮宽 2.173m，条带之间的搭接为 0.15～0.2m，每个碾压条带宽为 2m，为便于摊铺和碾压，确定碾压混凝土铺筑 4 个条带（16m）、变态混凝土设置在模板周边。其中 A-K1、A-K2 条带共 8m 宽，浇筑 $C_{90}15$（三级配）碾压混凝土；B-K1、B-K2 条带共 8m 宽，浇筑 $C_{90}20$（二级配）碾压混凝土，靠近两侧模板边缘 0.5m 宽的 $C_{90}20$ 和 $C_{90}15$ 碾压混凝土为变态混凝土，与入仓口对应的长方形另一端模拟坝肩浇筑 1.0m 宽变态混凝土，本次试验共浇筑碾压混凝土 6 层，高度约为 210cm。

13.4.3　主要试验工艺过程

1. 碾压混凝土拌和均匀性工艺参数试验

彭水水电站大坝碾压混凝土主要由设在高程 290m 的 2 号、3 号（均为 $4×4.5m^3$ 自落式，生产性试验以 2 号楼为主）两座拌和楼供料，碾压混凝土拌和工艺试验内容包括投料顺序、不同拌和时间、单机拌和量对碾压混凝土拌和物均匀性影响，试验通过机前、机中、机尾分别取样检测砂浆含量、骨料级配比例来评定其均匀性。

（1）投料顺序。$C_{90}15$ 三级配、$C_{90}20$ 二级配碾压混凝土均进行投料试验，其中 $C_{90}15$ 三级配碾压混凝土选择如下两种投料顺序：

第一种：（大石、中石、小石）→（水泥、粉煤灰）→（砂）→（水、外加剂）。

第二种：（大石、中石）→（水泥、煤灰）→（小石）→（砂）→（水、外加剂）。

$C_{90}20$ 二级配碾压混凝土在 $C_{90}15$ 三级配最佳投料顺序完成后择优选择两种顺序试验。

（2）拌和时间。

1）自落式拌和：选择 90s、120s 和 150s 进行试验。

2）强制式拌和：选择 45s、60s 和 90s 进行试验。

（3）均匀性。碾压混凝土均匀性主要通过骨料含量和砂浆密度指标衡量，骨料含量采用洗分析法测定，要求两样品差值小于 10%；采用砂浆密度分析法测定砂浆密度时，要求两样品差值不大于 $30kg/m^3$。碾压混凝土均匀性试验在配合比或拌和工艺改变、拌和楼投产或检修后等情况下分别检测 1 次。

（4）检测。各强度等级碾压混凝土投料顺序和拌和时间均需进行罐头和罐尾的 VC 值、含气量、7d 和 28d 抗压强度以及砂浆容重、骨料含量试验，最后根据试验结果确定碾压混凝土拌和投料顺序和拌和时间。

2. 碾压混凝土运输试验

碾压混凝土试验采用 20t 自卸汽车运输，驾驶室内挂牌标明混凝土的级配、强度等级。为防止混凝土拌和物在接料过程中骨料集中，要求汽车在拌和楼接料时，必须坚持两点下料。混凝土运输汽车入仓之前，必须冲洗轮胎和汽车底部黏着的泥土、污物，冲洗时汽车需在冲洗点走动 1～2 次，同时要求脱水道路（碎石填铺道路）长度不得小于 30m。试验块入仓道路宽为 5m，采用 150cm×90cm×60cm（长×宽×高）C10 混凝土预制块沿模板线干砌，自稳固定。汽车驶入碾压混凝土仓面后，应平稳慢行，避免在仓内急刹车、急转弯等有损已施工混凝土质量的操作。

汽车卸料时要求每层起始条带料堆位置距端模板 5～6m，距侧模板 1.5m。

在试验过程中，自卸汽车对每种级配混凝土的负荷程度、行驶速度、冲洗水压及脱水道路长度进行详细记录，保证骨料在运输过程不出现分离现象的情况下，选择出最优参数。

3. 铺料与平仓试验

根据碾压混凝土试验检测项目要求，第一、二层碾压层厚为 30cm，摊铺平仓厚度为 35cm；第三层碾压层厚为 35cm，摊铺平仓厚度为 40cm；第四层碾压层厚为 25cm，摊铺平仓厚度为 30cm；原位抗剪试验在第五、六浇筑层进行，碾压层厚为 30cm，摊铺平仓厚为 35cm，分两次铺筑到位。

每层第一条带卸料完后，人工将料堆周边集中的粗骨料分散到料堆顶部，平仓机再将混凝土拌和物向端头模板侧推平达到平仓厚度，最后调头开始平仓，并保持条带前部略低，以降低汽车卸料落差，达到减少骨料分离的目的。仓面平仓后要求做到基本平整，无显著坑洼。

4. 碾压试验

(1) 碾压遍数试验。第一、二层铺筑层厚为 30cm，控制碾压混凝土机口 VC 值为 2～5s，在无振 2 遍＋有振 6、8、10、12 遍后测试其压实容重，确定最优 VC 值 VC1 和最佳碾压遍数 B1。

第三层铺筑层厚为 35cm，控制碾压混凝土机口 VC 值在最优 VC1 值范围内，在无振 2 遍＋有振 6、8、10、12 遍后测试其压实容重，确定最佳碾压遍数 B2。

第四层铺筑层厚为 25cm，控制碾压混凝土机口 VC 值在最优 VC1 值范围内，在无振 2 遍＋有振 6、8、10、12 遍后测试其压实容重，确定最佳碾压遍数 B3。

(2) 碾压工艺要求。振动碾碾压方向平行于铺填条带，要求行走速度为 1～1.5km/h，碾压条带清楚，走偏误差控制在 10cm 范围内，相邻碾压条带必须重叠 15～20cm，同一条带分段碾压时，其接头部位应重叠碾压 2.4～3m。两条碾压带间因碾压作业形成的高差，采取无振慢速碾压 1～3 遍作压平处理。BW－75S 小碾靠近模板作业时，应及时清理靠模板一线凸出的砂浆或残余混凝土，使混凝土水平面与模板接触密实，小碾距模板的距离控制在 1.5～3cm 范围。

在试验过程中，每层的每种强度等级的碾压混凝土均需在机口取样做 VC 值、含气量、凝结时间，及 7d、28d 和 90d 抗压强度试验；仓面需进行碾压混凝土 VC 值及凝结时间的检测。

5. 碾压混凝土连续升层允许间歇时间试验

为了解碾压混凝土连续上升层的允许间歇时间，在第一到第四浇筑层的层面上设置成不同的间歇时间，其中第一到第二层间歇时间为 6h 以内、第二到第三层间歇时间为 8h、第三到第四层间歇时间为 12h，层间间歇时间可以根据仓面测试的混凝土凝结时间适当进行调整，但要控制在混凝土初凝时间以内（碾压混凝土凝结时间须满足现场施工的要求，并根据实测凝结时间值对其进行调整）。在混凝土到达 28d 龄期后，进行混凝土取芯，测试混凝土 90d、180d 层间接触面抗剪断强度和抗拉强度，并对层面部位进行分段压水试验，最后根据层面混凝土力学性能指标和压水试验结果，确定碾压混凝土连续上升层的允许间歇时间。

6. 变态混凝土施工艺试验

在模板长边侧进行变态混凝土工艺试验，采用表面加浆法，条带的两端头（短边）1m 宽作为仿岸坡工作区，试验时采用表层加浆。在试验过程中，在仓面取样测试变态混凝土的 7d、28d、90d、180d 的抗压强度。在每一段布置 3 个直径为 150mm 的取芯孔，取芯一直从第六层打到第一层，对芯样进行描述和测试 28d、90d 抗压强度，并进行压水试验。最后根据变态混凝土的芯样成果和拆模后混凝土外露面的情况确定变态混凝土施工工艺。

7. 成缝试验

在试验块中部设置一条横缝。采用"先碾后切"的方式成缝，层面碾压遍数满足设计要求后，采用切缝机在设计位置进行切缝试验，填塞材料选用彩条布。

13.4.4 主要试验结论

1. 碾压混凝土拌和试验

混凝土拌和物均匀性试验结果表明，在各工况下，机前、机中、机尾碾压混凝土拌和物的浆体含量和石子级配均相差不大，混凝土实测砂浆含量极差三级配 0.2%～0.59%，二级配 0～0.4%。参照其他工程的施工经验并考虑本工程施工进度要求，选择如下拌和工艺参数。

（1）投料顺序。

1）三级配：（大石、中石、小石）→（水泥、粉煤灰）→（砂）→（水、外加剂）。

2）二级配：（中石、小石）→（水泥、煤灰）→（砂）→（水、外加剂）。

（2）拌和时间 t：二、三级配均为 90s。

（3）每机拌和量：三级配 $3.8m^3$，二级配 $3.3m^3$。

2. 碾压试验

试验结果表明：有振碾压 6 遍，压实度就能达到设计要求（98%以上），有振碾压 8、10 遍时压实度最大，碾压 12 遍后压实度有降低的趋势。相同碾压遍数，二级配混凝土的压实度高于三级配混凝土；摊铺厚度为 30～40cm，压实度有随碾压厚度增加而增加的趋势；摊铺厚度为 30cm 时，碾压遍数超过 10，密实度反而降低，摊铺厚度不宜太薄；二级配混凝土摊铺厚度为 40cm 时，碾压遍数超过 10，密实度反而降低，因此二级配混凝土摊铺厚度不宜太厚。为保证碾压质量，碾压混凝土以摊铺厚度 35cm 左右，无振碾压 2 遍＋有振碾压 8～10 遍为宜。压实度与有振碾压遍数关系曲线见图 13.4－1。

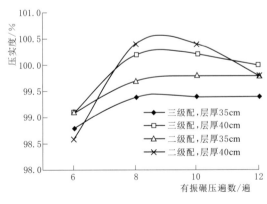

图 13.4－1 压实度与有振碾压遍数关系曲线

3. 原位抗剪试验

不同条带原位抗剪试验采用不同间歇时间及层间处理方式的试验结果见表13.4-1。

表 13.4-1 不同条带原位抗剪试验结果

编号	级配	间歇时间/h	层面处理方式	极限抗剪强度		极限抗剪强度		摩擦强度	
				摩擦系数 f'	黏聚力 C'/MPa	$f'_{残}$	$C'_{残}$/MPa	$f'_{摩}$	$C'_{摩}$/MPa
A1	三	6	不处理	1.14	1.86	0.84	0.9	0.87	0.66
A2		6	不处理	1.14	1.86	0.84	0.9	0.87	0.66
A3		8	不处理，铺净浆	1.05	1.55	0.81	0.64	0.78	0.52
A4		12	不处理，铺净浆	1.14	1.16	0.84	0.5	0.87	0.21
B1		12	不处理，铺砂浆	1.46	1.19	0.98	0.34	0.92	0.2
B2		18	不处理，铺砂浆	1.26	2.13	0.87	0.68	0.85	0.46
B3		26	冲毛，铺砂浆	1.07	1.2	0.95	0.32	0.92	0.24
B4		45～48	冲毛，铺砂浆	1.11	2.38	0.92	0.77	0.92	0.42
D1	二	3	不处理	1.43	2	1.02	0.6	0.92	0.51
D2		3	不处理	1.43	2	1.02	0.6	0.92	0.51
D3		6	不处理，铺净浆	1.41	2.13	0.94	0.88	0.85	0.83
D4		12	不处理，铺净浆	1.25	2.62	0.9	1.02	0.88	0.79
C1		12	不处理，铺砂浆	1.39	1.34	0.94	0.58	0.91	0.35
C2		18	不处理，铺砂浆	1.47	1.28	0.74	0.47	0.75	0.28
C3		26	冲毛，铺砂浆	1.05	1.84	0.77	0.94	0.81	0.74
C4		45～48	冲毛，铺砂浆	1.14	1.22	0.93	0.16	0.92	0.04

从试验结果可以看出，三级配碾压、混凝土试验采用的 7 种间歇时间和层面处理工艺组合，其摩擦系数 f' 在 1.05～1.46 之间，黏聚力 C' 在 1.16～2.38MPa 之间，均满足 $f'>1.0$、$C'>1.0$MPa 的要求；二级配碾压混凝土试验采用的 7 种间歇时间和层面处理工艺组合，其摩擦系数 f' 在 1.05～1.47 之间，黏聚力 C' 在 1.22～2.62MPa 之间，也满足 $f'>1.0$、$C'>1.2$MPa 的要求。

根据试验块浇筑时碾压混凝土凝结时间试验结果，间歇时间在 6h 以内，碾压混凝土尚未初凝，层间结合缝属于热缝；间歇时间为 8h、12h、18h 和 26h 时，碾压混凝土处于初凝后终凝前的阶段，层间结合缝属于温缝；间歇时间为 45～48h 时，碾压混凝土已经终凝，层间结合应按冷缝处理。

按 $T'=f'\sigma+C'$，法向应力 σ 取 3.0MPa 时计算不同间歇时间和处理方式的碾压混凝土极限抗剪强度，结果表明：对于三级配碾压混凝土，在碾压混凝土初凝前（间歇 6h）进行层间覆盖，$f'=1.14$，$C'=1.86$MPa，σ 相应极限抗剪强度为 5.28MPa；在碾压混凝土初凝后终凝前（间歇 8h 和 12h），采用层面不处理涂刷净浆的工艺进行层间覆盖施工，摩擦系数 f' 和黏聚力 C' 都能满足设计要求，但极限抗剪强度分别为 4.70MPa 和 4.58MPa，比前者明显降低。

同样是间歇时间为 12h 层面不处理，铺砂浆的效果略好于涂刷净浆，铺砂浆时极限抗剪强度达到 5.57MPa（$\sigma=3.0$MPa），主要表现在摩擦系数的提高。

从试验数据看，间歇时间为 18h 层面不处理，铺砂浆的效果不低于间歇 12h 层面不处理铺砂浆的情况。间歇时间为 12h 或 18h，采用层面不处理铺在加浆的工艺，其层面抗剪特性可以达到热缝施工的水平。

间歇 26h 层面冲毛铺砂浆时，虽然摩擦系数 f' 和黏聚力 C' 都能满足设计要求，但极限抗剪强度只有 4.41MPa（$\sigma=3.0$MPa），应尽量避免在碾压混凝土处于温缝时采用冲毛的施工工艺；碾压混凝土的温缝时段较长，应该争取在温缝时段的前期进行覆盖施工。

间歇时间为 45～48h 时，碾压混凝土已经终凝，层间结合采用冲毛铺砂浆的冷缝处理工艺，法向应力 $\sigma=3.0$MPa 时的极限抗剪强度为 5.71MPa，高于热缝时的 5.28MPa；两者的摩擦数相当，黏聚力 C' 从 1.86MPa 提高到 2.38MPa。

二级配碾压混凝土的抗剪特性与层面处理方式的关系与三级配碾压、混凝土的基本相同。二级配碾压混凝土间歇时间 3h 和 6h、表面不处理时的抗剪特性差别很小；与三级配碾压混凝土的情况一样，间歇时间 26h 层面冲毛铺砂浆时的极限抗剪强度最低。从总体看，二级配碾压混凝土的极限抗剪强度高于三级配碾压混凝土，二级配碾压混凝土的摩擦系数 f' 和黏聚力 C' 的平均值都高于三级配碾压混凝土。

4. 拌和物性能和混凝土力学性能

机口取样碾压混凝土拌和物及硬化混凝土力学性能试验结果列于表 13.4 - 2。

表 13.4 - 2　　　　　碾压混凝土拌和物及硬化混凝土力学性能试验结果

部位	级配	VC /s	含气量 /%	抗压强度/MPa			劈拉强度/MPa		轴拉强度/MPa		极限拉伸值 /$\times10^{-6}$		抗压弹模 /GPa	
				7d	28d	90d	28d	90d	28d	90d	28d	90d	28d	90d
均匀性试验	三	8.3	2.6	14.2	25	33.7								
第一层	三	7.9	3.1	12.8	20.7	28.4	1.87	2.79	2.54	3.27	66	77	31.4	40.7
	二	7.6	2.5	18.4	30.9	40.4	2.62	3.91	2.82	4.01	72	84	30.2	43.9
	二	7.2	3.3	17.8	33.6	38.9								
第二层	三	7.1	2.8	12.5	21.5	30	2.12	2.93	2.71	3.54	72	79	32.3	40.7
	二	5.1	2.8	17.9	31.2	39.3	2.71	3.81	2.62	4.21	74	85	31.5	42.1
第三层	三	3.8	3.3	13.8	22.4	29	1.83	2.93	2.54	3.65	68	74	32.9	41.1
	二	4.2	3.4	13.9	32.8	43.2	2.66	4.01	2.73	4.13	70	83	29.6	43.1
第四层	三	5.8	3.2	12.1	20.1	31.2	1.95	3.1	2.6	3.23	69	76	29.9	41.6
	二	7.5	2.5	17.6	33.2	45.5	2.43	4.21	2.66	4.27	71	86	33.1	42.7
第五层	三	7	2.8	11.3	22.8	32.6	1.76	2.96	2.43	3.24	67	73	32.1	41.1
	二	7.9	3.1	14.3	25.1	32.6	2.23	3.01	2.65	3.95	73	83	31.8	41.7
第六层	三	3.7	3.5	11.7	22.8	31.3	1.89	3.05	2.58	3.18	66	72	30.3	40.2
	二	4.5	4	15.3	27.8	38.1	2.34	3.1	2.66	4	75	89	33.6	43.6

续表

部位	级配	VC /s	含气量 /%	抗压强度/MPa			劈拉强度/MPa		轴拉强度/MPa		极限拉伸值 /×10⁻⁶		抗压弹模 /GPa	
				7d	28d	90d	28d	90d	28d	90d	28d	90d	28d	90d
M9020 砂浆	—	—	—	—	27	37.2	—	—	—	—	—	—	—	—
M9015 砂浆	—	—	—	—	22.3	28.5	—	—	—	—	—	—	—	—

试验结果表明:

(1) 机口碾压混凝土拌和物 VC 值在 3.7～7.9s 之间，平均为 6.1s；三级配碾压混凝土拌和物的含气量在 2.8%～3.5% 之间，平均为 3.1%；二级配碾压混凝土拌和物的含气量在 2.5%～4.0% 之间，平均为 3.1%。

(2) 在气温 24.5～35℃ 和工艺试验的运距及运输条件下，仓面碾压混凝土的 VC 值比机口提高 1.1～2.5s，平均提高约 2s；仓面碾压混凝土的含气量比机口降低 0.1%～0.6%，平均降低约 0.3%。

(3) 90d 龄期的抗压强度，二级配在 32.6～45.5MPa 之间，平均为 39.0MPa；三级配在 28.4～32.6MPa 之间，平均为 30.4MPa；高于室内配合比试验二级配 28.0MPa、三级配 24.0MPa 的试验结果，但与 $C_{90}20$、$C_{90}15$ 的设计强度等级相比超强较多。

(4) 90d 龄期的极限拉伸值满足设计要求；抗压弹性模量三级配碾压混凝土平均为 41.0GPa，二级配碾压混凝土平均为 42.8GPa，与室内配合比试验时的 41.9GPa 和 42.8GPa 基本相同，都反映出灰岩混凝土抗压弹性模量较高的特性。

(5) 抗渗性能满足设计抗渗等级的要求。

5. 钻芯取样及压水试验

在试验块上进行了 73 孔次的钻芯取样，表 13.4-3 为试验块钻芯取样数量及芯样获得率。从碾压混凝土芯样的外观来看，各区混凝土的芯样均较为完整，芯样获得率高。变态混凝土区局部存在振捣不够充分的现象，芯样完整率相对较低。

表 13.4-3　　　　　试验块钻芯取样数量及芯样获得率

部　位	总段数	总长/m	获得率/%
二级配碾压混凝土区	34	49.37	99.50
二级配变态混凝土区	21	31.15	99.40
三级配碾压混凝土区	37	49.83	99.50
三级配变态混凝土区	18	29.48	98.40
合计	110	159.83	—

混凝土芯样 90d 龄期的物理力学性能试验结果表明:

(1) 抗压强度，二级配碾压混凝土在 23.5～36.8MPa 之间，平均为 31.3MPa；三级配碾压混凝土在 20.2～30.1MPa 之间，平均为 26.5MPa，与室内配合比试验结果比较接近。二级配变态混凝土芯样平均抗压强度为 30.2MPa，三级配变态混凝土芯样平均抗压强度为 27.0MPa，低于室内配合比试验加浆量为 6% 时，二级配 35.0MPa 和三级配 31.4MPa 的试验结果，主要原因是工艺试验时的浆体配合比、加浆量控制不严。因此，在实际施工时应对浆体配合比、加浆量、加浆工艺和振捣工艺进行严格的控制。

（2）极限拉伸值满足设计要求，但低于机口取样试件的极限拉伸值，试验时轴向难以对中、芯样的不均匀性是主要原因，三级配混凝土还存在全级配与湿筛混凝土之间的关系问题。

（3）抗压弹性模量，三级配碾压混凝土平均值为 36.6GPa，二级配碾压混凝土平均值为 38.6GPa，低于机口取样试件的抗压弹性模量。

（4）劈裂抗拉和轴拉强度低于机口取样混凝土的劈裂抗拉和轴拉强度试验值。

（5）芯样的抗冻性能、抗渗性能满足要求。

（6）芯样的湿密度检测结果表明，不同压实厚度的二级配、三级配碾压混凝土压实度都达到了理论值的 99% 以上。

6. 压水试验

2005 年 11 月 26—28 日，在试验块的二级配变态混凝土区、二级配碾压混凝土区、三级配碾压混凝土区和三级配变态混凝土区分别进行了钻孔压水试验。孔位在区内随机布置，孔深为 1.65～1.70m，主要针对第 1 层至第 2 层间、第 2 层至第 3 层间、第 3 层至第 4 层间的三个层面，对应深度分别为 1.65m、1.35m、1.00m。4 个孔共完成 12 段压水试验。压水试验结果表明：碾压混凝土区的透水率为零，说明试验块体的碾压混凝土密实、层间结合良好，具有较好的抗渗性能。二级配变态混凝土区第 2 段透水率为 0.52Lu，可能与振捣不够和浆体配合比、加浆量控制不严有关。

7. 主要试验结论

（1）拌和工艺试验结果表明，在各工况下，机前、机中、机尾碾压混凝土拌和物的砂浆含量、骨料级配比例均满足要求。

（2）碾压工艺试验表明，不同压实厚度的二级配、三级配碾压混凝土压实度都达到了理论值的 99% 以上，无振 2 遍＋有振 8～10 遍，碾压层厚以采用 35cm 为宜。

（3）机口取样混凝土 90d 龄期的抗压强度、极限拉伸值、抗渗等级均满足设计要求。

（4）试验块碾压混凝土芯样较为完整，芯样获得率高；变态混凝土区局部存在振捣不够充分的现象，芯样完整率相对较低，但芯样力学性能、抗冻性能、抗渗性能均能满足设计要求。

（5）原位抗剪试验表明，现场工艺试验采用的 7 种间歇时间和层面处理工艺组合，二、三级配碾压混凝土的摩擦系数 f'、黏聚力 C' 均能满足设计要求。

（6）压水试验结果表明，在试验配合比和工艺试验条件下，试验块体的碾压混凝土密实、层间结合良好，具有较好的抗渗性能。

13.5　大坝温控防裂关键技术研究

彭水大坝坝体顺流向最大坝宽达 90.26m，体积大，上升速度快，水化热不易散发，如不采取相应温控措施，混凝土内部温度高；根据施工进度计划，大坝开浇后第一个汛期过水，基坑淹没，第二个汛期大坝浇出水面后即挡水，大坝内外温差大，易产生温度裂缝。为确保彭水大坝及通航建筑物的施工质量和安全，需根据工程的气象条件、结构型式、混凝土原材料及配合比、混凝土性能、不同温控措施并结合拟定的施工进度计划、施工方案计算混凝土温度及温度应力，根据计算结果分析研究，提出合理、可行的温控防裂措施。

13.5.1　结构设计优化研究

1. 基础混凝土优化设计

根据《混凝土重力坝设计规范》（DL 5108—1999）有关规定，碾压混凝土坝的"坝体基础混凝土，应采用常态混凝土，其厚度可根据基础开挖起伏差、温度控制及基础灌浆等要求确定，可取 1.0～1.5m"。在可行性研究阶段，坝体基础混凝土为 1.5m 厚常态混凝土，结合大坝结构分缝情况，基础混凝土结构分块最大宽度达 20.42m，最大长度达 90m。

基础混凝土面积大，厚度薄，基础垫层混凝土产生裂缝的风险较大，因此须研究减少基础垫层混凝土裂缝的措施。

垫层混凝土厚度和间歇时间与固结灌浆施工方式等有较大关系。在可行性研究阶段，假定坝基固结灌浆为有盖重施工。若在基础垫层混凝土完成后进行固结灌浆，垫层混凝土间歇时间较长，容易产生裂缝；若在浇筑常态混凝土找平后进行固结灌浆，固结灌浆施工结束后浇筑基础垫层混凝土，则可有效避免薄层长间歇问题。本工程坝基地质较好，坝基岩体主要为Ⅰ、Ⅱ级岩体，其次为Ⅲ级岩体，Ⅰ、Ⅱ级岩体完整性较好，强度较高，Ⅲ级岩体中的 O_2^{ln} 层白云质页岩性状较好，借鉴三峡三期工程固结灌浆的成功经验，经研究决定，本工程在坝基无地质缺陷部位采用找平混凝土封闭法进行固结灌浆，在地质缺陷部位采用有坝体盖重固结灌浆。这样可缩短基础常态混凝土施工间歇时间，从而减小基础混凝土产生裂缝的可能性，并且基础常态混凝土可适当减薄至 1.0m。

可行性研究阶段在岸坡布置了 1.5m 厚的基础常态混凝土垫层。为施工方便，可将坡面垫层常态混凝土改为变态混凝土，沙牌拱坝、红坡重力坝和百色重力坝施工中已有成功经验。

根据坝体结构布置，基础混凝土每个坝段设一条横缝，不分纵缝，基础垫层混凝土结构分块最大宽度达 20.42m，最大长度达 90m。由于结构分块面积及长宽比均较大，垫层混凝土施工时势必分块浇筑，分块浇筑尽量利用基础面的台阶处，分块尺寸以不超过 40m 为宜，尽量采用跳仓浇筑。为避免施工缝向上延伸，限制裂缝发展，在垫层混凝土上部施工缝上布置限裂钢筋；由于溢流坝段碾压混凝土部位系每两个坝段设 1 条永久横缝，两横缝中间设 1 条诱导缝，为避免诱导缝处的垫层混凝土分缝向上延伸发展，在垫层混凝土上部缝面布置限裂钢筋。垂直缝面的限裂钢筋采用Φ28@20（$L=4.5$m），平行缝面的分布钢筋采用Φ20@50。

2. 结构分缝研究

为适应碾压混凝土快速施工，设计中尽量减少结构分缝，少设廊道。

碾压混凝土坝一般不设纵缝，横缝的设置根据地质构造、地形条件、坝体构造条件、施工条件、温度控制条件、坝体应力等条件确定，有不设横缝、短间距横缝、长间距横缝（一般指 30m 以上）等差别。国内部分碾压混凝土重力坝分缝情况见表 13.5-1。

表 13.5-1 国内部分碾压混凝土重力坝分缝情况

序号	工程名称	完成年份	坝高/m	底宽/m	坝顶长/m	横缝间距/m	说　　明
1	铜街子	1990	82	67	70.8	4 个坝段间距 16~21	
2	龙门滩	1989	57.5		149	不分	已蓄水，尚未发现上、下游贯穿坝体的横向裂缝
3	天生桥二级	1990	58.7	54.5	470	15.2~20	尚未发现上、下游贯穿坝体的横向裂缝
4	岩滩	1991	110	72.5	498.5	20	
5	汾河二库	2000	88	68	228	30~69.2	溢流坝段、非溢流坝段各 2 条
6	沙牌	2001	132	28	258	35~70	2 条横缝、2 条诱导缝
7	棉花滩	2001	111	84.5	300	35~70	

实践表明，当坝轴线长度不大、坝高不高时，可采用整体式设计；短间距横缝产生裂缝可能性较小，比较稳妥，但影响施工进度，不利于快速施工；长间距横缝间距越大，产生裂缝的可能性越大。

结合工程实际，大坝碾压混凝土部分不设纵缝，根据坝体结构布置和结构应力情况，溢流坝段上部常态混凝土部分和非溢流坝段每个坝段设 1 条横缝，横缝间距为 16~21m，溢流坝段下部碾压混凝土部分每两个坝段设 1 条横缝，横缝间距约 41m，为减小横缝间坝体产生裂缝的可能性，在两横缝中间设 1 条诱导缝。横缝上游设两道止水片，两道止水之间设排水槽，下游设一道止水，横缝上下游止水附近采用预埋沥青杉板成缝，中间采用切缝，缝内填彩条布。

长江科学院、武汉大学和清华大学等三家科研单位对彭水碾压混凝土重力坝的温度及温度应力进行了研究，采用三维有限元仿真计算模拟了横缝和诱导缝。计算结果表明，诱导缝缝端应力较大，为改善应力在缝端设 $\phi500mm$ 的应力释放孔。诱导缝深度参考计算结果并结合坝体廊道布置确定，上游诱导缝深 4m，下游诱导缝深增加至 3.5m。诱导缝止水布置同横缝，采用预埋沥青杉板成缝。

13.5.2 坝体施工期温度仿真

根据大坝结构特点，选取河床溢流坝段作为典型坝段，计算分析其施工期温度场变化过程，计算时根据进度安排对大坝混凝土浇筑上升的施工全过程进行仿真，并对浇筑时能采取的不同温控措施（自然冷却、初期通江水以及初期通制冷水等）进行仿真模拟，计算分析大坝施工期温度、温度场及温度历程。

1. 坝体施工期最高温度

从表 13.5-2 计算结果可以看出，为保证坝体施工期最高温度不超过设计允许温度，除 12 月至次年 2 月浇筑的混凝土可以不进行初期通水冷却外，其他月份浇筑混凝土均需采取初期通水冷却措施。根据进度安排，如有可能 5 月、10 月也需要浇筑混凝土，从施工期最高温度计算结果来看，5 月、10 月浇筑混凝土基本可行，但 5 月浇筑混凝土时必须通 10℃制冷水进行初期冷却，同时强约束区混凝土需要在 5 月之前浇筑完成，避免 5 月浇筑基础强约束混凝土。

2. 初期通水冷却效果分析

从表 13.5－2 计算结果来看，初期通江水冷却时可削减最高温度 3～5℃，初期通 10℃制冷水冷却时可削减温度峰值 4～7℃，但从图 13.5－1 和图 13.5－2 的坝体混凝土温度历程曲线可看出，由于碾压混凝土水化热散发较慢，最高温度出现时间较晚，因此在初期通制冷水 15d 的情况下混凝土温度回升较大，而初期通江水 30d 时混凝土后期温度稍低。图 13.5－4 为采取初期通 10d 制冷水然后再通 20d 江水冷却措施时的混凝土温度历程曲线，从图中可看出，在这种通水冷却措施下，混凝土早期最高温度峰值与只通制冷水时相同，而且由于通水时间延长后混凝土温度回升降低，对控制混凝土内部温度有较好的作用。考虑到制冷水的生产成本，推荐在江水温度较低的季节采用通江水的冷却方式，并适当延长通水时间至 30d。在需要通制冷水控制坝体早期最高温度时，可采取通制冷水与通江水相结合的方式。

3. 混凝土入仓温度对最高温度的影响

为分析混凝土入仓温度对坝体施工期最高温度的影响，对不同的混凝土入仓温度分别计算其施工期温度情况。从表 13.5－2 的计算结果可以看出，在入仓温度相差 2℃的情况下，各种工况的混凝土施工期最高温度相差 1.0～1.6℃。溢流坝段强约束区典型点温度历程曲线见图 13.5－1，溢流坝段弱约束区典型点温度历程曲线见图 13.5－2。

表 13.5－2　　　　　　　　河床溢流坝段 RCC 施工期最高温度

区域	浇筑时间	气温/℃	设计允许最高温度/℃	浇筑温度/℃	浇筑层平均最高温度/℃		
					自然冷却	初期通江水冷却（30d）	初期通制冷水冷却（15d）
基础强约束区	3 月	10.6～15.1	27	15	23.4～28.1	21.8～24.4	21.4～24.1
				17	24.7～29.4	23.0～25.6	22.5～25.3
	4 月	16.0～19.4	28～29	17	28.2～33.5	25.1～26.9	24.2～26.1
				19	29.5～34.7	26.5～28.1	25.4～27.3
基础弱约束区	5 月	20.5～24.7	30～31	17	33.8～35.6	28.1～30.5	26.3～28.8
				19	35.3～37.1	29.4～32.1	27.4～30.0
	10 月	18.2～19.8	30～31	17	31.1～32.4	25.4～27.5	24.5～26.6
				19	32.5～33.9	26.8～28.7	25.6～27.9
脱离基础约束区	11 月	11.5～15.3	27	15	28.4～31.5	22.5～24.8	21.8～24.3
				17	29.7～32.1	23.7～25.1	24.0～25.5
	12 月至次年 2 月	6.6～9.8	24	10	20.3～24.8	—	—

4. 汛期过水对混凝土温度的影响

坝体温降由表及里递减，影响范围约 2m。图 13.5－3 为坝体汛期过水面温度历程曲线，从图 13.5－3 中可看出，坝体每次过水时表面温度降低 2～4℃。

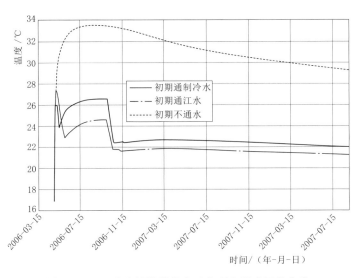

图 13.5-1 溢流坝段强约束区典型点温度历程曲线

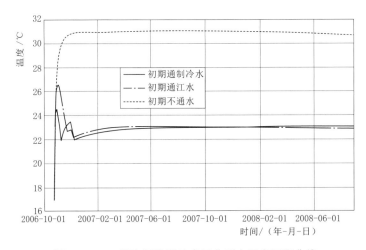

图 13.5-2 溢流坝段弱约束区典型点温度历程曲线

5. 中期通水的必要性

坝体施工期温度场计算结果表明，采取中期通水冷却措施的坝体在水库蓄水后的运行初期坝体内部温度降至 22℃左右，而不采取任何通水措施的坝体内部温度高达 32℃左右，要通过天然冷却达到坝体稳定，大概需要 40 年左右的时间，在此前很长一段时间内坝体内部都保持着较高的温度，对大坝温控防裂极为不利。因此，在施工过程中应对坝体进行中期通水，降低坝体内部温度。坝体汛期过水面温度历程曲线见图 13.5-3，不同通水冷却措施下温度历程曲线对比见图 13.5-4。

13.5.3 坝体施工期温度应力

1. 碾压混凝土的允许拉应力

碾压混凝土抗裂能力通常只有常态混凝土的 60%～80%，尤其是碾压混凝土的水平

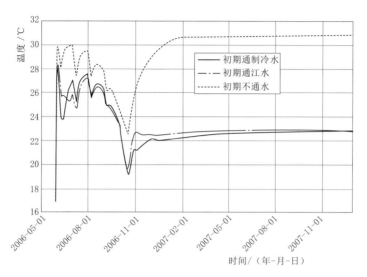

图 13.5-3　坝体汛期过水面温度历程曲线

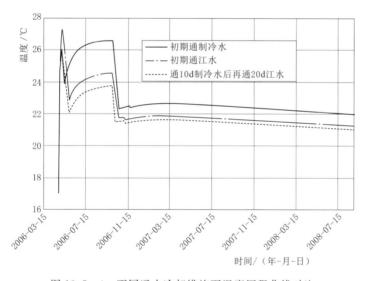

图 13.5-4　不同通水冷却措施下温度历程曲线对比

施工缝强度较低，在铅直拉应力作用下，在达到极限拉伸变形前，混凝土即被拉开，形成水平裂缝。因此，碾压混凝土的水平向和铅直向允许拉应力应分别考虑。

碾压混凝土允许水平拉应力计算公式：

$$[\sigma_x] = \frac{\varepsilon_t E}{K} \tag{13.5-1}$$

式中　$[\sigma_x]$——允许水平拉应力（MPa）；

ε_t——混凝土极限拉伸值；

E——混凝土弹性模量（MPa）；

K——安全系数，宜为 1.3～1.8，偏于安全考虑，取 1.8。

碾压混凝土允许铅直拉应力计算公式：

$$[\sigma_y] = \frac{rR_t}{K} \tag{13.5-2}$$

式中　$[\sigma_y]$——允许水平拉应力（MPa）；

　　　R_t——混凝土抗拉强度（MPa）；

　　　r——水平施工缝的抗拉强度折减系数，通常 $r=0.5\sim0.7$，推荐取 0.7。

根据式（13.5-1）和式（13.5-2）确定的大坝碾压混凝土允许拉应力见表 13.5-3。

表 13.5-3　　　　　　　　　　大坝碾压混凝土允许拉应力值

碾压混凝土种类	龄期 /d	极限拉伸值 /×10⁻⁶	弹性模量 /GPa	允许水平拉应力 $[\sigma_x]$/MPa	允许铅直拉应力 $[\sigma_y]$/MPa	抗拉强度 /MPa	$[\sigma_x]$/MPa	$[\sigma_y]$/MPa
C15	28	66	31.8	1.17	0.82	1.75	0.97	0.68
	90	79	41.9	1.84	1.29	2.73	1.52	1.06
C20	28	71	31.8	1.25	0.88	2.00	1.11	0.78
	90	82	42.8	1.95	1.37	3.05	1.69	1.19

2. 温度应力仿真计算

根据施工期温度场计算结果，采用有限单元法的热-应力耦合方式，并考虑混凝土弹性模量、徐变变形随混凝土龄期变化等因素仿真计算坝体在施工期的温度应力。

（1）坝体内部最大温度应力计算结果。表 13.5-4 列出了坝体内部最大徐变温度应力，可以看出，对于顺河向温度应力最大值，自然冷却方案的强约束区、弱约束区及脱离约束区分别为 0.79MPa、0.6MPa 和 0.57MPa，初期通江水冷却方案分别为 0.73MPa、0.46MPa 和 0.45MPa，初期通制冷水冷却方案分别为 0.58MPa、0.43MPa 和 0.35MPa；对于铅直向温度应力最大值，自然冷却方案分别为 0.83MPa、0.88MPa 和 0.81MPa，初期通江水冷却方案分别为 0.52MPa、0.56MPa 和 0.61MPa，初期通制冷水冷却方案分别为 0.52MPa、0.54MPa 和 0.57MPa。

坝体不同时期温度应力分布和应力历程计算结果表明，三种方案中初期通制冷水方案温度应力值最小，自然冷却方案温度应力值最大，三种方案最大温度应力的发生时间也有较大区别，在有中期通水冷却的坝体内部，基础约束区顺河向温度应力最大值均发生在中期通水结束后，脱离约束区顺河向温度应力以及坝体内部铅直向温度应力最大值则出现在水库蓄水初期，其后的温度应力则逐年降低；而没有中期通水时，混凝土内部顺河向及铅直向温度应力持续逐年增大，一直到 40 年左右时才达到最大值，大坝内部将在很长一段时间内维持较高拉应力状态，不利于大坝的防裂防渗。因此，建议彭水大坝在施工期每年入冬前进行中期通水冷却，以减小内外温差，降低坝体后期运行时的温度应力。

根据三维仿真计算的结果，坝轴向应力较大拉应力区主要分布在上下游附近，并且在横缝和诱导缝处得到较好的应力释放，最大拉应力发生在诱导缝缝端处。总的来说，由于横缝和诱导缝设置较为合理，有效地降低了坝体轴向应力，对坝体防裂较为有利。

表 13.5-4　　　　　　　碾压混凝土大坝内部最大徐变温度应力

距基础面高度/m		自然冷却		初期通江水冷却		初期通10℃制冷水冷却	
		最大应力/MPa	发生部位	最大应力/MPa	发生部位	最大应力/MPa	发生部位
顺河向应力	强约束区(0~0.2L)	0.79	高程192m内部	0.73	高程192m内部	0.58	高程192m内部
	弱约束区(0.2L~0.4L)	0.6	高程207m内部	0.46	高程216m内部	0.43	高程207m内部
	脱离约束区	0.57	高程227m内部	0.45	高程227m内部	0.35	高程227m内部
铅直向应力	强约束区(0~0.2L)	0.83	高程195m内部	0.52	高程188m内部	0.52	高程188m内部
	弱约束区(0.2L~0.4L)	0.88	高程210m内部	0.56	高程205m内部	0.54	高程211m内部
	脱离约束区	0.81	高程219m内部	0.61	高程247m上游面	0.57	高程247m上游面

注　L 表示基础浇筑块长边尺寸。

（2）施工期越冬及气温骤降时表面温度应力。彭水水电站坝址地区气温骤降频繁，降幅较大，多发生在春秋季，42 年间 2~3d 降温 6℃ 以上的次数达 158.2 次，气温骤降幅度以 2~3d 降 6~8℃ 的居多，共 81.2 次，最大降温幅度为 15.7℃。

表 13.5-5 为坝体施工期越冬以及气温骤降时表面铅直向温度应力的计算结果，计算时分别考虑了坝体表面未做任何保护和采取了表面保温措施后的两种工况。从计算结果可以看出，在混凝土表面不进行保温时，施工期越冬过程中，坝体表面铅直向温度应力约为 0.72MPa，而此时很大部分混凝土龄期都在 28d 以内。从表 13.5-3 可看出，坝体表面 C20 混凝土 28d 龄期的允许铅直向拉应力仅为 0.78MPa，特别是在遇气温骤降时，坝体表面铅直向温度应力将达到 0.97~2.58MPa，表面温度应力将大大超过了混凝土的允许拉应力，极易在较为薄弱的水平施工缝处产生水平裂缝；而在坝体表面采取保温措施后，则能有效降低因内外温差引起的表面温度应力，坝体表面铅直向温度应力相应降低 0.5~1.5MPa，为 0.27~1.0MPa，减小了表面裂缝产生的风险。如考虑坝体自重及水荷载的作用后，坝体铅直向应力还会有所改善，因此，在采取了相应的温控防裂措施后，坝体的水平裂缝是能够得到有效控制的。

表 13.5-5　　　　　坝体越冬期间及气温骤降时表面铅直向温度应力计算结果　　　　　单位：MPa

坝体表面保护措施	越冬时（不考虑气温骤降）	2~3d气温骤降幅度				
		6℃	8℃	10℃	12℃	16℃
不保温	0.72	0.97	1.29	1.61	1.94	2.58
保温	0.27	0.36	0.48	0.63	0.75	1.00

13.5.4　计算成果对比分析

彭水大坝为碾压混凝土重力坝，具有大仓面薄层碾压、连续快速施工的特点，难以通过浇筑层面散发热量，水化热温峰推迟，坝体内部在很长一段时间内处于高温状态，内、外温差如果偏大就易产生较大的温度应力，引起表面裂缝。因此，温控防裂工作对于彭水碾压混凝土重力坝是十分重要的，长江设计院也非常重视这方面的工作，在开展了细致认真的研究工作同时，也委托了长江科学院、武汉大学和清华大学等三家科研单位分别对彭水碾压混凝土重力坝的温度及温度应力进行研究。设计院对三家科研单位的研究成果进行了深入的分析，以求对彭水大坝混凝土温度及温度应力情况作全面准确的了解，为彭水碾压混凝土重力坝的温控防裂工作提供理论依据。

由于外委工作均是在 2005 年以前进行的，因此三家科研单位都是依据招标设计时的施工进度开展的仿真计算研究工作，而后来工程情况发生一些变化，施工进度做了较大的调整，为此，设计单位针对目前的施工进度重新计算了坝体温度及温度应力。因为三家科研单位与设计院的计算条件有所差异，所以本章的对比分析主要针对的是计算的基本规律和相同条件下的结果数据对比。

1. 温度计算结果对比

表 13.5 - 6 为四家单位计算的彭水大坝混凝土施工期最高温度对比结果。从计算结果来看，四家单位的计算结果相差不大，除了长江设计院由于在计算时考虑了高温季节浇筑混凝土的可能性，而造成弱约束区的温度与其他单位相差较大以外，一般差异都在 1～2℃的范围，这些主要是由于各家所用有限元计算软件的不同以及剖分有限元计算网格时的差异造成的误差。

表 13.5 - 6 　　　　四家单位混凝土最高温度计算成果对比表　　　　单位：℃

部位	浇筑月份	设计允许最高温度	自然冷却				初期通制冷水冷却				初期通江水冷却		
			长江科学院	武汉大学	清华大学	长江设计院	长江科学院	武汉大学	清华大学	长江设计院	长江科学院	武汉大学	长江设计院
强约束区	3 月	27	29.1	29.0	31.2	28.1	24.8	23.9	25.4	24.1	26.1	24.8	24.4
	4 月	28	33.2	32.4	32.7	33.5	27.1	26.8	26.7	26.1	28.8	27.7	26.9
弱约束区	5 月	30	—	—	—	35.6	—	—	—	28.8	—	—	30.5
	10 月	30	—	—	—	32.4	—	—	—	26.8	—	—	27.5
	11 月	27	29.3	31.6	30.7	—	25.6	26.5	26.4	—	26.9	27.3	—
	12 月	25	26.3	27.8	27.5	—	22.7	22.6	23.4	—	23.7	23.8	—
脱离约束区	11 月	27	—	—	—	31.5	—	—	—	24.3	—	—	24.8
	12 月至次年 2 月	24	25.4	26.5	26.9	24.8	20.8	21.7	23.2	—	22.6	22.8	—
	3 月	27	30.3	29.6	29.3	—	24.1	24.4	25.1	—	25.7	25.6	—
	4 月	31	32.1	31.8	31.4	—	29.1	27.7	28.5	—	30.4	28.7	—

注 长江设计院在计算时考虑了较高温季节（5 月、10 月）进行浇筑的可能性。

从总的情况来看，四家单位温度计算的基本结论也是一致的，主要集中在以下几点：

（1）在自然冷却情况下，除 12 月至次年 2 月混凝土最高温度能基本满足坝体允许最高温度外，其他月份均超过了允许温度，因此采取初期通水冷却措施很有必要。

（2）在水温较低季节，初期通江水与通 10℃制冷水进行冷却的效果相差不大，适当延长通江水的时间，同样可以使其与通 10℃制冷水的效果相当。

（3）中期通水冷却可以很大程度地降低后期坝体内部的温度，对坝体温控防裂较为有利。

（4）除高温季节外，初期通江水冷却时混凝土施工期最高温度即可满足设计允许最高温度的要求。

2. 温度应力计算结果对比

表 13.5-7 为四家单位计算的彭水大坝内部最大徐变温度应力对比结果（清华大学计算温度应力时考虑了累计自重）。从表中可以看出，四家单位的计算结果比较接近，自然冷却情况下的最大温度应力值在 0.44～0.98MPa 之间，初期通江水并且进行中期通水时最大温度应力值在 0.38～0.79MPa 之间，初期通制冷水并且进行中期通水时最大温度应力值在 0.23～0.70MPa 之间，总体来说，通过初期通水以及中期通水能较为有效地降低坝体内部最大温度应力。

表 13.5-7 四家单位大坝内部最大徐变温度应力计算成果对比表 单位：MPa

温控措施	研究单位	顺河向温度应力			铅直向温度应力		
		强约束区	弱约束区	非约束区	强约束区	弱约束区	非约束区
自然冷却	长江科学院	0.84	0.91	0.76	0.87	0.98	0.88
	清华大学	0.66	0.53	0.44	0.55	0.64	0.67
	长江设计院	0.79	0.60	0.57	0.83	0.88	0.81
初期通江水	长江科学院	0.75	0.79	0.65	0.69	0.78	0.75
	武汉大学	0.40	0.44	0.38	0.54	0.47	0.55
	长江设计院	0.73	0.46	0.45	0.52	0.56	0.61
初期通制冷水	长江科学院	0.70	0.68	0.59	0.58	0.69	0.65
	武汉大学	0.31	0.70	0.23	0.38	0.29	0.29
	清华大学	0.41	0.36	0.25	0.43	0.51	0.48
	长江设计院	0.58	0.43	0.35	0.52	0.54	0.57

根据四家单位的计算结果，在遭遇气温骤降的情况下，如果不对坝体表面进行保温，坝体表面拉应力最大达到 0.5～2.6MPa，大都超过相应龄期混凝土的极限抗拉强度，极易在坝体表面产生裂缝。而在采取表面保温措施以后，则能很大程度地减小坝体内外温差，降低坝体表面温度应力，防止混凝土表面产生裂缝。四家单位具体计算结果见表 13.5-8。

综上，四家单位计算的坝体温度应力成果的基本规律是相同的，主要为以下几点：

（1）采用初期通水冷却措施可以减小坝体内外温差，使坝体的温度场变化更加均匀，较大程度地降低了坝体温度应力最大值。

（2）在水温较低时采取初期通江水的措施同样能达到降低坝体应力效果。

（3）如果不进行中期通水，坝体内部应力峰值出现较晚，而且混凝土内部温度应力呈逐年增加趋势，大坝内部将在很长一段时间内维持较高拉应力状态。

（4）通过对坝体表面保温，能有效降低坝体在施工期越冬以及遭遇气温骤降时的表面温度应力。

（5）在 2006 年汛期坝体临时断面过水时，坝体最大温度应力值为 0.2～0.4MPa。

表 13.5-8　　　　　气温骤降时四家单位表面温度应力计算结果对比　　　　　单位：MPa

坝体表面保护措施	研究单位	龄期	2~3d 气温骤降幅度					
			6℃	8℃	10℃	12℃	13℃	16℃
不保温	长江科学院	7d				0.7		
		28d				1.6		
	武汉大学	7d	0.5	0.7	0.8		1.1	1.3
		28d	0.7	0.9	1.2		1.5	1.9
	长江设计院	28d	0.97	1.29	1.61	1.94		2.58
	清华大学		采用仿真计算，在遭遇气温骤降时最大温度应力 1.67MPa					
保温	武汉大学	7d	0.2	0.26	0.3		0.4	0.5
		28d	0.27	0.36	0.45		0.6	0.7
	长江设计院	28d	0.36	0.48	0.63	0.75		1.00

13.5.5　施工期温控防裂措施

1. 优选混凝土原材料，优化混凝土配合比，改善混凝土性能，提高混凝土抗裂能力

彭水水电站中心试验室的试验成果表明，所用的水泥略成自身收缩性，碾压混凝土 35d 龄期的自生体积变形为 -5.5×10^{-6}，对混凝土防裂不利，建议采用微膨胀水泥。

混凝土的抗裂能力与混凝土的极限拉伸值密切相关，改善混凝土性能是提高混凝土抗裂能力最有效的途径。在混凝土配合比设计和混凝土施工中应保证混凝土所必需的极限拉伸值（或抗拉强度）、施工匀质性指标和强度保证率，RCC 还应具有良好的可碾性。

对于碾压混凝土来说，层间结合部位是最薄弱的部位，其强度一般只有本体强度的 50%~70%，因此保证碾压混凝土层间结合质量，提高层间结合强度是改善碾压混凝土性能、提高碾压混凝土抗裂能力的关键。施工中应加强施工管理，改进施工工艺，改善混凝土层间结合性能，提高混凝土抗裂能力。

2. 合理安排混凝土施工程序和施工进度

合理安排混凝土施工程序和施工进度是防止基础贯穿裂缝、减少表面裂缝的主要措施之一。施工程序和施工进度安排应满足：RCC 应在设计规定间歇时间内连续均匀上升，最长不宜超过 15d，避免出现薄层长间歇；有盖重的固结灌浆应力争在间歇期内完成，否则应分批在不同的层面，或在廊道内、坝体上下游等部位进行；RCC 应安排在 10 月至次年 4 月气温较低季节浇筑，避开高温季节。

3. 控制混凝土浇筑温度、减少水化热温升

混凝土最高温度为混凝土浇筑温度加水化热温升，施工中应采取必要的温控措施，降低混凝土浇筑温度，减少水化热温升，使坝体实际出现的最高温度不超过坝体设计允许最高温度。

混凝土浇筑温度为混凝土出机口温度加运输途中及仓面的温度回升。为降低混凝土浇筑温度，首先要控制混凝土出机口温度，施工中应采用预冷骨料和加冰拌和的措施，使混凝土出机口温度满足设计控制要求；其次应采取措施减少预冷混凝土的温度回升，严格控

制混凝土运输时间和仓面浇筑坯覆盖前的暴露时间，混凝土运输设备上应安装遮阳保温设施，仓面喷雾形成湿润环境降低仓面温度。降低水化热温升首先是采用发热量低的水泥；其次是选择良好的骨料级配和优质粉煤灰、外加剂，以减少水泥用量和延缓水化热散发速率。混凝土浇筑温度按表13.5－9控制。

表13.5－9　　　　　　　　混凝土浇筑温度　　　　　　　　单位：℃

月　　份		12月至次年2月	3月、11月	4月、5月、 9月、10月	6—8月
RCC		自然入仓	15	17	／
常态混凝土	基础约束区		13	15	17
	脱离基础约束区	自然入仓		17	19

4. 合理分缝分块及设置诱导缝

为充分发挥RCC快速施工的特点，大坝采用通仓浇筑连续上升。为确保坝体不产生危害性裂缝，施工时坝体除设置永久横缝外，在永久横缝中间应设置诱导缝，以削减内外温差及气温骤降产生的温度应力。

5. 通水冷却

初期通水是削减混凝土水化热温升的措施之一。仿真计算表明：初期通江水可以使最高温度减小3～5℃，初期通10℃制冷水可以使最高温度减小约7℃。彭水水电站大坝混凝土应埋设蛇形水管进行初期通水冷却，初期通10℃制冷水或江水。另外碾压混凝土水化热温升缓慢，后期仍处于温升状态，为削减坝体内外温差，降低内外温度梯度，坝体安全越冬，施工期内每年入冬前应进行中期通水冷却。

初期通水要求：混凝土覆盖水管后12h即开始通水，较高温季节通10℃制冷水，通水时间一般为15d，并控制水温与混凝土温差不大于25℃，根据计算结果，亦可采用初期先通10℃制冷水7～10d，然后再通江水15～20d；其他月份通河水，通水时间一般为30d。初期降温总量：基础约束区4～6℃；非约束区6～8℃。

中期通水要求：9月初开始通河水，通水至坝体温度达20～22℃。通水过程中每月闷温一次，闷温时间为4～5d。

通水流量：制冷水18L/min，江水25L/min，1～2d变换一次进出水口。控制降温速率不大于1℃/d。

6. 加强表面保护

混凝土表面保护是防止表面裂缝的重要措施之一。应根据设计表面保护标准确定不同部位、不同条件的表面保温要求。尤其应重视基础约束区、上下游坝面及其他重要结构部位的表面保护。上下游坝面应进行施工期永久保温，直至运行前。低温季节用保温材料及时对浇筑块的暴露表面进行保护。

表面保护应选择保温效果好且易于施工的材料。保温材料的β值等参数应满足设计要求。保温材料必须紧贴混凝土表面，保温材料间应搭接严密、良好、不存空隙。

做好气象预报工作，避免在夜间、气温骤降或寒冷气温条件下拆模，如必须拆模则应立即对其表面进行保温。气温骤降期间，顶面保温至上层混凝土浇筑为止，揭开保温材料至浇筑上层混凝土的暴露时间不应超过 6～12h。

7. 养护

混凝土浇筑完毕后 12～18h 应及时采取洒水或喷雾等措施，使混凝土表面经常保持湿润状态。新浇混凝土表面，在混凝土能抵御水的破坏之后，立即覆盖保水材料或采用其他有效方法使混凝土表面保持湿润状态。混凝土所有侧面也应采用类似方法养护。混凝土连续养护时间不应短于 28d。

13.5.6　气温较高季节（5 月、10 月）浇筑 RCC 温控防裂措施

气温较高季节浇筑大坝 RCC 除采取 13.5.5 节温控措施外，还应增设以下温控措施：

（1）采用预冷混凝土，出机口温度按 12～14℃控制，并尽可能降低。

（2）尽量利用夜间浇筑，避开白天高温时段。

（3）必须保证混凝土浇筑时初期通 8～10℃制冷水冷却，收仓后立即覆盖保温被或其他保温材料保冷 1d 左右。

（4）加强混凝土表面保湿保温，在仓面设置喷雾设施，以降低仓面小环境的温度，白天高温时段浇筑仓面应覆盖彩条布内夹保温材料等措施隔热保湿。

（5）合理安排混凝土施工程序和施工进度，避免基础约束区在高温季节和较高温季节浇筑，确保混凝土早期最高温度控制在设计允许最高温度内。

计算结果表明，在采取预冷混凝土、通水冷却等相应的温控措施后，除基础强约束区外，其他部位在气温较高季节（5 月、10 月）浇筑大坝 RCC 基本可行。但根据以往工程经验，在气温较高季节浇筑 RCC 有较大难度，主要表现在预冷混凝土出机口温度偏高、仓面温度回升较大和初期通制冷水效果有限。因此在气温较高季节浇筑大坝 RCC 应慎重，应在温控措施落实到位和制冷设备运行稳定的条件下，并根据现场的实际状况决定。

13.5.7　降雨天气下浇筑 RCC 的措施

降雨会使 RCC 的含水量加大，在混凝土表面形成径流，造成层面灰浆、砂浆的流失，加剧混凝土的不均匀性，易形成薄弱夹层，影响混凝土的质量，造成水平裂缝。

因此，施工期间应加强气象预报工作，及时了解雨情，妥善安排施工进度。1h 内降雨量超过 3mm 时，不得进行铺筑、碾压施工。如浇筑过程中遇到超过 3mm/h 强度降雨量时，应立即停止混凝土入仓，并尽快将已入仓的 RCC 摊铺碾压完毕，用防雨材料覆盖新碾压混凝土面。在降雨强度小于 3mm 时，可以进行 RCC 施工，但应在施工现场备足防雨材料，并做好施工仓面的引排水工作。